暴政史

二十世紀的權力與民眾

暴政史

二十世紀的權力與民眾

徐 賁

OXFORD

UNIVERSITY PRESS

OXFORD
UNIVERSITY PRESS

Oxford University Press is a department of the University of Oxford.
It furthers the University's objective of excellence in research, scholarship,
and education by publishing worldwide. Oxford is a registered trade mark of
Oxford University Press in the UK and in certain other countries

Published in Hong Kong by

Oxford University Press (China) Limited
39th Floor One Kowloon, 1 Wang Yuen Street, Kowloon Bay,
Hong Kong

暴政史
二十世紀的權力與民眾

徐賁

ISBN: 978-019-098972-9

4 6 8 10 12 13 11 9 7 5

目　錄

前　言

　　這是一部以閱讀思考的形式來討論惡和抗惡的書。它思考的是20世紀暴虐政權中的「天才」領袖和個人崇拜，因為在領袖身上集中地體現了民眾與權力的關係：甚麼樣的權力？權力怎麼控制民眾？控制怎樣的民眾？我在這裏挑選閱讀了一些這方面的重要著作，其中不少包含新的研究材料和方法，應該對當下更有借鑒價值。可以說，這本書既是閱讀記錄，也是思想政論，對於關心政治邪惡和知識分子政治的讀者來說，思想政論的意義會更大一些。

　　公元前四世紀，柏拉圖把僭主的暴政(tyranny)視為雅典時代的邪惡；公元一世紀，羅馬歷史學家塔西佗認為專制皇帝的暴政是羅馬帝國的邪惡；18世紀，孟德斯鳩把專制明確為君主政治的邪惡。同樣，二次大戰之後，喬治·奧威爾、阿倫特、哈維爾等思想者指控極權主義專制為20世紀特有的邪惡。暴政、專制和極權主義的邪惡表現形式雖有不同，但都是政治體制的惡質蛻變、都是依靠暴力、恐怖、謊言和欺騙維持的暴虐統治。極權是現代的暴政，它的邪惡本質在於，政府在失去了人民的信任之後，還要強迫人民付出。這種邪惡不僅在於獨裁者的大權獨攬、專斷橫行，而且更在於它對包括統治者在內的所有人的人性戕害。正如意大利政治思想家喬治·阿甘本(Giorgio Agamben)所說，極權暴政下只有兩種人：獸人和牲人——要麼是野獸，要麼是牲口。

　　專制能使整個社會陷入一種被暴力和恐懼所支配的冷漠、麻痹和奴性狀態，這樣的社會千人一面、平庸低能、道德低下、精神萎靡。在這樣的社會裏，言路阻塞、謊言充斥、黃鐘毀棄，瓦釜雷鳴。柏拉圖將暴政視為制度之惡和人心之惡相互激勵的必然結果，是「城邦的絕症」。塔西佗說，從外表看，暴政專制和諧、穩定，但是，在這種表相之下是以邪為正的末世。他在《編年史》裏所描

繪的提比略(Tiberius)專制國家是一個奸佞橫行,妄語盈耳,上流無恥、底層下作,人人趨附於逆流的奴性世界。孟德斯鳩在《論法的精神》中指出,專制制度下誰也不渴望榮譽或高尚,「因為恐懼殺死了人們所有的希望和抱負,他們所有的努力都不過是為了求生而已」。恐懼使人精神萎靡,連些許的抱負都會給掐死。專制獨裁者跟他的臣民一樣愚蠢無知,一樣沒有思考能力,「絕對的服從,就意味着服從者是絕對愚蠢的,甚至連發命令的人也是愚蠢的,因為他無須思想、懷疑或推理,他只要表示一下他的意願就可以了」。阿倫特說,極權在整個社會中造就不思考、無判斷、機械服從的齒輪和螺絲釘,是把每一個人綁架在極權作惡機器上的「平庸的惡」。而後極權更勝一籌,它能用民族主義、經濟收買、小恩小惠把一群奴隸培養出奴隸主的幻覺,無差別地對他人和自己作惡。

《吳宓日記》(1937年7月14日)記載了陳寅恪先生的一句名言,叫「中國之人,下愚而上詐」。專制者把國家當成他的私產,把官員當作他的家奴,專制獨裁以暴力和詐術治國,把政治和民間治理變成了家庭政府,國家官員變成了奴才和奴才總管。生活在專制制度中,人們習慣了順從和遷就,變得謹小慎微、唯利是圖,狡黠善變。人人爭相奉承上司,揣摩上意,互相背叛出賣,落井下石。人際間沒有信任,只有勾心鬥角、兩面三刀和陰謀詭計。上詐下愚是一種深入每個人心裏的惡,索爾仁尼琴在《古拉格群島》中說:「如果只有惡人在甚麼地方拼命作惡,那麼就只需要把他們與我們隔開,摧毀他們就可以了。但是,善和惡的界限是劃在每個人的心上的,誰又願意把自己的心剜去一塊呢?」專制之惡在於它激發和利用的正是人心之惡。

這樣的傳統專制之惡不僅全部被現代極權專制保存了下來,而且被無限放大。極權統治不僅戕害人性,而且如阿倫特所說,把人「變為多餘」。這是因為現代極權有了傳統專制所不具備的暴政手段。她在《極權主義的起源》裏從極權主義原型的特點中概括出極權制度依賴的三個支柱:用來改造人性的使用暴力的集中營、迫使民眾處於相互隔絕並毫無共同抵抗手段的孤獨狀態,以及為維持極

暴政史:二十世紀的權力與民眾

權統治所施行的官媒宣傳和組織手段。現代極權企圖用「全能」統治來把人變成可以任意操控、任意宰割的動物，一旦人成為多餘之人，被徹底奴役也就必然會成為了他的「永劫」。

極權不可能單用暴力和恐怖實現它所期待的「全能統治」。單憑強制和監控，就算是當下高科技極權手段也無法實現它的全能獨裁夢。它必須用各種手段讓盡量多的民眾成為它的協助者和配合者，沒有他們的協助和配合，對他們的全能統治是不可能的。在這些手段中不可缺少的一個就是領袖崇拜，它的配方原料是來自傳統的君主崇拜、皇帝崇拜、聖人崇拜、英雄崇拜、天才崇拜，再加上現代特有的革命崇拜、意識形態烏托邦、國家民族主義、民粹主義、世俗宗教的宣傳和洗腦。為了打造和渲染現代極權領袖的個人魅力，不同國家的統治政權可以選擇、運用，並創制各種形式的元素組合配方，打造出適合它需要的領袖崇拜，將之用作一種馭民利器。極權專制是一個人民不被允許運用自由理性進行選擇或參與政治的制度。在這樣的制度裏，為了保證人民對政權的服從和忠誠，需要調動他們的情緒和情感，激發他們對黨和領袖的熱愛和敬仰，個人崇拜便是這樣一種無需理性思考的激情。這種崇拜誘發和利用的是人性中一些普遍的本能弱點：感恩、膜拜、迷信、盲從、奴性、貪婪、勢利、欺軟怕硬、恃強凌弱。從傳統暴政到現代極權，專制所利用的一直是人的這些晦暗心理、低下本能和無度欲望。現代極權並沒有發明人的心理弱點和本能欲望，但卻因為現代世界裏前所未有的物質豐富和物欲享受可能、意識形態烏托邦願景、社會組織和脅迫環境，以及現代社會裏更精細、複雜的利益分群，而有了更多也更有效的收買、誘惑和操控手段。

本書共有四個部分。第一部分回顧貫穿於古代暴政和現代極權的一些彌久常新的專制統治原則。早在公元前四世紀，亞里士多德就已經從政治學的角度總結了一些基本原則。其中包括，必須對人民分而治之，不讓他們有機會形成公民友誼，因此也就杜絕了他們在政治上聯合和共同反抗的可能。必須毫不手軟地動用暴力，暴

力讓統治者可以逍遙於法律之外，並用恐怖手段來對付政敵和平民百姓，不服從則從肉體上予以消滅。必須讓人民人格低下，道德腐敗，鼓勵卑鄙無恥的告密和背叛行為，使之成為一種社會風氣。要將每一樣東西都變成一項特權，那東西也就成為賄賂和腐蝕人民的一種手段。必須利用人民的愚昧和輕信，用欺騙的手段，對他們隱瞞任何對統治者不利的真相，不惜任何代價以確保信息壟斷。專制暴政「有一樣東西要死死抓住，那就是權力；必須奉為一項基本原則」。只要人性的幽暗和軟弱不變，這些馭民的原則只要做一些技術性的修正和更新，也就永不會過時。

第二部分討論20世紀的極權暴政和領袖崇拜 —— 希特勒崇拜、列寧崇拜、斯大林崇拜、毛澤東崇拜，尤其是共產意識形態國家的領袖個人崇拜。極權體制的領袖個人崇拜是專制獨裁統治邏輯(仇視人權、公民自由和權利、憲政法治)的作用後果，也是其權力結構的核心部分(一黨專政、以領袖為「核心」的大一統、等級森嚴和層層只對上級負責的官僚體制、挑選領袖的黑箱機制)。個人崇拜是領袖崇拜的極端形式，它經常被錯誤地理解為只是因為某個政治人物的個人權力欲望失度、道德操守低下、個性強梁霸道才出現的特例情形。不能排除這些個人因素所起的作用，但是，這些都不是主要的，如果不是因為專制極權本身的統治邏輯和權力結構，就算具有這些性格特徵的個人要營造和維持個人崇拜，也是不可能的。

第三部分轉而思考領袖崇拜與民眾感恩、膜拜和盲從的關係。個人崇拜是一種維繫民眾對領袖忠誠關係的政治情感機制，它經常被刻意營造為一種統治者與被統治者之間的「禮物」關係。禮物是一種受義務制約的交換關係，從理論上說禮物是自願的，但實際上是按照義務來贈與和回禮的。領袖施恩惠於人民，人民則有義務報以忠誠和服從。極權主義制度通過允諾改善社會和人民生活來實現其權力統治並索取忠誠，允諾還未兌現，人民就必須先付出忠誠。這種政治化的禮物交換僅僅在表面上是自願和無償的，其實包含着強制性的臣民義務：你既然在他的鍋裏吃飯，就不能批評他，違抗

　　　　　　　　　　　暴政史：二十世紀的權力與民眾

他，否則就是砸他的鍋，這不僅是道德上的忘恩負義，而且也是政治上的離經畔道和敵對行為。

　　第四部分討論普通民眾中的一個特殊的群體：知識分子。他們有的曾因為嚮往自由的價值而匍匐在革命之神的腳下，對之頂禮膜拜。有的則崇拜革命化身的領袖個人，甘願充當其文化鷹犬或政治打手。知識分子的領袖崇拜經常不同於普通民眾對領袖恩人或政治強人的迷信和膜拜。領袖在知識者眼裏代表某種他們懷抱的理想或憧憬的主義，他們按照自己的意願編造或參與編造了一個供人膜拜的天才偶像和領袖神話。他們是偶像神話的製造者，也是這個神話最執著的迷戀者，最痛苦的幻滅者和最可能的抵抗者。一旦幻滅並成為抵抗者，他們有的會留下親歷見證，也會告訴世人，再高聲的惡神偶像也有轟然隕歿的一天，為了這一天早日到來，需要每個人絕不放棄希望和抵抗，正如奧威爾所言，「即使是被打敗，也要充滿勇氣」。這也就是哈維爾說的，「我們堅持一件事情，不是因為這樣做會有效果，而是堅信這樣做是對的」。

　　人們崇拜天才，視天才為人中翹楚，「天才」領袖更是被當作人中龍鳳。美國思想家和作家愛默生(Ralph Emerson)在《偉人的用途》(*Uses of Great Men*)一文中說：「你一旦見識過鳳凰，鳳凰也就不存在了。但世界並不會因此而覺醒」。你一旦親眼見過傳說中的鳳凰，也許就會發現，那原來不過是騷首弄姿的孔雀，或者是兇猛醜陋的禿鷲。同樣，你一旦見識過天才領袖，他也就不再是一個天才，「那些銘刻着神聖經文的器皿其實不過是普通的瓦罐」。但是，絕大多數人並不會就此放棄對天才領袖的崇拜，因為對他們來說，天才領袖是他們幸福生活的唯一指望。他們越是生活在一個萎敗、靡頓、無力自救的世界裏，就越是熱切地期盼有英雄偉人來救贖他們，越是巴望有天才領袖能為他們指明方向，把他們從必須為自己做主、並承擔責任風險的重負中解脫出來。他們願意為這個「天才」奉獻他們全部的崇敬和恭順。他們以為這就是他們的本分。對天才領袖的崇拜因此也就成為一種宗教。從起源來說，天才

是可神可魔的精靈，本來就是一個宗教的觀念，不僅關乎超人和超越，而且關乎所有宗教必須面對的暴力，破壞和邪惡。有甚麼樣的敬拜者，就有甚麼樣的天才領袖。生活在極權專制下的那些平庸、萎悴、猥瑣、可悲的敬拜者們，在他們的鐃鈸、板鼓和喝彩聲中迎來的是神是魔，那就全看命運的造化了。

序：從暴政到極權

　　在人類歷史的任何一個時期，人們遭受的暴政之害都遠甚於他們所受的自由之益，然而，奇怪的是，討論自由的書籍數不勝數，而剖析暴政的書籍卻少之又少。這種學術關注的失衡一直延續至今。儘管歷史上暴政頻繁，但很少有政治哲學家把暴政本身當作一個核心理論問題來討論。暴政通常是被當作正義，自由和良好政權的邊緣問題來附帶處理的。但是，暴政是一個不死的幽靈，在有利於它的條件下總是會不失時機地現身作惡，並且由於我們的忽視或無視所伴隨的麻木、冷淡、逃避，它得到強化，變得越發不可一世。為了抵抗、為了生存的尊嚴，我們必須要看到，暴政是一個存在於歷史中的不可忽視，但未被充分重視的權力現象和政治制度頑症。暴政是邪惡的，是一種人類生存至今仍然必須面對和警惕的嚴重危險。認識和闡明暴政及其與當下專制極權的關係，可以為我們今天防止和降低這種危險提供寶貴的經驗和知識力量。

一　暴政的古今延續與變化

　　從暴政到極權，我們要考察的並不是一部思想史或是概念史，而是一個在古今歷史中延續的對人類生存的威脅。在這樣的危險意識中，首先需要回答的問題是，甚麼是暴政？這個問題是很難直接回答的，因為現代歷史學家都特別強調極權的新穎和它與古老暴政之間的斷裂，越是這樣就越難接受一個延續古今的定義。但是，在顯而易見的歷史變化中，仍然存在着本質的延續。而且，從柏拉圖到馬基雅維里，不同的理論家們對暴政的認識相當一致，定義也就呼之欲出，那就是亞里士多德在《政治學》裏所說的，「僭主制或暴君制的形成，在於某一個人在不受任何審查的情況下，獨自統治

了所有與其同等或比他更優秀的人，而且僅僅從自己的私利出發，毫不顧及被統治者的利益；這種獨裁統治因而得不到人們的擁護，因為任何一位自由人都不可能心甘情願地忍受這種暴虐統治」。因此，「僭主制或暴君制必定是最惡劣的政體」。(《政治學》1295a18–23, 1289b2)

從孟德斯鳩開始，理論家們更常使用的是「專制」(despotism)而不是「暴政」。孟德斯鳩是第一個把專制確定為「邪惡制度」的政治理論家。從此，專制就成為一個譴責的用詞：專制是邪惡的，絕對的專制是絕對的邪惡。孟德斯鳩在《波斯人信札》和《論法的精神》中指出，專制扼殺人與生俱來的自由和自由權利，專制扭曲和敗壞人性，除了把人殺死，沒有甚麼比扼殺人性更邪惡的了。

18世紀以後，關於暴政的術語和認識變得多樣化了，有的論者在暴政的經典論述之外另闢蹊徑，例如，韋伯認為「理性官僚統治」是一種暴政，而托克維爾則更重視「多數人的暴政」(這種暴政「不是摧殘人的身體，而是摧殘人的心靈」)。他們對暴政的認識離柏拉圖或塔西佗所憎惡的暴政似乎已經相當遙遠。有的論者雖然研究的是現代極權暴政，但仍然相當貼近對暴政的經典論述，阿倫特就是一個代表，她所說的「意識形態的暴政」雖然名稱很現代，但她論述的「極權毀人」與古代柏拉圖、亞里士多德、塔西佗所論述的「暴政毀人」卻是相當一致的。

暴政摧毀人的靈魂、禁錮人的思想、奴役人的心智、侵蝕社會的道德肌體、窒息政治的公平和正義，不管我們審視的是歷史上的哪一個時代，每個時代的暴政都在以令人震驚的相似方式施行它的統治和壓迫。美國政治學者羅傑‧波伊契(Roger Boesche)感歎道，「從亞歷山大到凱撒，從路易十四到拿破崙，從希特勒到斯大林，從毛澤東到馬科斯，從皮諾契特到侯賽因，暴君充斥在我們的歷史書裏，也是我們報紙的頭條，他們令我們憎惡，但又令我們好奇。我們念念不忘的道德原則似乎對他們毫無約束，也毫無作用。在我們倍感無助的世界裏，他們顯得如此強大；在我們不知所措的時候，他們果斷行動。在歷史的風暴面前他們從不彎腰，他們站穩了

　　　　　　　　暴政史：二十世紀的權力與民眾

腳跟，在歷史中顯露崢嶸，有時還改變歷史。不管他們多麼恐怖和醜惡，他們令人激動。我們就像注視火焰一般地看着他們」。[1] 暴君高大聳立，是因為我們自認渺小，暴君強大無敵，是因為我們自己因為恐懼而放棄了抵抗。

因此，要瞭解暴政，我們不僅需要瞭解暴君，而且更需要瞭解我們自己。暴政是一種在歷史過程中不斷變化，但始終在肆虐人間的統治形式。在不同的時代或環境中，暴政的表現會有所不同，然而，貫穿在人類暴政歷史之中的是，暴虐統治無一例外造就人道災禍、人心戕害、民風敗壞和社會整體性的集體道德墮落。暴政是一種邪惡當道，良善毀滅的制度，這些構成了對暴政最本質的定義。這也是為甚麼在我們的是非和邪惡判斷中，暴政永遠與不義、惡毒、禍害和邪惡聯繫在一起。暴政最本質的特徵和毒害都是古今延續的。[2]

暴政有時候是血腥的，有時候並不血腥，甚至顯得溫和、可親；有時候顯示硬實力，有時候依靠軟實力。儘管暴政的常見形式是政府組織策劃的大規模殘害和殺戮，但托克維爾或韋伯所憂慮的暴政卻未必是嚴刑拷打、肉體折磨或是血流成河。阿倫特所關注的極權暴政殺人無數、廣建勞動集中營和死亡集中營，但希特勒和斯大林卻又同時扮演着人民恩人、民族救星和天才領袖的角色。暴政在古今歷史中延續，但也在不斷變化和更新，極權便是它的一種變化形式。對於親身體驗過極權主義統治，或關注這種統治的讀者來說，最相關和最重要的變化更新發生在20世紀專制獨裁向極權的轉變之中。突出這一轉變中的古今暴政延續是為了強調，這既是一種政體的延續，也是一種制度之惡和人心之惡的延續，它是包含在人類自身的延續之中的。

1　Roger Boesche, *Theories of Tyranny: From Plato to Arendt.* The Pennsylvania State University Press, 1996, p. 1.

2　「文革」結束後不久，中國出版過一套《歷史反思叢書》，討論的是中國傳統專制主義的邪惡，以此反思」文革」的當代專制荼毒。這套叢書包括劉澤華等的《專制權力與中國社會》(1988)，謝天佑的《專制統治下的臣民心理》(1990)。這之後又不斷有一些「借古諷今」或「借古說今」的反思性作品，這些反思都有一個共同的出發點，那就是，古今的專制之間是有延續關係的，尤其是專制獨裁的權力結構、統治權術和臣民心理。

對於認識20世紀之後的極權主義暴政,必須同時看到古今的延續和古今的變化。在這之前,雖然理論家們所用的術語不同,但古今延續的蹤跡並不難尋,亞里士多德從柏拉圖和蘇格拉底(他並不認識蘇格拉底)那裏學習,馬基雅維里和孟德斯鳩瞭解塔西佗對專制的論述,托克維爾瞭解「暴政」和「專制」,這才認為舊式專制已不再適用於新式的民主壓迫。我們關注古典理論家的影響,就是為了更好地解釋一種史無前例的現代暴政體制:極權主義。現代暴政具有一種非人化的結構(不需要有個人暴君),因此,具普遍性的問題可能是,現代科學和技術條件究竟能在多大程度上改變人類及其政治和社會環境,並製造出古代世界裏所不能想像的暴政手段。

無論是希臘詩人或戲劇家,還是羅馬、文藝復興、啟蒙運動的作家都不可能寫出像喬治‧奧威爾的《1984》來;也沒有任何一位20世紀極權主義之前的思想家能夠像阿倫特、哈維爾那樣來回答關於納粹或斯大林主義的問題。阿倫特的《極權主義的起源》1951年首次出版,她最後一次修改是1973年,距離今天已經將近半個世紀。時至今日,現代科技的發展已經極大地提升了極權暴政效率和有效性,也極大地壓縮了任何抵抗的可能。不僅是槍炮、坦克、秘密警察、勞改營、信息壟斷、言論鉗制,而且是裝備了最先進鎮壓厲器的武警、網絡防火牆、對全社會進行人臉和行為特徵的高效電子監控、強制性洗腦的「學習強國App」。經濟和科技已經成為現代極權統治的強大助力和權力資源,這會讓過去的暴政顯得老舊和過時,但是,現代極權與傳統暴政之間的內在聯繫並沒有改變,也正因為如此,傳統暴政至今仍然是我們認識當下極權主義的重要認知參照。

二 暴政和極權的八個方面

在思考今天的極權暴政之時,重溫關於暴政的經典理論,可以讓我們找到古今理論家之間的「共同基礎」(common ground),並看到古代暴政之惡與現代極權之惡之間的內在聯繫。反觀過去的

暴政可以為我們提供一個不同於現代自由民主的，但更為深刻的人類正義和道德批判視野。柏拉圖和亞里士多德視暴政為惡，他們並不是把暴政當作「自由」(至少不是洛克意義上的自由)的敵人，他們把暴政的政府視為政府正當責任的敵人，政府的正當責任是培育正義、美德、優秀和人的偉大。古代思想家很少有把暴政視為「民主」之敵的。柏拉圖瞧不起民主的平庸；亞里士多德討厭過度的平等；塔西佗主張的是精英法治；孟德斯鳩主張君主立憲；馬克思認為自由民主不過是另一種階級暴政。那麼怎麼才能在這些不同的理論家之間找到他們反對暴政的共同基礎呢？這樣的共同基礎對於我們今天認識極權主義又有怎樣的相關意義呢？

要發現這樣的共同基礎，不在於試圖為暴政做一個具有普遍性的定義，而在於仔細分析暴政權力的運作方式和後果 —— 做甚麼？怎麼做？對人和人性產生怎樣的作用？對於認識暴政和思考如何抵抗暴政、打敗暴政來說，這樣的問題要比它「是甚麼」更為重要。這些問題形成了思考暴政(或極權)的八個方面。

第一，誰是暴政的統治者？對這個問題有三種回答：一個個人、一個階級、一個非個人的權力結構。從其中只是挑選任何一個都是簡單化的回答。這是因為，一方面，暴政的統治者不只是一個人或一個階級，而且是一個能自行運作的權力結構；另一方面，在這個權力結構中，不同的個人能起到非常不同的作用，影響暴政的性質。羅馬帝國有提比略、卡里古拉、克勞狄、尼祿這樣的暴君，但也有涅爾瓦、圖拉真、哈德良、安東尼·庇護和馬可·奧勒留這樣的賢帝。再獨裁的暴君也無法一個人統治，實際統治的總是以某種形式組織起來的「一幫人」：近臣、親信、錦衣衛。與傳統暴政權力機構不同的是，現代極權靠得是一個壟斷一切權力，對全社會進行全能宰制的黨和黨國。這在歷史上是史無前例的。極權主義是一種阿倫特所說的「洋蔥式結構」，領袖只是一個符號，他位於中心的真空地帶，被當作全民信仰和崇拜對象，大眾以對意識形態的狂熱圍繞着他。然而真正擁有權力的是內部圈子和整個利益集團。這是極權暴政比任何其他暴政更邪惡，更難改變的原因。

第二，暴政與習俗和習慣。柏拉圖和亞里士多德早就指出，有甚麼樣的城邦，就有甚麼樣的邦民，有甚麼樣的統治者，就有甚麼樣的臣民。在充斥着暴虐、虛偽、謊言和欺騙的國家裏，良民也會變成兇殘、狡詐、猥瑣、出口成謊、口是心非、首鼠兩端的刁民。魯迅先生筆下的阿Q便是逼民為奴的暴政的產物。塔西佗和馬基雅維里稱讚羅馬共和的「品質」：尊重法律、自律、勇敢、有榮譽心、關心公益。羅馬人熱愛出於自律的自由，厭惡起於縱欲的奴役。幾乎所有的理論家都認為，暴政讓人民恐懼、無助、絕望、聽天由命，把命運完全託付給救世主和明君。正如孟德斯鳩所說，暴政對民情和人心的摧殘一旦造成，不經數代人，極難恢復，「政治就像一把鈍銼，只能慢慢來銼」。前蘇聯極權政權雖然崩潰了，但俄國人由於受害於長期奴役的犬儒心態和思維習慣，還處在痛苦的長期恢復過程中。[3]

第三，暴政如何使臣民躲避政治，以便分而治之。專制下的人民躲避政治，自覺地免談國事，這叫「去政治」。亞里士多德、塔西佗、馬基雅維里、托克維爾都曾指出，暴政存在的條件是限制人民的公民交往，讓他們在政治上老死不相往來，永遠像一盤散沙似地過自己的小日子，成為無助無援的孤獨個體。暴政對臣民去政治的手段很多。例如用暴力來禁止集會和結社；用鼓勵告密舉報來逼迫臣民相互防範，事事小心，以免禍從口出，這是一種懾於恐怖的「心理孤獨」；用生活匱乏和人為貧困來迫使人民不得不終日忙於生計勞作，無暇多管閒事；壓制、取消和徹底控制社會中的所有「中間社團」(intermediate associations，如教會、工會、行業聯合會、民間組織)，使個人直接暴露在中央集權的控制之下；鼓吹個人發財，誘發彼此間的攀比、貪婪和妒忌恨，等等。弗洛伊德和弗洛姆(Eric Fromm)都指出，人是害怕孤獨的動物，一旦被迫陷入絕望的孤獨境地，便會不顧一切地加入哪怕是對他進行控制和傷害的群體。極權統治下的個人比在任何其他暴政下都更加孤獨，為了尋

3　參見《俄羅斯文化中人怎麼看俄國犬儒主義》，見徐賁：《犬儒與玩笑》，香港牛津大學出版社，2018年。

　　　　　　　　　　　暴政史：二十世紀的權力與民眾

求安全和夥伴(當然也是為了利益分沾),他們會削尖腦袋爭取入黨入團,成為「組織」的一員。

第四,暴政統治需要運用何種暴力和多少暴力。亞里士多德、塔西佗和馬基雅維里都把暴力視為暴政的不二支柱,暴君周圍總是一層又一層的保鏢、暗探、秘密警察、武警、軍隊等等。但不同的暴君運用暴力的方式和多少是不同的,有的動不動搞運動,營造暴力恐怖的氣氛,有人殺人如麻,有的則換用不流血的暴力(制定各種法律法規、辦洗腦學習班、限制行動、請喝茶等等)。馬基雅維里說,衡量暴力有效性的辦法是看能否不用暴力就取得逼迫臣民就範的效果。在奴性十足的國家比在人民自由慣了的國家裏比較不需要流血的暴力,但是一旦出現抵抗,那就一定更加會殺人絕不手軟。暴力是大棒,大棒必須和胡蘿蔔一起使用,柏拉圖說,暴君就像一個廚子,飯菜有毒,也得讓人吃得開心。羅馬的麵包與馬戲就是比軍隊更有效的統治力量。給老百姓一些小恩小惠,讓他們感恩戴德,娛樂至死,就可以免除把坦克開上大街的麻煩。

第五,暴政需要如何運用謊言欺騙,用甚麼說辭和語言。暴政總是需要掩蓋真相,把現實打扮成它想要的樣子,用些甚麼權術呢?亞里士多德和馬基雅維里告訴暴君們:你們是不是真的有信仰、守法、仁慈愛民、清廉自律,其實都不重要,重要的是要做出這些樣子。塔西佗和托克維爾指出,把共和變成暴政,總是會悄悄地在暗地裏動手腳,看上去沒有甚麼變化,但實質完全變了。看上去仍然有議會或國民代表大會,其實只是舉手擁護的橡皮圖章。看上去仍然有法院,其實是為獨裁量身定制它要的法律。看上去還有新聞報紙和公共傳媒,其實是暴政的喉舌和喇叭。工會、婦聯、作家協會、文聯、工商聯等等都是這樣。阿倫特將此稱為極權主義暴政的「前台組織」(front organizations)。塔西佗第一個提出,掩蓋現實,製造假象,首先需要把政治語言變得模糊和空洞,這樣便於政權靈活解釋和操控。對敏感的事情,要實行「禁問」「禁提」,這樣它就會消失,不留痕跡。現代極權主義在這方面做得特別成功,它壟斷信息、嚴控報刊、指鹿為馬、顛倒黑白、宣傳洗腦,無

所不用其極。它仇視人權，但卻會利用和操作人權話語來反對和破壞人權。阿倫特指出，馬列主義的「科學」就是這種騙術的集大成之作。它是一種打扮成「歷史法則」的意識形態欺騙話語，既然無法證偽，自然就成為真理，任何批判思維或常識思維都對它無可奈何，它因此永遠立於不敗之地。

第六，暴政下家庭發揮怎樣的作用。第一個提出家庭結構能增強政治結構的是柏拉圖。他認為，平等的家庭會導向民主(當然是他所不贊成的)，在家庭裏服從優秀者(父親)的權威，能養成在城邦裏服從賢者權威的習慣。中國的三綱五常家庭倫理與忠君和君權至上是聯繫在一起的。君為臣綱、父為子綱、夫為妻綱，是有道德強制力的制度安排，從家庭到國家一脈相承，具有政治含義。家庭被直接用作「革命家庭」的喻說，除了至高無上的極權領袖，革命家庭裏所有人是平等的，都接受領袖的關愛和恩澤，因此都必須無條件地服從他的任何決定或命令。即使遭受了甚麼個人的冤屈，也不能抱怨，不能心生不滿。父母有恩於兒女，兒女永遠不應該埋怨父母，這成為一種教育人民「黨媽打你不喊疼」的思想教育。「父親」是現代極權獨裁者愛用的領袖形象包裝。希特勒一直到自殺前一刻才與其情婦結婚，也是為了維持其德國之父的形象。斯大林經常與蘇聯婦女和兒童一起合照，是照片中唯一的成年男性，以此暗示他是蘇聯的父親。有一則蘇聯笑話，斯大林視察一個工廠，問一個工人「誰是你父親？」答曰：「斯大林」。「誰是你母親？」答曰：「蘇聯」。斯大林又問：「你願意成為怎樣一個人？」工人答：「孤兒」。2019年7月9日，習近平在中央和國家機關黨的建設工作會議上所做的是「把對黨忠誠納入家庭家教家風建設」講話。

第七，為甚麼有的暴政只求國家內部穩定，而有的暴政則有向外擴張的野心。馬基雅維里也許是第一個區分靜態式暴政和動員式暴政的，前者如安於國內的斯巴達，後者如不斷擴展的羅馬帝國。為甚麼有的暴政要嚮往擴張呢？馬基雅維里雖然也考慮到擴張的經濟利益，但還是認為，擴張型暴政的第一衝動是追求偉大和光榮。

托克維爾則區分了大氣的黨和小氣的黨，他認為，擴張的都是大氣的黨，這樣的黨可能行大善，也可能作大惡。韋伯認為，擴展或擴張都是為了政治和經濟利益。德國反法西斯理論家弗蘭茲·諾伊曼(Franz Newmann)認為，希特勒的擴張是出於德國統治階級的利益，也出於德國在歐洲帝國主義競爭中勝出的政治和經濟需要。阿倫特認為，希特勒不只是為了所謂的帝國偉大和光榮，而且還有意識形態的因素，他把遍佈於歐洲的猶太人都視為他要消滅的對象。前蘇聯共產帝國的擴張也有重要的意識形態和國際政治原因。哪怕自己國家裏還有吃不飽飯的人民，也要「援助」他國擴大影響，還要輸出革命或專制模式，建立能獨霸世界的新秩序，這些都不是單純的政治和經濟因素，而主要是由意識形態擴張為主導的。

第八，暴政下會有怎樣的臣民，他們怎麼生存。在殘民以逞的暴政統治下，人民必須面對警察、逮捕、監禁、流放、勞改營的暴力威脅，不得不按照政權的要求戰戰兢兢、小心翼翼地自求多福、安生立命。但這並不是他們的全部生存特徵。塔西佗指出，暴政下的民眾會喪失道德品質，得過且過，拼命放縱物質和享樂的欲望。柏拉圖說，民眾的口味低劣，十分享受暴君為他們炮製的廉價滿足；亞里士多德和塔西佗都認為，民眾只要有足夠的消遣和娛樂，就會樂不可支、心滿意足。孟德斯鳩和托克維爾則指出，專制者會讓一些人先富起來，刺激所有其他人的貪欲，鼓勵他們在發財夢的路上碌碌奔走。柏拉圖和塔西佗都認為，暴政下的人民不得不扮演政權指定給他們的角色，不管情願不情願，都會乖乖地帶着假面生活。幾乎所有的理論家都認為，暴政下的民眾目光短淺、明哲保身、隨遇而安、奴性十足。他們不能夠獨立思想和判斷，是頭腦被控制的愚眾，是孩子般幼稚的成人。

馬克思和韋伯都特別關注「微政治暴政」對民眾的影響。工人在工廠裏做工，農民在田地裏種莊稼，雖然收入微薄，但卻心甘情願地接受國家的剝削，以為那是自己的貢獻，是在國家裏當家作主的光榮。他們被愚弄和操控，螻蟻般渺小，隨時都會為保全政權的利益而被犧牲掉，但他們卻總是喜歡被領導摸頭，喜歡聽誇讚是

「真正的英雄」。他們被放在一部互相監視、彼此掐緊脖子的鬥爭絞肉機裏，但卻以為那是表現忠誠，出人頭地的大好機會。他們蠅營狗苟、奔競求榮、千方百計向主子爭寵，但卻覺得自己有高尚的覺悟和真誠的信仰。暴政下的人格和價值觀都是扭曲的，人因此變得目光短淺、頭腦呆滯。弗洛伊德說，生活在暴政下的男男女女都是乏味而平庸的；韋伯說他們根本沒有讓自己高尚和優秀起來的能力。這樣的見解與柏拉圖和亞里士多德非常一致，正所謂，暴政是一種最不能滿足高尚人性需要的惡劣政制，最不能培育社會正義，最不能增進人的優秀，最不能提升人的智識和能力。兩千多年以來一直如此，今天以此評估現代極權的邪惡，也同樣一點也沒有過時。

三　極權是更邪惡的暴政

從20世紀40年代末到50年代上半葉，出現了早期的反極權主義理論，經過一段時間的冷落後，從1970年代開始，在對斯大林主義的研究中出現了一種被稱為「修正主義」的歷史學研究轉向。修正主義，用美國歷史學家斯蒂芬·科恩(Stephen Cohen)的話來說，是個「委婉語」，其實是指為斯大林主義的極權罪惡進行洗白或翻案，或者至少是在客觀上起到了這樣的作用，因此特別值得我們重視。(參見本書第五章)

早期的極權主義理論至今仍然是經典反極權理論的核心，雖然經歷了必要的擴充和深化，但它對極權主義最根本的認識和批判價值並沒有動搖，而且被反復證明是切中肯綮，經得住歷史考驗的。正如美國哲學家理查德·伯恩斯坦在《根本惡》一書裏所指出的，極權主義理論把「惡的問題當作戰後歐洲知識生活的根本問題」提出了出來。[4] 我們可以說，惡不僅是戰後歐洲，而且也是當今世界範圍內知識生活的根本問題。這不是普通的惡，而是阿倫特所說的「根本惡」(the radical evil)。這種惡之所以根本，是因為那是一種毀滅人類世界的惡，它沒有深度，也沒有魔力，它能夠肆意作

4　理查德·伯恩斯坦：《根本惡》，王欽、朱康譯，譯林出版社，2015年，第1頁。

　　　　　　　　　　　暴政史：二十世紀的權力與民眾

惡，恰恰就因為它的平庸。正如她在《艾希曼在耶路撒冷》中所揭示的，根本惡的實施者中不僅有希特勒，還有千千萬萬的艾希曼，不僅僅是有惡魔，還有白癡和笨蛋。在它施虐下，世界雖然繼續存在，但那已經成為野獸的而非人類的世界。

發生在納粹德國、斯大林的蘇聯和毛澤東的中國的那些可怕事件，伯恩斯坦說：「我們竭盡全力試圖去理解這些事件，但我們不可能與之達成和解。然而，關於我們時代惡的可見性，存在着某種極端悖論的東西 —— 這種可見性可能具有壓倒一切的力量，以至於我們都麻木了」。他又引用哥倫比亞大學教授安德魯・戴爾班科 (Andrew Delbanco)的話說：「我們的文化在惡的可見性與可以獲得的對付它的知識資源之間已經裂開了一道鴻溝。恐怖的景象從來不曾如此廣泛地散播，也從來不曾如此駭人聽聞。從組織化的死亡集中營，到兒童在饑荒中餓死，這些本來都是可以避免的。……惡所造的罪孽從未如此之多。而我們的反應也從來沒有這樣軟弱」。[5]為極權主義洗白或翻案不一定是因為有意與極權統治同流合污，而是因為在已經變得司空見慣的邪惡面前，本應該有的道德反應因為麻木而變得異常軟弱。

極權主義理論的政治思考對我們今天的意義正是在於，它是一種敏銳而不麻木，堅韌而不軟弱的道德批判，是對極權之惡的洞察和反抗。在今天這個被懷疑主義和犬儒主義嚴重侵蝕的時代，極權主義理論更具有不一般的意義。它要追問的是，為甚麼有了這麼多令人痛苦又至為詳盡的歷史見證，「我們論述惡的概念性話語卻仍舊如此貧乏與不足？」「當我們將一種行為、一樁事件或者一個人描述為惡的時候，這到底意味着甚麼？……當我們說根本惡的時候，我們真正要說的又是甚麼？」[6]

從古代暴政與現代極權的「共同基礎」來看，我們至少可以從專制獨裁對人性的戕害來部分地回答這樣的問題。正如阿倫特所說，極權之惡「真的像是一個深淵打開了裂口……這件事根本就不

5　Andrew Delbanco, *The Death of Satan*. New York: Farrar, Straus, and Giroux, 1995, p. 3.
6　伯恩斯坦《根本惡》，第2頁。

應該發生。我指的不只是受害者的數量，而是手段、對屍體的加工利用等等——我無需追究太細。這件事不該發生。在這件事情上，我們都無法理解；我們沒有一個人能夠理解」。[7]

極權邪惡是不能用歷史修正主義所斤斤計較的數字來隨便洗白的。斯大林逮捕、監禁、流放、殺害的蘇聯人是150萬，還是如辯護者所說的不過60多萬；中國的大饑荒餓死了三千萬人，還是如辯護者所說的只有幾十萬。這樣的暴行能因為數字縮小就不再邪惡，變得更可以理解了嗎？《契卡》是一部反映20世紀初蘇聯肅反的俄羅斯電影，拍攝於1991年。電影描寫了蘇聯成立初期契卡人員的日常工作流程，講述了在「用非常手段同一切反革命做鬥爭」精神的指引下，契卡處決「反動分子」的故事。男人、女人、老人、孩子。各色人等都是以各種理由被逮捕，拘禁和槍殺。將近90分鐘的影片中，大多數時間是在槍決人；男女老少一批批被從囚牢裏帶到地下室，脫光了衣服，赤身裸體地走到門板前，臉朝着門板站立。赤裸處決女囚尤其令人髮指和噁心。需要用數字來確定這種屠殺是邪惡的嗎？任何數字都不能改變它的邪惡本質，因為這樣的事情根本就不應該發生。如果不是從極權罪惡本質來看這樣的問題，我們就不可能理解為甚麼會發生這樣的事情。這就是極權主義理論要求我們看問題的方式。也正因為如此，極權主義理論對我們今天仍然具有不可取代的道義審判意義。

極權主義的反人性罪惡、它的恐怖和意識形態、它的政府的本質存在，這些都必須作為制度罪惡來理解。阿倫特指出，極權恐怖與普通情況下人們的本能性恐怖是不同的。本能的恐怖是人的自我保護機能，恐怖會促使人奮力搏擊，至少會奔跑逃命，因此恐怖能增強人活動的能力。但是，極權恐怖扼殺的正是人的這一寶貴能力，「極權恐怖迫使人們互相反對，以此來摧毀他們之間的空間……它在一切自由中推毀了一種重大的先決條件，即是活動的能力(capacity of motion)」。(Arendt 466)[8] 人因為極權主義的恐懼而陷

7　轉引自伯恩斯坦：《根本惡》，第12頁。
8　Hannah Arendt, *The Origins of Totalitarianism*.New York: Harcourt Brace Javanovich, 1979.

入一種只有極權主義統治下才有的無助無力，也陷入徹底的孤獨。阿倫特指出，這種孤獨與普通社會中人的孤獨也是不同的，在極權主義世界裏，孤獨過去只是一種邊緣經驗，通常是在像老年這樣的邊緣社會條件下經歷的，但在極權統治下，孤獨成為一種人們普遍的日常經驗，任何有意義的人際交往都是受到嚴格管控的。

　　早期極權主義理論批判一黨專制的意識形態，及其恐怖和孤獨效應，讓我們看到了它的一個重要特點，那就是，它雖然強調現代極權與古代暴政的不同，但卻正確地看到，暴政之惡與極權之惡之間有非常緊密的內在聯繫。這個內在聯繫在《極權主義的起源》一書的結尾處得到了明確的表達，「極權就像暴政一樣，帶有它自己的毀滅性的細菌」。(Arendt 478)阿倫特對極權主義的道德評判與孟德斯鳩對專制批評一樣，針對的不僅是一種政治制度，而且更是它摧毀人性道德的那種令人既憤怒又瞠目結舌的邪惡。孟德斯鳩痛恨專制，是因為專制能使整個社會陷入一種千人一面、平庸低能的悲慘境地。專制制度下人心敗壞、道德淪喪，人們卑躬屈膝、苟且偷生，沒有榮譽感，為了苟活，甚麼不要臉的事情都做得出來。他們生活在恐懼之中，因為害怕權力的懲罰，只能老老實實地當縮頭烏龜，絕不敢抱怨或反抗。大大小小的專制幫兇，手裏只要有一點權力，必然殘民以逞，無惡不作。這是一幅多麼可怕的景象！同樣，阿倫特痛恨極權主義，是因為「極權主義的恐懼和產生恐懼的虛弱無能是反政治的原則，將人扔進一個與政治行動相反的情景，而孤獨和從孤獨中產生的最壞的邏輯——意識形態推理，代表了一種反社會的情景，包藏着一種摧毀一切人類共居的原則」。(Arendt 478)

　　雖然如此，阿倫特仍然對戰勝極權主義抱有信心，這是對人性道德的信心，並不一定表達為對某種政體的信念——共和、自由民主、社會民主主義。她說，在人類所有的政府形式之外，「還存在着一種真理，歷史的每一次終結必然包含着一個新的開端，這種開

本文中用的是林驤華的譯文，少數地方根據英文原文做了修正。括號中是英文版的頁碼(Arendt)。

端就是一種希望……開端在變成一個歷史事件之前，就是人的最高能力，從政治角度來說，它與人的自由是一致的」。(Arendt 478–479)暴政和極權摧毀人性自由的邪惡性質是相同的，極權更徹底，更無所不用其極，因此也更邪惡。反抗暴政和反抗極權的人性道德理由也是相同的，但必須經受的考驗程度不同。因為極權更邪惡，所以對人性的考驗也就越嚴酷。前蘇聯科雷馬勞改營倖存者瓦爾拉姆·沙拉莫夫在記錄自己所見所聞和親身經歷的《科雷馬故事》一書裏寫道，「百分之九十九的人都沒有能經受住這場考驗」。[9]但是，畢竟還是有人以自己的方式經受住了考驗，説到底，他們堅守的不是這種政制或那種主義的理念，而是做人的自由，做人的尊嚴和做人的底線。

四　20世紀的意識形態「天才」

只有將極權主義與古代暴政聯繫在一起，才能更清楚地看到，極權主義為甚麼是一種新型的現代政治制度，它是一種以「意識形態」和「恐怖」為主要特徵的統治形式，極權統治的手段不僅更加嚴厲，而且與我們所知的其他暴政壓迫形式(例如君王專制、僭主暴政、軍人獨裁)有極大的區別。正如阿倫特所説：「凡是在極權主義崛起執政的地方，它建立全新的政治制度，摧毀一個國家所有的社會、法律和政治傳統。……目前的極權主義運動從一黨制度中發展起來；每當這些制度變成了真正的極權主義，它們就開始按照價值觀念與其他一切制度都完全不同的一種制度來運作，我們的傳統法律、道德或常識中的功利主義範疇都不再能幫助我們對付其行動路線，對之作出判斷或者預言」。(Arendt 460)

「意識形態」和「恐怖」是極權主義的兩個主要特徵。意識形態是一種自稱為無所不知，無所不能的，放之四海而皆準的真

9　瓦爾拉姆·沙拉莫夫《科雷馬故事》，黃柱宇、唐伯訥譯，廣西師範大學出版社，2016年，第381頁。參加金雁：《荒唐年代的人性考驗》https://mp.weixin.qq.com/s/pC2WzmyHy6suQ91uIHc3Cg.

理。「根據『意識形態』的原詞含義，它是一種觀念的邏輯。它的題材是歷史，從『觀念』的角度運用這種主題材料的結果，不是關於某種事物『是甚麼』的一套陳述，而是展開一個經常變化的過程。意識形態對待事件的過程的態度，是將它們看作應該遵循它的『觀念』所揭示的邏輯『法則』。各種意識形態都偽裝知道整個歷史過程的各種秘密 —— 過去的秘密，現在的纏結，將來的無法預測 —— 其原因是各自觀念中內在的邏輯」。意識形態是一門偽科學和偽哲學，它之所以邪惡，是因為它和恐怖一樣，「破壞人與人之間的一切關係，意識形態的思維……摧毀了所有真實的關係……使人失去了體驗和思考的能力」。(Arendt 469, 474)

意識形態是極權領袖顯示「天才」主要領域，他是解釋極權意識形態的唯一最高權威，因此，他對所有的人都擁有絕對的思想統治權力。極權政府對社會各個領域的「全能」統治都是從這種思想統治權開始的。極權領袖被打造成一個「天才」人物，他具有超凡的遠見和智慧，擁有出類拔萃的行動能力和傑出的人格品質。他是古代先知、聖賢、智者和現代革命家、統帥、舵手、導師等等的神奇混合。他的天賦異稟和歷史使命使他名正言順、當仁不讓地成為萬民敬仰和崇拜的「天才領袖」。只要他大權在握，他的任何實際錯誤都不會動搖這個神聖的地位，希特勒、斯大林、毛澤東都是這樣。

這種意識形態化的「天才」是20世紀特有的觀念。天才觀念源於古代羅馬，羅馬人認為，個人之所以具有各種驚人的能力，是有精靈(genius)附體(或被精靈策動)的結果，天才就是「精靈」的意思。有善的精靈，也有惡的精靈。人被不同的精靈附體。天才可以是神，也可以是魔，可以擁有善的力量，也可以擁有惡的力量。羅馬第一位皇帝奧古斯都(Augustus)是羅馬「天才」的最好體現。他原名蓋烏斯·屋大維·圖里努斯(Gaius Octavius Thurinus)，是羅馬帝國的開國君主。歷史學家通常以他的頭銜「奧古斯都」(神聖、至尊的意思)來稱呼他，這個稱號是他在公元前27年的時候獲得的，那時他36歲。公元前14年8月，在他去世後，羅馬元老院決定

將他列入「神」的行列。他的出生有神性，而他的天才則是國家需要的，這二者可以分開，又可以完美結合，所以他的稱號是 pater patriae (國家之父)。[10]

　　文藝復興時期的天才觀念發生了變化，開始有了現代天才的觀念。文藝復興的天才觀是基督教的，也是人文主義的。天才是人的靈魂接近上帝時的狂喜，稱為「神性癲狂」。上帝直接感召人的靈魂，無需通過精靈小神仙的中介。天才成為蘊藏着超常靈魂力量的不凡人物，如米開朗基羅。但是，要到18世紀啟蒙時期，現代天才才真正誕生。18世紀「自然神論」(Deism)中的上帝在創造這個世界之後，便不再過問人世間的瑣碎事情，誰是天才或不是天才乃是人世間的瑣事，這叫做「上帝的隱退」(the withdrawal of God)。現代天才既無需調動「天才」(精靈小神仙)，也不受控於它們，他就是天才，所以人們開始說「某人是天才」。這種天才觀是對啟蒙「人人權利平等」的一種平衡，人雖然在權利上是平等的，但「天才顧名思義就是按異常來界定的 —— 獨特的、特殊的，在構造上就異於常人」，這也是天才崇拜的開始。[11] 19世紀延續了這樣的天才觀念，並將啟蒙時代的「天才崇拜」發展為「英雄崇拜」。直到今天，這仍然是許多人對天才、英雄、偉人的基本認知方式。20世紀意識形態化的天才崇拜不僅僅是繼承了19世紀的英雄崇拜，而且將之改造成現代群眾運動的一種「領袖理論」。(參見本書第十二章)

　　阿倫特本人對「領袖理論」或偉人領袖沒有太大興趣，因為她不相信任何領袖是天生的，她感興趣的按照群眾的需要被構建出來的領袖。(參見本書第十二章)現代意義的「天才」同樣也是一種社會構建。正如達雷恩‧麥馬漢(Darrian M. McMahon)所說：「如果我們想要瞭解現代世界裏天才的作用，我們就應該記住，有善的天才，也有惡的天才，不要忘記，說到底天才產生於普通人的希望和渴望，這也許會讓一些人覺得不自在。我們是對天才充滿驚奇和讚歎的人，我們渴望天才可能為我們帶來的救贖。我們是對天才表達

10　Darrin M. McMahon, *Divine Fury: A History of Genius*. New York: Basic Books, 2013, p. 29.
11　Darrin M. McMahon, *Divine Fury*, pp. 75, 73.

　　　　　　　　　　暴政史：二十世紀的權力與民眾

恭順和鞠躬致敬的人。在一個非常真實的意義上，天才的創造者是我們」。[12]

在善惡並存的現代世界裏，天才可以是善良，也可以是邪惡的，可以是神，也可以是魔。極權制度裏的「天才」領袖是人性惡和制度惡的合力產物，是黑暗和邪惡的天才。希特勒就是這樣的一個天才，1938年，希特勒生日時，美國《時代》雜誌就語帶諷刺地稱他是一個瘋狂的「軍事和政治天才」。早在1920年4月27日，希特勒就在一次演說中聲稱，德國需要「一位獨裁者的天才」。戈培爾在1931年的小説《邁克》(Michael)裏説，「人民之於政治家，就如同石塊之於雕刻家」，「天才利用人民……從來如此」。[13] 領袖利用人民，人民需要領袖，專制獨裁者於是成為極權主義造就的制度性的天才領袖。斯大林也是這樣一位天才，「他這樣的天才顯然是凌駕於法律之上的，如果説斯大林用天才來鞏固他用暴力奪取了的權力，那麼，我們可能低估了這個天才在多麼廣大的範圍裏被人民所接受」。[14] 伯克萊加大歷史學教授伊莉娜‧派坡諾(Irina Paperno)很形象地説：「斯大林的同時代人都為自己的人生能與一位天才相遇而額手稱慶，以為他是一位和馬背上的拿破崙同樣偉大的世界歷史人物」。[15] 戈爾巴喬夫則回憶道，「説到底，斯大林的『個人崇拜』是一個關於斯大林是天才的神話，領袖和所有人民隨眾全都相信這個神話。強大無比的宣傳機器把這個神話灌輸到人民的頭腦裏，不讓他們有獲得任何不同信息的機會。……這把他們帶到了神經錯亂的邊緣，這就是為甚麼斯大林的去世會使千百萬的人民如此錯愕，如此驚慌失措的原因」。[16]

20世紀極權國家人民盼望天才領袖，他們把現世和未來的希望都維繫在他一個人身上，這就如同18世紀絕對君主專制時代，人們

12 Darrin M. McMahon, *Divine Fury*, p. xvi.
13 Darrin M. McMahon, *Divine Fury*, p. xvi.
14 Darrin M. McMahon, *Divine Fury*, p. 207.
15 Irina Paperno, "Intimacy with Power: Soviet Memoirists Remembering Stalin." In Klaus Heller and Jan Plampe, eds., *Personality Cults in Stalinism*. Göttingen: V&R Unipress, 2004, p. 360.
16 Mikhail Gorbachev, *On My Country and the World*. Trans. George Shriver. Columbia University Press, 2000, p. 32.

把開明政治和人道社會的希望寄託在開明君主身上一樣。然而，啟蒙時代的有識之士已經看到，集萬千民眾希望於一身的開明君主其實只會讓他們的人生變得更加悲慘，啟蒙哲人狄德羅雖然支持俄國的開明政治改革，但他認為開明專制最多也不過只能收效於一時。他說：「人們說最能帶來幸福的政府是那種公正、堅定而開明的專制君主統治的政府。簡直是無稽之談！難道這種絕對君主的意志不會與其臣民的意志相抵牾嗎？雖然他公正而開明，但難道他就不會犯錯，以臣民自身利益的名義來剝奪他們的權利嗎？……第一個公正、堅定而開明的專制君主可能是一個大災禍；第二個可能是更大的災禍，第三個將會是一個國家所遭受的最為恐怖的災難」。[17] 極權統治的天才領袖不需要有第三個，有第一個就已經足夠給任何一個國家帶來最為恐怖的災難了。

17　Denis Diderot, *Political Writings*, ed. J. H. Mason and R. Wokler. Cambridge: CTHPT, 1992, pp. 207–208.

暴政史：二十世紀的權力與民眾

第一部分

暴政是惡的天才傑作

第一章

暴政的制度惡與人心惡
──《理想國》、《政治學》

今天，tyranny (僭政)基本上都翻譯為「暴政」，tyrant (僭主)則翻譯為「暴君」，暴政或暴君都是嚴重的貶義詞。一個是「作惡的制度」(專制)，另一個是「作惡的人」(專制者或獨裁者)。但是，公元前七世紀，tyrant這個詞最初出現在古希臘詩人阿爾奇洛克斯(Archilochus)的詩作裏的時候，它只是「僭主」的意思，並沒有貶義。僭主指的是「奪位之人」，即不是通過父權子承或人民擁戴而得到王位的人。歷史學家約翰·法恩(John V. A. Fine)指出，「僭主原本是一個中性詞，指的是一個人奪取並保持權力，不同於合法的憲制王位(國王)；這個稱呼對他作為個人或統治者都沒有評價的意思」。[1]

到了公元前六世紀，僭主開始有了「暴君」的貶義，那時候的飲酒歌裏就有了這樣的歌詞：「你的美名將永遠流傳……因為你殺死了暴君，讓雅典人在法律面前有了平等」。到了公元前四世紀，暴君和暴政有了更明確的譴責意味，暴政是一種為了一己私利而實行的統治，它殘酷、專斷獨行、無法無天，因此是一種道德墮落、人神共憤的政治體制。柏拉圖、亞里士多德、色諾芬都是在這個意義上使用暴政或暴君這個說法的。

一　暴政是「城邦的絕症」

柏拉圖稱暴君為「邪惡怪物」(ogre of wickedness)，不過，他說

1　John V. A. Fine, *The Ancient Greeks: A Critical History.* Harvard University Press, 1982, p. 105.

的「惡怪」暴君不是指早期的第一代「奪權者」(僭主)。他們利用平民反對貴族的鬥爭和其他社會階層對貴族統治的不滿，用陰謀或暴力手段奪取政權，但能「善自節制，治民溫和，施政大體上遵循法度」。[2] 早期希臘僭主打擊貴族勢力，客觀上有利於平民力量的發展壯大。他們有的成為有抱負、有眼光、勵精圖治、克己奉公的改革先驅。他們的權力仍然受到其他權力機構以及傳統習慣勢力的牽制，沒有達到專制君王擁有無限和絕對權力的地步。

柏拉圖所說的「邪惡怪物」是第二、第三代的暴君。他們驕奢淫逸、殘暴成性、殘民以逞、作惡多端。例如，古希臘雅典僭主庇西特拉圖(Pisistratus)的兒子們，過了一陣子太平、富足的日子之後，開始作威作福、肆意妄為起來，後來終於被推翻了。這幾乎成為規律，而這個規律就是柏拉圖所要總結的。暴君是最早的專制獨裁者，他們的種種惡行 —— 獨攬權柄、獨斷專行、專橫暴戾，排斥異己、陰險狡詐、用暴力和恐怖來統治人民 —— 成為後來專制暴政的模板。暴政是惡的天才傑作，暴君是發明暴政的邪惡天才。

柏拉圖對暴君的憎惡和鄙視是與他的正義觀聯繫在一起的，對正義的思考是他哲學的核心。他為我們提供了關於正義國家 —— 他稱之為「理想國」 —— 的理念和制度結構。他認為，孤立的個人無法自給自足，因此需要與他人聯合在一起。這便是國家的起源。個人是社會的(即政治的)動物，人的特定基本需求將個人們聯結在一起。這些基本需求首先是經濟自足和安全需求，在較高層次上是諸如友誼這樣的社會生活需求。柏拉圖說，為了合乎正義地對待人們，所有人首先必須把其他人看成公民，而正義的國家必須在此基礎上建立。這是一個由哲學家掌權的理想國。

柏拉圖還認為，由於人性中存在着惡，即使理想國能夠建立起來，它也不能持久。一種由創生、衰落和解體構成的循環支配着那個開始時秉承正義的理想國。一個政制能夠不受這一循環惡質影響，只不過是極少數的短暫片刻。他認為，理想國總有一天會被一種叫做「榮譽政體」(timocracy)的政府形式所取代。在榮譽政體

2　　亞里士多德：《雅典政制》，XVI，2.

暴政史：二十世紀的權力與民眾

裏，重視勇氣、榮譽和戰爭的佼佼者者們會取代哲學家，成為執掌政府權力的統治者。

　　然而，這種榮譽政體也不能持久。隨着時間的流逝，榮譽變色，勇氣衰退，榮譽政體也就被「寡頭政治」(或少數富人)的統治取代。寡頭們害怕失去他們所擁有的東西。這種恐懼連同貪婪構成寡頭們行動的動力。他們控制政府以便保護和增加他們自己的財富。這是不正義的。因此，在一段時間之後，窮苦大眾便會要求自由，要求建立民主政體。民主政體使所有人都能參與政府治理，並優先考慮人數居多的窮人們的要求。柏拉圖認為，民主政體隨後將會不可避免地出現近乎無政府狀態的混亂。於是，一些人便會呼喚強人，擁戴強權，以便恢復秩序。強人剛開始時總是以仁慈獨裁者的面目施行統治，但很快就會成為一個暴君。暴君是哲學家的對立面，他雖然也受過教育，但卻是被扭曲的有才之人，他把國家帶向最糟糕的境地，那就是暴政。暴政制度中的統治者只關心滿足他的個人欲望(尤其是權力欲)，為了欲望他可以犧牲靈魂，為了罪惡他可以犧牲美德。暴政是柏拉圖所能想到的最壞政體。[3]

　　在柏拉圖那裏，一種政制變化成為另一種政制，推動的力量不是革命，也不是歷史，而是醫學意義上的健康衰退和疾病。就跟人一樣，一個城邦(他的理想國)漸漸變得年邁體弱，健康日差，這是誰也阻擋不了的衰變。(546a)[4] 疾病加劇了這種衰退，經過幾個階段後，達到了暴政這個最嚴重的階段。這時候，一個健康的城邦就整個垮了下來。在這之前，其他的政制裏的人還注重榮譽(timocracy)、財富(oligarchy)和看起來很誘人的自由(democracy)，但是，暴政來臨的時候，人們便甚麼都不在乎了，他們蠅營狗苟、胸無大志，過一天算一天，沉湎於放縱欲望、娛樂至死的殭屍生活。

　　暴政的制度之惡和人性之惡都在放縱的欲望中綻放出妖豔的花朵來。暴君和他的臣民同樣是沉溺在欲望的放縱之中，醉生夢死，

3　參見李韻琴：《論早期希臘的僭主政治》，見施治生、劉欣如主編《古代王權與專制主義》(修訂本)，中國社會科學出版社，2015年。

4　Plato, *Republic*. 出自《理想國》的引文皆在括號中標明出處。

不思進取。暴君除了保住權力之外，甚麼都不在乎，他沒有遠見，也缺乏智慧，而他統治下的臣民則不問是非，不辨正邪，只是一心尋歡作樂、得過且過，糊裏糊塗地過日子。城邦失去了推動改革的力量，即使還有極少數的「道中之人」，也是無濟於事。

在暴政的統治下，「剩下的哲人……是微乎其微的了：他們或是出身高貴又受過良好教育的人處於流放之中，因而沒受到腐蝕，依然在真正地從事哲學；或是一個偉大的靈魂生於一個狹小的城邦，他不屑於關注這個小國的事務；少數人或許由於天賦優秀，脫離了他所正當藐視的其他技藝，改學了哲學；還有一些人……因為疲憊不堪，脫離了政治」。(496b)在這個迷醉於享樂的瘋狂城邦裏，只有少數僅存的清醒之人。他們的生存狀態是危險的，「極少數的道中之人，他們嘗到了擁有哲學的甜頭和幸福，已經充分地看到了群眾的瘋狂，知道在當前的城邦事務中沒有甚麼可以說是健康的，也沒有一個人可以作正義戰士的盟友，援助他們，使他們免於毀滅的。這極少數的真哲學家全像一個人落入了野獸群中一樣，既不願意參與作惡，又不能單槍匹馬地對抗所有野獸，因此，大概只好在能夠對城邦或朋友有所幫助之前，就對己對人都無貢獻地早死了」。暴政統治下，黃鐘毀棄，瓦釜雷鳴；善良的人既然不能濟世匡時，力挽狂瀾，便只能選擇在亂世之中獨善其身。「由於所有這些緣故，所以哲學家都保持沉默，只注意自己的事情。他們就像一個在暴風卷起塵土或雨雪時避於一堵牆下的人一樣，看別人幹盡不法，但求自己得能終生不沾上不正義和罪惡，最後懷着善良的願望和美好的期待而逝世，也就心滿意足了」。(496b–c)這也是後來2000多年裏所有暴政國家裏「有道之士」的生存寫照。在暴政最為酷烈的時候，人已經失去了活着的意義，他們有的也就只能選擇以死來表明自己最後的抗議。

柏拉圖把暴政視為一種失諧和有病的政體，雖然在他看來，除了他的理想國，其他的政體都不盡健康，但暴政卻是「城邦的絕症」。正如同疾病是身體之惡一樣，暴政是政制之惡，是非正義的「靈魂之惡」的極端狀況。政制是由習慣造就的，而習慣也造就了

政制。各種政制都有各自相應的「個人心靈」，「只要看一看暴君式的個人心靈，我們於是就可以試着來正確判斷我們面臨的政制問題了」。(545c)

在暴政這個政制中，暴君和他的臣民(不是公民)在個人心靈上是沒有區別的，因為無論是男是女，個人心靈都反映了他們生活於其中的政治秩序。「難道你以為政權是『從橡樹或石塊』裏生出了的嗎？」在暴政的土壤裏，生長不出健康的個人。在描述了暴政的敘拉古(Syracuse)的無道和放縱之後，柏拉圖說：「在這樣的環境裏，在自我放縱中長大，天下沒有能夠在這種情況下成長為智慧之士的。那裏的自然不包含這樣的個人心靈」。(544c, 477b–c, 544d–e)暴政世界裏的暴君和臣民有相同的個人心靈，他們互為鏡中的影像，相互加強彼此共有的邪惡。暴政的制度之惡與個人的人性之惡猶如風助火勢，火借風威一般不可遏制。

二　暴政的大棒和胡蘿蔔

柏拉圖把城邦政制的蛻變視為正義所遭受的最大威脅和破壞。政制向暴政蛻變，既是城邦中人(暴君和臣民)集體人心墮落的徵兆，也是原因，而政治的失序是比個人心靈失衡更嚴重的疾病。在暴政的城邦裏，人人都受一己私欲的驅使，自我放縱、瘋狂作樂、毫無節度。它的享樂主義不再服從理性和榮譽的命令，把一切正義之事完全拋到了九霄雲外。在柏拉圖那裏，正義就是服從本該要服從的。正義也是一種和諧的關係，無論是對權力還是金錢，欲望本身都不是錯，但是，人一旦失去了對自己的主宰，讓自己的權力欲或金錢欲脫離了理性和榮譽的節度，也就必然受制於瘋狂的貪欲，必然會讓正義遭到破壞。

讓正義遭受破壞，這不僅是有害的，而且是愚蠢的，「真實的正義確是如我們所描述的這樣一種東西：它不是關於外在的『各做各的事』，而是關於內在的，即關於真正本身，真正本身的事情。這就是說，正義的人不許可自己靈魂裏的各個部分相互干涉，

起別的部分的作用。他應當安排好真正自己的事情，首先達到自己主宰自己，自身內秩序井然……(人需要)使所有的部分由各自分立而變成一個有節制的和和諧的整體時，於是，如果有必要做甚麼事的話——無論是在掙錢、照料身體方面，還是在某種政治事務成私人事務方面——他就會做起來並且在做所有這些情過程中，他都相信並稱呼凡保持和符合這種和諧狀態的行為是正義的好的行為，指導這種和諧狀態的知識是智慧，而把只起破壞這種狀態作用的行為稱作不正義的行為，把指導不和諧狀態的意見稱作愚昧無知」。(443c–d)

暴政之下，暴君無限放縱自己的權力欲和控制欲，而臣民則放縱他們的享樂欲和其他私欲，在暴君和臣民之間有一種心照不宣的私欲交換。臣民不挑戰暴君的權力，對他的邪惡視而不見，暴君不干涉臣民的發財和尋歡作樂，甚至鼓勵他們在這條不歸路上狂奔。結果便是整個城邦的「不節制、懦怯和無知」(446b)這是柏拉圖政治學裏最富有洞見的部分。羅傑·波伊契對此稱讚道，「柏拉圖的偉大貢獻在於揭示了歐洲政治思想一直在強調的那種暴君與奴民的相互聯繫。暴政的政治和經濟理論既造就，也反映了暴政的文化和心理。在柏拉圖那裏，暴政不只是意味着濫用權力，暴政還一定是一種政治文化，調教人民相信甚麼、怎麼去想、如何感覺」。[5]

暴政的對立面不是任何其他政制，而是正義。在正義的城邦裏(柏拉圖的理想國和跟它差不多的城邦)，領袖會努力塑造公民的人格，而政治的作用則應該是塑造人的靈魂。柏拉圖把這樣的領袖比喻為「船長」和「醫生」。船長引導正確的航向，照顧他的船和船員，統治者也應該如此，「重要的是……統治者要做真實的好事……如果他能通過這個考驗，那麼一切都好。……船長把注意力放在任何時候都對他的船和船員真正有益的事情上。這樣心態的船長，只要堅守同一個大的原則，就甚麼錯誤都不會發生。統治者為臣民守住不偏不倚的正義，按照理智和治理的技藝。他們不僅能保

5　Roger Boesche, *Theories of Tyranny*, p. 31.

護臣民的生命，還能在人性的範圍內改造他們的性格」。[6]

好的統治者也能像醫生一樣對待人民，他不是人民要求甚麼就給他們甚麼，人民要求怎麼做，就讓他們怎麼做。他會教導人民去期待值得期待的，只是做值得去做的事情。他擔負的是一個好醫生的職能，「當一個人健康的時候……讓他滿足他的食欲，饑餓了，想吃多少就吃多少，渴了就讓他暢飲。但是，如果他病了，那就不能讓他想吃就吃，想喝就喝」。[7]

船長或醫生是有專門知識的人，他們有良好的意願，還懂得如何安全行駛或者治病救人。同樣，優秀的統治者也是賢德之士，他指引正義之道，教導人民過健康、理智的生活，幫助他們學會自控和節制、「這不是對眾人最重要的溫和元素嗎？服從統治者，自己也是統治者，管理者自己的酒樂、性和飲食」。(389d–e) 有人批評柏拉圖說，這種想法是精英主義的，這樣的船長或醫生會變得自以為是，不管願意不願意都得聽他們的，都會以安全或健康的理由來強迫別人服從他們。柏拉圖確實說過，「我們並不根據病人是否願意讓醫生動手術或燒灼治療，來評判醫生是否合格。……只要醫生按照科學來控制我們的健康就行……統治者監禁或處死一些人，流放一些人，用這個辦法來清理城邦」。[8] 但他的意思是清楚的，那就是，如果要讓城邦的道德保持健康，政治家就應該像醫生照看人的健康那樣照看城邦的健康。

柏拉圖只是在拿船長或醫生做一個好政治家的比喻，與好政治家相比，暴政的統治者就是另一種政治人物了。暴君對城邦正義或公民道德健康不感興趣，他關心的只是如何保住自己的權力。為此，他總是大棒與胡蘿蔔並用。暴君必須使出殘忍的手段，才能讓臣民害怕並無條件地服從。他在國家內部遇到麻煩，「這時他總是首先挑起一場戰爭，好讓人們需要一個領袖」。(566d) 這樣他就可以方便地把臣民的注意力轉向外部的敵人。臣民們有了這樣的危機

---

6   Plato, *Statesman*, 296d–297b.
7   Plato, *Gorgias*, 505a.
8   Plato, *Statesman*, 293a–d.

感，就會期待鐵腕的強人領袖給他們安全感，保護他們不受外來的侵略和奴役。即使在和平時期，暴君也會故意讓臣民處於匱乏的狀態，迫使他們為了生存，不得不終日辛苦勞作，養家餬口，沒有時間或精力關心國家的事情，也沒有聚眾鬧事的閒暇，更不用說謀劃造反了。[9]這是暴君的弱(貧)民權術，他只要控制了人民的財路，就能實現「利出一孔，其國無敵」。

暴政國家裏，天下熙熙，皆為利來；天下攘攘，皆為利往。臣民憑着原始的趨利避害天性過日子，關心的只是眼前最基本的衣、食、住、行需要。越是這樣，也就越是指望統治者滿足他們的這些需要，越是這樣，統治者就越容易以他們的恩賜和保護者的身份來對他們予取予求。這樣的統治者很快就一定會「由一個保護者變成了一個十足的暴君獨裁者」。(565d)「如果他懷疑有人思想自由，不願服從他的統治，他便會尋找藉口，把他們送到敵人手裏，借刀殺人」。要是有勇敢的人，「那就必須清除所有這樣的人，不管他們是否有用，也不管是敵是友，一個都不留」。不光是對最勇敢的，對最有智慧的和最富有的也都一樣，「為了他自己的好運，不管他主觀願望如何，他都必須與他們為敵到底，直到把他們剷除乾淨為止」。暴君的這種作為正好與醫生相反，「醫生清除最壞的，保留最好的，而暴君的去留正好相反」。(567b–c)在暴政之下，暴君用的是小人和奸佞，優秀者的處境會是很危險的。

但是，暴君清楚地知道，光靠暴虐和殺戮的政權是不可能長期穩定牢固的，為了維穩，他還需要盡量讓臣民喜歡他。暴君起家時總是使用收買和討好人民的手段，「這個人在早期對任何人都是滿面堆笑，逢人問好，不以君主自居，與公與私他都有求必應，豁免窮人的債務，分配土地給平民和自己的隨從，到處給人以和藹可親的印象」。(566e)在他成為人民的「保護人」之後，他也會扮演討人民喜歡的角色，不是船長，不是醫生，而是廚子。

在柏拉圖那裏，廚子似乎是個下等的職業。在《高爾吉亞篇》(*Gorgias*)裏，蘇格拉底說：「修辭之於正義，就如同廚子之於醫

9　Plato, *Statesman*, 296e.

　　　　　　　　暴政史：二十世紀的權力與民眾

生」，修辭或廚子都是冒牌貨，都是貶義的。蘇格拉底還說：「裁判我，就像是在一群孩子面前，由廚子來起訴醫生」。孩子和病人因為不知道甚麼對自己有好處，甚麼有害處，所以喜歡那些能對他們口味，以滿足他們為能事的廚子。孩子得聽從父母或老師，病人得聽從醫生，但廚子卻是聽孩子或病人的。廚子為他們提供他們想要的即刻快樂和滿足，別的他甚麼都不管，也不關心。暴君討好他的臣民，就像這樣的廚子。這是他用來安撫他們的胡蘿蔔，「廚子假裝成醫生，哄他們說知道甚麼是對他們最有益的食物」。[10]

暴君摸透了臣民的口味，按他們的口味來哄騙他們，這才是最能奏效的烹調技藝。暴君定於一尊，但卻會誇讚他的臣民是真正的英雄、是富有智慧的人民大眾。他知道下賤的臣民就好這一口，這種廉價的食品要多少有多少。他還知道，民眾只在乎物質和欲望的滿足，不在乎自由。他瞭解和控制民眾，「完全像一個飼養野獸的人在飼養過程中瞭解野獸的習性和要求那樣。他瞭解如何可以同它接近，何時何物能使它變得最為可怕或最為溫馴，各種情況下它慣常發出幾種甚麼叫聲，甚麼聲音能使它溫馴，甚麼聲音能使它發野。這人在不斷飼養接觸過程中掌握了所有這些知識」。(493b)這是一套有效的統治技藝，可以讓人民舒舒服服地完全落入他的操控之中。

三　暴政下的孤獨個體和貪婪腐敗

暴政統治者專斷獨裁，目無法紀，他的意志就是至高無上的命令。暴政統治有許多可以用來馭民的嚴刑苛法，但卻並沒有真正的法律權威。暴政的獨裁人治不僅破壞法律的權威，而且顛覆權威本身。臣民們心懷恐懼地服從暴君的權力，但是，他們只不過是為了眼前的需要或利益屈服於一種以懲罰為後盾的強制力，而不是服從具有道義正當性的權威。因此，柏拉圖認為，任何一種暴政制度都缺乏真正的權威，它的表面秩序隨時有可能土崩瓦解，國家也就隨之陷入動亂。

10　Plato, *Gorgias*, 465c, 521e, 464d.

任何一個自由、正常的政治秩序，它的存在條件都是人們對他們共同認可的權威有所敬畏，不是因為害怕它的懲罰，而是因為它的正義和正當性。這個權威就是法。在一個正常的社會裏，人們服從其他的權威——父母、老師、醫生、領袖——也都是這樣的。柏拉圖強調，如果一個城邦是和諧和健康的，那麼，那裏的人民會自願地服從法律，也會自願地聽從其他權威。他們是自由的，他們的服從裏面沒有害怕或恐懼的因素。[11]

暴政之下，人民沒有自由。暴君強行取代了自由社會裏的所有權威，把他自己樹立為唯一的，最高的權威。他這麼做，不僅破壞了所有的權威，而且還從根本上摧毀了人們對待權威所需要的那種敬畏，剩下的只有野蠻人赤裸裸的本能害怕，「結果是，就像你所知道的，他們不在乎任何法律，成文的或不成文的，為的是逃避任何可能的主人」。(405a)

一個城邦失去了人們共同認可的法律權威，各種勢力便會互相對抗，人民無所適從，猶如一盤散沙。這正中暴君的下懷，便於他各個擊破，分而治之。柏拉圖認為，分裂的顯見原因是經濟和財富。他把理想國看成是唯一真正的城邦，而其他形式的城邦都很容易因為不同的經濟利益和爭奪財富而四分五裂、分崩離析。他說得很明白，「稱呼別的國家時，『國家』這個名詞應該用複數形式，因為它們每一個都是許多個而不是一個，正如戲曲裏所說的那樣。無論甚麼樣的國家，都分成相互敵對的兩個部分，一為窮人的，一為富人的，而且這兩個部分各自內部還分成許多個更小的對立部分」。暴君可以很容易地統治這樣的國家，因為「如果(他)……把其中一些個的財富、權力或人口許給另一些個部分，那他就會永遠有許多的盟友和不多的敵人。他的國家只要仍在認真地執行這一既定方針，就會是最強大」。(422e–423a)

財富永遠不可能是平均分配的，如果公民們沒有共同認可的城邦道義和城邦榮譽，那麼，財富變化就成為分裂他們最有效的力量。暴政不允許人們過問政治，但卻會鼓勵他們去發財致富，縱容

11　Plato, *Laws*, 647b, 699b–d.

自己的欲望，把發財夢越做越大。每個人都一心想着如何迅速地富起來，過上比鄰人更體面，更風光的小日子。人們互相攀比，互相嫉妒，互相憎恨和敵視、互不信任，甚至互不來往，自然就不會再去關心公共的事情。

發財和暴富不僅增加了人與人之間的隔閡，讓人變得更加孤立、自私、不團結，而且根本就是一種腐敗的力量，對個人和國家都是如此。對個人來說：「私人手裏的財產，能破壞榮譽政治。這些人想方設法揮霍浪費，違法亂紀，無惡不作。男人如此，女人也跟在後面依樣效尤」。(550d)「長此下去，發了財的人，越是要發財，越是瞧得起錢財，就越是瞧不起善德。好像在一個天平上，一邊往下沉，一邊就往上翹，兩邊總是相反」。(550d)對國家來說，「一個國家裏尊重了錢財，尊重了有錢財的人，善德與善人便不受尊重了。……受到尊重的，人們就去實踐它，不受尊重的，就不去實踐它。總是這樣的。……於是，終於，好勝的愛榮譽的人變成了愛錢財的人了。他們歌頌富人，讓富人掌權，而鄙視窮人」。(551a)

柏拉圖說，暴政的統治者「愛好財富，這和寡頭制度下的統治者相像。他們心裏暗自貪圖得到金銀，他們有收金銀的密室，住家四面有圍牆；他們有真正的私室，供他們在裏邊揮霍財富取悅婦女以及其他寵幸者。……他們一方面愛錢，另一方面又不被許可公開撈錢，所以他們花錢也會是很吝嗇的，但是他們很高興花別人的錢以滿足自己的欲望。……他們秘密地尋歡作樂，避開法律的監督，像孩子逃避父親的監督一樣」。(548a-c)暴政的制度裏最迅速滋生的，除了嗜錢如命的貪婪，便是偽善和自以為是。暴君要控制所有的人，卻不能控制自己的欲望；他要告訴臣民怎麼做幸福夢，而他自己卻是一個最不幸福的人。

柏拉圖生動地表述了暴君的不幸福，暴君雖然有強烈的享樂欲望，但「他是這個城邦裏唯一不能出國旅行或參加普通自由公民愛看的節日慶典的人。雖然他心裏渴望這些樂趣，但他必須像婦女一樣深居禁宮，空自羨慕別人能自由自在地出國旅遊觀光」。不僅如

此，暴君的內心是混亂的，「命運使他成了一個真正的僭主暴君，他不能控制自己卻要控制別人，這時他的境況一定還要更槽。這正如強迫一個病人或癱瘓的人去打仗或參加體育比賽而不在家裏治療靜養一樣」。(579c–d)

暴君看上去是定於一尊、支配一切，但是，「真正的僭主實在是一種依賴巴結惡棍的最卑劣的奴隸。他的欲望永遠無法滿足。如果你善於從整體上觀察他的心靈，透過欲望的眾多你就可以看到他的真正貧窮。他的生活是一天到晚提心吊膽；如果國家狀況可以反映其統治者的境況的話，那麼他像他的國家一樣充滿了動盪不安和苦痛」。暴君不僅自己不幸福，他的家人和周圍的人也都跟着他不幸福，暴君的權力越大，他就越變得「更不忠實可信，更不正義，更不講朋友交情，更不敬神明。他的住所藏垢納穢。你可以看到，結果他不僅使自己成為極端悲慘的人，也使周圍的人成了最為悲慘的人」。(579d–e)

暴君無度的權利欲、支配欲、控制欲使他的臣民陷入了被奴役的境地，也將他自己和家人置於不幸之中。那麼，他為甚麼不克制自己，為甚麼非要在一條不歸路上走到黑呢？柏拉圖是用「瘋狂」來回答這個問題的──瘋狂也就是一個人被自己的欲望牢牢控制，到了不可理喻的智昏地步。柏拉圖運用索福克勒斯(Sophocles)關於性欲是「發狂的、粗野的主人」的說法，把人的欲望看成是「瘋狂的主人」。柏拉圖把人的靈魂中的欲望部分稱為「暴民般的野獸」，他說：「這個暴虐的人因欲望和情欲而瘋狂」。(329c–d)

柏拉圖當然不是在主張禁欲或者人必須無欲，他主張的是要有好的，而不是「非法」的欲望，他讚美正義的人，因為他們對勇氣、智慧、健康有欲望。這樣的欲望來自人的和諧的，而不是狂躁的靈魂部分。如何區分好的和壞的，合理的和不合理的欲望呢？他認為這是一個非常要緊的問題，「我覺得我們分析欲望的性質和種類還做得不夠。這個工作不做好，我們討論僭主人物就討論不清楚」。(572a)他做出這樣的說明，「在非必要的快樂和欲望之中，有些我認為是非法的。非法的快樂和欲望或許在我們大家身上

　　　　　　暴政史：二十世紀的權力與民眾

都有；但是，在受到與法律和理性為友的較好欲望控制時，在有些人身上可以根除或者只留下微弱的殘餘，而在另一些人的身上則留下的還比較多比較強」。(571b)非法的欲望就是壞的欲望，它只是為了肉體的滿足，超過了人的身體和精神健康的需要。這種欲望通常是被壓抑在靈魂之中，但會在人的睡夢中猛烈地冒出來，「在人們睡眠時，靈魂的其餘部分，理性的受過教化的起控制作用的部分失去作用，而獸性的和野性的部分吃飽喝足之後卻活躍起來，並力圖克服睡意衝出來以求滿足自己的本性要求」。這是非常危險的欲望，「由於失去了一切羞恥之心和理性，人們就會沒有甚麼壞事想不出來；就不怕夢中亂倫，或者和任何別的人，和男人和神和獸類交媾，也就敢於起謀殺之心，想吃禁止的東西。總之，他們沒有甚麼愚昧無恥的事情不敢想做的了」。(571c–d)

並不是所有的人都會做這種獸性和野性的夢，「如果一個人的身心處於健康明智的狀況下，在他睡眠之前已經把理性喚醒，給了它充分的質疑問難的機會，至於他的欲望，他則既沒有使其過餓也沒有使其過飽，讓它可以沉靜下來，不致用快樂或痛苦煩擾他的至善部分……如果他也同樣地使自己的激情部分安靜了下來，而不是經過一番爭吵帶着怒意進入夢鄉；如果他這樣地使其靈魂中的兩個部分安靜了下來，使理性所在的第三個部分活躍起來，而人就這樣地睡着了:你知道，一個人在這種狀況下是最可能掌握真理，他的夢境也最不可能非法的」。(571d–572b)

暴君的權力欲表現在，他白晝在放縱一個明智之人在黑夜裏也會克制自己的狂野之夢，暴君就是那個膽敢在白晝幹下惡德之人只敢在夢裏所做之事的人，這就是柏拉圖所說的瘋狂。他的這個觀念深刻地影響了無數後人對獨裁者的精神解釋，包括弗洛伊德和阿倫特，還有許許多多把希特勒、斯大林、毛澤東、波爾布特看成是瘋子的人們。柏拉圖對後世之人思考專制、獨裁、極權的影響，不只限於他對暴政瘋狂和暴君狂人的思考。羅馬帝國時代歷史家塔西佗分析暴君提比略(Tiberius)的專制，運用的就是柏拉圖對暴政的分析(專制制度下，上至皇帝和精英權貴、下至百姓，無人能不腐敗，

無人能逃避腐敗之害)，18世紀啟蒙哲人批評君主專制，也是用柏拉圖和塔西佗的理由。阿倫特在分析納粹德國死亡集中營的恐怖情境之時，描繪的是一幅虐待狂和瘋子作惡的景象，納粹的所作所為正是一個正常人在睡夢中都做不出來的，噩夢般的恐怖事情。[12]對暴政統治下為何個人會原子化，成為孤立無援、無力抗爭的個體，柏拉圖提出道德的原因(貪婪、妒嫉、無度的欲望)，後世的研究者(如托克維爾、阿倫特)提出的是現代化進程的原因(都市化、工業化、勞動方式的異化)，但原子個人的概念是在柏拉圖那裏形成的。可以不誇張地説，真正為後來的獨裁者及其臣民的特殊心理研究開闢先河的正是柏拉圖這位2500年前的哲學家。

四　從哲學推導到政治科學的暴政

　　柏拉圖對暴政和暴君的剖析是一個哲學推導：城邦就像一個健康的人身患疾病，漸漸不治，終於病入膏肓。暴政是從柏拉圖的理想國一層層墜落、衰變而成。他提供的是一種道德和心理的分析，而非政治學的闡述。政治學的闡述要到亞里士多德的《政治學》裏才能找到，可惜，在《政治學》裏，亞里士多德留下的論述不多。他對暴政的政治分析是基於他多年對不同暴政制度的觀察，是當時對暴政體制結構和運作的最佳研究，然而，這也成為暴君可以用來學習和參考的實用暴政指南。1500年後，馬基雅維里寫作了《君主論》，有了一個遠為系統的暴政研究，而這個研究的目的正是為了給專制君王出謀劃策，提供簡便易行的建議。
　　亞里士多德曾經跟柏拉圖學習了19年之久，他受到柏拉圖的很大影響，但在思想和研究方法上卻並沒有繼承他的老師。他把經驗和實證而不是理念用作他的研究基礎。他曾與自己學生一起，對希臘138座城邦的政制的起源和現實進行了實證研究。這些研究開創了政治實證研究的先河。遺憾的是，今天只留下了《雅典政制》的殘篇。在《政治學》的第四至第六卷中，亞里士多德拋開了道德觀

12　Roger Boesche, *Theories of Tyranny*, p. 47.

暴政史：二十世紀的權力與民眾

點(這是他與柏拉圖的一個不同之處),對城邦的統治術(統治的穩定、危機與革命等)進行了細緻的研究,如果沒有對各種城邦的實證調查,這是不可能的。[13]

注重經驗研究是亞里士多德不同於柏拉圖的地方。柏拉圖只關注在經驗世界之外的理念世界,但亞里士多德認為,理念世界不是在經驗世界之外,而是在經驗世界之中。因此,他特別重視經驗的政治現象,把權力看作政治學的核心,這與柏拉圖把正義當作政治思想的核心不同,也是他超越了柏拉圖的地方。亞里士多德用了相當篇幅,對各種政制的特點進行了研究。在他那裏,所謂「政制」就是權力的分配方式。現實中某種政制的穩定性,在很大程度上取決於它的權力分配和構造方式,以及巧妙的政制安排。這是一種相當富有操作性的政治理論,也因此看起來像是一種政治謀略。

基於亞里士多德對他那個時代政治的經驗觀察,他用「誰統治」和「為甚麼目的統治」這兩個標準對不同的政制進行了劃分:第一個標準是掌權者人數的多寡,以此他區分了三種:一人執政、少數人執政和民眾執政;如果它們的統治目的是普遍的利益和福祉,那麼,它們就分別是君主政制、貴族政制和立憲政府。如果是為了私利的目的來統治,那麼它們就違背了政治的正當目的,分別變質為暴政(一個人的統治)、寡頭政體(少數人的統治)和民主(多數人的統治,但不是今天意義上的民主)。他後來對這些區分又做了一些修改,增添了相關的細節,但保留了區分的原則。他的這些區分符合當時人們對不同政制的認識。

他後來的修改主要是在每主類下添加了次類,他又區分了幾種不同的「暴政」,其中主要有三種:第一種君主是對野蠻人實行專制,野蠻人或俘虜不是國民,對他們只能用專制的方法;第二種是古希臘經由選舉而產生的獨裁者;第三種是純粹的暴君,他是變質和變態的統治者,是完美君主的對立面,這是亞里士多德特別關注,也予以特別討論的那種暴君。

---

13 亞里士多德:《政治學》,顏一、秦典華譯,中國人民大學出版社,2003。出自此書的引文在括號中標明頁碼。

可見，亞里士多德對不同的僭政(暴政)是有所區別的，僭政並不等於謀私利，也有為城邦謀福利的「好僭主」。亞里士多德讚揚的雅典僭主庇西特拉圖(Pisistratus，公元前600–527)就是一個典型的例子。他在政治上借助平民力量推翻貴族的統治，打破貴族壟斷政權的局面。他注重社會生產，鼓勵工商業發展，提倡種植葡萄和橄欖，向農民發放低息貸款，大興土木，建造神廟和其他公共設施，也鼓勵手工業的發展。雅典因此變得更加繁榮強盛。他分散而不是獨自把持權力和利益，以此緩和不同階級之間的衝突。所以亞里士多德認為庇西特拉圖是希臘黃金時代(the age of Cronus)的僭主。他說，庇西特拉圖執政時，政制「更像是憲制而不是僭政」。[14]

　　與「好僭主」完全相反的是為自己謀私利的「壞僭主」，也就是暴君。亞里士多德把「自由人」定義為拒絕暴君獨裁的人，「僭主制或暴君制的形成，在於某一個人在不受任何審查的情況下，獨自統治了所有與其同等或比他更優秀的人，而且僅僅從自己的私利出發，毫不顧及被統治者的利益；這種獨裁統治因而得不到人們的擁護，因為任何一位自由人都不可能心甘情願地忍受這種暴虐統治」。(《政治學》136–137)自由人是為自己而不是為他人生活的人，不受他人轄制，也不聽他人使喚。暴政是不義的，因為暴政剝奪自由人的自由。

　　亞里士多德雖然看到暴政與自由為敵的本質，但他對暴政專制的「客觀分析」卻並不具有對暴政的批判性。這與柏拉圖對暴政的明確厭惡和鄙視形成了對比。柏拉圖的理想國給了他一個富有批判性的角度，暴政是理想國政治墮落的最低點，它的弊端和邪惡都是從理想國的道德高度來揭示的。在亞里士多德那裏，我們看不到這樣一個具有批判性的道德制高點。他為暴政提出的是科學而立場中立的描述，雖然有時候會有道德評價的暗示，但着重在暴政權力的運作原理、方法和原則。他關注的只是暴政手段的有效性(也就是合理性)，而不是柏拉圖關注的那種敗壞人心的道德後果。亞里士

14　Aristotle, *The Athenian Constitution*, 16.2.

多德所描述的是暴政的權力運作機制(「做甚麼」「怎麼做」)而不是「不該這麼做」。「做甚麼」「怎麼做」很容易被轉變為「可以這麼做」「這麼做有效」，所以「最好這麼做」。因此，這種權力運作特徵中有相當一部分可以被暴君或想當暴君的野心家用作統治的權謀，這就可能成為一種變相的帝王學和權謀指南。

亞里士多德敏銳地看到，「一切政體中最短命的就數寡頭政體和僭主制或暴君制了」(《政治學》203)，暴政專制是最惡劣的政體，但他又指出，「由於惡貫滿盈，就需要處處提防。譬如強健的體格或配備優秀水手的船舶能夠多次歷經失誤和挫折而不因此受到損壞，而病弱之軀或殘敗的船舶偏又配上糟糕的水手，即使犯最小的錯誤也會葬送自身。因此，最惡劣的政體必須最大限度地保持警惕」。(《政治學》220)他認為，有多種有效措施可以確保專制之船不沉。

首先，暴政專制必須想方設法讓人們脫離政治，或使他們生活匱乏，不得不忙於衣食住行的需要，為生計終日奔波操勞，僭主應該「造成臣民的貧困，他既可以依靠對臣民的搜刮來養活自己的衛隊，又可以置臣民於終日操勞之中，使其無暇圖謀不軌。埃及的金字塔就是這種僭術的一個例證，再就是庫柏塞利德家族對神廟豪奢的獻祭、佩西斯特拉托之建造奧林匹亞宙斯大神廟以及薩莫斯島上波利克拉底所增建的建築物；所有這類營造工程的用意都只有同一個，即使臣民們既不得閒暇又家無斗米」。(《政治學》197)只要他們對公共政治沒有興趣，他們就不會對公共事務發問，不會有改變現狀的需要。具體的措施是，「盡量廢除共餐制，禁止結社、教育以及其他一切這類活動，對一切人嚴加防範，以免有兩樣事物在民眾間悄然形成：高昂的志氣與彼此間的信任。僭主們應當明令禁止各種派別的聚會及其他閒談或討論各種問題的集會，並且盡最大力量在所有範圍內防止人們彼此相識，因為熟識就更有可能助長彼此間的信任。而且，他還應強迫人們總是生活在明處，在他的宮門周圍活動(這樣人們一舉一動就極難逃過他的監視，而且處處受監視，人們也就會形成奴顏婢膝的習尚)」。(《政治學》196)

第二，必須對人民分而治之，不讓他們有機會形成公民友誼，因此也就杜絕了他們在政治上聯合的可能。在那些蛻化了的政體中，友誼和公正同樣稀少，在最壞的政體中也就最少，在暴君制下就很少或者沒有友誼。在那些主宰者和被主宰者沒有共同點的地方就沒有友誼，沒有公正。專制暴政下的人們生活在一起，但不知道為甚麼要生活在一起，「一個城邦共同體不能僅僅以生活為目的，而更應謀求優良的生活；倘若不是這樣，奴隸和其他動物就也可能組成城邦了」。暴政把人民當奴隸和動物來統治，「因為奴隸和動物們不能共享幸福或符合其意圖的生活」。(《政治學》88)僱用密探是一種有效的僭術，「他還應效仿波斯人及野蠻民族的僭術，這一切僭術所能起的作用是完全相同的。一位僭主還不應不知道臣民中有某人碰巧說了甚麼或做了甚麼，為此必須僱備密探，如敘拉古就有所謂的『女探』，而希厄羅也常派人去有集會或聚會討論的地方刺聽民情。這樣一來，由於對這種人的恐懼，人們講起話來就會有所顧忌，如果直吐心曲，就難保不會洩露出去。另一類僭術是在臣民中製造仇隙，挑起朋友與朋友之間、平民與貴要之間及富人自身之間的爭鬥」。(《政治學》197)在人民之間製造互不信任和互相仇恨其實並不難做到，因為人性中本來就有這方面的弱點，可以方便地巧加利用。

第三，必須毫不手軟地動用暴力，暴力讓統治者超然於法律之上，是他們對付政敵和平民百姓，讓他們不敢有非分之想的「尖牙厲爪」，「法律只應該涉及在能力和族類上彼此平等的人，而對於這類超凡絕世之人是沒有法律可言的，這些人自己就是法律。誰要想為他們立法就會鬧出笑話。對這種企圖大致可以引用安提斯塞尼的寓言故事：當群獸集會時，兔子們呼籲讓一切獸類享有平等的權利，(雄獅的答覆是『你可也有爪牙嗎？』)」。亞里士多德講了一個科林斯(Corinth)暴君伯里安德(Periander)的故事，「據傳說，當使者去詢問伯里安德(統治權術)時，後者一言不發，只是把黍田中特別高大的黍穗一一削平，直到黍田一片齊整為止；使者不解其意，當他把自己的所見回稟僭主斯拉蘇布羅時，後者悟出伯里

　　　　　　　　　　暴政史：二十世紀的權力與民眾

安德是叫他除掉城邦中的傑出之人。這一計謀不僅對僭主們有利，也不僅僅是僭主才這樣做，在寡頭政體和平民政體中它也同樣可以派上用場」。(《政治學》100–101)這個故事說的是「逆向選擇」(negative selection)的道理。

第四，必須讓人民人格低下，道德腐敗，鼓勵卑鄙無恥的告密和背叛行為，使之成為一種社會風氣。這可以從破壞傳統的家庭結構開始，「比如，在家庭中給婦女以權力，以便她們告發自己的丈夫，放鬆對奴隸的約束，也是出於同樣的目的(讓他們告發自己的主人)。因為，奴隸和婦女二者都不會圖謀反對僭主，由於生活得自在，他們當然要對僭主制及平民政體心懷好感」。僭主們要鼓勵人民充當「其卑躬屈膝之僕從，這些人的要務就是溜鬚拍馬。由於這一緣故，僭主專愛惡人，因為他高興有人奉承，而具有自由人之高尚精神的人無一會如此下流；賢明之人以友愛待人，但不會曲意逢迎。而且，惡人可以用來幹惡事，正如諺語所示：『鐵釘敲出鐵釘』」。也就是，要幹惡事，就得先培養甘願幹這種事情的惡人，「僭主制的一大特徵即是不喜歡任何尊貴或自由的人，因為僭主覺得只有自己才配有這類品質，而任何人只要敢於表現出與其相抗衡的尊貴或自由，就會被視為對僭主惟我獨尊地位的冒犯；僭主們對這種人必定恨之入骨，就如同他們剝奪了他的權力一樣。而且，僭主們喜歡外邦人甚於喜歡本邦公民，他與外邦人頻頻共餐、終日相伴，因為一者是他的敵人，而另一者與他非敵非仇」。(《政治學》197–198)這也就是傳說出自滿清慈禧之口的「寧與外邦，不予家奴」。

第五，施行欺騙的手段，專制暴政「有一樣東西要死死抓住，那就是權力；必須奉為一項基本原則」。但是，僭主還是應當做出大公無私的君王模樣，「至少要讓人們覺得自己大有君王風範。首先，他應當表現得留意城邦財政收入，不揮霍國帑，浪贈招致群眾責難的厚禮」。他還應該做出清廉的樣子「應申報自己的收入和開銷，而有些僭主也確實這樣做了，這樣的話他才能顯得更像一位總管家而非一位僭主；他大可不必為有朝一日會缺錢花而犯愁，因為

他手裏掌管的是整個城邦。對於那些出門在外的僭主來說,這樣做比留下大量的寶藏要有利得多。因為在這些情況下留守邦內的人就不大會借機反叛了」。他應該好事自己來做,壞事讓底下的替罪羊頂着,親自頒授「善良之人以名位,並讓他們覺得由公民們自治自決」。他應該避免親自處罰,「處罰之事須由另外的官員及法庭來實施」。他還應該在欲望方面「最大限度地保持節制,若是做不到的話,至少也應設法掩過他人耳目」。他還應該「一直顯得格外虔誠敬神,因為只要人們覺得他們的統治者信奉神靈並且對諸神虔誠恭敬,他們對蒙受非法待遇的擔心或恐懼就會減輕不少,從而也就較少圖謀反叛,因為在他們看來諸神會為僭主助威」。他應該顯示自己擁有深思熟慮的信仰,「他的信仰不能顯得是愚蠢的」。(《政治學》200–201)

亞里士多德認為,一個邪惡之人只要足夠聰明,就照樣可以活得很安全。他犯下的罪行如此之大,如此可怕,是受他統治的臣民連想都想不到的。所以他們自然也就沒有辦法預防了。所有的人都可以提防普通的侵犯,就像他們可以預防普通的小毛病一樣。但是,沒有人可以對前所未有過的惡行有所提防」。對於作惡的人來說,所作之惡愈大,愈離譜、愈瘋狂,反倒是愈安全,愈難被察覺的。

五　暴政的帝王學和馭民術

亞里士多德一面看到專制暴政的危害,一面指明「保全」它的途徑,怎麼來看待或解釋這樣的矛盾呢?一種解釋是,他探討專制暴政的保全之道,乃是出於知識的探求,提出的是技術性的問題。這就像醫生要想知道,一種疾病在甚麼樣的情況下會最容易傳染,傳染得最快。這種知識好奇未必是因為醫生想要用傳染疾病來害人。當然這樣的知識可以用來防止疾病傳染,也可以用來擴散疾病傳染,就像關於身體或心理折磨的知識即可以用來避免製造痛苦,也可以用來故意設計製造痛苦的刑訊或酷刑手段。

專制統治的手法其實不過是一些權術或常識手段的運用，並沒有多少知識含量，之所以能起作用，是因為統治者將之精心掩飾起來，不以真面目示人。讓這些手段成為不為人知的秘密，這種「保密」符合統治者的利益，而對被統治者只會成為又一重桎梏。亞里士多德用看似「建言」的方式揭示這些權術秘密，既然不是以「密函」來獻策，那就成為公開的秘密，如何保全暴政的途徑同時也將成為對世人的有益提醒：如何保護自己，如何不被暴君愚弄，如何挫敗暴政。

亞里士多德「建言」暴君要向臣民表明自己不是暴君，而是仁君，顯得自己「不是一位僭主而是一位總管家或君王，不是為自己謀私利，而是公共利益的監護人。而且，在生活方面他應追求節制，決不能驕縱失度。此外，他還應與顯貴階層為伍，在群眾面前充當平民領袖。具備了這一切，僭主的統治就必定會變得既高尚又令人欣羨。統治者若能這樣，臣民們不受到貶抑或壓制，也就變善良了，因此也就不再會把僭主當作仇恨和畏懼的目標了；於是，僭主的統治就可以維持更長的時間。此外僭主本人的性情也將陶冶得更加符合德性，至少是半具良善，或至少已經不是全惡而僅剩半惡了」。(《政治學》203)

這樣的建言未嘗不是一種我們所熟悉的體制內善意建議，它訴諸統治者自己的利益，而不是從一個與他對立的政治立場來批評他和要求他改變政策行為。一個暴君要是聽從了亞里士多德的建言，那就很難說他還是一個暴君，因此，可以認為，亞里士多德是在巧妙地規勸或哄騙暴君變成仁君。一個為了自己的利益而避免無度作惡的暴君可以說是一種最低限度的「開明暴君」。他的謹慎行事、瞻前顧後、有所收斂，雖然是為了維護他自己的權力，但客觀上可以減輕套在他臣民們脖子上的環軛。所以，看上去亞里士多德不抗惡，甚至還在為惡出謀劃策，但未必就真的是站在惡那一邊的。

說起為專制君主出謀劃策，在西方經典中，人們首先想到的當然是馬基雅維里的《君主論》，而絕對不會是亞里士多德的《政治學》。這是因為，馬基雅維里本想要把《君主論》獻給佛羅倫薩的

專制統治者朱利亞諾・德美第奇(Giuliano di Lorenzo de'Medici)朱利亞諾死後，他又把這本書獻給他的侄子洛倫佐(Lorenzo)。但是，亞里士多德的《政治學》據信只是他講課的材料，並沒有獻給任何專制君王的意圖。

公元前343年左右，亞里士多德受馬其頓王菲力普之邀，成為十三歲的亞歷山大的教師。這位亞歷山大史稱亞歷山大大帝，後來征服了亞非的許多地方，建立了一個短命的帝國。師徒關係保持了三年，亞里士多德對亞歷山大後來征服世界的舉動有何影響，史家說法不一。約公元前335年，亞里士多德到了雅典，在城東北部的祭祀阿波羅和繆斯的一片小樹林中，租借房子，建立了自己的學園，這就是在呂克昂(Lykeion)學園。現在所見的亞里士多德的大部分著作是在那裏完成的。他每天早晨與學生在蔭廊或林中漫步，討論問題；下午或晚上則向公眾或學者作各種講演。現在不清楚《政治學》是不是他這個時期的作品。20世紀傑出的古典學者沃納・傑戈爾(Werner Jaeger)認為《政治學》是亞里士多德兩部不同的獨立作品的混合，其中第一部作品(Books I–III, VII–VIII)是他早期的作品，相對還不成熟，那時候他還沒有完全脫離柏拉圖，因此注重於對最佳政制的論述。第二部作品(Books IV–VI)是他後期的作品，這個時候他已經轉向了務實的研究方法。如果是這樣的話，亞里士多德論述暴政的部分是他在自己學園裏講學時的後期作品，也就是他用的教材。[15]

教材與獻策自然不是一回事，不同的讀者可以從同一部教材學到不同的東西，這取決於學習者自己的目的，並不是寫教材的人可以決定的。這就像科學或技術的知識被用作甚麼目的，並不是科學技術本身所能決定的。數碼技術可以用來建設自由信息的互聯網，也有可以用在設置阻隔自由信息的防火牆。同樣，亞里士多德對暴政運作的分析也可以為兩種完全不同的目的服務。

任何一部為專制統治出謀劃策的作品，如果要起到這樣的作用，必須符合兩個條件，第一，它的建言必須被專制統治者接受，

---

15   Werner Jaeger, *Aristoteles: Grundlegung einer Geschichte seiner Entwicklung* (1923).

暴政史：二十世紀的權力與民眾

第二，它的建言必須對被統治者保密。也就是説，專制統治者必須壟斷那種對他有用的權術的知識信息，不能讓它洩漏給這種權術要對付的人民。權術建言是一種不足為外人道的統治權術。權術要成功，就一定得是秘密武器，這樣才能在臣民沒有防備的狀態下，收到出其不意的功效。馬基雅維里是懂得這個道理的，因此，他生前並沒有發表或出版過《君主論》，而是想把它當作一部統治秘笈或者僅供君主內部參考的建言獻給統治者。但是，這部著作並沒有得到他獻策的兩位統治者垂青，這也許是他沒有估計到的。就統治建議被君王接受和採納而言，中國古代的「謀士」——商鞅、申不害、慎到、韓非——要幸運的多，但他們當中有的下場悲慘，不像馬基雅維里那樣畢竟得以善終。

古今中外，幾乎所有為專制統治出謀劃策的謀士都具有兩個共同的特點：一、他們都善於修訂和總結，都是條理化和系統化的高手，但不是創造發明者；二、他們都諳熟並善於利用人性中最軟弱和陰暗的部分。

第一，深思熟慮、計劃周全的謀士只需要歸納、不需要獨創，因此，他們提供的權謀基本上是大同小異的。例如，《商君書》的馭民五術是：一、愚民：統一思想。二、弱民：國強民弱，治國之道，務在弱民。三、疲民：為民尋事，疲於奔命，使民無瑕顧及他事。四、辱民：一是無自尊自信；二是唆之相互檢舉揭發，終日生活於恐懼氛圍中。五、貧民：除了生活必須，剝奪金銀餘財(即通貨膨脹或狂印鈔票)；人窮志短。五者若不靈，殺之。這些手段，柏拉圖和亞里士多德也都有所論述。

專制最根本的權術無非是大棒和胡蘿蔔，這二者之中，大棒是首要的，胡蘿蔔是輔助性的，大棒永遠不變，胡蘿蔔可以根據情況和需要的改變而改用玉米、香蕉、白菜等等。第一代的暴政獨裁者都是九死一生，從死人堆裏爬出來的，他們的第一本能就是求生。殺戮是他們的看家本領。卡內提在《群眾與權力》一書裏説：「求生最卑劣的形式就是殺戮」，權力來自在殺戮搏鬥中獨自倖存，「獨裁者對倖存者普遍會有反感，因為他們視倖存為自己的

特權」。在殺戮中勝利地活下來的獨裁者是站在「一堆死人中間的幸運者和優勝者。他們仍然活着,而剛才還和他們在一起的許多人都已經死了,這是一件驚天動地的事」。[16] 殺戮像基因一樣頑固地永遠留在了暴君所開闢的暴政制度裏,從第一代暴君一代一代往下傳。殺戮基因退化或消失之際,也就是暴政崩潰之時。

為維持暴政出謀劃策的謀士都不會建議暴君徹底放棄殺戮,而是會為暴君提供建議,如何讓殺戮退居幕後,避免只是依靠殺戮,以及如何讓暴政顯得不那麼暴虐。他們各有側重的辦法,變化出不同的權謀理論。例如商鞅重於法、申不害重於術、慎到重於勢、韓非則提出了法、術、勢相結合的中央集權理論。維護和加強暴政專制的權謀除了暴力與恐怖,沒有固定法則,經常是,看似相反的權謀,正反都能奏效。例如,把農民束縛在土地上,限制私有經濟(「割資本主義的尾巴」)能維護專制獨裁。但是,允許私有經濟,鼓勵發財「奔小康」(「一部分人先富起來」)同樣也能維護專制獨裁。同樣的招數也可以有不同的變化形式,例如,把人分為等級是專制國家的人身支配權術,但又有許多變化的形式:官與民、貴族與平民、黨員與非黨員、紅五類與黑七類、模範標兵與普通群眾,高等級享受高待遇。在「利出一孔」的專制利益分配制度裏,人們無不想擺脫低等級,加入高等級,高等級裏還有更高等級,這樣的流動可能變成極有控制效果的胡蘿蔔。除了維持其政權,專制本來是沒有原則的,所以任何能用來維持政權的手段,對它來說都是可以採用的。

第二,所以的專制統治權術都是通過人性中的軟弱或陰暗部分發生作用的。人如果不貪婪,個人的「先富起來」就難以誘惑和引導人們不再關心發財之外的公共政治。人如果不妒嫉、不攀比、不勢利,就不會羨慕別人的地位、金錢。別人過得比自己好,也不會因妒忌而心生怨恨,幹出損人利己,甚至損人不利己的事情,不會去告密誣陷,也不會去給統治者當眼線。暴政的帝王學和馭民術都

16　埃利亞斯・卡內提:《群眾與權力》,馮文光等譯,中央編譯出版社,2003年,第160,172,161頁。

　　　　　　　　　　　暴政史:二十世紀的權力與民眾

是針對陰暗和軟弱的人性，巧妙地加以利用和操控，不斷調整和完善，變成了「理論」或「哲學」。商鞅、韓非是這樣，馬基雅維里也是這樣。他們並不是人性惡的發明天才，而只是能對之巧加利用的有心人和聰明人。

在柏拉圖和亞里士多德那裏，暴政是政制蛻化的結果，而不是由某個天才的暴君設計好了藍圖來實施的。與暴政一樣，極權也是一種政制蛻化，也不是單靠天才領袖設計和實現的。暴政和極權都是制度之惡和人心之惡的融合，而這兩種惡也都是既發生在統治者身上，也發生在被統治者身上，造成了他們共同的道德腐敗和人心墮落。

20世紀的極權主義理論在制度研究之外，也愈來愈多地關注極權文化中的普通人情感、思維、行為、人格、稟性、習慣等特徵。柏拉圖和亞里士多德要問的是，「暴政」是從哪裏來的？是甚麼力量推動形成了專制？是哪些陰暗的人性因素在驅使和遷就別的政治制度蛻變為暴政？今天我們對極權制度也同樣需要提出這樣的問題。柏拉圖和亞里士多德對他們所提的問題，做出了關於暴政和奴役的心理機制的回答，那就是，致導暴政的是人性中的惡：貪欲、暴戾、殘忍、奴性、奸詐、妒嫉、仇恨。而且，一旦暴政成為一種穩定的制度，那麼，它也就會不斷地再生和強化人性中的惡。人們一旦屈服於專制暴政，將此接受為一種正常的社會秩序，他們就會喪失自由意志，淪落為一個受奴性支配的人群，而「一個奴性的人群共同體是不可能配得上城邦這一名稱的」。(《政治學》123)今天，我們在現代極權中看到的是同樣，但更可怕的景象。這是我們需要在極權研究中認真對待希臘政治哲學遺產的一個重要理由。

第二章

專制獨裁不是人民的「永劫」
——《居魯士的教育》

　　希臘哲學家色諾芬(Xenophon 公元前約430–354)在他的《居魯士的教育》中講述了古波斯僭主居魯士(Cyrus公元前約600或576 BC–530)一生的故事。居魯士把波斯從一個小小的共和國變成了一個強大的帝國,成為僭主制度,(也稱「暴政制度」)在歷史上最成功的創建者和維持者,但他的專制帝國在他死後,幾乎一下子就匪夷所思地崩潰了。《居魯士的教育》不是嚴格意義上的歷史,而是一個「故事」,正因為它是一個故事,它讓讀者看到的並不只是歷史人物的居魯士,而是所有那些很像是居魯士的專制暴君們。二千多年過去了,暴君專制以許多變化的形式延綿不絕地存在,不斷以新的創意和形式得以建立。它們以為可以就此穩定地存在下去,但每一次又都突然地土崩瓦解,動搖和衰敗的景象與先前的強梁和穩定形成令人驚詫的對比。

　　這樣的事情於2011年2月11日在埃及又再次發生,獨裁者穆巴拉克在人民的和平起義中轟然倒台,應驗了色諾芬所說的,世界上所有的政體都希望維持穩定,但沒有一種政體能夠免受不穩定之苦,而專制暴政則尤其如此。美國約翰霍普金斯大學教授艾哈米(Fouad Ajami)在《獨裁者的終結》中問道,在突尼斯和埃及劇變之前,「為甚麼阿拉伯人民的怒火沒有爆發出來呢?」[1]他認為,這是因為,成功的「阿拉伯模式」和它的暴政專制似乎已經把阿拉伯人民引上了一條通往「永劫」(perdition)的不歸之路。這個「永劫」,艾哈米說,就是「今天人們奮起摧毀的那座大監獄」。但

1　Fouad Ajami, "Demise of the Dictators." *Newsweek*, February 14, 2011, pp. 20–27.

是，在埃及發生的事情，連同這一年1月在突尼斯發生的事情，都讓人們看到，無論這個「永劫」的大監獄看上去多麼牢固，它都是會崩塌的。專制的「永劫」是可以顛覆的，一旦這個「永劫」被顛覆，獨裁也就會隨之被終結。

一　人是最難統治的動物

人是最難統治的動物，其他的動物都比較好對付。色諾芬寫道：「我們看到，牲口都比人更願意服從統治，更願意服從看管者。牲口會按看管者的指引到任何地方去，看管者把它們趕到哪裏，它們就在哪裏吃草；看管者不帶它們到哪裏去，它們就不到那裏去。至於從它們身上得到的好處和利益，牲口總讓看管者想怎麼處置就怎麼處置。我們從來沒有見過牲口聯合起來反對看管者，牲口不會不服從，或者不讓看管者隨意支配從它們那裏得來的利益。牲口還特別親近那些統治它們，從它們身上得益的看管者，而對陌生人則抱以敵意。與牲口不同，人類一察覺有人想要統治他們，就會團結起來，進行反抗」。[2]

牲口避棄陌生人，喜歡自己的主人，只要主人管它們的食宿之需就行。它們不會陰謀串聯危害主人。人類與牲口不同，當他們察覺到有人要統治自己的時候，就會聯合起來對抗，破壞這種企圖。人還知道，當統治者比當被統治者舒服，所以都寧願當統治者。因此，那些當上統治者的，尤其是像暴君那樣成為絕對統治者的，也就成為大多數人眼裏成為特別有運氣、有能耐、值得羨慕的佼佼者。而那些成為統治者的，他們不僅也這麼想，而且還覺得，就該他們成為這樣的佼佼者，他們最盼望的便是維持現狀，盡可能地保持它的穩定，或者至少是相對穩定。

色諾芬的這一思考，不過是一番鋪墊，因為他說，人類的難以統治並不是問題，問題是如何找到做成功這件困難事情的辦法。古代波斯帝國的暴君居魯士就曾將這件難事做得非常成功。色諾芬

2　　Xenophon, *The Education of Cyrus*, 1.1.2.

說，專制困難不困難，全靠事在人為：「當我們考慮到這些事情的時候，我們會這樣以為：由於人的天性，統治人要比統治所有其他的動物都要困難。但是，當我們想到，以前曾經有過一位叫居魯士的波斯人，他曾經擁有許多人民，許多城池，許多國家，全都順從聽命於他，我們便會不得不改變原先關於人類難以統治的想法，就會相信，統治人類，這本身是一件不可能的事情，只要知道如何去做，甚至不能算是一件難事」。[3]

歷史上的暴政者和現、當代的暴政者有所不同。古代的暴政又稱「僭主制」(tyranny)，是一種政體。亞里士多德把政體按兩種不同的標準各分為三類。第一類標準是以德性的高下分配權力，計有三種，當統治者為一人的時候，叫作「君主政體」，當由少數人統治的時候，叫作「賢人政體(貴族政體)」，當由多數人統治的時候，叫作「共和政體」，前兩種是更優秀的政體形式。第二類方式以財富多寡為標準，按統治者的人數，也分為三種，少數人的統治叫「寡頭政體」，多數人統治叫「平民政體」，這兩者分別是貴族政體和共和政體的蛻變形式，一人統治叫「僭主政體」，這是君主政體的蛻變形式。亞氏認為，在現實中，不宜取君主政體，因為君主政體很難實現，且一旦蛻變則會成為最壞的一種狀態形式——僭政。

在西方，到了17世紀，中世紀的一些小共和國失敗之後，發展出一種與古代「僭主制」同樣具有暴政能力的「絕對君主」(absolute monarchy)，君王不再只是掌有國家大權的人，君王變成了國家，君王就是國家，法國的路易十四是絕對君權的代表，他的名言便是「朕即國家」。

無論是古代的還是17、18世紀的暴君，他們都是有「君主」名分的統治者。居魯士小的時候，他父親岡比西斯二世(Cambyses)的波斯國是共和國，而他外祖父阿斯提阿格斯(Astyages)的亞述帝國(Assyria)則是僭主制。在波斯，統領國家大軍的統帥是長老們選出來的，不是由國王任命的，居魯士因為他的賢能成為波斯大軍的統

---

3   Xenophon, *The Education of Cyrus*, 1.1.3.

暴政史：二十世紀的權力與民眾

帥，他同時也是國王的兒子。他戰功顯赫，又善於權術，後來成為大權獨攬的帝國暴君，臨死前，將他的高貴王位和權力一起交給了他的長子。

　　所有的君主，他們最重要的權力資本也都是他們的血統，血統是君王制保持穩定的不二法術。血統使得沒有血統的強人，無論如何賢能，都不能名正言順地與有血統的權力繼承者爭奪權力。這就在很大程度上避免了不穩定，因為一切政體的不穩定，皆由權力爭奪而起。作為一種偉大的理念，現代共和徹底顛覆了君主制權力的「血統統治合法性」，代之以「人民主權」。但是，血統統治的權力傳承仍在以各種不同形式延續：前現代的，現代的，或者這二者的某種混合形式。「文革」時的血統論和現在的某某後代，也都屬此類血統觀念。血統使得那些血統純正、出身高貴的少數人可以理直氣壯地去攫取權力和特殊利益，並利用權力維持一種能讓他們永遠高高在上的等級秩序。

二　20世紀以來的暴政

　　每一種政體的建立、設計和調整，都是以保持永久，或者至少長久穩定為目的。處於鼎盛時期的每一種暴政，無論是古代的僭政，還是17、18世紀的絕對君主制，都曾十分有效地保證過大權獨攬的暴政專制，但是，它們也都沒有能成功地永遠維持下去，在色諾芬的故事裏，居魯士那安定昌盛的波斯帝國，在他死後旋即崩潰.歷史上的路易十四，他的孫子路易十六被送上斷頭台，波旁王朝也就此結束。

　　20世紀以來，暴政專制發生了劃時代的變化，無論是希特勒的納粹德國，斯大林的前蘇聯，還是皮諾切特的智利(1973–90)，馬科斯的菲律賓(1965–86)，蘇哈托的印尼(1967–98)，蒙博托·塞塞·塞科的扎伊爾(1965–97)，齊奧塞斯庫的羅馬尼亞(1967–89)，米諾塞維奇的塞爾維亞(1989–2000)，杜瓦利埃的海地(1971–86)，昂立克的東德(1971–89)，班阿里的突尼斯(1987–2011)，乃至穆巴

專制獨裁不是人民的「永劫」

拉克的埃及(1981–2011)，雖然各有特徵，但都是現、當代暴政專制的體現。從1980年代以來，在中東的阿拉伯世界形成了一種十分成功的暴政專制模式。1980年代幾乎所有領域中的變化——科學、技術、政治、軍事、經濟——似乎都是在朝着對這一暴政專制有利的方向發展，使人們似乎有了充分的理由相信，一種固若金湯的穩定專制統治形式已經形成，並將會長期維持下去。色諾芬說過，只要能找到恰當的辦法，暴政治理的困難本算不了甚麼。而且，也像色諾芬評述居魯士時所說的，暴政只要成功，就會讓這個制度自然地顯得領袖英明、路線正確，甚至德性超越。20世紀以來的中東和別的專制模式，因此也就成為讓專制者可以自鳴得意，讓御用學者有理由大肆吹捧的「創新發展」。

　　艾哈米在《獨裁者的終結》中向我們展示了「阿拉伯暴政」模式的一些特徵。這個「阿拉伯模式」曾經被宣揚為一種符合民族文化特色，具有獨創性的發展模式，它以維穩為壓倒一切的目標，成功抵制了西方民主化普世價值的引誘，堅持走自己的民族國家道路，以它的成功向世界證明它的合理和非凡「應變能力」。然而，就在這個模式的合理性似乎已經被許多人當作一種「真理」來接受的時候，在實現這種統治的突尼斯和埃及卻一下子爆發出驚天動地的人民反叛。這些「動亂」似乎又在重新應驗色諾芬的不詳預言，無論暴政多麼強大，它是一切政制中最不穩定的，最容易頃刻崩潰的一種。

　　在突尼斯和埃及的「動亂」爆發之前，這兩個國家中的專制都似乎已經成為一種不可改變的「永劫」。只要不惜一切代價加以維護，只有不害怕流血鎮壓，只要敢於把坦克開上大街和廣場，就一定能夠保證專制維穩，這似乎已經成為一個屢試不爽的鐵律。這種鐵血維穩形成了一種20世紀後期以來的新獨裁暴政模式。

　　在中東，這一模式的形成可以追溯到1982年的敘利亞。當時，敘利亞的一個遜尼穆斯林集居地區的人民起義反抗哈費茲·阿薩德政府的統治。阿薩德對反抗者進行了血腥鎮壓，有兩萬人喪生，而他們居住的哈馬(Hama)城內則被夷為平地。阿薩德不僅對殘酷的

鎮壓毫無歉意，而且還鼓吹自己的英明決策。他的蠻橫和驕妄打破了傳統政治尚能固守的道德文化禁忌底線，把暴政推向了一個新的極端。

從此，哈馬城便成為一個具有象徵意義的名詞，它的含義是，那些膽敢挑戰權力的人，等待他們的就是這種恐怖的下場。血腥屠殺向全敘利亞，乃至別的阿拉伯國家傳遞了這樣一個信息：造成混亂的街頭政治和示威……就此結束」。哈馬屠殺20年後，阿薩德壽終正寢，把權力傳給兒子，就像安詳死去的居魯士一樣。（在歷史記載中的居魯士是被殺死的，頭顱被拋進了泥潭裏。）暴君不僅安享天年，而且在死時還能太太平平地把權力交給他選定的接班人，這就更證明了暴政的合理性，就敘利亞而言，暴政和國家恐怖為王朝權力帶來了豐厚的收穫。

從此，阿拉伯世界的政治異見幾乎完全消失，社會中的思想觀念呈現出一片和諧的景象，男男女女都躲藏着尋找安全，為的是逃避統治者的狠毒，秘密警察的殘忍，還有那些無處不在的告密者。人們因為孤單而懦弱，而統治者則因為殘暴而強大：「那些脫離臣民的統治者建立了一種極為精巧的政權，足以保障暴政的全面完整。國家電視、報紙、群眾政治、湧入城市的農村人口都在幫助加強專制獨裁」。人民之間原子孤立，既不能自由交流，又不能結成組織，這使得國家控制的宣傳能夠更高效地對他們進行洗腦，也使得專制暴政變得加倍地逞強施虐、有持無恐。

現代專制是一種遠比古代專制有效的暴政，因為它具有能使它變得無比強大的技術、軍事、警察、官僚、政治、經濟和文化手段。但是，比起古代專制來，現代專制又有一個天然的弱點，那就是它的統治者缺乏天然合理的血統權威。他們的權威來自他們所依附、所利用的高度組織化的機構，其中最重要的便是「軍隊」和「政黨」。所有的現代獨裁者都在從這樣的組織機制中「冒尖」或被「提拔」出來的。艾哈米注意到，「(現代)暴君，無一例外地是從寒微的社會背景中冒出來的」。出身寒微必使他們更親近人民，卻又一定使他們在使用暴力和殘忍時更無所顧忌。君王統治是在

傳統中形成運用權力的方式的,它專制武斷,但畢竟還有傳統的顧忌,例如害怕史書記載他們的惡行,有辱他們的祖先,或成為遺臭萬年的桀紂之君。

三 「皮鞭共和國」裏的獨裁者們

新的專制國家不再實行君主制,而改行「共和」,但這是一種以暴力、殘忍、恐怖和秘密警察來維持的暴政共和。在歷史上,共和制曾經是君主制的對立面,「共和」一般是指一種政體形式,一種由人民,或者相當大一部分人民對政府擁有控制權的政治制度。「共和」也指一個國家,一個法治的,而非大權獨攬的人治的國家。從一開始,共和用以區別的便是由君主、國王、皇帝一個人乾綱獨斷的君主制。因此,共和往往是以君主的缺位來定義的:共和沒有君王。然而,沒有君王不就等於沒有君王式的人物或君王式政治。但是,大權獨攬、專斷橫行的專制極權領袖畢竟不再擁有君王和皇帝的頭銜。

正是由於國家的「元首」、「主席」實際擁有的無上權威不再來自舊式的君主制度,他們的權力形式因此也不再顯現為共和的對立面,而是可以冠之以共和的稱號。從政體名稱上說,君主制是第一性的,共和是從屬性的,共和是因與君主制的不同而被區分確定的,因此,如果不把不民主的專制考慮進去,共和就會成為一種方便的塗料,它可以塗在任何一種與君主制看起來不同的政體之上。由於「共和」缺乏明確的內涵,那些自稱是共和的國家和制度往往需要添加它們所要的定語,如一黨專政的「社會主義共和國」和「人民共和國」,還有像朝鮮這樣已經傳位三代的「民主主義人民共和國」。

中東那些不再有君王的共和是一種專制共和,艾哈米稱之為「皮鞭共和」(republics of whip)。「皮鞭共和」是一種塗上共和外色的,比許多君主制更可惡的暴政。皮鞭共和的統治者,用艾哈米的話來說,已經成為一種支撐統治權力的「種姓」(caste特殊階

層)制度。13世紀巴格達的哈里發(caliphate)衰敗後，馬木魯克們(mamluks，軍事統治的成員)靠槍桿子裏出政權，各自瓜分一塊土地，建立一個王國，成為實際統治者。他們與被統治人民之間有一種與傳統君王或酋長不同的關係。他們靠的是刀把子和槍桿子，而不是神授天成的統治權威，他們不在乎人民的痛恨和鄙視，只要人民害怕他們就行。現代的「皮鞭共和國」獨裁者們就是以這種方式進行統治的。

相比之下，傳統的君王或酋長統治卻要溫和得多。對於國王來說，百姓是他的子民，如果他對百姓施以苛暴之政，百姓造反，就會斷了他子子孫孫的後路。為給子孫積德着想，君王在行極端暴政之前，至少會三思而行。而且，君主的尊嚴、榮譽和傳統也會使他們在某些事情上有所不為。例如，在沙特阿拉伯、科威特和阿聯酋從來沒有出現過個人崇拜的事情，薩達姆的伊拉克和敘利亞的卡扎菲實行的那種斯大林式的個人崇拜，在(國王和酋長們看來)是醜陋可惡的，因為君王有自然的權威，不需要靠建造高大的人工神像來宣示其偉大英明。君王的陵寢更是神聖的地方，不可能設想死後會讓民眾「瞻仰遺體」。

可以說，中東出現的那種對君王制的擁護和對君王的愛戴，在相當程度上，不是因為君王制的優秀，而是因為「皮鞭共和國」和它的獨裁統治者太殘暴，太惡劣。共和未必就成為一種比君主制優越的政體，共和是非常脆弱而且極易腐敗的，中東的一些國家在民族獨立以後，在「國家主權」高於普世價值的幌子下，蛻變為艾哈米所說的「恐怖共和國」(republics of terror)。統治階層的貪腐和污穢與眾多下層人的貧困形成了觸目驚心的對比，仇恨和憤怒像地火一樣在看似平靜的地表下流動。相比之下，反倒是那些君主制的國家裏的統治者更能得到人民的好感(雖然並不都是如此)。沙特國王阿卜杜拉(Abdullah)生病的時候，普通沙特人所表現出來的由衷關切，與突尼斯的班阿里和埃及的穆巴拉克遭到人民的痛恨，形成了鮮明的對比。科威特的薩巴赫(Sabahs)王室從18世紀中葉就在統治這個國家，人民對王室沒有恐懼或仇恨。在成為一個石油王國

之前，科威特是一個航海者和採珠人的國家，如艾哈米所說：「薩巴赫們的任務是留在後方治理，人民尊敬他們，他們也有特權，但他們並沒有太大的野心和權勢。商人們以前自行其事，如今還是這樣：商人家庭的財富遠遠超過了薩巴赫們的收入，也超過了要人。國家恐怖是沒有的事情」。

「皮鞭共和國」受惠於當代國際功利化和非道德化的「現實政治」（realpolitik）。它們不僅可以用「主權高於人權」來維護以主權之名行的壓迫統治，而且還可以利用美國的戰略利益或者其他西方民主國家的利益需要，迫使它們在人權問題上讓步，偽善地實行雙重標準。美國雖然以「民主」的名義推翻了伊拉克的薩達姆，但一直依賴一些專制獨裁的政權來維護自己在世界一些地區的力量平衡。美國更是以少提或免提人權換取另一些專制政權在國際事務上的合作。

「皮鞭共和國」使用的是暴力和宣傳的軟硬兩手政策，所以總是壟斷了國家的電視、廣播和報紙，嚴密控制與互聯網有關的公共交流。專制統治者和他們的御用文人一直在規勸人民維持穩定，不要輕試民主。他們說，民主太不可靠，一定會帶來動亂。這種恐嚇手段往往會奏效。人民因為害怕民主會帶來動盪，而變得願意放棄民主要求，於是，在國民性中形成了一種可怕的「低期待偏執」（bigotry of low expectations），那就是，對自由、尊嚴的未來保持冷淡，無所期待，現狀固然不好，但求變而來的未來還會更糟。

營造這樣的「低期待偏執」，是強硬皮鞭暴力所使用的巧妙「柔性」統治手段。埃及人民的起義衝破的不僅是統治者的皮鞭暴力，而且也是他們自己的「低期待」心態。在埃及，由專制造成的普遍犬儒主義心態曾經已經似乎成為一種頑固的心理習慣，但是，它終於沒有成為一種再也沒有辦法改變的永久的奴隸國民性。專制政體必須以徹底改造國民性，永久地塑造奴隸國民性為其永續長存的條件，在埃及，這樣的專制努力最終還是失敗了，至少從目前的情況來看是如此。

暴政史：二十世紀的權力與民眾

四　殘忍、腐敗的現代專制暴政

現代的暴君都是靠軍隊和政黨崛起的「成功人士」，他們沒有知名的祖先可以辱沒，更不在乎後世的罵名。為了在活着的時候能牢牢掌握權力，他們可以將殘暴推向極致，無所不用其極。艾哈米說，像利比亞的卡扎菲、伊拉克的侯賽因、敘利亞的阿薩德這樣的人，「都是在逆境中成長起來的孩子，因此也就格外兇殘」。俗話說，好不與惡鬥，未必是因為好者的能力不如惡者，而是因為好者往往被傳統的道德顧慮和禁忌束縛住了手腳，而政治的勝負卻恰恰總是在這種不平等的禁忌中決鬥出來的。這也就是馬基雅維里主義盛行於世的原因。現代暴君沒有真正的君王名號，但卻有一種叫「獨裁」的暴君權力。這種獨裁之權，有的掌握在少數家族和親信的手裏，有的掌握在一黨的少數寡頭手裏，用艾哈米的話來說：「雖然具體細節不同，但講述的卻是同一個故事：一個暴君崛起並隨他自己的心意重新佈置了權力的宇宙」。

實現暴政的國家一般都有專制或威權政治的傳統，「獨裁」會使一般比較溫和的威權政治轉變為艾哈米稱之為「蘇丹王制度」(Sultanist system)。社會學家韋伯(Max Weber)將「蘇丹王制度」定義為一種極端的權力繼承統治(patrimonialism)，行政和軍事權力成為「主人的私人工具」，而統治則「首先是以任意的方式實行」。權力的繼承可以在一代一代的權力執掌者之間傳承，也可以在父子或其他親屬關係中遞交。[4] 正如政治家柴甘可夫(Andrei Tsygankov)所說，雖然「蘇丹式統治」並不是我們所熟悉的極權主義(如希特勒或斯大林式的統治)，但「和極權主義一樣，它是壓制性的，對反抗不留下絲毫的政治空間，這和(溫和的)威權是不同的。和極權主義不同的是，蘇丹王統治僅限於個人崇拜，並沒有一套精巧的意識形態支撐。正因如此，蘇丹王式的統治在運用權力時更少有節制，也更容易腐敗。強暴、腐敗和鮮有「主義」支撐(包括只是口

4　Carlos Eduardo Sell, "The Two Concepts of Patrimonialism in Max Weber." *Sociologia & Antropologia*. 7: 2 (2017).

專制獨裁不是人民的「永劫」

頭説説，其實沒有人相信的主義)構成了蘇丹王統治式暴政的基本特徵。[5]

現代暴政的創建者都可以説是「天才」人物，他們各自創建了有自己「某國特色」的暴政制度，這樣的制度建立在用恐懼來保證所有臣民絕對順從，或者至少在表面上全體熱愛和一致擁護的基礎上。在權力傳遞的過程中，不可避免會面臨代代退化的窘境，因為在這種權力近親繁殖，以奴性順從為挑選接班人原則的機制中，賢能的素質是被逆淘汰的。在這種情況下，父子或親屬間的血緣相傳便體現出它的相對優越性來。兒子對父親的順從比奴才對主子的順從有較大的自由限度。而且，身份特殊的「權二代」還可以到暴政王國之外去接受教育，開闊視野(當然不能被外部的民主思想給腐蝕了)，增強能力。古波斯的居魯士之所以成為一個比其他波斯青年(他們在國內是一起接受同樣教育的)更優秀的統帥，是因為他小時候有機會到他外祖父的王國裏接受了其他波斯人沒有機會接受的額外教育，就像金正日可以到瑞士去留學一樣。暴君可以禁止所有的臣民接觸外界思想影響，而同時卻把自己的孩子送到國外去接受教育，讓他(們)獲得其他同胞所沒有的額外見識和能力。所以，現代暴君傾向於把權力傳給兒子，其實還有一種單單血緣傳承之外的制度維穩考量。

五　警察國家中的「叛民」

當然，暴政的權力王朝並不總需要在父子之間傳遞。穆巴拉克是從納賽爾和薩達特的軍人統治那裏繼承來權力的。薩達特親自挑選了穆巴拉克擔任第二把手，他看上的是穆巴拉克的忠誠、順從和低調行事。納賽爾和薩達特是軍人統治制度的創建者，穆巴拉克是第一代和「第二代」之後的第三代領袖，比他們年輕許多。納賽爾和薩達特在1930年後1940年代積極參與國內的意識形

5　Andrei Tsygankov "Danger Lurks in Turkmenistan." http://www.atimes.com/atimes/Central_Asia/IA20Ag01.html)

暴政史：二十世紀的權力與民眾

態和政治紛爭，都有過光榮的革命歷史和不凡的政治資歷。

　　穆巴拉克沒有這樣的光榮革命歷史，他是被很幸運地提拔上去的。納賽爾和薩達特從來沒有想過要把權力傳給自己的兒子。艾哈米說，這是因為他們「對埃及的政治歷史懷有敬畏」，而恰恰是繼承他們的穆巴拉克對這個政治歷史，也對這個國家「不當一回事」。穆巴拉克出生在一個中等富裕的農民家庭裏，自己是行伍出身，他「具有農民的那種精明和鬼祟，漸漸地編織了一個警察國家的羅網。據估計，(在這個人口八千萬的國家裏)為埃及內務部服務的人有170萬」。

　　警察統治使埃及變成了一個因恐懼而沉默無聲的國家，艾哈米說：「在一個以人民喜歡聊天、說怪話和幽默而聞名的國家裏，人民像那個沉默寡言的掌舵人一樣變得陰鬱而沉默」。在這個警察國家裏，最有權勢的是穆巴拉克的夫人和他的兒子加瑪爾(Gamal)，他的另一個兒子阿拉(Alaa)掌握了這個國家的經濟命脈。穆巴拉克有一張很少有笑容的撲克牌面孔，「和這樣少有表情的面孔般配的是一個愈來愈沉悶的國家」。有思想的埃及人流亡國外，「老一輩的大作家們要麼已經死了，要麼快要死了，而再也沒有年青人去繼承他們」。整個社會彌漫着一種末世的犬儒主義，一種以為再也不可能擺脫專制「永劫」的絕望感。

　　對抗的雙方永遠不可能只是一方害怕另一方，一切暴君和獨裁者都有很強的危機意識，因為就在人民害怕他們的同時，他們也害怕人民。色諾芬說，民主政體是由那些想建立任何一種其他政體的人所改變的，而君主、暴政和獨裁則是由人民所推翻的。穆巴拉克有許多親信，但他還嫌自己的獨裁王國不夠固若金湯，所以他在悄悄準備把權力傳給他的兒子。他從來沒有明確地表明這一心願，但他一直在拒絕任命一位副總統。直到埃及的人民起義形勢已經失控，他才將自己的長期盟友、埃及前情治首長蘇雷曼任命為副總統，而加瑪爾這位「王儲」也才宣佈退出政壇。敘利亞成功的父位子承曾為穆巴拉克提供了一個誘人的權力王朝模式，他沒有成功，不是因為不想這麼做，只是因為運氣比較差一些罷了。

暴君和獨裁者總是在提拔親信，但最終能夠信任的卻只有他們的家人。埃及百分之七十五的高級軍官都是穆巴拉克親自提拔的，但在關鍵的時刻，他們並沒有全力，更不要說捨命去捍衛穆巴拉克。雖然坦克開上了廣場，但是軍人並沒有對人民開槍。這是埃及革命能夠這麼快成功的一個主要原因。穆巴拉克最能信任的是他的妻子蘇珊(Suzanne Mubarak)，她是一個貪圖勢利的女人。許多內閣成員都聽命於她，這在埃及是一個公開的秘密。穆巴拉克小朝廷裏有消息說，讓加瑪爾當王儲，也是蘇珊的主意。暴君和獨裁者總是以「愛國」來強迫國民無條件的服從他們的專制統治，但是，他們真正關心的是自己的權力和財富，他們和家人早就在國外秘密置下了產業，當末日降臨到他們頭上的時候，他們逃生，更是一定不會忘記帶上所有能夠攫取的國家財富，突尼斯總統和家人席捲了國庫，帶走一點五噸黃金。穆巴拉克帶走的財富和在海外的產業據說有幾十億美元。

　　自古代的僭政到近、現代的獨裁，只能相信裙帶關係上的少數親信，這已經註定要成為一切暴政制度的宿命，即使在專制者的暴君權力最強大的時候，也不例外。居魯士帶着他的波斯子弟兵南征北戰，但他並不能把個人的安危信託給這些子弟兵同胞。在他征服了巴比倫，威望和權力如日中天的時刻，他組織了專門保衛他的太監衛隊。在他吃喝、洗澡、睡覺，而不是呈現威風的時侯，恰恰是他覺得最不安全的時刻。在這樣的時刻，他需要依賴全然可以信任的衛士。居魯士選擇了那些無親密他人，尤其是無妻無兒的人，來充當他的貼身保鏢，他們就是閹人太監。

　　居魯士這麼做，是因為知道，無論誰，只要他愛任何一個其他人勝過愛他的主子，就不能成為一個可以全然信任的衛士。居魯士是個精明而富有心計的人，他不會不知道，就是太監，他們愛自己也勝過愛他們的主子。甚至可以這麼說，正因為太監們沒有親近的人可以去愛，他們比常人更愛他們自己。但是，這些太監的利益是與他們的主子一致的。如果沒有主子的保護，如何一個人都可以欺負這些被鄙視的閹人，所以只有主子安全了，他們自己才能安全，

　　　　　　　　　　　　暴政史：二十世紀的權力與民眾

更何況還能分沾主子的威風。然而，只有在獨裁的專制制度穩定時，貼身奴才才能成為主子的有效護衛，一旦這個制度崩潰，再強大的私人衛隊也不再能保護獨裁者。所以，敗落後的獨裁者幾乎無一例外地只能亡命他鄉，逃離他們曾經在那裏作威作福的國家。突尼斯的班阿里和埃及的穆巴拉克也都是這個下場。

專制獨裁制度一次又一次地被重新設計，重新鞏固，但是，最終卻無法防止出現反對它的「叛民」，並避免在這些叛民的反抗中崩潰的命運。專制制度的崩潰並不是從「叛民」上街的那一刻開始的，在出現「叛民」和有「叛民」上街之前，專制就已經因為它的腐敗、暴力、不公正、非正義而金玉其外、敗絮其內了。「叛民」是掙脫了專制桎梏的人。人的奴性順從是專制制度訓練的結果，不是天生的，不存在於人的基因之中，所以並不遺傳。人天生是自由的，人不僅要吃飯、住房，還要用頭腦自由地思想，用嘴巴自由地說話。不能自由思想和自由說話的人是被閹割過的。

現代的暴政當然已經不可能像居魯士或其他專制君王那樣，只是信任那些身體上的閹人，但他們仍然需要思想上的閹人，而且想迫使盡量多的人成為思想上的閹人。只有當一個人失去了自己的信仰和尊嚴，不能與他人結成價值觀或道德判斷的聯繫時，他才會按照主子的意圖，要他有甚麼想法就有甚麼想法，要他怎麼說就會怎麼說。但思想的閹割和身體的閹割是不同的，專制者永遠不能用體檢的辦法去確定一個人的思想是否真正已被成功閹割，所以他們永遠不可能對人的自由進行充分的閹割。閹割人的自由有多麼困難，維護專制獨裁也就有多麼困難，這並不奇怪，因為正如色諾芬在2400年前就說過的，人天生就是一種比其他任何動物都要難以統治的動物。

第三章

暴政下如何安身立命
—— 塔西佗《編年史》

　　如今，「塔西佗陷阱」(Tacitus trap)在中國已經是許多人耳熟能詳的一個說法，至於這個說法出自塔西佗哪部著作的甚麼地方，卻很少有人能說得上來。即使是一些講究學術規範的中國學者論文裏提到，也都沒有出處，只是作一個解釋性的說明：當公權力失去公信力時，無論發表甚麼言論、無論做甚麼事，社會都會給以負面評價。其實，這是對塔西佗在《歷史》一書裏一句話的引申：「一旦皇帝成了人們憎恨的對象，他做的好事和壞事就同樣會引起人們對他的厭惡」。(《歷史》1, 7)這不是直接引述塔西佗，而是一個引申和發揮。

　　塔西佗(Publius Cornelius Tacitus, 公元約56–約120年)傳世的著作不多，但卻包含不少可以直接引述的警句和可以引申和發揮的名句。這是塔西佗的歷史寫作特點和風格所致。他把懲惡揚善當作歷史寫作的目的(與我們今天的「歷史」大不相同)，把道德評價看得比準確記錄更加重要。如他所說：「我認為我只應當提到那些特別高尚的和特別惡劣的建議。只有這樣，我認為才符合人們撰述歷史的首要任務，這就是：保存人們所建立的功業，並且使邪惡的言行對後世的責難有所畏懼」。(《編年史》3, 65)

　　塔西佗寫歷史，使用的是一種近於文學的語言，這與他受過很好的演說訓練有關。公元一世紀他從事歷史寫作的時候，西塞羅式拉丁已經過時，這種古老的拉丁語言以莊重大氣、四平八穩、風格雄偉、長句迭出、修辭豐富為特色，但經過一個世紀的模仿已經變成了陳套。取代西塞羅式古典拉丁語的是以塞內加為代表的

　　　　　　　　　　　　　　暴政史：二十世紀的權力與民眾

「白銀時代拉丁語」，它的特徵是簡潔、雋永、機智和凝煉。這樣的語體特別具有警句效果。蒙田稱讚塔西佗的《編年史》是「供應研究和學習的書，那裏處處有警句……是一個倫理和政治見解的苗圃」。[1]然而，正是這種簡要和個人化的語言風格使得塔西佗原本已經曖昧的政治態度變得更加模糊。

一 塔西佗擁護專制帝制嗎

文藝復興時期的人文學者開始重新發現塔西佗並予以重視，從此有了兩個政治色彩完全不同的塔西佗。1920年代，意大利學者托弗甯(Giuseppe Toffanin)稱這兩個塔西佗一個是「紅色塔西佗」，另一個是「黑色塔西佗」。[2]

紅色的是捍衛自由，崇尚共和的塔西佗。例如，著名的意大利人文學者萊昂納多·布魯尼(Leonardo Bruni, 1370–1444)在《佛羅倫薩頌》(*Panegyric to the City of Florence*)中引用了塔西佗關於自由與歷史真實的名言：專制暴政分裂人民。塔西佗說：「當人們很快對那些趨時討好的歷史學家感到厭惡的時候，他們卻又喜歡傾聽那些誹謗和怨恨的話了。阿諛諂媚被斥責為奴性的可恥表現，但惡意卻又在人們心目中造成獨立不倚的假象」。(《歷史》1, 1)塔西佗還說：「在某個歷史時刻可以按自由的意願去想，按照心裏想說的去說」，是一種「稀有的幸福」。(《歷史》1, 1)這些話被理解為反專制言論：獨裁專制的邪惡在於使一批人卑躬屈節地討好它，又使另一批人咬牙切齒地痛恨它。雖然看上去相互對立，但逢迎諂媚或憎恨敵意都是不自由的產物，也都成為真實歷史的障礙。

黑色塔西佗則全然不同。這個塔西佗並不反對帝制，他只關心馬基雅維里式的「現實政治」(realpolitik)經驗。南尼德蘭(今比利時)語文學家、人文主義者尤斯圖斯·利普修斯(Justus Lipsius,

---

1　蒙田：《蒙田隨筆全集》，下卷，陸秉慧、劉方譯，譯文出版社，1996年，第185頁。

2　Peter Burke, "Tacitism." In T. A. Dorey, ed., *Tacitus*. London: Routledge & Kegan Paul, 1969, pp. 162–163.

1547–1606)讚賞塔西佗的政治智慧，認為塔西佗相信「和平利益要求把全部權力集中到一人之手」。(《歷史》1, 1)他還引用塔西佗說的，「對於陷入混亂的國家來說，唯一的補救辦法就是由一人來全權統治」。(《編年史》1, 9)這些都被理解為贊同君主專制。但是，利普修斯顯然沒有完整地引用塔西佗的原文，因為塔西佗在第二句話後面接着又說：「不過他治理國家，並不是使自己成為專制君主或是獨裁官」。塔西佗的意思可以理解為，君權統治不應該是為了一己私利而牢牢地抓住獨裁的權力，而應該是一種有利於國家的必要政治形式。

文藝復興時期盛行一種「札記式」(commonplace book)的求知方式，這是當時人們在知識信息量很大的情況下，簡單處理和組織知識信息的方式。問題是，無論札記或筆記如何詳細，都無法與原著相比。對於一般人來說，尋章摘句、收集語錄是一種因方便而受歡迎的知識形式。塔西佗著作中有許多文藝復興時代人們喜愛的「警句」(sententiae)。Sententiae指的是來自古代著作或在民間流傳的道德箴言，如成語、格言、警句。這類文字言簡意賅、便於記憶，是一些經驗性的生活體會和常識智慧。這種警句沒有上下文，也沒有具體的語境。引用者經常憑自己的需要隨意解讀，因此經常會與作者原意不符或甚至南轅北轍。塔西佗的政治警句也不例外。

例如，法國古典學者薩爾瑪修斯(Claudius Salmasius, 1588–1653)抨擊英國人於1649年處死國王查理一世(他是唯一以國王身份被處死的英格蘭國王，是許多英國人痛恨的殘暴獨裁者)，他引用的就是塔西佗主張絕對君權的說法：諸神給予皇帝最高的權威，而臣民只有服從的光榮。

堅持共和主義立場的英國詩人彌爾頓隨即反駁薩爾瑪修斯，指責他對塔西佗斷章取義。彌爾頓指出，說這話的不是塔西佗自己，而是他記敘的一位歷史人物，此人是一位善於諂媚和討好皇帝提比里烏斯(提比略，Tiberius)的佞臣。彌爾頓寫道，「你說，『塔西佗這位在一人專制下飛黃騰達的歷史學家寫過這樣的話，『諸神使你成為一切事物的最高統治者；對於我們來說，我們只有服從的光

　　　　　　　　　　暴政史：二十世紀的權力與民眾

榮。』但你沒有說塔西佗是在哪裏說的，因為你想欺騙你的讀者。這些並不是塔西佗自己的話，他是一位最反對暴政專制的高尚作家。這番話是一位名叫提倫提烏斯(M. Terentius)的羅馬騎士在塔西佗的《編年史》第六卷裏說的。提倫提烏斯受審時命懸一線，因為害怕殺頭，所以說了許多奉承討好皇帝提比里烏斯的話，這便是其中的一句」。[3]

然而，彌爾頓自己也沒有忠實地引用塔西佗，因為在塔西佗那裏，提倫提烏斯並不是彌爾頓所說的那種怕死鬼，而是一位高貴而勇敢的羅馬騎士，他那番自我辯詞也是相當慷慨激昂的，並沒有貪生怕死的意思。(《編年史》6，8)生活在法國絕對王權下的薩爾瑪修斯和在英國為共和主義辯護的彌爾頓，他們對塔西佗的解讀都是出於自己的政治立場，都未必忠實於塔西佗著作中原來的意思。

二　歷史學家眼裏的帝制

塔西佗的貢獻在於歷史寫作，不在於政治理論，他是一位歷史學家，不是一位政治學者。但是，對於16、17世紀的歐洲人來說，他的歷史著作卻有着特殊的政治意義。那是一個絕對君主制的時代，17世紀至18世紀初，路易十四將絕對君主制發揚光大，推向輝煌的頂峰。到18世紀中期，絕對君主制不存在好或不好，對或不對的問題，而是除了這樣，真的還有其他選擇嗎？18世紀啟蒙運動的影響也不過促使出現要求絕對專制向開明專制(也稱「開明絕對君權」)轉化的改革要求。這與設想和要求徹底的政體變革是不同的。直到法國大革命時，這才發生了根本的變化。

16世紀文藝復興時期的人文學者並不滿足於把塔西佗只是當作歷史學家來閱讀，他們對塔西佗的著作進行集句處理，把他的歷史經驗觀察提升為一種政治觀念系統，或者如文藝復興時期西班牙學者巴利安托斯(Alamos de Barrientos, 1555–1640)所說，變成一種「政

3　Daniel Kapust, "Tacitus and Political Thought." In Victoria Emma Pagan, ed., *A Companion to Tacitus.* Wiley-Blackwell, 2012, p. 505.

治理論」(ciencia politica)。他稱讚道，「塔西佗言及的治國權術秘密和政治謹慎之道微妙精深，全都緊鎖在他的(歷史)敘述裏」。[4] 所謂「緊鎖」，乃是說，塔西佗議論的不僅僅是特定的歷史事件，也不只是提出一些觀察性評說。更重要的是，塔西佗的歷史言論包含了一些永恆的真理和政治智慧，凝結為許多發人深省的警策之言。這些警策之言含義深刻，有待解讀(解鎖)。讀者需要將它們從具體語境中釋放出來，方能領略其精妙含義。我們當然無從知道塔西佗自己是否原來就有這個「緊鎖」的意願。

如果說塔西佗那裏真的有甚麼「政治理論」，那也是一種可以作不同理解的政治理論，既對專制統治者有用，也對專制統治下心懷不滿的民眾有用。托弗寧當初提出紅色和黑色兩個塔西佗的說法，就已經包含了這個意思。紅色的是對反專制者有用的塔西佗，而黑色的則是對專制統治者有用的塔西佗。其實，早在文藝復興時期，意大利人文學者圭恰爾迪尼(Francesco Guicciardini, 1483–1540年)就說過，「塔西佗善於開導臣民如何謹慎小心地生活和行事，就像他善於開導皇帝如何維持暴政一樣」。[5] 今天，人們一般引用的都是紅色的塔西佗，相比之下，黑色的塔西佗則更顯得是「緊鎖」的塔西佗了。

塔西佗是以個體歷史人物來寫羅馬史的，以權力支配下的個人關係為基礎，以複雜的政治和社會環境為背景。因此，即使是紅色的塔西佗，他的警策之言也大多數是一些與戰爭、人性、道德或倫理制度有關的常識說法，由於精煉而顯得具有普遍意義。他歷史著作中有許多這類警句和名言。例如，「屠殺一開始，要想制止就難了」(《歷史》1, 39)；「諸神是站在強者一邊的」(《歷史》4, 17)；「如果一個城市是被攻克的，擄獲物就總是落在士兵手裏，如果它是投降的，擄獲物就會落在軍官手裏」(《歷史》3, 19)；「有人的地方就有惡」(《歷史》4, 74)；「國家弊端登峰造極之日，正是法律多如牛毛之時」(《編年史》3, 27)；「受到懲處的

4　Peter Burke, "Tacitism," p. 162.
5　Peter Burke, "Tacitism," p. 163.

天才反而會提高自己的威信；而且殘暴的外國國王以及模仿他們的酷行的人，他們的行為所招致的後果也只能是使自己聲名掃地，反而使犧牲在他們手下的人得到光榮」（《編年史》4, 35）；「今天我們的創舉也會變為過去的一個構成部分，而今天我們根據前例加以辯護的事例，將來也會成為前例的」（《編年史》11, 24)等等。

相比起這類可以當作政治常識的名言來，另一種塔西佗解讀則要隱晦得多，因為那需要具備一些專門的政治理論知識，尤其是對馬基雅維里主義有一些瞭解。按照托弗寧的說法，黑色的塔西佗是那個與馬基雅維里相似，但隱蔽得更好的塔西佗。1559年教皇禁書令(Index Librorum Prohibitorum)上有馬基雅維里的名字，但沒有塔西佗的名字。馬基雅維里遭禁是因為他把政治置於宗教的控制和影響之外，教會認為，他的作品敗壞政治和道德。意大利作家特拉伊亞諾‧博卡利尼(Trajano Boccalini, 1556–1613) 在他的諷刺作品《帕納瑟來的新聞》(Ragguagli di Parnaso)把塔西佗和馬基雅維里一起放到法庭上受審，馬基雅維里被判有罪，而塔西佗則因為隱蔽得好，所以辯護成功，僥倖脫罪。[6]

把塔西佗放在馬基雅維里一起解讀，往往不是直接引用塔西佗，而是在他的著作裏尋章摘句，搜尋他與馬基雅維里的秘密思想溝通。問題是，為甚麼要把公元1–2世紀的塔西佗稱為隱蔽的馬基雅維里，而不是把公元15–16世紀的馬基雅維里稱為公開的塔西佗呢？這或許是因為馬基雅維里的政治理論比塔西佗的更廣為人知吧。這類解讀往往把塔西佗往馬基雅維里那邊靠，或者對他們的一些觀點作交叉引用。例如，塔西佗在《編年史》裏說，皇帝提比略「在金錢上是毫不介意的」。(3, 18)就有學者把這句話與馬基雅維里的一句名言——君主若想保住權力，就不要去動臣民的財產——聯繫到了一起。文藝復興時期的葡萄牙貴族何爾西‧德邁羅(Jorge de Melo, 1460–1534)在《葡萄牙的塔西佗》(Portuguese Tacitus)

6　最早的英文譯本題為News from Pernassus (I622)，參見 William F. Marquardt, "The First English Translators of Trajano Boccalini's 'Ragguagli di Parnaso': A Study of Literary Relationships." *Huntington Library Quarterly*, Vol. 15, No. 1 (Nov., 1951), pp. 1–19.

一書裏說：「提比略精通統治權術，一些別的君王以他為師，都是有好事自己出面，做壞事都讓大臣出頭，讓臣民把他一個人當成恩人，把惡事的帳和仇恨都算在大臣們頭上」。[7]馬基雅維里在《君主論》裏也有類似的話，君王應該有好事就把功勞據為己有，有壞事就讓底下人做頂罪。其實，這樣的君主統治伎倆，根本不用塔西佗或馬基雅維里去傳授，他們不過是對常見的君王行為做經驗描述，恰巧相似而已。韓非子不是也說過「有功則君有其賢，有過則臣任其罪」的話嗎？

三　從塔西佗到馬基雅維里

避免道德評價的政治權術觀察可以視為政治學說從道德主義向現實主義的轉變，因此被稱為「非道德政治」(amoral politics)，它的別名是馬基雅維里主義。在一般人的眼裏，馬基雅維里主義的道德色彩是黑的，因為它把政治與道德分割開來。這不是說政治與道德不能分開討論，而是說，政治與道德一旦分割，政治實踐便有作惡的正當理由或藉口，而且會愈來愈不道德，愈來愈邪惡。因此，政治道德不是一個純哲學或純學術問題，而是一個以甚麼樣的公共道德來限制政治作惡的現實問題。

塔西佗的歷史著作裏有許多對專制統治權術的描述，包括權術背後的心理動機，都讓讀者覺得十分貼近自己時代的日常生活和政治經驗。這些權術描述可能起到雙重作用：既可以幫助被專制統治者認清專制統治的權力運作特徵，也可以幫助專制統治者學到許多有用的自我維持原則。政治學家羅傑·波伊契(Roger Boesche)在《暴政的理論》一書裏總結了塔西佗著作中的八項專制權術。一、要善於偽裝和欺騙；二、要想方設法破壞法治，以人治代替法治；三、為鞏固權力不惜讓國民道德敗壞和精神墮落(培養奴性)；四、利用人的欲望和貪念；五、運用暴力，但享樂和縱欲是比暴力更有效的統治方式；六、為民眾提供他們需要的政治強人和神話領袖；

7　　Peter Burke, "Tacitism," p. 165.

七、讓每個人都按權力制定的腳本扮演好指定的角色。八、讓所有人都學會諂媚奉承，能嫻熟地運用虛偽的公共或日常語言。[8] 這些專制原則許多都是馬基雅維里在《君主論》裏向君主們建議的，當然他還添加一些自己總結出來的其他權術。

馬基雅維里很欣賞塔西佗對政治權術的洞見，與其他一些文藝復興思想家一樣——如胡安‧路易‧比維斯(Juan Luis Vives, 1493–1540)和弗朗切斯科‧圭恰迪尼(Francesco Guicciardini, 1483–1540)——馬基雅維里欣賞的是塔西佗對政治權術和國家理性(the reason of state)的洞察力。這種洞察力在馬基雅維里和塔西佗的政治思想之間形成了一種似乎惺惺相惜的「內在思想」聯繫。

馬基雅維里曾多次引用塔西佗。例如，在《君主論》第13章「論援軍、混合軍和本國的軍隊」裏，馬基雅維里說：「我的結論是：任何一個君主國如果沒有自己的軍隊，它是不穩固的。反之，一個君主國在不利的情況下，如果沒有實力帶着信心防衛自己，它就不得不完全依靠僥倖了。明智的人們常常提出這樣的意見和論斷：『世界上最弱和最不牢固的東西，莫過於不以自己的力量為基礎的權力的聲譽了』」。其中的引文(quod nihil sit tam infirmum aut instabile quam fama potentiae non sua vixa)出自塔西佗的《編年史》(XIII, 19)。又例如，馬基雅維里說，君王必須要會忘恩負義(《論李維》29, 1)，其根據是塔西佗所說的，「報復侮辱較之酬答善行是容易得多的事情，因為感恩被認為是一種負擔，但報復卻被認為是一種收益」。(《歷史》4, 3)馬基雅維里在《論李維》裏說：「塔西佗的話堪稱金玉良言，他說，人們可以讚美既往，但必須接受現狀；他們應該嚮往好的君主，但必須寬容地對待君主，無論他是如何上台的。如果他們有別的想法，就會毀了自己和祖國」。(III, 6, 1)由於他引用了塔西佗所說的「仰慕古老的時代，但是卻也能適應當前的時代」(《歷史》4, 8)，所以，有人認為馬基雅維里和塔西佗都主張維護專制現狀。

其實，馬基雅維里對塔西佗不過是隻言片語的隨機引用，並沒

8　Roger Boesche, *Theories of Tyranny: From Plato to Arendt*, pp. 107–109.

有把塔西佗當作自己的政治理論依據。塔西佗和馬基雅維里生活在兩個不同的專制時代，他們的生活態度也不相同。馬基雅維里是一個典型的文藝復興時代的「行動者」，無論如何，他都還想要有所作為。但是，塔西佗是一個羅馬帝國的「失敗者」，他並不相信有任何個人作為的可能，他關注的是如何在既成事實的羅馬帝制下安身立命。

　　同塔西佗有兩種面孔一樣，馬基雅維里也有兩張面孔。在《君主論》裏他為新君主提供權術指導，但在《論李維》裏，他關注的是如何保全一個健康又有美德的共和。他的這兩部著作主旨迥然不同，但背後卻是同一個秉持行動原則的作者。在《君主論》裏，他要證明，君主必須有所行動，否則很快就會陷於絕境，而且，君主可以用一些自我維持的手段和權術來實現他們想要的長治久安。在《論李維》裏他要想知道，用甚麼方法可以讓生活在共和政制中的人們既保持自由，又不失美德，惟有如此，共和才能屹立不倒。與他相比，塔西佗應對專制統治現實的態度和方式則被動、隱忍和消極得多。

　　馬基雅維里在《君主論》裏為專制提供了一系列自我維持原則，體現為它所運用的權術。但是，18世紀啟蒙運動時期，狄德羅和盧梭都認為馬基雅維里是共和主義者，而《君主論》是一部揭露君主專制統治權術的諷刺作品。即使我們不完成贊同狄德羅和盧梭的看法，我們仍有理由相信，馬基雅維里至少是不自覺地客觀揭示君主專制的一些普遍原則和手段。我們譴責這些原則和手段，是因為它們利用和助長了人性中最陰暗的欲望和本能，因此是不道德和罪惡的。無論有沒有馬基雅維里的《君主論》，專制統治都一直在用這些原則和手段奴役人民。我們需要重視專制統治的權術，因為這些權術往往決定專制權力的本質。一個國家統治權力是否專制，不僅表現在它與統治對象的權力關係上，而且也表現在它所允許的，積極運用的統治權術上。

　　　　　　　　　　暴政史：二十世紀的權力與民眾

四　專制統治下的安身立命

蒙田說，塔西佗的著作「特別適合動亂頻仍的病態國家」。蒙田覺得自己就生活在這樣的國家，所以他感歎道，「可以說，那是在寫我們，那是在刺痛我們」。[9] 蒙田所指的是一個政治專制、政府腐敗、道德墮落、精神萎靡的病態國家環境，這種環境中的某一個人都面臨着自己要怎麼活下去的逼仄困境。

塔西佗厭惡羅馬帝制下的這種生存狀態，但他並不尋求改變它，當然，這並不意味在他希望這樣的生存狀態毫無變化地永遠維持下去。他的生存政治，用英國歷史學家彼得·伯克(Peter Burke)的話來說，是「在專制絕對主義時代支持有限君權」。也就是說，在制度現狀沒有任何改變可能或前景時，希望專制不要肆意妄為，哪怕是為了它自己能夠長期穩定地把持權力，也要盡量有所收斂，不要大膽作惡，禍害國家。[10] 在這種情況下，塔西佗所關注的問題不是如何改變他討厭的專制，而是在不可避免的專制下如何安身立命。美國歷史學家丹尼爾·卡普斯特(Daniel Kapust)說，這樣的塔西佗是「粉紅色」的，「我們把塔西佗理解為倡導君權或共和，雖然不是全無用處，但都是把他往他自己不願走的那條路上硬推」。[11]「粉紅色」的塔西佗是在專制下尋找安身立命之道的塔西佗，也是蒙田覺得特別親近的那個塔西佗。

塔西佗活着的時代，專制權力的元首制已經是羅馬的現實，政制前途灰暗又不可確定，可能變得更糟，也可能有所改善。共和早就已經死了，回到共和已經不再可能，以懷舊之情將共和理想化已經沒有甚麼實質的意義。而且，對共和的理想化本身就問題多多。不管怎麼說，羅馬的精英們都需要找到在現實中的安身立命之道——如何謹慎行事，不要以身犯險，但也不要同流合污。這種安身立命乃是一種對現實的有限妥協，在渾濁不清、暗

9　蒙田：《蒙田隨筆全集》，下卷，陸秉慧、劉方譯，譯林出版社，1996年，第186頁。
10　Peter Burke, "Tacitism," p. 163。
11　Daniel Kapust, "Tacitus and Political Thought," p. 510.

流洶湧的政治漩渦裏「既不全然自由，也不全然奴性」。[12]

塔西佗所關心的安身立命者不是一般的民眾——他們永遠只是在專制的擺佈和操縱下隨波逐流——而是羅馬的精英：元老院裏的元老、貴族、軍事統帥、行政長官。用蒙田的話來說，是那些在「政府裏混的人們」。[13] 這些有身份的人士生活在一個政治專制、社會道德腐敗的國家裏，既不以身犯險又不同流合污，有這種可能嗎？

塔西佗對這個問題的回答與我們今天許多人是不同的。他認為這不僅是可能的，而是還有身體力行的成功表率。這個表率就是他岳父阿古利可拉(Agricola)。「阿古利可拉從來不用驕矜自大或無謂的傲上態度來博取聲名和招惹是非。有些人專門崇拜藐視權威的人物，但他們應該知道：就是在暴君之下，也有偉大的人物；而溫順服從如果能和奮發有為的精神結合在一起的話，也自可達到高貴的境地，但許多人卻只會以一種毫無利於國家而徒然招取殺身之禍的匹夫之勇來沽名釣譽而已」。(《阿古利可拉傳》42)

塔西佗歷史著作裏不是沒有勇敢對抗暴君的人物，但是，他認為，他們雖然勇氣可嘉，但都不是值得效仿的對象。這可能與塔西佗自己的為人和官場經歷有關。他接受過當時最好的演說和法律教育，少年時曾就學於著名的修辭學家昆體良(Quintilian)，又從阿樸爾(Aper)和塞孔都斯(Secundus)學法律。他成為一個有名的辯護師。公元77至78年之間，他和執政官阿古利可拉的女兒結了婚，並在皇帝韋帕薌(Vespasian)時代開始從政。公元79–81年左右，他曾任財務使之職，88年升任大法官。89至93年之間，他離開羅馬，大約在外省做官。在這段時期內，他可能遊歷過羅馬帝國北部邊境一帶，熟悉了日耳曼人的歷史。公元97年，他回到羅馬，任執政官。在112至116年之間，他曾出任亞細亞行省總督。

他一生經歷了十多位羅馬皇帝的統治，其中尼羅和圖密善是著名的暴君。然而當正直和高尚人士慘遭迫害之時，他卻能乖巧

12　Daniel Kapust, "Tacitus and Political Thought," p. 524.
13　Daniel Kapust, "Tacitus and Political Thought," p. 510.

暴政史：二十世紀的權力與民眾

地保持沉默並扶搖直上——圖密善時代正是他仕途通達的關鍵時期。作為暴政的倖存者，他可能內心有恥辱愧疚，因此會有心理自衛的要求。歷史學家貝西‧華科(Bessie Walker)對此寫道，「當公元96年9月圖密善末日來臨之際，塔西佗對元老院昏聵無能的憎惡必定深化為一種蒙羞心理……然而，儘管有這樣的羞辱，儘管也承認圖密善只是例外性地……異常邪惡，從人性來說無可救藥，但塔西佗顯然堅信，用一位皇帝來代替另一位皇帝，並不是一個值得為之奮鬥的目標。這一觀點貫穿於他的所有著作之中」。[14]

塔西佗認為，一個人生活在亂世之中，個人的力量微不足道，雖然內心痛苦，厭惡現實，但也不要以為一個皇帝代替另一個皇帝就會世道改變。明智之士不值得為追求這樣的改變以身犯險，以卵擊石。在他看來，這才是清醒自明的安身立命態度，就像中國古話說的，君子不涉身犯險，不立危牆之側。《孟子‧盡心》說：「莫非命也，順受其正，是故知命者不立乎岩牆之下。盡其道而死者，正命也；桎梏死者，非正命也」(順從天命，接受的是正常的命運；因此懂天命的人不會站立在危牆下面。盡力行道而死的，是正常的命運；犯罪受刑而死的，不是正常的命運)。這樣的安身立命之道被古人當作一種生存智慧。今天我們當然有理由視其為一種不反抗的自我辯解和政治妥協。

五 政治精英階層的崩塌

蒙田說：「我不知道有哪位(歷史)作者能像塔西佗那樣在政府事件的敘述中摻進如此之多民風民俗思考和他個人的喜惡」。這些民風民俗中最突出的就是專制統治下的普遍奴性，這種奴性尤其表現在本該有榮譽心，熱愛自由、智識超眾的政治精英們身上。塔西佗毫不掩飾對這些政治精英的鄙視。蒙田還說，塔西佗的著作「與其說是演繹歷史，毋寧說是一種評價，其中箴言多於敘述」。[15]這

14　B. Walker, *The Annuals of Tacitus*, p. 181.
15　蒙田：《蒙田隨筆全集》，下卷，第185頁。

樣的評價自然也包含在他對羅馬帝制統治下個人反抗的敘述中。

塔西佗記敘了一些有反抗行為的斯多葛派人物——被稱為「斯多葛抵抗」(the Stoic opposition)，然而，他對他們的評價卻難免有為他自己行為曲意辯解的意味。[16] 那些有反抗行為的斯多葛派人物包括三個朝代出現的獻身者——尼祿時代的特拉塞亞·帕埃圖斯(Thrasea Paetus)和貝利亞·索拉努斯(Barea Soranus)，韋帕薌(Vespasian)時代的赫爾維狄烏斯·普里斯庫斯(Helvidius Priscus) 和茹斯替古斯·阿茹勒努斯(Rusticus Arulenus)，以及圖密善時代的赫倫尼烏·塞內契阿(Herennius Senecio)。

在《阿古利可拉傳》裏，塔西佗記敘了暴君圖密善時代的抵抗獻身者，他惋惜他們的命運，讚歎他們的勇氣，但那主要是為了襯托元老院裏那些巴結皇帝的軟骨頭及其加害獻身者的卑鄙行為：落井下石、為虎作倀、助紂為虐。塔西佗並沒有讚揚獻身的義舉，而是警告不要盲目仿效獻身者的衝動行為：「有些人專門崇拜藐視權威的人物，但他們應該知道：就是在暴君之下，也有偉大的人物；而溫順服從如果能和奮發有為的精神結合在一起的話，也自可達到高貴的境地，但許多人卻只會以一種毫無利於國家而徒然招取殺身之禍的匹夫之勇來沽名釣譽而已」。[17] 在塔西佗看來，在暴君統治下默默又有尊嚴地保存高貴精神的代表就是他的岳父阿古利可拉。

塔西佗在《編年史》裏多次提到的暴君尼祿時代的特拉塞亞，公元62年，特拉塞亞在安蒂斯久斯(Antistius)事件中發揮了主要的作用，他勇敢地勸說許多元老們要求終止死刑，這是違背暴君尼祿意願的。起先贊同特拉塞亞的一些元老們各有各的心思：「一部分人這樣做是為了不使皇帝處於招人忌恨的地位；但大部分人卻是由於自己這邊人多而感到安全，特拉塞亞則是出於他那一向堅定不屈的性格——他也不想放棄這樣一個出風頭的機會」。(《編年史》14, 49)最後這一句是塔西佗自己為特拉塞亞勇敢行為所做的評注：

16　Donald R. Dudley, *The World of Tacitus*. London: Martin Secker & Warburg, 1968，p. 58, note 8.

17　塔西佗：《阿古利可拉傳 日耳曼尼亞志》，馬雍、傅正元譯，商務印書館，1997年，第42頁。

　　　　　　　　　　　　暴政史：二十世紀的權力與民眾

愛出個人風頭。公元63年，特拉塞亞又和皇帝尼祿起了衝突，一位名叫科蘇提亞努斯·卡皮托(Cossutianus Capito)的佞臣羅列了特拉塞亞多項罪名，叫尼祿放心，一定會替他好好收拾特拉塞亞，「對於特拉塞亞，你無需親自寫甚麼指示，交給元老院，讓我們來決定吧！」(《編年史》16, 22)

比起暴虐的君主來，塔西佗更加鄙視那些對皇帝意願百般順從，低眉順眼的元老們。他們隨時願意出賣同僚，貪婪地爭奪那些能夠大發橫財的機會，很少具有健全的判斷力或是真正有愛國心。政治精英們的腐敗、虛偽和奴性是塔西佗批評時局的主要內容。那些本該是體制性基礎和制度保障的政治精英，卻腐化墮落為尼祿那樣暴君的幫兇。是羅馬的精英們為尼祿的暴政創造了條件和提供了保護：「尼祿從元老院的命令中清楚地看到，他的每一件罪行都被說成是崇高德行的典範，因此他作惡的膽量就更大了」。(《編年史》14, 60)

羅馬的精英階層以逢迎諂媚皇帝為能事，以此獲得權力攀升，並非始於暴君時代。這種惡果的種籽其實在號稱盛世中興的奧古斯都時代就已經播下的了。明君奧古斯都是攫取和鞏固權力的權術大師：「首先用慷慨的賞賜籠絡軍隊，用廉價的糧食討好民眾，用和平安樂的生活獵取世人對他的好感。然後再逐步地提高自己的地位，把元老院、高級長官乃至立法的職權都集於一身」。(《編年史》1, 3)

奧古斯都是統治權術的天才發明者，他知道，獨攬大權首先必須控制人民，以此防止人民行動起來，組織起來反政府。這種控制並不意味着一定要使用暴力壓制(折磨、殺害)，還有更加微妙、有效的柔性手段，那就是籠絡、收買和討好。控制人民是任何專制統治的第一個重要權術手段。

專制統治的第二個權術手段是有效控制國家精英。專制者必須確保讓精英層中那些潛在的對手要麼害怕他，要麼感激他。而且，他還要能利用敵人或法律除掉那些既不害怕他也不感激他的傢伙。奧古斯都統治的時候，「反對他的力量已蕩然無存：公然反抗的人

或在戰場上或在羅馬公敵宣告名單的法律制裁下被消滅了；剩下來的貴族則覺得心甘情願的奴顏婢膝才是升官發財的最便捷的道路；他們既然從革命得到好處，也就寧願在當前的新秩序之下苟且偷安，不去留戀那會帶來危險的舊制度了」。(《編年史》1, 3)

專制獨裁的另一個手段是放行腐敗，當然，這需要避人耳目，以巧妙的名目來進行，不是對所有人，而是對「自己人」。這個手段可以收買死黨，同時又牢牢地抓住他們的小辮子。允許腐敗可以誘導他們忠心，他們可以因此愈來愈富有。如果懷疑他們不忠，那麼可以指控他們腐敗，一下子就把他們收拾了。奧古斯特用這些權術手段建立了他要的新秩序，「新秩序在各行省也頗受歡迎。元老院和人民在那裏的統治卻由於權貴之間的傾軋和官吏們的貪得無厭而得不到信任；法制對於這些弊端也拿不出甚麼有效的辦法，因為暴力、徇私和作為最後手段的金錢早已把法制攪得一塌糊塗了」。(《編年史》1, 3)

專制之所以罪惡，並不在於權力由一人掌控，而在於權力沒有制衡，無限膨脹。專制者想怎麼辦就怎麼辦，誰也拿他沒有辦法，這樣的權力很容易惡化為暴政。暴政專制在乎的只是如何維護其統治權力，即使從精神上摧毀整個民族也在所不惜。塔西佗特別關注的一個專制災難性後果就是，它殘酷打擊了整個精英階層，逼迫他們成為獨裁統治的工具。奧古斯都一手選拔了繼承人提比略，而這位繼承人的統治「是如此污濁的一個時代，當時的諂媚奉承又是如此地卑鄙可恥，以致不僅是國內那些不得不以奴性來掩飾自己的顯赫聲名的首要人物，就是所有那些曾經擔任過執政官的元老，大部分擔任過行政長官的元老以及許多普通元老，都爭先恐後地提出過分諂媚的、令人作嘔的建議」。他們賣友求榮，傾軋求利、在元老院裏提一些瑣碎的「雷人」提案，提比略利用他們，但又從心底裏看不起他們，「人們傳說每次在提比略離開元老院的時候，他總是習慣於用希臘語說，『多麼適於做奴才的人們啊！』看起來，甚至反對人民的自由的這個人，對於他的奴隸的這種搖尾乞憐、低三下四的奴才相都感到膩味了」。(《編年史》3, 65)

塔西佗對帝國的專制和腐敗充滿了厭惡，但卻並沒有反抗的意願，正如歷史學家曼代爾(Clarence W. Mendell)所說，由於塔西佗對專制帝制的厭惡，他似乎讓人覺得他還在懷念共和。[18] 但這是一種誤解。這樣看待塔西佗，就像因為曾國藩不滿朝政就以為他是反對清廷。曾國藩在晚清從舉人、進士、到翰林，一路飛黃騰達，其京官生涯，十年七遷，傲視群曹。然而，他在詩文中卻多有對官場和朝政的失望、不滿和頹喪之意。他渴望以振作之氣扭轉官場的泄沓之風，甚至建議改革官員的選拔辦法，這是他對滿清的忠心，而絕非是二心。專制統治下的精英階層並非鐵板一塊，這些高層人士的個人道德操守、人格品質、精神境界是有差別的，雖然不能忽視這些差別，但不能誇大這些差別對制度本身的支持或反對作用。

六　塔西佗筆下的暴政

從歷史上看，文藝復興和啟蒙運動時期是塔西佗最受關注的兩個時代，不同的時代在對塔西佗的閱讀和理解上打上了不同的特殊烙印。文藝復興時期，得力於利普修斯的翻譯和批註。塔西佗的著作在意大利產生了很大影響，這是因為，如歷史學家唐納德·德得萊(Donald R. Dudley)所說，「那些意大利獨裁者的宮廷都是小型的羅馬帝國」，他們也像羅馬皇帝一樣，「攫取了那種導致絕對腐敗的絕對權力。《編年史》的前六卷被形形色色的歐洲君主奉為權術指導，讓他們能夠從中汲取欺騙和偽裝的經驗，在這方面塔西佗是當之無愧的大師」。德得萊還指出，塔西佗的影響因為馬基雅維里的欣賞而得以增強，「馬基雅維里本人深入思考了道德與權術的衝突，並在政治中優先考量權術」。[19] 托斯卡納(Tuscany) 大公國的科西莫·德·美第奇(Cosimo de' Medici, 1642–1723)一再反復閱讀塔西佗，教宗保祿三世(Paulus III, 1468–1549, 1534–1549年任教宗)也非常欣賞塔西佗對權術的透徹瞭解。非道德的政治權術成

18　Clarence W. Mendell, *Tacitus: The Man and His Work.* Yale University Press, 1957, p. 69.
19　Donald R. Dudley, *The World of Tacitus*, pp. 234–235.

為政治人物必備的知識，因為即使他們自己不想非用這些權術來進行統治，他們也需要知道自己的對手可能運用哪些權術來壯大其勢力。黑色塔西佗的理解大多出於文藝復興時代的這種需要。

啟蒙運動時期，人們對塔西佗閱讀和理解要正面得多，他們對羅馬的認識也更為複雜和深化，羅馬代表着有限但重要的政治遺產。例如，孟德斯鳩一方面認識到羅馬的遺產扭曲了法國的真實性，一方面又欣賞羅馬共和制度令人羨慕的權力自我矯正能力。羅馬法是具體的法典，羅馬共和是法的精神。孟德斯鳩懷疑法國人可以用羅馬法來替代法國自己的法律，他在《波斯人信札》裏說，儘管法國人從羅馬人那裏採用了無數「無用或糟糕的」法律，但他們並沒有從羅馬人那裏採納作為這些法律的權威基礎。[20] 孟德斯鳩要從羅馬共和那裏獲得的是真正有用的教益，他認為，羅馬政府能夠通過人民的精神，元老院的力量和一些行政官的權威，形成了矯正權力濫用的有效機制，只有從這個角度看，羅馬的榜樣對於法國立法者才具有政治教益，因為羅馬的自由得益於這種自我矯正能力。羅馬在古代和近代歷史上都無與倫比，是「因為它擁有一個對權力不斷審視的機構，再加上不斷地自我反省，不管犯下甚麼樣的錯誤，都不至於積重難返，並且由於人民對國事的關注，那些錯誤往往會成為有益的教訓」。[21] 塔西佗的歷史所描繪和揭示的是，當這樣的機制在羅馬帝國時代被削弱以至於完全不起作用的時候，自由也隨之消失，連富有自由傳統的羅馬政治精英階層也蛻變為皇帝權力的附庸、諂從和奴僕。

羅馬人對共和國自古以來就懷有光榮感和神情追憶(儘管可能只是一個神話)，對陌生的君主政體抱有一種本能的畏懼和反感。塔西佗對羅馬皇帝的專制和腐敗，以及對羅馬精神傳統被破壞深惡痛絕，也不加掩飾地表現出來。但是，他把專制之禍歸結為皇帝們放縱自己的欲望，尤其是權力欲望，而不是制度本身。他在歷史敘

---

20 馬克·戈爾迪、羅伯特·沃克勒主編：《劍橋18世紀政治思想史》，劉北成等譯，商務印書館，2017年，第22頁。
21 同上，第23頁。

暴政史：二十世紀的權力與民眾

述中涉及種種政治問題或權力因素時，從來沒有把恢復共和當作匡正專制的可行選擇。

18世紀啟蒙運動時期，塔西佗經常被用作反專制的政治武器，在美國獨立和法國革命時，他的許多警句和名言都發揮了革命宣傳作用。法國詩人安德烈・舍尼埃(André Chénier, 1762–1794)飽含激情的把塔西佗描繪成反專制的旗手，「他的名字讓暴君聞之色變！」羅蘭夫人在刑場赴死前夕，在獄中閱讀的就是塔西佗，深信法國正在經歷提比略皇帝的恐怖時代。法國記者和政治家卡米爾・伯努瓦・德穆蘭(Camille Desmoulins)在他辦的刊物《老柯德里耶》(Le Vieux Cordelier)第三期上，把塔西佗當作一面明鏡，用來照清法國革命時雅各賓黨的殘忍和恐怖：血腥、骯髒，如同陰溝裏的污水。他說，革命的暴行在歷史上只有塔西佗筆下提比里烏斯的暴政才能與之相比。羅伯斯庇爾聞之震怒，當即命令焚毀這些雜誌。德穆蘭在法國大革命期間扮演了重要角色。他與羅伯斯庇爾是兒時的朋友並與丹東是親密的朋友和政治盟友，他們都是法國大革命期間有影響力的人物。當公共安全委員會對丹東反對派做出反擊時，德穆蘭和丹東一起被審判並處決。

法國革命的背叛者拿破崙則是對塔西佗非常厭惡，「不要對我提那個寫小冊子的傢伙，他專門詆毀和中傷的就是皇帝」。拿破崙甚至還專門召集學者和專家，組織一個寫作班子，專門撰文攻擊塔西佗。但是，事與願違，拿破崙沒能在法國消除塔西佗的影響。兩代人之後，作家雨果抨擊拿破崙三世的專制，仍然是用塔西佗來做武器。[22]

法國啟蒙運動時期，最喜愛塔西佗的是盧梭，他還翻譯過塔西佗的作品，由於盧梭的民主思想，這並不奇怪。但是，主張君主制的伏爾泰非常討厭塔西佗，他認為塔西佗把人性，甚至是專制暴君的人性，看得過於陰暗、骯髒和險惡 —— 就算是暴君，又怎麼能像塔西佗記錄的那個尼祿那般殘暴、陰險、邪惡，嗜血成性？但是，在許多欣賞塔西佗的人們看來，邪惡當道和多災多難時代的人性殘缺正是塔西佗所揭示得最深刻的東西。

22　Donald R. Dudley, *The World of Tacitus*, pp. 235–237.

暴政下如何安身立命

每當人們生活在一個道德腐敗、政治失序、欲望無度、民風敗壞的時代，眼看坑蒙拐騙、巧取豪奪比比皆是，痛感世風日下、人欲橫流、寡廉鮮恥，卻無能為力，既不能指望制度變革，也無從期待人心歸善。這時候，人們閱讀塔西佗，就越加能體會他筆下那個千瘡百孔的羅馬帝國與自己時代是多麼貼近。與今天的專制相比，羅馬的那種專制確實還不能說是最邪乎，最令人髮指的。希特勒、斯大林、波爾布特的專制不知道要比羅馬專制兇殘和暴虐多少。如今，雖然這些專制都完蛋了，但專制、暴政和獨裁者並沒有絕跡，反而是在以新的形式在變化和產生，甚至成為人類歷史上又一波大的專制浪潮。在這樣的歷史時刻，對絕大多數人來說，安身立命是比改變現狀更基本更普遍的需要，這也許正是粉紅色塔西佗的現實意義所在。

　　塔西佗沒能讓我們看到專制統治下能有甚麼出路，但他讓我們看到這種統治與人性、德行和命運之間不可分割的關係。塔西佗將個人造孽與帝制罪惡放在同等重要的位置，他對人性不抱多大的樂觀，因為他從歷史看到，羅馬的墮落除了天下太平和生活安逸之外，還源於人天生的「怯懦」，而且「盡喪元氣很容易，而恢復元氣的效驗卻很遲緩」。墮落使人在道德上變得無精打采，「無精打采這種現象本身就含有一種神秘的魅力，所以，我們雖然起初憎惡死氣沉沉，久而久之，我們卻會對它戀戀不捨了」。（《阿古利可拉傳》, 3）。

　　人類墮落最致命的原因是人性中的權力欲，不受限制的權力是萬惡之源。這樣的權力欲望一旦得逞，會徹底扭曲原本就已經很不穩定的人性。縱容野心和貪欲如順水行舟般便易，而自我節制則比逆水行舟還難，沒有人能夠例外。權力的貪欲和滿足使人在「勝利時任性胡為，失敗時則又不顧一切」（《編年史》, 1, 68）。權力是對人性的最大考驗，經受不了，便成為對人性最大的戕害。無節制的權力導致性格的扭曲和習性的變異，大大加深人性的缺陷，身居高位，特別是「取得皇帝大權的，即使是正直之人，世界也差不多

　　　　　　　　　暴政史：二十世紀的權力與民眾

要搞得天翻地覆」（《歷史》, 1, 50）；「在勝利的時候，甚至最優秀的統帥都會蛻化」（《歷史》, 2, 7）。

罪惡的體制必然引導人性惡的無限膨脹，當權者的人性缺失則更是會加劇國家命運的動盪變幻，禍害的不只是他個人，而且更是天下無辜的黎民百姓。一方面，權力的命運如朝露般易逝，「世上萬事萬物中最不可靠、最易消逝的，莫過於從一種並非以本身的實力為基礎的權力而得來的聲譽」（《編年史》, 13, 19）。另一方面，正是這樣的權力卻能極度惡化國人的道德，誘使人們走上歪道。整個社會變得急功近利、貪婪冷酷，「急於飛黃騰達的心情促使(人們)先是想超過同等身份的人，繼而又想超過比(自己)地位高的人，最後竟想超過自己的野心：這是許多人致命的弱點，甚至優秀人物也在所難免。他們瞧不起穩步遷升，強求過早地成就功名，但是功名到手之日，也許就是身敗名裂之時。」（《編年史》3, 66）

塔西佗對權力統治及其與人性、德行和命運關係的觀察包含着因深度失望而倍顯灰暗的憂慮，但卻在提醒人們，那些誘發道德墮落的災殃有其普遍規律，只要人性不變，這類災殃便會繼續存在，而如果沒有良好的制度，災殃的危害則會十倍百倍地變本加厲。與塔西佗那些包含着政治常識和智慧的警句和名言一樣，他對人性惡的基本認識也仍然與我們今天的不道德現實相符。他對待惡的態度無比認真，並引導我們從人性中去尋找惡的根源。無論是制度、政府之惡，還是暴君、奸佞、奴才之惡，都可追溯到人性的根源，兩千多年來幾乎沒有任何改變。如親身經歷過20世紀極權統治的波蘭哲學家和神學家萊謝爾·科拉科夫斯基(Leszek Kołakowski)所說，惡的「根源可能內在於人這個物種的某些永久特徵之中」。[23] 今天讀塔西佗的歷史，讓我們對此有更深切的感受。

23　Leszek Kołakowski, "The Devil in History." In *My Correct Views on Everything*. South Bend, IN: St. Augustine's Press, 2005, p. 133.

第四章

不道德的政治能走多遠

——《非道德的政治：馬基雅維里主義的持久真理》

　　有政治觀察人士認為，當今的世界再次盛行起馬基雅維里主義政治。從早些時候俄羅斯的普京、印度的莫迪到後來美國的特朗普、土耳其的埃爾多安，大國領袖們的掌權和執政方式愈來愈接近傳統上人們所說的赤裸裸的「馬基雅維里主義」。如果說這真是一種在世界範圍內形成的趨勢，那麼，我們又該如何看待或對應它呢？是接受它的合理性，予以消極被動的理解和順從，還是對它有批判性的思考，拒絕把這種趨勢當作我們的宿命，並予以積極的抵抗？要回到這樣的問題，不妨從瞭解甚麼是馬基雅維里主義開始。

　　以色列特拉維夫大學政治哲學教授本–艾米·沙爾夫斯坦(Ben-Ami Scharfstein)在《非道德的政治：馬基雅維里主義的持久真理》(*Amoral Politics: The Persistent Truth of Machiavellism*, 下稱《非道德政治》)一書裏把馬基雅維里主義定義為一種「非道德政治」。研究馬基雅維里主義是為瞭解釋政治如何和為何經常是，而是如此自然地是非道德的，也解釋政治領袖和普通百姓的道德與非道德的關係。

一　馬基雅維里主義自古有之

　　政治本身包含非道德的傾向，但卻又脫離不了權力關係中統治者與被統治者之間的道德或道義關係，這就形成了一個悖論：無論一種政治如何非道德或反道德，都不能不以某種道德的面目出現。在這個意義上說，道德政治，而不是赤裸裸的暴力或權術，才是

執政合法性的基礎。執政合法性是政權的財富，沒有或缺乏執政合法性的政權也照樣可以存在，就像沒有財富的人也照樣可以生存。但是，就像任何人都希望追求財富一樣，任何政權也都想擁有合法性。正因為如此，實際上不擁有或缺乏合法性的政權也會渴望擁有，而且聲稱自己擁有那種德政才擁有的合法性。

古代就有馬基雅維里主義的表現，但沒有馬基雅維里主義。沙爾夫斯坦在《非道德政治》裏介紹和比較了古代三種馬基雅維里主義的表現：中國古代的法家政治家商鞅、韓非、李斯，古印度的考底利耶(Brahman Kautilya)，文藝復興時期意大利的馬基雅維里和他的朋友圭恰迪尼(Francesco Guicciardini)。沙爾夫斯坦得出了一個值得我們重視的結論，「馬基雅維里主義對任何形式的政治生活都是不可或缺的」，而且，「政治或倫理學理論，倘若不對馬基雅維里主義進行認真考察，不僅對廣義的人類生產與生活是不完整的，而且這些現存理論與實際政治的關聯度也會引起質疑」。(2–3) 也就是說，只要我們是生活在政治和倫理的世界裏，就一天也不能忽視其中的非道德政治及其統治手段和權術。馬基雅維里主義不會輕易消失。人類的道德傳統不足以遏制非道德和不道德的政治權術和詭計。但是，人類可以從過去和現今的被統治經驗中總結出識別和抵禦這種權術詭計的策略。

馬基雅維里主義是一種政治實用主義，或政治現實主義(Realpolitik)。它的原則是「在政治活動中摒棄道德的羈絆。……為了達到政治目的而施以任何形式的騙術與手段」。(1)非道德統治把政治手段和權術的道德性擱置起來，當作一個不予考量的因素，這是馬基雅維里《君主論》的基本原則和理論。如何看待這些原則和手段與馬基雅維里本人的關係一直是一個有爭議的問題。

首先，正如沙爾夫斯坦的歷史比較研究所充分顯示的那樣，這些原則並不是馬基雅維里發明的。古人早就在運用類似的手段和總結類似的原則了。既然如此，這些原則和手段也就並不非要用馬基雅維里來命名不可，即使用他的名字來稱呼，也不過是方便而已。在羅馬歷史學家塔西佗的歷史著作裏，就已經有對類似原則和手段

的描述，塔西佗也因此被批評者稱為「隱蔽的馬基雅維里」。為甚麼不說馬基雅維里是公開的塔西佗呢？這大概是出於方便的聯想。同樣，把中國古代的韓非、李斯或古印度的考底利耶與馬基雅維里聯繫起來，也是出於方便的聯想。

其次，馬基雅維里本人不一定是馬基雅維里主義者，這就像馬克思否認自己是馬克思主義者一樣。馬基雅維里是所謂的馬基雅維里主義的倡導者嗎？對此，研究者有不同的看法，一直到今天都沒能達成共識，關鍵當然是在如何理解和解釋《君主論》了。這本小冊子被視為專制君主政府(又稱「暴政」)的指導手冊，但他的其他著作，如《李維論》(約1517年)和《戰爭藝術》(約1519–1520年)的意旨卻與《君主論》的專制君主政治建言大相徑庭，甚至背道而馳。例如，在《李維論》裏，他認為，「人民的政府優於君主的政府」，他還說，「讓人民害怕的君主對自己並沒有甚麼好處」。而他在《君主論》裏則說，讓人民害怕比讓他們愛戴是更有效的統治方式。這兩處是自相矛盾的。正如美國政治理論家羅傑·波伊契(Roger Boesche)在《暴政的理論》(*Theories of Tyranny*, 1996)一書裏所說，「如果說馬基雅維里也許是最偉大的暴政理論家，他也是能夠打敗暴政的共和政府的最偉大的理論家」。

二　兩個馬基雅維里

怎麼來看待這種自相矛盾呢？馬基雅維里到底擁護的是君主制，還是共和呢？他在政治理念上到底有沒有定見？學者們因為這樣的問題而傷腦筋，也提出了不同的看法。啟蒙運動時期，伏爾泰、狄德羅和盧梭解釋說，《君主論》是諷刺(satire)，是正話反說，為的是嘲笑而不是主張君主專制，所以他的共和主義是一貫的。但也有學者，如德裔美國歷史學家漢斯·巴隆(Hans Baron)認為，馬基雅維里寫作《君主論》在前，後來立場一下子有了戲劇性的轉變，變成了一個共和論者。這就像中國一些自由主義者一下子變成了「新儒家」。還有的學者，如政治哲學家列奧·施特勞斯

暴政史：二十世紀的權力與民眾

(Leo Strauss)則認為，馬基雅維里和希臘歷史學家修昔底德一樣，並沒有明確的政治主見，所以會根據情況的變化來調整自己的觀點。這就像中國的「新左派」。

然而，還有一種頗為不同的觀點認為，以上這些看法都是從理論到理論，從文本到文本，但忽視了作者本人以及他的寫作目的和動機。英國學者斯蒂芬·密爾勒(Stephen Milner)在研究中發現了一份重要的歷史文獻，那就是1513年對馬基雅維里的逮捕令。這份文件消失了500年，它的重新發現把研究者的目光轉移到了馬基雅維里本人身上，他正是在逮捕令發出幾個月後寫作《君主論》的。密爾勒在回顧這項發現時說，這是「令人激動不已的發現」，「《君主論》是一部經典，對政治思想和文化影響深遠。『馬基雅維里主義』……的說法完全就是來自這一本書，但它的寫作環境卻經常被忽視了」。他認為，如果不是因為這份逮捕令，馬基雅維里沒有理由去寫《君主論》這樣的作品。

1498年，年僅29歲的馬基雅維里就已經身處佛羅倫薩的政治中心，在那個真正的共和政府裏，他先是從事外交工作，後來又擔任了政府公職，這是一種公民服務。1494年，統治佛羅倫薩長達六十年的美第奇家族被推翻，接着由薩佛納羅拉(Savonarola)成立共和國，領導長達四年，之後由索德利尼(Soderini)繼續統領共和國，這時候的佛羅倫薩是共和主義的堡壘。馬基維利出任佛羅倫薩共和國第二國務廳的長官，兼任共和國自由和平十人委員會秘書，負責外交和國防。他是佛羅倫薩首席執政官的心腹。他看到佛羅倫薩的雇傭軍軍紀鬆弛，極力主張建立本國的國民軍。1505年佛羅倫薩通過建立國民軍的立法，成立國民軍九人指揮委員會，馬基雅維里擔任委員會秘書，在1506年建立一支小型民兵部隊，曾親自率領部隊上前線指揮作戰，對共和國忠心耿耿。

1512年，一切發生了變化，由於戰爭失利，索德利尼被迫下台，美第奇家族在教皇儒略二世(Pope Julius II)的支持下攻陷了佛羅倫薩，共和國隨之瓦解。新掌權的朱利亞諾·迪·洛倫佐·德·美第奇(Giuliano di Lorenzo de'Medici)立即清洗政府，進行全面搜捕。

不道德的政治能走多遠

1512年末馬基雅維里被解除一切公職。並在1513年以密謀叛變為罪名被投入監獄。他受到了嚴酷折磨的吊刑(Strappado)，肩膀脫節，渾身劇痛，後被釋放。也正是在這個時候他寫作了《君主論》。

馬基雅維里心力憔悴、貧困潦倒，希望把這部著作獻給那個差點沒把他整死的朱利亞諾，好換取命運的改變。朱利亞諾死後，又獻給他的侄子洛倫佐(Lorenzo)。這部著作並沒有獲得這兩位統治者的垂青。也許是因為這原本就是一部供君主內部參考的「秘笈」而非供普通讀者閱讀的著作，馬基雅維里生前從來沒有將它公開發表。因此，至少是在馬基雅維里活着的時候，他在《君主論》裏的權術建言是一種不足為外人道的統治權術，權術要成功，就一定得是秘密武器，這樣才能在臣民沒有防備的狀態下，收到出其不意的功效。

三 馬基雅維里主義與專制政治

《君主論》不僅是對一個專制君主政府的建言，而且還在積極證明：所有那些發生在馬基雅維里自己身上的統治手段，包括懲罰和酷刑，都是正當的。這就像五百年後莫斯科大審判中那些受斯大林統治迫害的政治犯一樣，他們一面被判處了死刑，一面還在維護那個殘害他們，要奪走他們性命的罪惡制度。馬基雅維里洞察人性的脆弱和陰暗，在他所鄙視的軟弱而可憐人類中，就包括他自己。

雖然我們不能肯定《君主論》是不是馬基雅維里的違心之作，但他的遭遇卻讓我們懷疑，這可能不是一部他在自由狀態下願意去寫作的著作。這或許也可以解釋為甚麼《君主論》與他的其他著作如此矛盾，為甚麼他可能遠非許多人所設想的那樣是一個馬基雅維里主義者。《君主論》所貢獻於君王的不是普通的政治權術嚮導，而是與專制君主統治聯繫特別密切的專制權術指南。

在馬基雅維里的時代，還沒有今天我們所理解的「專制」概念，這個概念要到17世紀方才出現，而在18世紀，由於孟德斯鳩的闡述而成為一個現代意義上的負面政治概念。孟德斯鳩對專制政體

暴政史：二十世紀的權力與民眾

的分析包括兩個方面。一方面，他把專制列為政體的一種，像其他政體一樣有自身的原則；另一方面，他又把專制政體與其他政體區分開來，君主政體，貴族政體和民主政體都是合法的政府形態，而專制政體總是壞的政體。專制政體是一種「可怖的」政府形態，它以「輕視生命來換取榮耀」。專制政體的原則是恐懼，而這個原則卻有一個形似美好的目的，那就是安定（秩序和穩定）：「安定絕不是太平，而是敵人即將佔領那些城市前的緘默」。專制政體「是添加在已有恐懼之上的又一種恐懼」。專制政體讓臣民非政治化，把人當動物，把反復無常的陌生法律強加給他們，使他們置身於腐敗和殘酷的監管之下。孟德斯鳩在《法律的精神》中顯然是在與專制的關係中談到馬基雅維里主義的，「我們開始從馬基雅維里主義中恢復過來，而且是每天都有進展。在對君主的進言時需要更加有節制。以前曾經被稱為政治良策的，今天即使不令人恐懼，也是最大的敗筆」。

今天，我們對專制及其荼毒的認識和厭惡已經遠遠超過了孟德斯鳩的時代，20世紀出現的極權統治是一種我們所熟悉的新型專制，這是一種阿倫特所說的多變而無定形(shapeless)的專制。曾任哈佛大學教授的歷史學家梅爾文·里希特(Melvin Richter)在給大型參考書《觀念史詞典》(*Dictionary of the History of Ideas: Studies of Selected Pivotal Ideas*)撰寫的「專制主義」文章中指出，專制有不少同義詞：暴政、獨裁、絕對主義、極權等等。專制是這些政治術語家屬中的一員，它變得特別重要，乃是17、18世紀的事情。它是作為「自由」的對立概念而出現的，因此成為政治比較或比較政治學的一個分析工具。專制這個概念取代以前的「暴政」說法，是因為專制特指一種與自由為敵，全面主宰人的思想和行為的政治權力。專制「很少單獨用於無傾向性的純粹分析」，基本上都是用來否定和譴責某種「與政治自由相對立或不符合的政治制度」。啟蒙運動時期，孟德斯鳩從貴族政治的自由觀念出發，將專制提升為三種基本政府形式之一。今天，人們從民主自由的觀念出發，把專制確定為「獨裁」或「極權」。

不道德的政治能走多遠

四　馬基雅維里主義的謀士與君主

　　《非道德政治》一書的主角主要是專制統治的謀士，沙爾夫斯坦稱他們為「權謀之士」(Machiavellians)。他在書中點名的康生就是這樣一位人物。「他們雖然活躍在政治舞台上，但自身往往又不是領導者，而是從屬者或者理論家，為領導者提供建議。他們甘願長期屈居從屬地位，成為領導者忠實的智囊，而非他的競爭者」。這些馬基雅維里主義的權謀之士可以說出領導者想說但又不便直說的話，「正如技術高超的騙子會裝出一副誠實的面孔，馬基雅維里式的領導者更願意戴着一副恆久不變的道德面具。或者更為常見的情況是，在處理對外關係時，他會盡可能少地公開運用馬基雅維里主義」。(12)

　　除了討論這種甘願長期屈居從屬地位的權謀之士，沙爾夫斯坦還討論了20世紀幾位最擅長於馬基雅維里主義之道的統治者，為首的是希特勒和斯大林。權謀之士可能本人是高層的政治或智囊人物，但也可能是體制內的一些頭面知識分子，專家學者或是大學教授，他們自詡為是「帝師」，將獻策作為邀寵和進階的手段。如果他們秉承和欣賞的治國之策是《君主論》中的那些專制伎倆和手段，那麼，他們所獻之策便很可能是在加強某種馬基雅維里自己都不可能預見的專制統治，尤其是20世紀特有的極權專制。

　　說到底，馬基雅維里主義體現的是一種統治與被統治的關係，強制和欺騙是這一關係的標誌性特徵。在這種關係中，無處不在的馬基雅維里主義影響和操控着被統治者的道德判斷，以至他們明知道一些政府行為是非道德或反道德的，「但仍舊做好準備採取或寬容這些行為」。(231)人們即使在意識到非道德甚至不道德行為的時候，也依舊會採取或寬容這種行為，用沙爾夫斯坦的話來說，「這既不是一種疾病或者基因變異，也不是一種違背『天使行為』幻想的表演。馬基雅維里主義的策略，無可避免地伴隨每一個真實存在，或者可能存在的社會系統而產生(不管這一社會系統具有何種意識形態上的藉口和托詞)」。(232)

沙爾夫斯坦所舉的例子來自許多讀者熟悉的兩本名著：羅伯特‧利弗頓所著《納粹醫生：醫療殺害與種族滅絕的心理學》和克里斯托弗‧布朗寧所著《普通人：後備警察101營和在波蘭的最終解決》。兩本書裏描述和分析的普通醫生，還有在納粹警察隊伍裏服務的碼頭工人、卡車司機、倉庫和建築工人、白領並不是全然沒有良心或良知，但是，這並不妨礙他們參與納粹的邪惡行動。這種普通人的服從作惡是馬基雅維里主義利用意識形態欺騙和集體內部的壓力(它本身是一種隱蔽的暴力)所營造的統治效應，是一種「既可能產生恐懼，也可能激發熱情」的極權操控。

希特勒這樣的專制獨裁者總是要求民眾為他規定和指明的偉大事業獻出渺小的個人自我。那麼，這些獨裁者們自己「是否應當如民眾所期待的那樣，為了大眾福利而犧牲個人利益？」這涉及專制獨裁的權力欲與他自稱代表的集體利益之間是甚麼關係的問題。馬基雅維里主義者們會認為，這個問題是沒有意義的。「領導者對外宣稱，或者往往認為犧牲了自己的利益，但如果要將『滿足自我欲求』與『為他人謀福利』兩者進行區分的話，往往十分困難，以至於利己主義同利他主義之間的界限並不那麼明晰，甚至兩者都會不復存在。這對那些以放肆妄為和狡詐伎倆為傲的領導者尤其如此。在他們看來，自己的目的一旦實現，給所有被統治者帶來的福利，將會超過道德本身的影響力」。(257)

因此，即使當專制獨裁者表現出「不計後果的厚顏無恥」，只要他們牢牢地掌控暴力(軍隊)和欺騙(宣傳)的國家機器，他們仍然可以對自己的權力安全篤定放心。但是，他們也會因此而時時驚魂不定、寢食難安。無論他們怎樣不斷加強暴力和欺騙，都仍然會因為沒有安全感而病態般地疑神疑鬼，「馬基雅維里式的領導者有一項非常關鍵的特質需要在此提及：懷疑……他們在具有敵意的人際環境中生活……把自己的不可信賴感投射到了他人身上」。(272)懷疑別人對他們會施以暴力和陰謀，這成為他們自己濫用暴力和陰謀的正當理由，「這些領導者的想像力會異常豐富，以至於讓他們越發變本加厲地運用計謀和權術」。(206)他們「會建立一支擅

長打探情報和對人們進行監視的密探部隊，以抵擋敵對力量……領導者所採用的典型方法是讓他們互相監視。於是整個集體內的監視程度會增加，人們相互監視」。(205)這便是喬治·奧威爾在《1984》中所描繪的那種老大哥極權統治。

五　甚麼是新馬基雅維里主義

在馬基雅維里主義者看來，無論何種非道德或反道德的政治手段，只要是以其人之道反正其人之身，都是正當和合理的。因此他們需要製造敵人，一次又一次發動運動，一方面是能夠有效用動員群眾來顯示自己的威力，一方面也是用對運動的態度來測試所有人對自己的忠誠度。斯大林是運用這種馬基雅維里手段的頂級好手(當然不是唯一的頂級好手)。希特勒至少還有他可以信任的夥伴：戈培爾、戈林、希姆萊；而斯大林則是誰都不能信任，「據說，他滿懷崇敬之情閱讀馬基雅維里的著作，他在運用武力與騙術方面，也的確堪稱一名馬基雅維里式的天才——他在奉行馬克思主義原則時，就使用了這樣的權宜之計……他借助過往事件，將自己的地位鞏固，對於那些看上去遠比他聰明的對手，他都一一扳倒。那些人的文化程度和雄辯才能，無一能比得上斯大林所運用的馬基雅維里式策略」。(284)

我們無從知道歷史上到底有多少專制君王像斯大林那樣對馬基雅維里懷有崇敬之情並善用其政治策略。這似乎並不重要。在這個世界上，沒有讀過馬基雅維里的照樣可以通過別的閱讀(如《資治通鑑》)來熟諳甚至發揚光大馬基雅維里主義的統治權術。閱讀或不閱讀馬基雅維里也並不能決定一個君主會成為賢君還是暴君。據說，素有「賢君」和「好王」之稱的法王亨利四世1610年在巴黎被刺身亡時，貼身帶着的就是一部血染的《君主論》，而剛愎自用的絕對權力君主路易十四則每晚必溫習《君主論》，否則不能高枕而眠。

18世紀「開明君主」的翹楚，普魯士國王腓特烈二世(1740-

　　　　　　　　暴政史：二十世紀的權力與民眾

1786年在位)不僅熟讀《君主論》，還寫過一本有名的《駁馬基雅維里》(*Anti-Machiavelli*)，由他的法國啓蒙哲人朋友伏爾泰修改潤色。腓特烈在書中逐章駁斥了《君主論》，反對馬基雅維里主張的國家擴張，也反對他所提出的那些治國之道：陰險狡詐、口是心非、背信棄義、殘暴無情、把功勞據為己有，把錯誤責任推給下屬(「有功則君有其賢，有過則臣任其罪」)。腓特烈把這一套權術視為野蠻的叢林法則，認為這樣的統治權術有辱王位的尊嚴和君王的高貴，也配不上君王行為的高尚標準。他譴責馬基雅維里和奉行馬基雅維里主義的同時代君主。這些都可謂義正詞嚴，但是，專制權力的運行有它自身的邏輯和規則，並不以專制者自己標榜的高尚理論為轉移。例如，腓特烈提出了四項結盟原則，也就是在甚麼情況下可以背叛同盟國(或其他形式的政治同盟)。第一，如果他們先背叛我；第二，如果他們可能背叛我；第三，如果我的實力不足以讓我堅守此原則；第四，如果與之結盟者不僅幫不上我，而反而成為我的累贅。這是18世紀歐洲列強爭雄新形勢下馬基雅維里主義的新發展。

在這之後的300多年裏，經過了20世紀的極權主義，隨着專制獨裁形式的不斷變化，馬基雅維里主義也一直在不停地與時俱進，推陳出新。威廉·道布森(William J. Dobson)在《獨裁者的學習曲線》(*The Dictator's Learning Curve*)一書中指出，今天的後極權政權領導者與20世紀的極權獨裁者不同，不像朝鮮那樣完全凍結在時光裏，還繼續用勞改營、暴力、洗腦的手段控制人民。新興的極權國家不再以舊式極權的那種赤裸裸暴力和血腥手段剝奪人民的一切自由，並加以恐怖的殘酷統治。新的極權專制給人民許多表面與程序上的「自由」，但始終滲透並控制着那些權力賜予人民的自由。在經濟上，新的獨裁者更聰明，不再封閉守貧，切斷與世界的聯繫。他們懂得從全球體系獲得資源，卻不會失去自己的統治權，其最重要的三個手段便是金錢收買、利益分化和虛假憲政民主。這可以說是後極權時代的新馬基雅維里主義。

這種新發展應該促使我們今天更多地關注今天世界上的非道

德和不道德政治。馬基雅維里主義可怕的創新和偽裝能力讓我們更有理由相信，「如果認為在未來的政治生活中，暴力和欺騙會被根除，這種想法毫無根據」。但正如康德所預見的，人類由於害怕戰爭會毀滅他們自己，所以會找到盡量避免戰爭的方法。同樣，由於我們害怕新馬基雅維里主義正在加強專制獨裁，害怕更多的人會心甘情願地接受它的奴役，正如沙爾夫斯坦所說，「這種恐懼會變得異常尖銳，以至於它會促使人們尋找有效的方式去限制馬基雅維里主義」。(353)

馬基雅維里《君主論》中的非道德建議其實都是許多專制或極權暴君早已無師自通，瞭然於胸的。他們知道，只要不妨礙到他們的權力利益，他們也可以講道德仁義，許下諾言，信誓旦旦保證遵守。不用馬基雅維里教他們，他們也知道，建立豐功偉績的君主們並不需要重視遵守諾言，重要的是要懂得運用陰謀詭計，並且最終征服那些盲目守信的人。在遵守信義於己不利的時候，他們決不能遵守信義，但仍會裝出遵守信義的樣子。今天，非道德政治正在一些專制和極權國家形成新的政治潮流，並在國際上相互支持，抱團取暖。我們應該特別關注其中的馬基雅維里主義，更確切地說，是新馬基雅維里主義。然而，我們需要瞭解和抵抗的並不只是馬基雅維里主義本身，而且更是把它用作暴政統治手段的政府、政權和政治制度。瞭解馬基雅維里主義的統治手段和權術，是因為這些統治手段和權術往往決定專制暴政的本質。一個國家統治權力是否正義，是否道德，不僅表現在它與普通人民的權力關係上，而且也表現在它所允許的，積極運用的統治手段和權術上。

　　　　　　　　　　暴政史：二十世紀的權力與民眾

第五章

極權主義為甚麼邪惡

—— 《斯大林主義的恐怖》、《斯大林俄國的生活與恐懼》

　　20世紀的極權主義研究包含兩個主要部分：希特勒的納粹主義研究和斯大林主義研究，這兩種研究對於我們思考今天世界仍然存在的極權主義及其現實統治具有不同的相關性和迫切性。一般而言，希特勒的納粹主義基本上僅限於德國，隨着德國於1945年戰敗，納粹極權已經基本上成為一個歷史問題。但是，斯大林主義卻曾經是許多其他國家仿效的統治模式，直到今天，也還是在一些極權國家裏以變化的形式存在，體現為它們共同的基本制度和統治方式——一黨專制、領袖獨尊、信息壟斷、警察統治、宣傳洗腦、不同程度的暴力和恐怖，以及隨時可能祭出的領袖個人崇拜。因此，斯大林主義還沒有成為歷史，仍然是一種正在施虐的禍害。對於我們今天思考20世紀和當下的極權主義來說，斯大林主義比納粹主義更具相關性和迫切性，因此也應該成為當今極權主義研究中最關鍵的部分。

　　約翰・蓋梯(John A. Getty)和羅伯特・曼寧(Robert T. Manning)編輯的，由劍橋大學出版社出版的論文集《斯大林主義恐怖：新視野》(以下簡稱《新視野》)對我們今天的斯大林主義研究作出一些具有啟發性和參考價值的「新方法」嘗試，主要集中在與斯大林主義暴力和恐怖有關的一些問題上。文集十二位貢獻者之一的羅伯特・瑟斯頓(Robert W. Thurston)另有一部頗多爭議的《斯大林俄國的生活與恐懼》(以下簡稱《生活與恐懼》)著作，被普遍視為斯大林主義研究的「修正主義」之作。《新視野》的兩位編輯對「修正

主義」問題作了一些回應。[1] 對我們從「新視野」來理解修正主義以及與此相關的方法爭論很有幫助。但回應畢竟只是回應，為了更充分地瞭解修正主義的方法特徵、理論實質和負面作用，我們最好還是解剖一部具體的修正主義著作，瑟斯頓的《生活與恐懼》正好可以派這個用處。

一　極權主義理論及其後續

對斯大林主義的學術研究始於20世紀50年代，開始的時候包括在對極權主義的一般政治學和政治哲學研究之中，是極權主義理論研究的一部分，而不是專門的研究。阿倫特的《極權主義的起源》就是這樣的研究。[2] 處於冷戰時期的早期極權主義理論(也可以稱之為「反極權理論」)對斯大林俄國的認識形成了一種「共同範式」(shared paradigm)。它把斯大林主義視為自由民主的敵人，是一種從政治道德出發的對斯大林主義的批判和譴責。就像所有的理論範式一樣，斯大林主義批判可以追溯到一些更早的源頭 —— 更早的反斯大林主義理論(如托洛茨基、孟什維克的理論)、反烏托邦理論和文學思考(如喬治·奧威爾的《動物莊園》)、共產主義幻滅者的反思(如本書第十七章討論的《修煉不成的神》)，以及斯大林主義受害者的一些親身經歷記錄和回憶。這些早期的批判思考與反極權理論的一個重要共同點就是把暴力和恐怖確認為斯大林主義統治的基本特徵，並將其判斷為一種特別邪惡的統治。

蓋梯和曼寧對極權主義理論的總體評價是，它「合乎邏輯，是誠實和科學的」。他們對有關斯大林主義的極權主義理論研究範式簡單地做了這樣的歸結，「斯大林統治下的蘇聯是一個不以民意

1　J. Arch Getty and Robert T. Manning, eds., *Stalinist Terror: New Perspectives.* University of Cambridge Press, 1993. 出自此書的引文在括號中標明頁碼(《新視野》)。Robert W. Thurston, *Life and Terror in Stalin's Russia: 1934–1941.* Yale University Press, 1996.出自此書的引文在括號中標明頁碼(《生活與恐懼》)

2　其他研究也包括Jacob Talmon, *Origins of Totalitarian Democracy* (1951)；Czeslaw Milosz, Captive Mind (1953); C. J. Friedrich, *Totalitarianism* (1954); Zbigniew Brzezinsky, *Permanent Purge* (1956); C. J. Friedrich and Zbigniew Brzezinsky, *Totalitarian Dictatorship and Autocracy* (1956)。

　　　　　　　　　　　　暴政史：二十世紀的權力與民眾

為基礎的、等級獨裁制度,在這樣的制度裏,命令的權威只是在政治金字塔的頂端。統治精英壟斷了意識形態和暴力。他們通過準軍事指揮系統一級一級地向下傳遞命令,其紀律是列寧主義黨組織原則的產物,也是斯大林主義所執行的規則」。(《新視野》1)這就是阿倫特在《極權主義的起源》中所着重分析的那種極權政黨。在斯大林統治時期,「獨裁的斯大林站在統治精英層的頂端,他的個人控制在所有的生活和文化領域 —— 從藝術到動物學 —— 都幾乎是無限的。主要政策闡述和實施都必須貫徹斯大林的思想,念頭和計劃,而這些都要看他的心情處於何種狀況」。他主宰一切、喜怒無常、肆意妄為,是一個自稱為共產主義者的現代暴君。在他的統治下,「蘇聯社會不存在社會和政治行為的自主領域」。(《新視野》1)

這是極權主義理論範式的大致輪廓,它強調的是極權專制對國家和社會全方位的絕對控制。當然,在這個範式中也有一些論者認為,極權主義統治並不一定是完全自上而下的暴君式全能統治,它有時也會允許或聽取一些官僚出於自己利益的建議,如黨或政府中的官員、軍隊或警察部門的長官。他們有時也能對最高決策發生某些影響作用,因此,極權統治並不像它希望的那樣「全能」。但不管怎麼說,普通民眾和基層黨員都是被排斥在政治進程之外的,他們只是上頭操控和利用的對象,從來就不是獨立的行為者。

斯大林主義的極權根源是號稱「馬列主義」的共產主義意識形態(階級鬥爭、革命暴力、無產階級專政、一黨專政、鐵的紀律等等)。它是1917年俄國革命和作為它後續的那種黨國體制的必然產物。當然,也有研究者將這種蘇聯制度與革命前的舊俄專制傳統聯繫起來的。這就像中國含蓄的極權主義研究有時也會把它追尋到馬列主義之外的,有2000多年歷史的中國帝王專制傳統。[3]

幾乎所有的斯大林主義研究都會把「恐怖」(它的直接造因是「暴力」)作為一個關鍵的部分:恐怖不僅是政治統治和社會管控

3　1980年代出版的「歷史反思叢書」裏就有這樣的暗示。歷史反思叢書共11冊,包括《專制主義統治下的臣民心理》《中國近代道德啟蒙》《法與中國社會》《治世滄桑》《中國的智慧:中西方偉大觀念比較》《專制權力與中國社會》等。

的主要手段，而且是一種制度性的設計，從統治權力結構的頂端向下擴展，除了頂端的那個獨裁者，無論是執政的要員，領袖的親信和核心圈人物，還是大小官僚或普通民眾，誰都不能置身事外。這在蘇聯的大清洗和中國的「文革」時期表現得極為充分。恐怖成為一種非理性的統治方式，但卻是行之有效、必不可少的。它證明馬基雅維里的名言：與其使得臣民們懷有敬意，還不如使其懷有畏懼；因為畏懼比愛戴更加安全，也使統治更為有效。

斯大林死後，恐怖的統治開始有所鬆動，隨後，雖然以前的官方檔案仍然是封存的，但出現了不少對恐怖的受害者回憶、當事者訪談、文學作品、赫魯曉夫時期對斯大林的零星揭露等等。由於這樣的實際歷史材料，從1960年代末到1970年代出現了另一種對斯大林主義的研究和思考，它不再是純粹的政治理論，而是發展了對斯大林時期的一些實際政治迫害、暴力殘害、事件和制度行為的日常生活經驗的考量和分析，其代表人物包括羅伯特·康奎斯特(Robert Conquest)，羅伊·梅德韋傑夫(Roy Medvedev)、索爾仁尼琴，他們關注斯大林對老布爾什維克的審判秀、秘密警察恐怖、集體化和大饑荒、大規模逮捕、審訊、流放、監禁。這些也成為我們今天所知的極權主義理論的一部分。

康奎斯特是一位美籍英國歷史學家，斯坦福大學胡佛研究所研究員。以對於蘇聯歷史的研究最為著名。他被認為是現代歐洲最早揭露斯大林時代恐怖統治真相的歷史學者之一。梅德韋傑夫是俄羅斯歷史學家、政治作家，蘇聯持不同政見者和馬克思主義者。他抨擊蘇聯共產黨的極權統治和斯大林時代的黑暗，被禁止居住在莫斯科，流放外省，言論被封殺，行動被盯梢，他的著述只能在國外出版。索爾仁尼琴自己就曾在斯大林時代被監禁和流放，他揭露蘇聯整個勞改營內幕的巨著《古拉格群島》(1973)就是這個時代斯大林主義批判的劃時代作品。康奎斯特和梅德韋傑夫比較強調斯大林個人性格和政治野心對蘇聯恐怖統治的決定性影響，而索爾仁尼琴則將暴力和恐怖歸因於共產極權制度本身。總體而言，他們這新一波的斯大林主義研究雖然添加了許多具體的暴政內容和實際經驗，但

暴政史：二十世紀的權力與民眾

仍然是在延續1950年代開始的極權主義理論，豐富和充實了原有的範式。新的研究加強了對斯大林主義的基本認識：斯大林主義的蘇聯是一個由嚴格權力等級構成的，鐵板一塊的專制制度，這樣的權力結構保證了最高領袖的大權獨攬和定於一尊。無論這個制度中可能存在怎樣的內部鬥爭、意見分歧或利益對立，就整體而言，黨國一直維持着一個從權力頂峰自上而下的全能統治結構，這是它的有效組織力量，也是它能夠有效統治的根本保證。

極權主義理論是一個研究現代黨國暴政和專制的「範式」(paradigm 這個概念來自托馬斯・庫恩對科學史的研究)。[4] 與科學或其他範式一樣，極權主義理論在適用的範圍內具有相當大的靈活變化能力，對多樣化的現象具有解釋力，且經得起批評性的懷疑和挑戰。這是它一直被廣泛採用的原因。例如，它雖然強調最高領袖控制一個權力等級森嚴的權力結構(從政治局、省部級，到司局級、縣處級，再到更低層的黨官)，但也重視這個權力結構的開放性與群眾基礎的關係。極權權力結構允許並鼓勵普通人通過政治表現、入黨、提幹、升遷加入這個權力結構，並從中得到種種好處。這種向上流動的可能和誘惑在很大程度上實現了在暴力和恐怖之外對民眾的操縱和控制，也吸納了專制統治所需要的「人才」，培養了「接班人」，是它自我增強的重要手段。又例如，極權主義理論所強調的極權暴力並不需要總是表現為逮捕、刑訊、監禁、流放這類「鐵拳」行動，而是也可以帶上絲絨手套，以軟性強制的方式來進行，不僅變化為無所不在的「法治暴力」，而且還可以以許許多多的「社會管理」「職業條例」「學術規範」的面貌出現。它可以給每個人定階級成分或其他身份、設立檔案、以某種理由限制上學、就職和升遷的機會，或者用評先進、評職稱、評種種榮譽頭銜來強制遵守某些行為和表現的規定。這樣的「絲絨手套」暴力在斯大林主義受到道德譴責後被後斯大林的新極權統治廣泛地創造性運用。[5]

4　在托馬斯・庫恩(Thomas Kuhn)的科學哲學思想中，「範式」是一個核心概念。他在《必要的張力：科學研究的傳統和變革》(1959)一文中首次引進這個概念，後在《科學革命的結構》(1962)一書中對它作了許多發揮，引起人們的注意。

5　參見William Dobson, *The Dictator's Learning Curve: Inside the Global Battle for Democracy.*

極權主義為甚麼邪惡

與科學或其他研究範式一樣，極權主義理論在它被普遍認可和運用的理論範圍裏，會出現了一些「異常」(anomalies)，也就是一些不能完全用原有的理論來解釋或充分解釋的對象事物。異常也是科恩在科學史研究中提出的一個概念，在他描述的科學史進程中，某些歷史的時段裏，科學界取得較大的共識，同意哪些現象與問題值得研究，哪些說法算是現象的合理解釋，哪樣的答案才算解決了問題。這類共識構成一種典範，讓常態科學得以在其中進行解謎的工作。可是在這種階段裏，有時實驗的結果與理論不合，或者理論的內部發生矛盾。這些異常現象或許會惡化到發生學科的危機，從而導致爭鳴時的觀念混雜。一直要到全新而根本的理論完成一場革命，使得科學家有了迥然不同的眼光，舊典範與新典範之間才會產生不可共量的轉移，之後再次進入另一輪的常態科學。科恩所描述的「異常」對我們瞭解1950年代形成的早期極權理論在1970年代面臨的「異常」具有參考意義。

　　儘管出現「異常」，但極權主義理論至今還沒有發生科恩所說的另一種常態理論的變化。也就是說，還沒有出現另一種可以取代極權主義理論的專制極權分析理論。極權主義理論仍然在很大程度上代表許多研究者對極權主義或斯大林主義研究的共識，為他們的研究提供合理的解釋，並為他們的解釋提供一個合理的，可接受的結論停留點。儘管極權主義理論的範型基本未變，但它確實面臨一些需要解釋的「異常」問題，例如，為甚麼如此殘暴的極權統治還能得到相當廣泛的民眾擁護？為甚麼專斷獨行、屢屢犯錯，哪怕導致幾千萬人餓死的獨裁者還能得到許多人的愛戴和崇拜？為甚麼理應崇尚自由的知識分子會自願成為專制統治的協助者和吹鼓手？為甚麼就算對極權意識形態幻滅的人士也仍然選擇留在他們鄙視和痛恨的那個黨組織裏？

　　像這樣的「異常」，許多都是1970年代之後，由於歷史學家加入了極權主義和斯大林主義研究而顯現並積累起來的。與政治學或

Doubleday, 2013. 徐賁：《文革後四十年間的「獨裁者學習曲線」》，《端傳媒》2016年10月2日。

　　　　　　　　　　　　　　暴政史：二十世紀的權力與民眾

政治哲學不同，歷史學家以歷史上的具體事件和人物為研究對象，而他們所觀察到的具體現象經常不符合政治理論的普遍推導，於是便產生了「異常」。例如，政治學的極權主義理論認為，暴力和恐怖的統治必然造成被壓迫的，失去自由的人民，但是，歷史學的研究卻發現，在斯大林統治的歷史時期，許多蘇聯人並不覺得自己是被壓迫或不自由的，他們不但不害怕暴力，有的甚至還為暴力覺得興高采烈。蓋梯和曼寧說，歷史學家「運用他們的學科方法，連同主流的極權主義理論範式，來把斯大林時代的歷史當作歷史進行研究」，他們強調的是「連同」而不是「代替」，這是一種發展式的關係。《新視野》一書便是這種發展式研究的作品，「即使是提出了異常的結論，也仍然是以對斯大林主義恐怖的開創性的極權主義理論為基礎的」。(《新視野》3–4)

二　極權主義為甚麼邪惡

　　《新視野》一書彙集了來自美國、英國、加拿大、澳大利亞、法國和俄國的十三位歷史學家的研究作品，兩位編者特別指出，他們所提供的斯大林主義新視野並不是要對極權主義理論取而代之，事實上也沒有形成一種所謂的共同新型研究模式。他們大量運用1989年蘇聯垮台後陸續解禁的前蘇聯檔案材料，得出了許多先前極權主義理論或斯大林主義研究不可能得出的結論，他們當中大多數人是從1970年代後期至1980年代開始進行研究的，「他們部分受到康奎斯特、梅德韋傑夫和索爾仁尼琴的啟發，想要對斯大林的恐怖及其營造的社會有更多的瞭解」。(《新視野》4)他們當中有的被稱為斯大林主義研究的「修正主義」者，如下面要詳細討論的羅伯特‧瑟斯頓。對此，兩位編者是不同意的，並且特別做出了澄清，他們的澄清是一種針對其他研究者批評意見的自我辯解，無論是他人的批評意見還是兩位編者的自我辯解，對我們今天的中國極權主義研究都有很重要，很及時的意義。

　　對「修正主義」的批評集中在它的有害政治傾向和方法缺陷

上，而有害政治傾向則是主要的，因為它會淡化斯大林主義的極權主義實質或者為斯大林本人及其團夥免除暴力和獨裁統治的罪惡。當然，這是通過所謂歷史研究方法的更新和調整來完成的，因此，對修正主義的批評自然也就包含了對它方法論的批評。例如，東倫敦大學歷史教授唐納德‧菲爾澤(Donald Filtzer)指出，修正主義的根本問題在於把斯大林的蘇聯當作一個「正常」的國家來對待，以為在那裏所發生的不過是一種「正常」的社會現代化進程，「這是根本無視斯大林主義的國家實質，尤其是恐怖在塑造蘇聯歷史進程中的作用」。[6] 這讓我們聯想到1990年代在中國盛行一時的「後現代」理論，它同樣把發生在中國的毛式極權主義描繪為一個正常國家的現代化進程，並把這之後的後極權描繪為一種正常的後現代變化。

斯大林主義研究的前輩學者羅伯特‧康奎斯特對斯大林極權研究中修正主義的批評尤其嚴厲，他認為。這種修正主義學術無異於是在為1990年代發生在俄國的斯大林主義復活提供彈藥和支援。他是特別針對瑟斯頓的《斯大林俄國的生活與恐懼》一書提出這一批評的。他寫道，「瑟斯頓是個不折不扣的修正主義……修正主義過去指的是對舊的或新的材料重新加以解釋，蘇聯研究中確實有過這樣的修正主義學者。但是今天這個說法……經常是指一個特別的學派，它用造假的材料，拋棄已經被確認的證據，並對新材料作出錯誤的解釋」。這是一個非常嚴重的指責，修正主義是一種在道德和學術上有雙重瑕疵的取向，它標新立異，不惜弄虛作假，混淆視聽。姑且不論這樣的指責是否適用於《斯大林俄國的生活與恐懼》，康奎斯特的批評讓我們看到，在美國，學者們對斯大林主義或蘇聯研究的政治含義和現實相關性是非常敏感的。康奎斯特自己就對此十分重視，他說：「最近發生在俄國的那種局部的斯大林主義復活態勢意味着這種『修正主義』又一次有着特定的現實影響。例如，新共產黨領袖宣稱，斯大林殺死的人不到一百萬。正因為這樣的理由，我們應該把瑟斯頓的這樣的書……視為一個更大疾病的

6　Donald Filtzer, Review of *Stalinist Terror: New Perspectives*. *Social History*, Vol. 19, No. 3 (Oct., 1994): 421–424, p. 421.

　　　　　　　暴政史：二十世紀的權力與民眾

徵兆」。(Conquest 45)[7] 1990年代後期，中國學界對「後學」(「後現代」「後殖民」)的爭論也同樣具有現實的政治相關性，「新左派」學人正是用所謂的現代性和後現代性來淡化中國制度的極權性質，受到了官方的青睞，這些人在21世紀紛紛成為在大學裏擔任要職的學官也就成為順理成章的事情。

極權主義理論不應該局限地理解為單純的學術理論，因為它實質上是一種對極權主義之惡的政治抵抗。抗惡首先是因為有了對惡的判斷，判斷是第一位的，辨認了惡，才有抗惡。這也是為甚麼阿倫特的極權主義理論不僅見於她的《極權主義的起源》，而且也見於她的《艾克曼在耶路撒冷》《過去與未來之間》等著作。在後面這些著作裏她反覆強調，判斷是人的思想最重要的部分，也是抵抗極權之惡的最後防線。[8]

極權主義的罪惡在於蓄謀消滅人的判斷能力，使人喪失辨別邪惡的能力，成為艾克曼那樣的作惡者，那是一種人人都可能有份的「平庸的惡」。對惡的辨別和抵抗可以用政治哲學或哲學來表述，但也可以用其他的思考形式來表達，如哈維爾的雜文、奧威爾和索爾仁尼琴的小說。他們的著作也許不構成完整的政治哲學，但卻是對現實政治的哲學思考，因為從根本上來說，惡是一個哲學性質的問題。他們對極權主義的思考是一種思想反叛，一種對惡的抵抗。他們思考的共同問題是，抗惡是否還有可能？抗惡的最後一道防線在哪裏？雖然他們提出過不同的回答——判斷和思考(阿倫特)、真實和良知(哈維爾)、真話和真信仰(索爾仁尼琴)、「即使被打敗，也要充滿勇氣」(奧威爾)——但他們都保持了一種人類應該永不屈服於極權統治的堅強信念。

對極權主義理論的修正往往都是從學術的所謂「專業主義」(professionalism)出發的，囿於某一學科(歷史學、社會學、政治科學、大眾文化研究、傳媒研究等等)的研究方法和專門問題。如果

7　Robert Conquest, "Stalin: The Revised Edition." *National Review*. July 15, 1996, pp. 45–48. 出自此文的引文皆在括號中標明頁碼(Conquest)。

8　參見《抗惡的防線：阿倫特的「思想」和「判斷」》，見徐賁：《人以甚麼理由來記憶》，吉林出版集團，2008年。

説極權主義理論把思考作為政治和道德的抗惡，那麼，專業主義的學術研究則把思考當作非政治的，客觀的知識行為，當作純粹的「學問」。這樣的研究往往不涉及惡和抗惡的問題，因此，與極權主義理論的思想層次是不同的。專業的知識、學術、學問本身並不自動包含對惡的判斷，不僅經常不能判斷惡，而且有的還對惡根本沒有興趣，或者鄙視和排斥對惡的判斷，給它戴上了「不專業」「冷戰思維」或「意識形態」的帽子。1970年代後，許多對極權主義理論(包括對「極權主義」這個概念)的否定，都是用給極權主義理論戴帽子的方式來進行的，這成為後來歷史學界修正主義的思想準備。

否定極權主義理論的抗惡思想價值，實際上也就是在為極權之惡洗白和翻案。極權專制犯下各種反人類的罪行，不僅是大規模的監禁、殺戮，集中營、思想改造營、活摘器官，而且徹底毀滅人的自由、信仰和良知。正如哈維爾1990年在新年獻詞中所說，由於極權統治，「我們都成為道德上的病人，因為我們習慣於口是心非。我們學會了不去相信任何東西，學會了互相否定及僅僅關注自己。這樣一些概念如愛、友誼、憐憫、謙卑或寬恕失去了它們的深度和尺度，對許多人來說，它們僅僅代表了心理學意義上的怪癖，或相當於來自古代的早已過時的祝辭。……我們都變得習慣於極權主義制度，將其作為一個不可更改的事實來加以接受，因而幫助了它，令其永存。換句話來說，我們所有的人——當然是在不同程度上——得為這個極權主義機器的運行承擔責任；我們當中沒有人僅僅是犧牲品，我們也都是它的共謀者」。[9]

認清並深入揭露極權主義的反人類之惡，這是極權主義理論最核心的思想價值。它所揭露的極權主義邪惡不是理論的推導，而是千百萬人的苦難甚至死亡換來的刻骨銘心的認知。隨着愈來愈多的倖存者站出來做見證，這樣的認知還在不斷積累，那些有親身經歷的人們是最能體會極權主義理論的思想價值的。貶低或詆毀這個思想價值，這是修正主義名聲不佳的主要原因。正因為如此，被稱

9　《哈維爾文集》，崔衛平譯，186–187頁。

為「修正主義」的研究者對這個稱號也是避之不及的。《新視野》的兩位編輯經常被稱為修正主義大佬，所以他們在這個文集的序言中，特別提到這個問題，並為自己作了澄清。他們提出，對於斯大林研究的新視野來說，修正主義是一個「不符合實際的標籤」，是對「異常」懷有偏見或者根本不瞭解的人杜撰出來的名號。他們強調，新視野不是要修正或淡化斯大林主義的極權主義本質，而是「要將社會納入對斯大林主義的考量等式之中」。(《新視野》4)新視野要揭示的是極權主義理論尚未涉及或沒有充分討論的一些方面，是對極權主義理論範式的細化、補充和拓展，而不是廢止或取代。

例如，民眾支持政權不全是洗腦和害怕的結果，而且也是出於自身的利益考量，也能體現他們的某種自我或自主意識，包括信念、情緒、情感、欲望、激情——如愛國、群體認同、感恩、家國情懷、未來憧憬等等。對蘇聯普通人日常生活的研究就像對納粹德國普通民眾的日常生活研究一樣，讓我們能看到普通人在協助和參與極權統治中的主動一面，他們被稱為「希特勒的志願劊子手」或「斯大林的志願劊子手」。[10]獨立學者內莉·沃爾(Nellie H. Ohr)在《斯大林的志願劊子手》一文中正是從這一角度，肯定了《生活與恐懼》對斯大林研究的貢獻。不只是那些領袖的狂熱崇拜者，他們通常是直接參與作惡的打手和積極分子，而且還有沉默的大多數，就算他們對正在發生的極權壓迫和殘害沒有落井下石、牆倒眾人推，他們也都麻木地視而不見，充耳不聞，裝聾作啞。

又例如，新視野要更充分地揭示，在極權國家裏，社會仍然能保持相對獨立的自我意識，社會中的個人良心和正義感並未完全泯滅。極權主義理論強調國家對社會的徹底控制，因此會讓人誤以為極權社會中的個人完全喪失了自我意識。新視野要強調的是，無論極權統治如何嚴酷和有效，也達不到它要絕對控制社會人心的效果。宣傳再無所不在，無所不用其極，也不可能將所有人徹底洗腦；暴力再殘忍，再恐怖也不可能完全消滅人們隱藏在心底的不

10　Nellie H. Ohr, "Stalin's Willing Executioners," https://www.h-net.org/reviews/showpdf. php?id=1880.

滿；無論如何高壓，不滿總會以某種方式流露出來，甚至轉變為反抗的行為。美國政治學家詹姆斯·斯科特(James C. Scott)在《弱者的武器》(*Weapons of the Weak*)一書中討論的暗中使壞、陽奉陰違、插科打諢、玩笑諷刺、正話反說、陽奉陰違等等都能在最嚴酷的極權統治下找到例子。斯大林時期的蘇聯和「文革」時期的中國就是證明(如林昭、遇羅克、張志新)。當然，不能誇大這些行為的政治反抗意義，但是它們的存在本身，就是全能極權的失敗。(參見本書第九章)

再例如，新視野還揭示，極權統治的權力結構看上去空前堅實和穩固，強大無比，但總會有「政令不出中南海」的情況發生。地方、部門、派系的利益衝突會造成各種互相牽扯、制肘和力量對消，也給社會留下一些極權難以絕對控制的死角或空隙。有大一統的黨國權力，並不等於就能從頂峰自上而下地貫徹單一的統治意志。而且，極權統治的意圖也並不像人們想像的那樣高瞻遠矚、運籌帷幄、佈置周密，經常是「混亂的行政、猶豫不決、進退失據、走一步算一步(摸着石頭過河)、中央政令與地方執行脫節、某些社會進程自行其是、多種模糊不清的原因在造成恐怖(個人恩怨、私仇公報、打擊報復、告密出賣)。所有這些都與極權主義理論對全能大一統統治的估計不一樣。鐵板一塊的高效黨國統治因此顯得過於誇張」。(《新視野》4)

因此可以這樣理解，極權理論範式提供的是一個大的解釋框架，而新視野則在這個框架裏處理許多細部或細節的問題，在這個過程中也顯示出這個解釋框架本身的粗線條和簡略籠統的特徵。新視野對極權理論進行充實、細化和補充，讓它能在許多具體問題上深入涉及問題的複雜性和多變因素，並因此有多方面和多層次的解釋效果。起到這種作用的新視野當然會有助於更好地認識和解釋斯大林主義和其他形式的極權主義。

　　　　　　　　　　　　暴政史：二十世紀的權力與民眾

三 否認極權邪惡的修正主義是甚麼樣子的

新視野努力撇清自己與「修正主義」的關係，那麼，換一個名號是否就能改變「修正主義」的性質呢？這取決於如何界定修正主義，否則就會變成一個名詞遊戲。對修正主義的定義其實並不困難，在《新視野》一書的自我辯解中也已經清楚地浮現出來，那就是，不管有意無意，修正主義都是一種為極權主義及其罪惡解套，淡化其嚴重危害的解釋性話語，其客觀性作用就是淡化斯大林主義的暴力和殘忍、掏空它的極權主義實質、將它與一黨專政的罪惡制度脫鉤。所有這些都會嚴重低估極權制度對人和人性的戕害，取消人民反抗的正義性。任何一種學術研究，任何一個從事學術研究的人，都不應該迴避這樣的問題：這是我該做的事情嗎？

有的研究者會說，揭露極權之惡是一個政治或政治道德問題，而我從事的是純學術，我為學術而學術，我不管甚麼政治或政治道德的問題。他當然有做這種選擇的自由，但是，他的學術產品並不會因為他的「純學術」意向而不在現實世界裏產生實際的政治或政治道德效果。所以，別人也還是有充分的理由對他做出政治和道德的評價。「修正主義」正是這樣才成為一個負面的「委婉語」，沒有人會因為得到這個稱號而感到體面或光榮。

當然，即使在被普遍認為是修正主義的研究作品中，也並不是在所有方面或問題上都是為斯大林主義辯護的，修正主義指的只是它的某些主要方面，瑟斯頓的《生活與恐懼》就是這樣一部著作。對中國讀者來說，重要的不是為這部著作定性，而是從中看到修正主義的一些具有普遍性和共性的問題，並與當下中國政治研究中的極權辯護有所聯想。

對瑟斯頓《生活與恐懼》一書嚴重的批評是，它「為斯大林的血腥統治漂白」，它否認1930年代蘇聯的極權暴政本質，尤其是「否認1937–1938年的大恐怖是國家用制度性的恐怖來摧毀蘇聯社會，並強迫蘇聯人成為極權暴政的志願執行人」。[11] 這樣的指責並

11　Nellie H. Ohr, "Stalin's Willing Executioners".

非是空穴來風。瑟斯頓在書裏提出的一個根本觀點是，如果斯大林真的是一個用暴力和恐怖來統治蘇聯的暴君，那麼，為甚麼有這麼多蘇聯人會對他懷有崇敬之情？「為甚麼從1935到1939年有這麼多人們支持國家動用暴力，甚至還志願參與其中？」瑟斯頓認為普通蘇聯人的支持和參與是自願的，因此，這表明他們是同意莫斯科審判和大逮捕的。而且，歷史事實表明，當時的國家暴力是捍衛蘇聯政權所必須的。(《生活與恐懼》xvii)有人用同樣的邏輯認為，毛澤東不可能是一個獨裁暴君，否則怎麼會有這麼多人對他如此愛戴和崇拜？

瑟斯頓主要從四個方面提出了他的修正主義觀點(為此他引述了一些其他研究者的看法)。每一個方面在中國的極權辯護中都相當常見。

第一，瑟斯頓認為，即使在發生莫斯科審判和大逮捕的時候，蘇聯人民也對政權保持信任和忠誠，他們自覺自願地配合政府，這說明，他們對政權和對領袖是支持、崇敬和熱愛的。(《生活與恐懼》xvii)同樣，有人認為，中國「文革」中的大規模政治迫害和無數的冤假錯案並沒有影響人民對黨和領袖的擁護和熱愛。這二者共同的問題是，在這種暴力和恐怖的時刻，普通人的熱烈擁護和愛戴，有多少是出於真誠的信念或情感，又有多少是出於害怕或恐懼？

在極權暴力統治下，人的正常情感(愛、榮譽、羞恥)或行為(崇敬、贊同、反對)會遭到嚴重的扭曲。極權制度是一種能夠徹底改變個體情感、認知和判斷的情境力量。在這樣的情境中，擁護、熱愛、崇敬都不能當作正常社會中的情感和認知來認識和理解。正如京巴多在《路西法效應：好人是如何變成惡魔的》一書中所指出的，「情境力量遠超過我們所想……它能在許多情境中塑造我們的行為」。[12]極權統治的情境力量可以使人去支持一般人不會支持的事情(如對「階級敵人」的壓迫、殘害，甚至殺戮)、表現出一般

12　菲利普・津巴多：《路西法效應：好人如何變成惡魔的》，孫佩妏、陳雅馨譯。三聯書店，2010年，第ii頁。

　　　　　　　　暴政史：二十世紀的權力與民眾

人不會有的崇敬(如把領袖當作神來崇拜)、產生一般人不會有的熱愛或依戀(如愛上或依戀殺害自己親人的兇手)。斯德哥爾摩綜合症揭示的就是這樣一種變態的愛和依戀。更有人會出於恐懼,在公開或者甚至私人行為中,假裝或表演這樣的擁護或熱愛。最後久假不歸,人戲不分,弄假成真。極權制度下,普通人的生活世界如同監獄和戰場。正如阿倫特所說,它「總是成為人性的嚴峻考驗……權威、權力和支配彼此混雜……這股力量會讓我們擱置自己的人性,並從我們身上奪走人類最珍視的品質:關懷、仁慈、合作與愛」。[13]

第二,瑟斯頓認為,斯大林政權的暴力和恐怖不是它的本質使然,而是在當時歷史形勢下的不得已手段,事出有因,也是必須的。這讓人聯想到,中國的「反右鬥爭」和「文革」也都是以打退「階級敵人的猖狂進攻」為發動理由的。直到今天,也還有人在抓住這樣的理由不放。瑟斯頓力圖證明,斯大林時代的暴力和恐懼是為了擊敗敵人陰謀和進攻的必要手段,是一時的權宜之計,而不是出於極權主義的本質。他強調,斯大林確實相信存在着陰謀勢力和暗藏的敵人,他從掌握的情報瞭解流亡在國外的托洛茨基與國內的政治反對派有勾結,並正在軍隊和內務人民委員部(NKVD,當時蘇聯的主要警察機構)裏醞釀反斯大林的陰謀。(《生活與恐懼》25, 34, 50–53)。斯大林害怕這些陰謀,再加上他的妻子於1932年自殺,1934又發生了基諾夫被殺的事件,1935年揭發出NKVD的敵對陰謀(《生活與恐懼》19, 23, 25),他這才決定對暴露的和隱藏的敵人以公開審判和大逮捕的方式進行主動出擊。中央委員會裏的同志和戰友們也都認為斯大林是對的。(《生活與恐懼》31, 39)

今天我們知道,極權主義權力制度中的「同志」和「戰友」會多麼快速地,像走馬燈似被替換、被清洗、甚至被殺人滅口,這正是這個恐怖制度的必然運作特徵。對自己人的同志和戰友尚且如此,何況對被當作「敵人」的一切其他人?極權主義運用的暴力和恐怖不是甚麼權宜之計,而是維護統治的不二手段。為了所謂的

---

13 阿倫特:《極權主義的起源》,林驤華譯,三聯書店,2008年,第499頁。

「永保紅色江山不變顏色」，極權統治絕對會不顧一切地用暴力和恐怖來鎮壓任何敢於挑戰它權威的民間運動，六四天安門屠殺就是一個明證。

第三，瑟斯頓對極權暴力和恐怖的誤判造成了他在蘇聯國家與社會關係上的錯誤解釋。他認為蘇聯的國家和社會之間是和諧的，並不存在根本的矛盾。社會需要秩序，國家的暴力維穩有利於維護秩序，所以得到人民的理解、同意、合作和協助。這樣的觀點在當下的中國也非常普遍，也是許多知識人士一直在應聲附和的。

瑟斯頓認為，即使在斯大林恐怖時期，蘇聯知識分子和其他受害者也還是信任政府的，他們認為清敵除害、強力維穩是必要的，抓捕別人都是對的，只是抓捕錯了他自己。瑟斯頓還認為，工人群眾沒有被抓捕的危險，他們更加積極支持斯大林政權，感激政府讓他們有機會從農村來到城市，在工廠裏有發言權，還能批評廠裏的壞人壞事，包括他們不滿的上司。(《生活與恐懼》192)他的結論是，既然斯大林政權得到各階層的支持，又何必動用暴力和恐怖來威逼人們就範和合作。人民享有批評蘇聯制度某些方面的自由，如官僚作風、浪費、生產效率不高、懶惰散漫。在這樣的環境中，「恐怖不是一個合乎邏輯的制度，恐怖並不能造就政權要規定的那種好行為。『用恐怖造就秩序』在任何地方都是自相矛盾的，在蘇聯肯定也是這樣」。(《生活與恐懼》159)瑟斯頓理解不了，這世界上哪裏會有「暴力維穩」這種看似自相矛盾的事情呢？而這正是極權統治特有的現象。

瑟斯頓還認為，大規模的虐待罪犯或送知識分子去勞改不符合蘇聯的國家利益，所以不可能發生這樣的事情。他認為，即使發生這樣的事情，也不可能是因為黨中央有這樣的政策。他說，如果在集中營裏讓犯人挨餓，他們就會幹不動活，如果槍斃他們，那麼連幹活的人也沒有了。至於知識分子，他們是國家有用的人才，讓他們勞改，幹粗活，那是在浪費智力資源。(《生活與恐懼》101–104)瑟斯頓的說辭聽起來非常理性，但他忘了，極權主義可以是一種非理性的、瘋狂的統治。不然怎麼會打幾十萬「右派」，還

暴政史：二十世紀的權力與民眾

把許許多多知識分子送到北大荒、夾邊溝那種地方去呢？又怎麼會有整個國家的人民停下手來，不幹正事，去參加甚麼與他們無關的「文化大革命」呢？

第四，怎麼看待極權國家裏秘密警察的作用。在阿倫特的極權主義理論中，秘密警察佔有突出而重要的地位。(參見本書第六章)她明確指出，秘密警察及其運用的恐怖手段是極權執政所不可缺少的，是存在於國家之上的，在極權執政令人眼花繚亂的混亂下面，「存在着國家的權力核心和秘密警察的超級效率和超級工作能力」。[14] 評估秘密警察在斯大林統治中的份量和性質直接關係到如何看待極權主義理論對認識斯大林主義的重要性。瑟斯頓認為，斯大林時期的蘇聯警察人員不足，效率低下，組織渙散。他要證明的是，斯大林時期的秘密警察並不是無處不在的，也無法逼迫普通的蘇聯人充當他們的線民。(《生活與恐懼》76, 77)

蘇聯秘密警察是高效還是低效，當然是一個可以討論的問題，但關鍵是，極權國家的秘密警察是為甚麼服務的？它存在的根本理由又是甚麼？極權主義理論在這個問題上的立場是非常清楚的，那就是，秘密警察的要害不在「秘密」也不在「警察」，而在於它是為一個專制政權和定於一尊的領袖服務的，它不是法治的一部分，而是獨裁專制的支柱。它只接受獨裁領袖的命令，它的任務就是維持以他為最高權威的那個專制政權，任何不贊同或反對的人們，用阿倫特的話來說，都是它的「客觀敵人」和消滅對象。在這個問題上，瑟斯頓似乎在暗示，低效、無能的秘密警察不足以支撐一個完全極權的政權，因此，這個政權並不像人們想像的那麼完全極權。

瑟斯頓着重在分析警察人員的僵化思維和低教育程度，認為警察造成社會危害是因為素質太低，而不是制度使然。這就令人聯想到如何看待中國警察、城管(包括經常為他們背鍋的「臨時工」「實習生」)。瑟斯頓認為，低效的警察不足以造成大規模的民眾恐怖，他們有些像是麥田裏嚇唬飛鳥的稻草人。反倒是他們「在接受查找敵人的任務時很緊張，反應力也差」。(《生活與恐懼》77)

14　阿倫特：《極權主義的起源》，第527頁。

警察人員缺乏教育，盲信馬克思主義的階級鬥爭教條，堅信抓敵人是對的。為了完成任務，他們有的也知道自己抓錯了人，有的還炮製供詞，但是，「他們羅織罪名，這並不意味着中央權威有政策讓他們編造案件」。(《生活與恐懼》81)而且，「警察相信，真的是有敵人需要他們去抓獲」，只是因為不得已，才寧可抓錯一百，不可放過一個，「為了找到一克金子，必須篩濾幾噸沙子」。瑟斯頓對此解釋道，警察是真的相信有敵人，刑訊折磨是辨別敵人的正當手段。警察刑訊是為了取得證據」，這也是蘇聯法制的表現，所以警察的所作所為「目的是發現敵人，不是恐怖統治」。(《生活與恐懼》83)警察施暴和害民是底下人的過錯，不是蘇聯極權制度問題。這種對秘密警察的認識今天看來簡直是太天真，太膚淺了。

四　修正數據能為極權主義翻案嗎

　　以上談到的是瑟斯頓修正主義觀點的四個方面：人民的擁護和愛戴、國家與社會的關係、暴力與恐怖、秘密警察。在這些方面之外，還有另一個重要的方面需要在此單獨討論，那就是修正主義的「用歷史數據說話」。

　　歷史學家們在研究中運用各種有關「事實」的證據，包括個人回憶、見證敘述、訪談、歷史記錄等等，但最倚重的經常是數字。個人的敘述是零碎的，局部的，而唯一能呈現全貌，讓歷史學家得出概括性整體結論的恐怕就是數字了。早期的極權主義理論很少運用數字，因為他們根本得不到可靠的有關數字。阿倫特的《極權主義的起源》是1951年出版的，她去世於1975年，就算她願意，也沒法在生前添加蘇聯檔案部分解密後的一些數字材料。

　　從檔案裏發掘而來的數據材料本身並不代表是事實，而是有待解讀的歷史材料。和對待所有的其他檔案材料一樣，研究者要問的是，數字的來源是甚麼？可靠嗎？需要如何解讀？就斯大林主義研究而言，更重要的問題是，數字在多大程度上可以影響已有的對斯大林暴政性質的判斷？這就好比，一個謀殺過一百個無辜者的兇

　　　　　　　　　　　　　暴政史：二十世紀的權力與民眾

手會被當作「魔鬼」，那麼，如果他「只是」殺過八十個人，五十個人，或二十個人呢？是否就不應該再被視為魔鬼了呢？如果一場造成三千萬人死亡的饑荒是對人類犯罪，那麼，如果「只是」餓死一千萬，五百萬或者十萬人呢？是否就不再是嚴重的罪行了嗎？

對斯大林統治時期受難者的數字有不同的估計，本來是很正常的，但是，用特定的數字來要求修正或改變對斯大林主義極權本質的已有共識，那就是一種異常的發展了，當然會引起強烈的反應。正是因為如此，極權主義理論的重量級人物康奎斯特對瑟斯頓的《生活與恐懼》的數字問題特別重視。他指出，瑟斯頓不僅縮小斯大林暴行的一些數字，而且以此推翻和修正現有的斯大林主義研究的道義共識，是一個很嚴重的錯誤。

康奎斯特區分了兩種不同的修正主義，一種是「俄國新共產黨」的那種刻意為斯大林主義辯護和翻案的修正主義；另一種是「誠實的天真」的修正主義，它不一定是維護斯大林的翻案文章，但事實上卻起到了為斯大林主義辯護的作用，瑟斯頓屬第二種。俄國新共產黨的發言人聲稱，斯大林並不像人們所說的那麼殘暴，他殺害的蘇聯人不足一百萬。這種為斯大林翻案的說辭，目的和背景昭然於世，不值得一駁。但瑟斯頓的《生活與恐懼》不同，這是一部以學術研究為名的著作，為了防止其謬種流傳，那就必須認真予以厘清。這尤其是因為，瑟斯頓的數字是為了配合和支持他主要的修正主義觀點：「1937–38年期間的恐怖根本就不是普遍的；按當時斯大林的驚慌情緒來說，他對受害者的指控是理性的；斯大林並不直接對發生在蘇聯的事情負責；維辛斯基是一位偉大的司法改革者(而沒有充當斯大林的打手，精心策劃莫斯科審判)；更重要的是，並沒有那麼多蘇聯人感覺到恐怖」。(Conquest 45)。

瑟斯頓提出，1937–1938年蘇聯被處決的人數是601,692人，康奎斯特認為這個數字與俄國新共產黨的說法如出一轍。他指出，瑟斯頓的這個數字是從蓋梯(John A. Getty)和里特斯鮑姆(Gábor Tamás Rittersporn)那裏來的。這兩位俄國問題學者經常被視為修正主義的創始人。他們曾給《美國歷史評論》雜誌去信，提供了他們稱為有

據可查的斯大林主義受害者數字，依據的是40多年前蘇聯秘密警察呈送給蘇共領導的材料。《美國歷史評論》隨即就此事諮詢康奎斯特的看法。康奎斯特不同意這個數字。他提出兩項證據，第一，一位1990年代俄國安全部發言人曾說，實際受害的人數要比這「高好幾倍」；第二，這兩位研究者的一份材料裏所說的每年逮捕人數與古拉格現有的登記人數不相符合，只有古拉格登記人數的四分之一。《美國歷史評論》的編輯於是決定，刊登這個數字「無助於提供新的知識」。康奎斯特提出，如果也考慮到其他來源的材料，那麼1937–1938年被處決的人數是瑟斯頓給出數字的二點五倍。但這還不是重點，重點是，「瑟斯頓堅持認為，他給出的數字不足以證明『大規模恐怖』」。康奎斯特語帶諷刺地反駁道，「我們可以設想，如果兩年內在美國有50萬人被槍決，那麼人們一定認為這是會有社會或其他效應的。瑟斯頓把斯大林的恐怖與麥卡錫主義和希斯案件(Hiss case)做了比較。[15]美國確實是處決了盧森堡夫婦。但是，如果瑟斯頓用那50萬被槍決的人來與蘇聯做比較，那才會更合適一些。而且，那50萬被處決的人當中還會包括政府官員、四分之三的國會議員、數百位作家、上千名軍官——這樣才能讓美國公民們感到有點害怕」。(Conquest 45–46)

康奎斯特接着說：「瑟斯頓所說的那68萬多人只包括了被處死的。他承認，要是算上被逮捕的人數，即使按照他自己的數字，落入秘密警察手中的也高達蘇聯成年人口的百分之五——這個比例在城市裏一定更高。美國歷史學家斯蒂芬·科恩(Stephen Cohen)曾指出，在一些拉丁美洲國家的處決和逮捕率要比這低得多，就已經造成了大規模的恐怖」。(Conquest 46)康奎斯特指出，瑟斯頓的數字居然精確到個位數，會讓許多人上當受騙。在蘇聯制度中，精確的數字未必就是可靠的數字。

他還駁斥了瑟斯頓關於蘇聯大恐怖主要只是涉及知識和政治精英，基本與普通人無關的說法。瑟斯頓的這個說法也是為了否認蘇

15　阿爾傑·希斯，美國政府官員，他於1948年被指控為蘇聯間諜，並於1950年被指控作偽證，入獄五年。

　　　　　　　　暴政史：二十世紀的權力與民眾

聯全社會有過「大規模恐怖」的事情。康奎斯特指出，這樣的說法是站不住腳的。舉例來說，列寧格勒有一份1937和1938年的被處決者名單，共有六千多人，有姓名還有職業。用名單最前面的10頁和最後面的10頁為取樣，共有148個名字，其中51個是工人，40個是農民，21個是職員，18個無業，6個是牧師，12個是其他職業。在隨意取樣的600位受難者裏，除了23位之外，全是「非黨員」(有的以前是黨員，後退黨，或在被捕時開除黨籍)。瑟斯頓說，被處決都不是因為政治原因，但是，在這600人中，除了兩人，其餘的都是按照政治犯罪的58條款判罪的。(Conquest 46)

瑟斯頓還認為，少數知識分子被處決，並不造成廣泛的社會影響。康奎斯特反駁道，「1500名作家消失了，當然不可能不對整個社會產生影響」。這影響在於，那些還在說真話的人消失了，整個社會都一下子變成死水一潭，再沒有人發出獨立的聲音。在一片人云亦云的隨波逐流之中，整個社會陷入了「枯燥沉悶」之中。(Conquest 46)同樣，1957年發生在中國的反右運動，直接受害的雖然看上去只是知識分子，但整個國家從此萬馬齊喑。這場迫害運動的寒蟬效應，它造就的集體懦弱、虛假、奴性和犬儒主義至今仍在影響知識分子人群乃至整個社會。

康奎斯特並不是唯一反對為斯大林主義翻案的，許多其他歷史學家也反對這麼做。他們為甚麼要反對呢？為斯大林主義翻案，翻的到底是甚麼「案」呢？翻案當然不只是在於修正蘇聯史研究中的一些事實、看法或觀點，而在於洗白斯大林主義的極權主義邪惡本質，這是所翻之案的關鍵所在。自從第二次世界大戰結束後，斯大林主義或共產主義成為「最成功的極權主義」。[16] 為斯大林主義翻案實際上也是為極權主義翻案，或者把極權主義變成一個沒有貶義的中性詞。這並不是今天才有的，早在1944年，喬治·奧威爾就在《亞瑟·庫斯勒》一文中尖銳地指出，「1933年以後，幾乎所有的左翼作家都有一個通病：即他們一方面反法西斯，另一方面又不反

---

16   Walter Laqueur, *The Fate of the Revolution*. New York: Scribner, 1987, p. 131.

極權主義」。[17] 直到今天，對一些知識分子來說，旗幟鮮明地反對極權主義似乎仍然是一個忌諱。

　　我們必須打破這個忌諱，否則就不可能認清和真的重視極權的邪惡。極權主義不是一個中性用詞，而是一個帶有嚴重道德譴責和政治批判的用詞。極權主義與「暴政」「法西斯」一樣，是被當作「獨裁」「暴虐」「殘忍」「不人道」「罪惡」「邪惡」的同義詞來使用的。為斯大林主義或極權主義翻案的根本目的就是要撇清它們與這種道德譴責和政治批判的關係，對之進行去邪惡的「詞義正常化」處理——將「極權主義」正常化，變成一個在道德含義上與現代主義、自由主義、社會民主主義、保守主義等等沒有區別的用詞。每一個經歷過或瞭解蘇聯大恐怖、中國「文革」、紅色高棉大屠殺、匈牙利或羅馬尼亞或東德秘密警察迫害的良心人士都不可能接受這種對極權主義的「正常化」處理，因為它本身就是一種《1984》式的謊言。

17　喬治·奧威爾：《政治與文學》，李存捧譯，譯林出版社，2011年，第222頁。

第六章

秘密警察是濃縮的極權暴政
——《布達佩斯往事》

　　匈牙利裔美國記者凱迪‧馬爾頓(Kati Marton)在《布達佩斯往事》裏講述了父母和她自己童年時在前蘇聯時代匈牙利的生活故事，許多關於她父母的往事都是從匈牙利秘密警察的檔案裏抽取出來的。[1]羅馬尼亞前政治犯茲爾柏(Herbert Zilber)說：「社會主義的第一事業就是建立檔案。……在社會主義陣營裏，人和事只存在於他們的檔案裏。我們的存在掌控在掌握檔案者手裏，也是由那些設立檔案者們所編造的，一個真人不過是他檔案的鏡影罷了」。[2]檔案是權力統治的工具，是權力為一個人建立和保留的「客觀記錄」，但它的素材卻是由那些受人性卑劣因素和齷齪動機 —— 嫉妒、恐懼、諂媚、背叛、出賣 —— 所支配的「告密者」偷偷提供的。因此，檔案裏的「那個人」 —— 蘇聯文化史專家希拉‧費茲派屈克(Sheila Fitzpatrick)稱之為「檔案人」(file-self)[3] —— 是一個幽靈般的陰暗存在。

　　檔案人是一個被簡略化和符號化了的概念，凱迪的父母也是這樣，她說：「我發現，讀和重讀這數千頁的秘密警察記錄，給我心靈帶來極大壓抑。……秘密警察的記錄都是如此 —— 全然游離於血肉之軀之外。活人被壓縮成簡易符號」。她在檔案裏看到的父母是被意識形態壓縮簡略的罪人，「秘密警察關於他們的每一份文件，

1　凱迪‧馬爾頓：《布達佩斯往事》，毛俊傑譯，廣西師範大學出版社，2016年。
2　Quoted by Katherine Verdery, *What Was Socialism, and What Comes Next?* Princeton University Press, 1996, p. 24.
3　Sheila Fitzpatrick, *Tear off the Mask! Identity and Imposture in Twentieth-Century Russia.* Princeton University Press, 2005, p. 14.

都是以『高級資產階級出身』起頭」。留在檔案裏的正式裁決是
「人民民主政權不共戴天的敵人，又是美國生活方式的忠實信徒，
雖然公開從事自己的專業，但其報道對我們的國家利益不是嘲弄，
就是充滿敵意」。

　　然而，在政治意識形態定性的「人民之敵」後面，卻有着不
少日常生活的細節，包括秘密警察以甚麼手段，通過甚麼人獲取了
這些生活細節。這些偶然保留下來的細節成為凱迪瞭解她父母的珍
貴歷史材料，也為她的家庭故事提供了具體的歷史背景。凱迪父親
晚年時，新匈牙利政府向他頒發匈牙利的最高文職獎，外交部長帶
給他的特殊禮物就是前匈牙利秘密警察關於他的一大袋檔案資料，
他卻「從沒打開那個檔案袋」。凱迪說：「對他而言，歷史真是重
荷如山 —— 至少他自己的歷史如此；對我而言，卻是探索的出發
點」。在《布達佩斯往事》中，我們讀到的不僅是她從父母幽靈檔
案記錄中探索到的一些真相，而且更是那個陰暗、恐怖國家沉重如
山的歷史。

一　暴政的恐怖與暴力

　　孟德斯鳩是最早把恐怖確定為一種政治體制標誌的。他把不同
的政府區分為三種基本類型：共和制、君主制和獨裁專制，並且指
出，每一種社會政治組織形態都必須具備某種對維持它的體制不可
缺少的精神因素(ethos)或文化傾向，維持君主政治是「榮譽」，維
持共和政治是「德行」，而維持專制獨裁則是「恐怖」，用人民的
恐懼來統治他們。恐懼是人在生存安全感受到威脅時的基本反應，
對人的傷害可以是肉體的、心理的、精神的或者象徵意義的。[4]

　　在政治權力有所公開制約，暴力行為受到法律約束，寬容和多
元文化成為普遍倫理規範的社會中，恐懼會在很大程度上被疏導為
一種個人的心理感覺或者超越性的經驗(如對神、上蒼、大自然、

4　Baron de Montesquieu, *The Spirit of the Laws. Trans. Thomas Nugent*. New York: Hafner, 1948, Vol. 1, pp. 23, lxxi, 65.

死亡的恐懼)。在這樣的社會中，儘管有時會出現集體性的驚恐，恐懼不會長久成為公眾生活的基本心態。然而，在實行秘密警察恐怖統治的國家，如納粹時期的德國、斯大林時期的蘇聯和東歐國家(當然會有程度的差別)，普遍的無安全感、朝不保夕、驚恐猜疑及擔驚受怕便成為普遍的公眾生活狀態。恐懼因此也就成為這些國家人民夢魘般的創傷性心理特徵。這一意義上的恐懼已經不再是個人情緒的變動或者甚至那種埋藏在人類心靈深處的關於存在的超越體驗(對死亡的恐懼)，而是一種在特定社會環境下形成和長久維持的、具有特殊政治內容的心理機制。這是一種由政治制度製造和維持的結構性恐懼，一種必須從暴力統治的政治壓迫關係來理解的社會心理。

1950年代初，凱迪的父母是活躍在布達佩斯的著名記者，他們分別是兩家美國通訊社的記者。這時候，匈牙利人已經生活在極權統治的恐懼之中，記者們戰戰兢兢、噤若寒蟬，不敢逾越官方宣傳規定的雷池一步。匈牙利的新聞自由迅速消失，還能夠比較真實報道匈牙利現實情況的只剩下為外國通訊社供稿的記者，「1948年，匈牙利有六十五名正式的外國記者；由於逮捕，潛逃、恐嚇，到1953年僅存三名。其中兩名，就是安德勒·馬爾頓和依洛娜·馬爾頓，剩下的第三名還是秘密警察的告密者」。

這兩位馬爾頓便是凱迪的父母。他們穿着講究，生活優渥，一副「高等匈牙利人」的派頭。那時候全匈牙利一共才有2000輛私家車。而馬爾頓家卻開一輛白色敞篷的斯圖貝克美國車，「好比是在乘坐一枚火箭」。這是不是太招搖顯眼，太危險了？「隨着檔案吐出的一個又一個秘密，我被另一種困惑攫住：父母為何要承擔這麼大的風險？冷戰期間，大多數匈牙利人特意穿街過巷、繞道而行，為的是避免讓人看到自己在跟美國人打招呼，而我父母最好的朋友都是美國外交官和新聞人。我認識的每一個匈牙利成年人都學會了竊竊耳語，而我父母卻在響亮地發表意見」。

其實，馬爾頓夫婦這麼做，不是因為沒有恐懼，而恰恰是因為感到恐懼。招搖顯眼、公開與美國人來往不過是他們自我保護的策

略。幾年後，凱迪的母親被捕，秘密警察逼她承認是美國間諜的時候，她說，間諜只能悄悄地做，我們到美國使館去，每次都是公開的，有這麼當間諜的嗎？當然，罪名是早就做實了的，這樣的辯護就像馬爾頓夫婦早先的故意招搖一樣，是不能為他們免除牢獄之災的。

馬爾頓夫婦不過是美蘇冷戰中的一枚棋子，他們越是在美國人那裏吃得開，匈牙利當局迫害他們就越是有所顧忌，需要三思而行。但是，他們越是與美國人過從甚密，官方也就越是懷疑他們是為美國服務的間諜。馬爾頓夫婦對此心知肚明，匈牙利當局也知道他們心知肚明，彼此不捅破這層窗戶紙，是因為雙方都在玩一場特殊規則的遊戲。而且，也正是因為馬爾頓夫婦與美國人的特殊關係，匈牙利當局認為他們可能有利用價值，給予他們特別的待遇，也許可以交換他們的某種合作。凱迪在秘密檔案裏發現，秘密警察曾經把她父母當作「告密者招募」的對象。這是典型的冷戰滲透。

匈牙利人充滿恐懼，這不僅是因為國家鎮壓的暴力手段，而且更是因為他們明白，神通廣大的秘密警察在他們周圍佈下了一張由無數告密者構織而成的大網。這是匈牙利執行蘇聯化的結果，它依靠的是制度化的恐怖。作為恐怖統治的主要執行者，匈牙利秘密警察「直接彙報於斯大林的特務機關——內務人民委員會，後來改名為克格勃。它於1946年9月成立……下設十七個科，發揮各自的特別功能。大家都知道，蘇聯紅軍是它的後台。事實上，它是匈牙利共產黨內的蘇維埃黨派」。凱迪心有餘悸地回憶，「我在長大過程中漸漸認清，[秘密警察的]主要特徵是殘忍，普通的政治和外交行為都對之束手無策。它的第一科試圖通過龐大的告密網，來滲透控制匈牙利的政治生活。招募告密者靠的是恐嚇：秘密警察會在深更半夜，把對象從床上帶走；他只要甘願充當告密者，就可獲釋。我現在知道，這個告密網包括我家親友的大部分；有些比較特殊且敏感的告密者，如我家的保姆，因此而獲得優惠報酬。」

蘇聯式的秘密警察是從俄國革命後的「全俄肅反委員會」(簡稱「契卡」)發展而來的，但是，「契卡」的創始人，素以正直、

清廉著稱的捷爾任斯基似乎早就察覺到，秘密警察是一個需要惡棍，也生產惡棍的體制。他說，為契卡工作的只有兩種人，「聖人和惡棍，不過現在聖人已經離我而去，剩下的只有惡棍了」，「契卡的工作吸引的是一些腐敗或根本就是罪犯的傢伙……不管一個人看上去多麼正直，心地如何純淨……只要在契卡工作，就會現出原形」。[5] 前蘇聯將軍，曾在葉利欽總統任期內擔任俄國總統特別助理的迪米特里·沃克戈洛夫(Dmitri Volkogonov)說，1930年代中期蘇聯政治警察(NKVD)軍官裏只有兩種類型的人，「冷酷無情的犬儒和喪失了良心的虐待狂」。[6] 前蘇聯間諜尼古拉·霍赫洛夫(Nikolai Khoklov)回憶道，他負責招募新手時，他的上司克格勃高官帕維爾·蘇朵普拉托夫(Pavel Sudoplatov)給他的指示是，「找那些因命運或天性受過傷的人——那些性格醜陋、有自卑情結、嗜權、有影響欲但又屢遭挫折和不順利的人。或者就是找那些雖不至於受凍餓之苦，但卻因貧困而感到羞辱的人……這樣的人會因為從屬一個影響大、有權力的組織而獲得優越感……他們會在一生中第一次嘗到自己很重要的甜頭，因而死心塌地地與權力結為一體」。[7]

秘密警察統治使得整個國家的人民陷入一種近於歇斯底里的焦慮、捕風捉影的猜疑和非理性的恐懼之中，對他們有長久的道德摧殘(demoralizing)作用。秘密的暴力比公開的暴力更令人恐怖，它會使人失去思考能力、道德意識和抵抗意志，因此退化到最低等原始的動物保命本能中去。為了保命求生、避免肉體折磨，人會變得全無廉恥，奴性十足、無所不為。秘密統治對政府權力的正當行使和合道德性同樣有着嚴重的腐蝕作用。美國倫理學家希瑟拉·博克(Sissela Bok)在《秘密》一書裏說，行政統治運用秘密手段，這會增加官員，「尤其是那些自以為有使命感，因此罔顧常規道德考量的官員，濫用權力的可能性」，「一旦國家發展出秘密警察力量或實

---

5   Quoted in Robert Conquest, *The Great Terror*. London: Macmillan, 1968, p. 544.
6   Quoted in Paul Hollander, *Political Will and Personal Belief: The Decline and Fall of Soviet Communism*. Yale University Press, 1999, p. 216.
7   Nicolai Khoklov, *In the Name of Conscience*. New York: McKay, 1959, pp. 165–166.

秘密警察是濃縮的極權暴政

行全面審查，濫用權力的危險就會增高。秘密本身就會變成目的，行使秘密權力的人也會不知不覺發生變化」。(《秘密》177) [8] 秘密政治迫害的卑劣和敗壞，及其對全體國民的良心摧殘，正是蘇聯式統治給所有前東歐國家和其他類似國家帶來的一大禍害和道德災難。

二　無處不在的「告密者」

　　希瑟拉‧博克在《秘密》一書裏還說：「權力來自對秘密和公開的控制力：它影響着人們思考甚麼，並影響他們選擇做甚麼；而反過來，越有權力，也就越能控制甚麼是秘密，甚麼可以公開」。(《秘密》282) 極權統治是一種對「秘密」和「公開」擁有絕對控制的權力。它可以強行規定甚麼是不能對外國人洩漏的「國家機密」，也可以用各種手段，特別是利用告密者和強制「交心」「坦白」「認罪」來強迫人們公開自己所有的隱私。凱迪的父親以間諜罪被逮捕，是因為他向美國人傳遞了一份匈牙利的國家預算，這種在民主國家裏公民知情權之內的信息足以在一個極權國家成為「非法獲得」和「出賣國家」的重罪證據。

　　極權國家一面以「秘密」的名義對外封鎖一切被它視為「不方便」的真相(inconvenient truth)，一面千方百計地打探每個國民的隱私，不只是為了知道他們究竟在想些甚麼，而且還想抓住他們的弱點和把柄，將之用作要挾、控制的手段，訛詐他們，把他們變為權力統治的順從幫兇。幫兇的主要任務就是告密，隨時隨地充當政府的眼線，監視別人，向政府彙報他們的一舉一動。「告密」是一種特別加劇人們恐懼心理的人際背叛行為。策動和強迫人們相互告密是專制權力一箭雙鵰的統治策略，它既能盡量獲取隱秘的情報，又能有效瓦解任何團結抵抗的可能。

　　一個人因為害怕被周圍的人，尤其是朋友和親友告密，會對所有人失去信任感，因而變得徹底孤立、渺小、無助。「告密」尤其

8　Sissela Bok, *Secrets: On the Ethics of Concealment and Revelation*. New York: Vintage Books, 1984. 出自此書的引文在括號裏表明頁碼(《秘密》)。

　　　　　　　　　　　暴政史：二十世紀的權力與民眾

是知識分子最害怕的事情，因為他們難免有言論的把柄會落在甚麼人手裏。許多知識分子在回憶錄裏都不斷流露出《布達佩斯往事》裏那種令人惶惶不可終日的被告密焦慮和恐懼。最可怕的告密往往就發生在親朋好友、同事熟人之間，這種出賣和背叛往往會使人萬念俱灰、絕望厭世。知識分子之間的相互揭發、檢舉、向組織彙報，在中國同樣司空見慣。陳徒手的《故國人民有所思》中有許多這樣的例子。告密必須製造一個告密的環境，告密是一種典型的犬儒行為，告密的人並不以告密為榮，所以總是偷偷告密，但他又並不真的以告密為恥，所以只要有機會，就一定會繼續不斷地告密。邵燕祥在《故國人民有所思》的序言裏指出，告密在1953年就已經在中國成為一種慣例，也成為無數知識分子的噩夢，他稱之為「暗箱作業」，「這些規定、佈置、執行都是暗箱作業，從不告訴當事人的。在既定政策下，由學校黨委掌控，各系總支、支部的黨團員操作」。

《布達佩斯往事》裏，對馬爾頓夫婦一舉一動進行的告密的，不僅有他們的記者同事，還有家裏的保姆、他們所去的理髮店服務員、牙科醫生、周圍的鄰居(有覺悟的「治安志願者」)、馬爾頓先生被捕後的獄友，甚至美國駐匈牙利大使館的一名外交人員。一開始，「秘密警察在靜靜等待，只在父母周圍撒下愈來愈密的告密網，監視他們的一舉一動，譬如在哪家餐館、點甚麼菜(餐館服務員是秘密警察告密網的重要環節)、在鄰里雜貨店購買甚麼。郵遞員送來的每封信，都已被蒸汽打開」。其中，特別令人印象深刻是那位給馬爾頓家帶孩子，還教她們講法語的保姆，「秘密警察檔案顯示，她是一名勤奮的間諜，跟我們一起生活的年份裏，她的真正工作是以代號「加司百」，細針密縷地向秘密警察彙報我家的一切」。

很難知道告密者們的真實動機(那應該是複雜而糾結的)，不過他們有的確實十分「盡責」，彙報事無巨細，詳盡到了令凱迪難以置信的地步。例如，

監視記錄，1954年8月27日：

上午10點05分，(馬爾頓)身穿黑灰色條紋西裝(我記住是他最喜歡的泡

泡棉)和他兩個小女孩離家上車(牌照CA894),開車去阿爾克特斯街一號,我們拍攝到他走出汽車,與小女孩一起走進一家文具店。到了裏面,他給她們買了學校用品。十分鐘後,攜帶學校用品和小女孩,離開商店。

11點43分,馬爾頓開車去捷巴德,找到一張桌子後,叫了冰淇淋,三人邊吃邊聊。

中午12點20分,馬爾頓牽着小女孩們的手,步行回到車上。他們開車去瓦茨街7號,走進一家玩具店。

12點30分,牽着女兒們的手,馬爾頓離開商店。其中一個女兒懷抱一個包裹,外面有粉紅色的紙包裝。

13點20分,馬爾頓和他的小女孩開車去杜那旅館。他們坐在花園裏的桌子旁吃午餐,我們繼續監視。

凱迪感慨地寫道,「多虧秘密警察,很久以前的這個夏日,早被後續的戲劇性事件淹沒了,現在卻又恢復原狀,呈現在我眼前」。

許多告密者都是被威逼的,凱迪在記敘他們時,沒有怨恨,也沒有道德譴責。她的父母也能理解一些告密者的處境,甚至同情他們,並幫助他們完成組織上交代的告密任務。凱迪回憶道,「我記得蒼白的鄉下女孩含淚承認,只有答應做告密工作,才能繼續為我們打掃或烹飪。來自特蘭司瓦尼阿地區的依達,伴我們數月就選擇回家;隨之是特利茲,度過一段緊張時期後也返回自己村莊。父母盡力而為,一再保證,試圖來勸阻她們。一名打掃衛生的女子要求在藝術上好勝的母親,為秘密警察畫一幅公寓平面圖,羅列每一件家具;還有一名女子,被要求收集我們拆信後扔掉的信封。這似乎是特大的浪費,因為我們所有的郵件,早已經受審查官的檢視。父親經常為她們草擬要交給秘密警察的報告」。

還有一位叫馬琳達·哈勒斯的朋友,她是馬爾頓先生的秘書,她的未婚夫叫貝勒·哈勒斯,是一位在德國納粹時期保護過馬爾頓的老朋友。秘密警察脅迫馬琳達監視並彙報馬爾頓家的情況,威脅說,如果馬琳達不彙報馬爾頓在每週橋牌聚會中的閒談內容,就

暴政史:二十世紀的權力與民眾

要逮捕貝勒。他們命令她不准透露此事。但她一回家，就把這件事告訴了馬爾頓夫婦。馬爾頓先生説，為了不讓你們為難，我們可以不來。可是，貝勒説，秘密警察可不蠢，他們馬上就會知道真相，馬琳達也會有危險。於是，馬爾頓先生説：「很好，我們繼續來，並帶上我們一週活動的報告，讓馬琳達照此彙報」。凱迪記敘道，「因此，每星期打橋牌前，父親拿出關於他和母親的打字報告，馬琳達用手抄下，然後再把原件燒掉。(我很欽佩，父親一定很忙，因為他同時要為秘密警察、美聯社、聯合社三家寫稿。)馬琳達記得，勇敢的父親還負責她每週去『安全房』(警察局)的計程車費，而秘密警察只允許公交車的報銷」。

像這樣的細節展現了當時匈牙利人日常生活的真實圖景。人們生活在恐懼之中，常常不得不違背自己的良心，出賣朋友，充當秘密警察的走狗和幫兇。但是，《布達佩斯往事》所展現的人性圖景並不是悲觀絕望、犬儒主義的。它讓我們既看到人性中的陰暗部分，也看到人性中善良的一面；既看到極權環境力量對人性的扭曲和摧殘，也看到不向它屈服的可能和抵抗它的希望。正因為這種環境力量十分強大，不向它屈服的人和對它進行抵抗的行為才更加難能可貴，也形成了一種與一般意義不同的勇敢。這種勇敢可能與理想化、浪漫化的「無畏無懼」相去甚遠，它不是從來不曾軟弱，不是從來不曾因迷茫而失去清醒的判斷，也不是從來沒有逃避的意願和幻想，而是在幾乎所有人都當告密者的時候，守住最後的道德底線，那就是，不出賣，不背叛，不當告密者。這正是凱迪在閱讀她父母檔案中在他們身上瞭解到的那種勇敢。

三 極權統治下的「勇敢」和「人性」

凱迪是一個在極權統治下長大的孩子。她説，「我們是政治化的小孩」，「在恐怖國家長大的孩子很早就懂得，與國家權力相比，她，甚至她的父母，都是微不足道的。不管父母多卓越、多機智、多有魅力 —— 我父母就是如此 —— 到頭來只是國家掌中的玩

物」。凱迪是懷着忐忑不安的心情決定閱讀她父母的檔案的。既然每個人都可能在這樣的壞境中背棄自我、喪失良心，那麼，倘若自己的父母也是如此，那又有甚麼好奇怪的呢？

匈牙利秘密警察檔案部門的主管凱特琳·庫特拉茲博士向準備前去閱讀檔案的凱迪幾乎帶有溫情地建議，「這次，你如果能單獨來，會更好」。這讓凱迪覺得不安，她徹夜未眠。她會在檔案裏看到自己怎樣的父母呢？她擔心、憂慮和害怕，是有理由的，「前不久，一位備受推崇的匈牙利作家獲得他父親的檔案，旋即發現一連串令人驚歎的陰謀和背叛，有的甚至來自於家人」。凱迪申請要看父母的秘密檔案，秘密警察的首席歷史學家提醒她，這是在冒「打開潘多拉魔盒」的風險。凱迪也知道，一旦打開父母的檔案，也許就會看到他們「某種妥協或叛變的證據，從而永遠打碎父母的形象」，「這風險是實實在在的。從君特·格拉斯到米蘭·昆德拉，蓋世太保和克格勃的秘密檔案已陸續披露出長達半個世紀的背叛。我理解，為甚麼這麼多的人不願直面過去；他們對我說，讓睡着的狗躺着吧，不要自找麻煩」。

凱迪確實在檔案裏看到了許多她父母從來沒有告訴她，也不願意讓她知道的事情，包括他們在被捕前就已經出現的婚姻裂痕。她也看到了自己一向尊敬和崇拜的父親如何在監獄裏進退失據、落寞彷徨、唾面自乾、檢討認罪、軟弱屈服、絕望放棄，甚至準備結束自己的生命。她母親也同樣「招認」為美國人刺探情報，「母親左右搖擺，一方面極想救她丈夫，另一方面又對他深抱憤懣，將我們所受的苦難都怪罪於他。她告訴牢房難友，『我丈夫忘記自己是一位父親，盲目為美國人服務，把我也拖下水』」。凱迪更在乎的還是父親，他是個體面、矜持、自尊心和榮譽感很強的人，但是，在權力的威逼下，為了保全妻女，他最後還是不得不屈服了。人對權力恭敬順從、沒有自尊、羞恥心盡失，是因為受辱和恐懼。社會名流、教授、學者莫不如此，這樣的事情至今還在有的國家發生。然而，凱迪的父親畢竟是一位與眾不同的人物，因為他守住了極權統治下一個正直的人所能堅守的最後道德底線，那就是，無論如何

也不對他人落井下石；就算在最絕望的時候也不能掘泥揚波、為虎作倀；在任何情況下都不當施害者的幫兇，不助紂為虐，不做告密者。

　　凱迪的父親有過在反納粹抵抗運動中的經歷，這是她從檔案裏，而不是從她父母那裏得知的。她寫道，「爸爸為何不告訴我們他在黑暗歲月中不尋常的英勇事蹟？秘密警察檔案告訴我，他不僅躲避了蓋世太保和箭十字黨，還在小規模的反納粹抵抗行動中扮演着活躍角色。他自願護送潛伏在匈牙利的法國軍官到斯洛伐克，去組織反納粹的武裝起義，這可是一項非常危險的任務。根據檔案，抵抗運動中一個著名領袖被人發現離開父母在布達的藏匿之處，迫使父母趕在蓋世太保之前一步迅速逃逸。父親是一名戰爭英雄？我一點都不知道，因為父母從沒談起這樣的事」。就是這樣一位「英雄」，在秘密警察的監獄裏，最後也是「精疲力盡」「心膽俱裂」。父母沒有告訴凱迪過去的「英雄經歷」，是不是因為他們自己的監獄經歷讓他們看穿了「英雄」？

　　許多經歷了敵人槍炮，甚至酷刑考驗的「英雄」都在秘密警察的監獄裏變成了懦夫和厭世者，或者更糟，變成了邪惡迫害的幫兇和辯護士。美國社會心理學家菲利普·津巴多(Philip Zimbardo)在《路西法效應：好人如何變成惡魔的》一書裏向世人發出警告，人類有着本質的黑暗面，極權統治誘發和利用人性的黑暗面，完全侵蝕掉人類美好、高尚的一面，讓幾乎每一個人都隨時可能充當惡勢力的附庸和作惡機器。津巴多稱之為「情境作惡」。就算不直接作惡，作惡情境對人的心智、良心和道德判斷的控制也能造成嚴重而長遠的傷害。人在作惡情境下，特別表現出軟弱、動搖、放棄、順從，「許多曾對他人犯下惡行的人，通常是意志堅強、有最佳意識形態與道德的遵從者。人們被警告要小心路上的壞人，但這些壞人往往平庸一如鄰人」。[9]《布達佩斯往事》一書中，馬爾頓一家的生活世界裏有太多平庸一如鄰人的告密者，儘管馬爾頓夫婦沒有墮落到這個地步，但是，在他們身上，邪惡還是發生了作用，衍生出

9　菲利普·津巴多：《路西法效應：好人如何變成惡魔的》，孫佩妏、陳雅馨譯。北京；三聯書店，2010年，第19頁。

許多值得讀者思考的意義。

在任何一個與《布達佩斯往事》類似的政治和社會環境裏，都不可能存在能夠獨自對抗極權邪惡的英雄，因為人性之中本來就有足以供極權統治控制和利用的私欲和軟弱。彌爾頓在《失樂園》裏寫道，「心靈擁有其自我棲息之地，在其中可能創造出地獄中的天堂，也可能創造出天堂中的地獄」；帕斯卡爾(Blaise Pascal)説，人一半是天使，一半是魔鬼。這兩位偉大的思想家從神學對人的兩面性的洞見再深刻，也不可能預見20世紀那種史無前例的極權統治。這種統治以政治制度的力量迫使人心靈失控、服從殘暴、自我懷疑和放棄選擇自由。這也是一種迫使每個人放棄抵抗的致命的制度力量。秘密警察的審訊報告裏説，馬爾頓先生告訴牢房難友(一名告密者)，「我的神經再也無法堅持下去」，「審訊者很快就知道此事。父親三天後淒慘地説，『他們告訴我，必須把我所有的英文稿件都譯成匈牙利文，這永遠都不會有結果！』牢房難友(接着又向審訊者)彙報，『其時，他撲倒在小床，嗚咽抽泣……傷心透底，他的嗚咽抽泣持續十五分鐘。』」這時候，那個曾英勇抵抗過納粹的馬爾頓先生已經徹底精神崩潰了，用凱迪的話來説，他「分明是一個身處懸崖邊緣之人，願意放棄自己最珍貴的：他的家庭……為了證明愛和無私，他卻要敦促妻子和小孩逃離，把自己徹底遺忘」。這種情景在中國「文革」期間不知道有過多少。

凱迪在敘述這段往事時説：「我讀這份審訊報告時，父親已去世兩年。我倆都喜愛拉赫曼尼諾夫的第二鋼琴協奏曲。他對此的一句評語，現以全新的意義，在我腦海重現。爸爸有一次説，『對我來説，這是男人哭泣的聲音。』我那時很是驚訝，從不哭泣的他怎會知道。現在我想，我終於明白了他的意思」。苦難，個人的苦難和群體的苦難都可以對他們自己和後代有救贖的作用。在馬爾頓夫婦雙雙被捕之前，他們的婚姻已經瀕臨破裂的邊緣，反倒是一場牢獄之災讓他們更好地認識了彼此，最新愛上彼此，直到生命結束，「監獄把他們帶至人生低點——父親已到自殺的邊緣——又把他們捏成一體」。極權統治下的恐懼、屈辱、壓抑和絕望，這樣的

苦難讓熬過來的和還未熬過來的人們都更加期待一個能讓所有人自由、平等，有尊嚴的生活世界，也更加期待一種人與人能夠彼此信任，而不是相互背叛、出賣的生存方式。這種期待中包含着對人類未來的希望，《布達佩斯往事》之所以感人，正是因為它傳遞了這樣的希望訊息。

四　極權統治與秘密警察

《布達佩斯往事》講述的是一個生活在秘密警察恐怖中的故事，秘密警察無所不在、無所不能，他們手裏掌握着界限不明、神秘莫測的可怕權力。秘密警察之所以恐怖正在於它的深不可測，防不勝防，不可捉摸。這是一種存在於人們理性理解之外，但又死死地在支配他們生死命運的邪惡力量，對它的受害者來說，它最恰當的名字就是「魔鬼」。我們應該怎麼來理解這個魔鬼呢？它手裏握有的是怎樣一種致命的權力呢？它又是怎麼在把恐怖植入每一個人──無論他是多麼的無辜──的震顫的靈魂呢？

德國著名作家、諾貝爾文學獎得主埃利亞斯·卡內提(Elias Canetti)在《群眾與權力》一書裏揭示了權力與秘密的致命結合。他指出，「秘密居於權力最內在的核心部位。監視行動從本質上說是秘密的。監視者隱藏起來，或者作一番偽裝，同周圍環境相適應，一動也不動，以免讓人認出來。他整個消失了，裹在身上的秘密猶如另一層皮膚，長久地保護着他，急躁與耐性的奇特結合便是他在這種狀態下的特點。這種狀態持續越久，對於突然成功的期望就越強烈」。監視者的可怕在於他有無比的耐性，你必須永遠繃緊神經，稍一懈怠，就會成為他的獵物。所以，即使你還沒有被捕獲，你已經註定逃脫不了他的利爪。他先是悄悄等待，「然後便是大張旗鼓地捕捉，這是要通過恐嚇來增強捕捉效果」。(《群眾與權力》205)[10]

10　埃利亞斯·卡內提：《群眾與權力》，馮文光等譯，中央編譯出版社，2003年。出自此書的引文在括號中標明頁碼(《群眾與權力》)。

秘密警察是濃縮的極權暴政

獨裁者尤其擅長這種出其不意的捕捉行動，「獨裁者充分瞭解秘密，善於對它進行恰如其份的估價，並且利用秘密。當他要達到某種目的時，他知道監視甚麼，知道在他的助手當中可以利用誰去進行監視。他的欲望很多，因此秘密也多；他將這些秘密構成一個體系，使它們彼此相互保藏。他向一個人透露這個秘密，向另一個人透露那個秘密，並設法使他們永遠無法聯合起來」。(《群眾與權力》206)因此，在獨裁的國家裏，人民生活於恐懼之中，秘密警察也生活在恐懼之中，他們貢獻於恐懼，又受恐懼之害。

　　在獨裁專制下，沒有人能免於恐懼。正如我們在《布達佩斯往事》一書裏所看到的，「每個人都受人監視，而監視者卻從不知道他究竟監視別人甚麼，他只是必須記下對象的一言一行，時常彙報，讓統治者瞭解被監視人的意向」。但在《布達佩斯往事》故事的背後，「監視者自己也受到別人的監視，並且別人的報告修正着他的報告。這些人就如同盛裝獨裁者所透露的秘密的容器，獨裁者始終能瞭解容器的可靠性與安全性，並能估計到哪些容器已經滿得要溢出了。他有一個完整的秘密系統，只有他一人有鑰匙。他覺得完全信賴任何一個人都是危險的」。(《群眾與權力》207)

　　獨裁權力的性質從它如何掌握秘密就可以看出來，「獨裁包括不公平的看透，即有權力的人看透別人，卻不讓別人看透他，他必須比別人都緘默，沒有人能瞭解他的想法和意圖」。(《群眾與權力》207)人們不害怕開放社會的政府執政方式，甚至有人嘲笑它沒有效率，不具有「制度優勢」，這同它缺乏秘密性有關。不像密室商議那樣，議會裏的辯論是當眾進行的，對立的意見在這裏相互較量，互相揭露弱點。即使有所謂的秘密會議或聽證，也難以長久保持秘密，新聞界的職業好奇心，以及某些人對經濟利益的考慮往往會導致洩露秘密。

　　就保守秘密而言，獨裁的制度優勢在於，如果只有單獨一個人，或是由他的親信組成的一個很小的團體，就能守住秘密，「秘密協商在小團體內進行似乎是最安全的，並且小團體要以保守秘密為宗旨，對告密行為予以最嚴厲的懲罰。不過最好由單獨一個人來

　　　　　　　　　　　　暴政史：二十世紀的權力與民眾

作決定……獨裁的權威主要在於人們給予它秘密的集中力量,而民主則使秘密廣為人知,其力量也隨之減弱」。但是,這樣的制度優勢也是制度劣勢,「所有秘密都集中在一方或是一個人手裏則必然最終成為災難:對於掌握秘密的人是災難性的……災難還會波及所有與此相關的人。每一個秘密都是爆炸性的」,當秘密爆炸的時候,所以的秘密裏都有獨裁者的罪證。(《群眾與權力》209)

　　阿倫特在《極權主義的起源》一書裏用了專門一章來分析秘密警察這個極權主義的濃縮機制。在1973年版的《極權主義的起源》一書裏,阿倫特對第三部分的「秘密警察」一章做了重要的修改,其中最重要的就是部分地把「潛在敵人」(potential enemy)改換為「客觀敵人」(objective enemy)。潛在的敵人指的是極權運動在取得政權之前用秘密人員去發現並消滅的敵人,這些秘密人員當然不是後來的正規秘密警察,而是屬「特別任務科」(或別的名稱)部門的特殊人員(「特務」),他們的任務是用秘密的手段去發現和消滅暗藏的敵人,挫敗他們的敵對陰謀。秘密的手段是為了不讓敵人發現,出其不意地進行有效打擊。

　　客觀敵人與潛在敵人是不同的。潛在敵人是可能造成敵對傷害的人,所以成為必須打擊的敵人。但是,客觀敵人是由極權意識形態規定的「敵人」,即使他們根本不會造成傷害,他們仍然被規定為是敵人。例如,納粹的客觀敵人是猶太人,布爾什維克的客觀敵人是階級敵人。在極權主義的敵我對立意識形態裏,猶太人或階級敵人是客觀存在的,他們被視為阻礙和對抗納粹或布爾什維克的個人或團體。

　　阿倫特指出,「『客觀敵人』的觀念,它所指的敵人是隨着主要環境的變化而變化的。因此,消滅一種客觀敵人之後,馬上就會對另一種客觀敵人宣戰,「布爾什維克從過去的統治階級的後代開始着手,接着將完全的恐怖對準富農(在30年代),接着是波蘭血統的俄國人(1936到1938年之間)……戰後紅軍佔領軍中的前敵方和戰鬥單位、以色列建國後的俄國猶太人」。(《極權主義的起源》532)誰都可能成為極權統治認定的客觀敵人 —— 由於階級成分、國

秘密警察是濃縮的極權暴政

外的關係、思想反動、錯誤言行，誰都可能成為秘密警察的打擊對象，誰都不知道這種可怕的事情甚麼時候會發生到自己頭上。因此，一提起秘密警察，誰都會心驚膽顫、驚恐萬分，這也就是阿倫特所說的，「只有在完全消滅了真正的敵人，開始捕捉『客觀敵人』時，極權主義的恐怖才成為真正內容」。(《極權主義的起源》529)凱迪·馬爾頓的父母就是因為被歸入了「資產階級」「美國生活方式的信徒」「政權的敵人」而成為秘密警察的監視和威脅對象的。

極權統治的秘密警察被用來對付一黨政權的所有的那些由於「可能」而變成「客觀」的敵人，是極權恐怖統治的手段和工具。這是秘密警察的唯一用途，因為它的客觀敵人必須是，也只能是由極權統治者來規定的，雖然由於不同的需要，這樣的敵人是會改變的。它的唯一任務就是維護一個專制的政權，除此之外，它是多餘的。

阿倫特指出，「由於極權主義秘密警察在一個國家平息之後才開始活動，在一切外面觀察者看來，它總是顯得完全多餘」，正因為如此，秘密警察「總是被迫證明自己的有用性，在最初的任務完成之後保持自己的工作」。(《極權主義的起源》530)納粹政權建立之後，有政府官員提議減少蓋世太保，理由是國家的納粹化已經完成。但是，蓋世太保的首腦希姆萊堅持要擴大秘密警察，並為此誇大「內部敵人」的危險。為了證明敵人的危險，秘密警察的罪惡作為就是把無辜的人變成罪犯，他們可以把各種各樣舉報的或捏造的材料塞進一個人的檔案裏，用這些來羅織他的罪名，把他投進監獄，刑訊逼供、甚至讓他從人間蒸發。

秘密警察的這種恐怖權力假借法律的名義，但卻凌駕於法律之上。這是因為，「極權主義的警察完全服從領袖的意志，只有領袖才能決定誰是下一個潛在的敵人」，「警察變成了國家最大秘密的託管人」。(《極權主義的起源》533, 534)一個人被警察逮捕、用刑、監禁、流放，處決，是沒有地方可以申訴的。警察執行的是極權統治的絕對命令，而暴力是執行這一命令的唯一方式。對於警

察的這樣特殊統治作用,阿倫特寫道,「秘密警察是政府一切部門中『組織得最好,最有效率』的部門,在極權主義政權的權力機構中,它的作用既不可疑,也不多餘。它構成了政府中真正的執行部門,一切命令都通過它發出。通過秘密警察網,極權主義統治者為自己創造了一種直接執行的傳送帶。……秘密警察成員在極權主義國家裏是唯一公開的統治階級,他們的價值標準和價值滲透了極權社會的整個結構」。(《極權主義的起源》538–539)秘密警察是濃縮的極權恐怖統治。

在今天的極權國家裏,秘密警察是一個籠統的說法,通常是指不對外公開的情報、公安、警察,它運作的對象是政權眼裏的政治異見人士和一切可能對維穩造成威脅的人群。對這個政權來說,他們就是它的「客觀敵人」。秘密警察是為了對付這些客觀敵人而存在的,否則它就是多餘的。它的主要責任不是保護人民,而是穩固政權,不是維護社會秩序,而是壓迫人民。秘密警察是在法律之外起作用的,因此被視為一種以暴力、酷刑、恐懼為特徵的,只存在於威權或極權制度的警察機構。[11]

其實,警察不可能是全然公開的,必然會有一定的秘密特性,但人們對有秘密的警察完全有理由保持警惕和不信任。博克對此寫道,「秘密警察 —— 這個名稱就會令人想到一種當國家與秘密結合時,所有的危險濃縮到一起的形式。沒有一個民主國家的人民會選擇在這樣的警察統治下生活。它要麼是繼承來的,要麼就是用欺騙或霸道強加於人民的。18、19世紀歐洲有變得非常強大的秘密警察網,它的頭號敵人是那些為打倒專制而戰的人士。那時候的美國人對這種『歐陸制度』抱有深深的懷疑」。(《秘密》265)但是,美國後來還是有了自己的秘密警察(聯邦調查局和中央情報局),它對於國家和人民的安全是必要。由於美國是一個自由民主的國家,警察雖然是必要的,但警察的權力是受到節制的,也是可以終結的。

受節制是指受監管,受法律約束、報紙可以揭露其不當行為,

11　Juan José Linz, *Totalitarian and Authoritarian Regimes.* Boulder, Colorado: Lynne Rienner, 2000, p. 65.

濫權的警員會受到懲罰和制裁，公民可以用表決或通過他們的政治代表拒絕授予警察某種權力(如舊金山不允許使用人臉識別的監視設施)等等。可以終結警力，指的是有糾錯和退出的機制：不當指控會被推翻、錯案必須糾正、警方的某種權力可以被終止，等等。

限制警察權力的關鍵是民主法治，而這在個人或一黨的專制國家裏恰恰正好相反，「民主社會通常有法律要求警察在相當公開的狀況下執行任務。身穿制服、公開巡邏、透明地記錄逮捕、起訴、審判的實情、明確舉證規則、對被懷疑或控罪人有充分的程序保護，所有這些都是防止濫用警力和保護人民的措施」。法律是為保護公民權利和安全而制定的，「法律的目的不是為了配合警察釣魚執法、收買密探或其他慣用的秘密手法」。(《秘密》266)

由於有法治的保障，大多數人都能夠接受，秘密是警察工作的一個必要部分。他們知道，調查或處理犯罪案件不可能是完全公開的；對那些有犯罪嫌疑，但還沒有被控罪的人員，警察不公開透露有關材料，也是為了保護他們的隱私；對舉報人及其提供的情報也需要保密，否則就再也沒有人願意協助警方的工作任務了。

雖然自由民主國家的警察管理對其他國家應該有示範的作用，但是，正如博克所說，「今天世界上大部分人民仍然生活在秘密警察的陰影之下。就算用秘密警察進行統治的政權被推翻之後，後繼者也還是會將它繼承下來，以新的名目，用相同的手段來對付新的對手」。(《秘密》266)一個國家越是不民主，警察就越是會成為對個人和社會自由的威脅，而它自己也就越會感覺到人民的不信任和敵意，因而更加會把人民當成它的敵人。警民對立是任何一個專制國家都難以解決的問題。由於缺乏約束，專制政府權力會不可避免地愈來愈自我膨脹，這也一定會在警察權力和秘密行為的擴張上顯示出來。因此，即使它有意願，要將警察的權力限制在一定的限度內也是一件幾乎不可能的事情。尤其是在高科技發達的今天，警察有了愈來愈多的監控手段，秘密行動的能力也前所未有地強大，事實上已經超過了奧威爾在《1984》中所描繪的那種秘密警察對社會的全面控制。極權國家總是有許多警察親民的宣傳，也不時會有

暴政史：二十世紀的權力與民眾

改良警察工作方式、方法的允諾。但是，如果不能改變專制獨裁，那麼，警察的任何親民姿態或改良都註定只能是表面的，只有作秀的價值，而無降低或消除人們生存恐懼的實質意義。

第二部分

20世紀的極權暴政與領袖崇拜

第七章

希特勒是怎樣的「魅力領袖」

——《希特勒的黑暗魅力》

　　從上個世紀70年代以來，納粹和希特勒研究的一個具有共識性的進展就是承認希特勒是一位具有個人魅力的領袖，承認他對德國民眾有一種超乎尋常的精神魔力，而不再是把他只是當作一個邪惡的，精神變態的狂徒。英國歷史學家伊恩‧科紹(Ian Kershaw)的《希特勒傳》(1991)是其中的一部鼎力之作，他指出，希特勒的個人魅力是納粹政權能夠在沒有他的指示的情況下，依然按照他的意志有效運作的根本保證。[1]這個魅力不只是存在於希特勒本人，而且存在於他的追隨者的想像之中，「不僅相信那個有魅力的個人，而且是對他的『意志』的預期性的實現」。科紹所關注的希特勒魅力必須「用他追隨者的眼睛去看」，否則難以理解。[2]勞倫斯‧里斯《希特勒的黑暗魅力》(下稱《魅力》)在這個基礎上要提出並回答的問題是：希特勒這麼一個傲慢、狂妄、頑梗的政客為何能在他的追隨者，甚至德國民眾眼裏具有如此的魅力？為何千千萬萬德國人願意把希特勒當作他們的崇拜對象？為甚麼有這麼多德國人願意順從希特勒的意志，乃至死心塌地跟隨他走向滅亡？[3]

　　《魅力》讓我們看到的是，希特勒是一位典型的，無與倫比的魅力型領袖，他的崛起和後來巨大的政治影響力都一直在依靠他對普通德國人的一種特殊說服力量，那就是將他自己所具備的特殊人

1　Ian Kershaw, *Hitler. 1889–1936: Hubris*. New York: Harcourt Brace Jovanovich, 1974, p. xxix.

2　Eva Horn, "Work on Charisma: Writing Hitler's Biography." *New German Critique* 114. Vol. 38, No. 3 (Fall 2011), pp. 100, 107.

3　Laurence Rees, *The Dark Charisma of Hitler: Leading Millions into the Abyss*. UK: Ebury Press, 2013. 出自此書的引文皆在括號中直接表明頁碼。

格與普通德國人在兩次世界大戰之間的緊迫願望融合到一起。希特勒說：「我所做成功的每一件事情都是說服的結果」。[4] 希特勒的「說服」是一種宣傳，但那不是一種簡單的思想灌輸，而是摸準了宣傳可以利用的民眾心理和動機，不只是引導他們建立某種理念，而且從這理念中得到滿足。也就是說，希特勒知道如何讓民眾感受到他的魅力，至於他是否具有魅力，或具有怎樣的魅力，反而是次要的了。

普通德國民眾能夠感受到希特勒的魅力，能夠被他「說服」，是因為希特勒體現了某種與民眾一致的，為他們所認同的緊迫願望，「沒有這一先在的、隱含的認同，沒有技術時代每一位公民事實上體驗到的宣傳需求，宣傳就不可能傳播開來。這裏不只是邪惡的宣傳員，在工作中建立種種方法使無辜的公民身陷囹圄。相反，也有公民從其自身存在深處對宣傳的渴望和宣傳員對這渴望的回應」。[5] 也就是說，希特勒的說服同時滿足了他自己和許多德國民眾的需求。里斯要告訴讀者的是，二次大戰期間，德國人有一種期盼彌賽亞般人物來拯救他們的渴望，渴望有強人帶領他們擺脫萎靡不振和窮途困境的現狀。他們拼命地向希特勒投射他們的渴望，而希特勒的那種傲慢、僵硬、絕不妥協的人格似乎正好證明，他確實就是那個能夠改變德國人命運的，負有特殊使命之人。

一　卡里斯瑪和希特勒的黑暗魅力

里斯是一位職業紀錄片製作者，20多年的職業生涯讓他有機會收集到許多以前沒有記錄下來的關於納粹德國的第一手材料，在許多親身感受過希特勒魅力的德國人那裏，他發現，希特勒並不是一個「披着人皮的惡魔」，而是一個對普通德國人有着特殊影響力的奇怪人物：他幾乎是一個完全不具備友善交際素質的怪人 —— 無視

4　*Hitler's Table Talk, 1941–1944: His Private Conversations* (18 January, 1942). Trans. Norman Cameron and R. H. Stevens. New York: Engima Books, p. 221.

5　Jacques Ellul, *Propaganda: The Foundation of Man's Attitude.* Trans. Konrad Kellen and Jean Lerner. New York: Alfred A. Knopf, 1968, p. 61.

暴政史：二十世紀的權力與民眾

理性辯論、充滿了仇恨和偏見、毫無愛的溫情、孤單獨處。然而，就是這樣一個「可悲的傢伙」卻迷倒了無數素稱教育良好、善於思考的德國人。

希特勒稱自己的這種影響力為「說服」，沒有理由完全否定他的這個說法，因為里斯發現，他「遇見過的那個時代的許多過來人都認可希特勒的這個說法。當我詢問他們為甚麼會被希特勒這個怪人說服的時候，他們給了我各種各樣的理由，如時代環境、害怕、希望等等」。希特勒與其他極權國家的領袖不同，他不是在黨內鬥爭中殺開一條血路的英雄，也不曾經是落草為寇、殺人不眨眼的山大王，而是在民主選舉中脫穎而出的政治家。開始的時候，他憑的就是一張嘴，他的演說才能是眾所周知的。希特勒的說服，憑的不是「口才」(機智、幽默、風趣、博學)，而是他能把握聽眾想聽甚麼，把他們只是模糊感覺到的東西，用話明白地說了出來。因此，聽眾其實不全是被希特勒，而是被他們自己說服的。他的演講很有特點，他總是先慢後快，並不一開始就表明自己的觀點。他像今天網絡上的流量明星那樣，先慢慢地試探，看看聽眾對哪一個話題有反應。對哪一個話題反應更大，然後他就開始了，滔滔不絕手舞足蹈。里斯說，許多他採訪過的人「都描述了在希特勒那裏感受到的特殊吸引力 —— 一種被稱為魅力的東西」。(2)

那麼，甚麼是魅力呢？魅力(charisma)一詞也經常被音譯為「卡里斯瑪」，簡單地說，卡里斯瑪就是一種精神或權威的感召力。一個詞採用音譯，是因為受可譯性限制比較大，從意義來翻譯，總給人一種詞不達意或詞不盡意的感覺。我認為，「魅力」還沒有到那個程度，所以就不採用音譯了。里斯在《魅力》一書裏借用的是德國社會學家韋伯在20世紀初提出的魅力概念，他說：「大致而言，韋伯所說的『魅力領袖』是一種特定的統治方式，不是指那種在大眾明星或政客身上的個人素質。在韋伯那裏，『魅力』領袖必須有一種強烈的『使命』感，經常是一位半宗教性的人物。魅力領袖的隨眾不只是為了想從他那裏得到減稅或健保的好處，而是尋找某種救贖和解放的廣闊目標，經常是精神上的。魅力領袖不可

能舒舒服服地存在於官僚體制之中，而是受到使命感的驅使。希特勒符合這些條件，他是一個典型的**魅力領袖**」。「魅力」和「使命」都是中性的描述用語，沒有道德上的好壞或善惡含義，可以是善的，也可以是惡的。里斯用「黑暗」來指稱希特勒的魅力，是他對希特勒的道德評價。(2–3)

希特勒的黑暗魅力起初讓一些德國人接受了一黨專制取代憲政民主的事實，繼而又讓許多德國人成為希特勒戰爭的積極擁護者和參與者。1933年選舉的時候，希特勒就聲稱要廢除民主，但是，當時大多數人都以為那是他的瘋話，社會黨政治家約瑟夫·菲爾德(Josef Felder)回憶道，當時「我們都相信，我們仍然可以用國會控制他——簡直在做夢！」(104)希特勒被任命為首相，德國政治家和外交家，曾在1932年擔任德國總理的弗朗茨·馮·帕彭(Franz von Papen)依然認為，希特勒是經由「正常的民主程序」獲得這個職位的，所以「有理由相信，一個負責任的政府首腦會有一種不同於不負責任的黨領袖的態度」。(104)今天看來，當時人們這樣的看法簡直是太愚蠢了。

但是，對於那些感受到希特勒反民主魅力的追隨者來說，這是一個他們盼望已久的時刻。「希特勒在競選演說中公開鄙視民主，誓言廢除民主。因此，納粹支持者們把他的上台視為政治制度改變的開始，而不只是一次政府的更迭」。後來擔任德國外交官和政府官員的斯皮茲(Reinhard Spitzy)早已是一個堅定的納粹信徒，他回憶道，「我自己從來就不相信民主，我認為應該像管理大公司那樣治理國家，也就是由專家委員會來管理等等。我不相信議會。我們遭遇嚴重的危機，經濟危機，饑荒和失業，這時候我們渴望有一位新指揮，就像在大公司裏那樣。找到了這樣一個人，他就能讓一切井井有條」。(104)一直到今天，公司獨裁優於議會民主的想法仍然相當有市場，它造就了美國的特朗普總統，2019年，台灣國民黨徵召郭台銘當總統候選人，也是一個例子。

希特勒當然不能滿足於只是代表他的納粹黨，他要成為整個德

國的代表，不是國會政治的那種法理代表，而是一個具有硬漢魅力的國家領袖。暴力和恐怖於是成為他顯示這種魅力的道具，也成為納粹極權政治的統治手段和特徵。事實上，正如許多專門研究所發現的，希特勒的統治並不僅僅是依靠暴力和恐懼，而且同樣依靠納粹政權為普通德國人所提供的物質好處和其他實惠，而用強硬的公權力來維持民眾渴望的秩序和穩定，這本身就會被許多民眾當作一種他們所需要的實際好處或利益。

這樣的需要與其說是納粹黨徒們的，還不如說是全體德國人的，鐵腕治國因此成為希特勒在德國民眾面前展現魅力的一種手段。里斯寫道，「即使在一個黨國裏，真正的魅力領袖也需要有民眾的支持，沒有這樣的支持，希特勒所能擁有的不過是一種赤裸裸的獨裁暴力。這樣他也就永遠不能成為他渴望的那個樣子——成為一個萬民歡呼的政治家」。(107)希特勒雖然一直主張暴力，但在成為德國總理之後，他開始用國家警察(SS，頭目是戈林)來取代黨的衝鋒隊(SA)，因為警察代表的是整個社會而不只是一黨的秩序，雖然這個秩序實際上還是由一黨在控制。希特勒在1933年2月17日發佈的一項指示中說：「警察在執行任務時發射左輪槍，不論使用武器的後果如何，都會得到我的保護」。(108)不久後，他在多特蒙德(Dortmund)發表的演說中強硬地表明了同樣的立場：「警察手槍槍管裏射出的是我的子彈。要是你說這是謀殺，那就是我在謀殺……我知道有兩種法律，因為我知道有兩種人，一種是跟我們在一起的自己人，另一種是反對我們的敵人」。(108)

希特勒很快把自己打造成為國家意志的象徵，他的意志就是國家的意志，就是人民的意志。戈培爾的宣傳在此起到了重要的作用，宣傳一直是納粹統治的重中之重。1933年，戈培爾宣稱，元首定於一尊，元首決定一切，有元首為國家掌舵，任何事情都無須表決決定，一切服從「元首人格」(Führer's personality)。就在說這話的前兩天，戈培爾組織了希特勒44歲生日的公眾慶典。就像耶穌誕生日一樣，領袖生日不是一個私人的日子，而是一個公共紀念日，一個盛大的節日，一個值得感恩的全民福祉的開始，「從此之後，

直到希特勒的56歲生日，4月20日都被當作德國日曆上的一個神聖日子」。(116)

如果造神只是樹立領袖光輝、高大、神聖的形象，而不能同時營造民眾對他油然而生的膜拜崇敬，那就不能算是成功的造神。凡是個人崇拜無不想達到這樣一種造神的效果，但並非都能如願以償。有的雖然造了神，但絕大多數民眾心裏並不認這個神，這個神便會成為滑稽可笑的泥塑偶像。希特勒的成功在於，他成為許多人，包括德國人和一些外國人，心目中真正散發出神聖光輝的偉大人物，這就是他的魅力所在，「即使一些以前對希特勒不以為意的人們，(在他成為總理之後)，也開始把他當魅力領袖看待了」。(117)

德國政治活動家弗里德林·馮·施堡恩(Fridolin von Spaun, 1901–2004)就是一個例子。他在1920年初就已經是一位納粹同情者了，1923年他第一次在一次集會上見過希特勒。他回憶道，「埃里希·魯登道夫(Erich Ludendorff，一次大戰時的德國名將)站在那裏，身材魁梧，制服上掛滿了勳章。他旁邊站着一個小個子，一點不引人注意，穿着一件寒酸的外套。我沒有注視他。我後來問，魯登道夫身邊的那個人是誰，原來那就是希特勒，國家社會黨的領袖」。十年後的1933年，斯堡恩又一次見到了希特勒，這一次他的印象完全不同了。在一次由眾多納粹同情者參加的宴會上，斯堡恩發現希特勒正望着他，頓時感覺到希特勒的目光像電流一樣傳到他身上，「一下子感覺到了希特勒的真誠」，「希特勒立起身來跟一個人說話，手正好按在斯堡恩的椅背上，斯堡恩清楚地記得自己當時的感覺，『我覺得他的手指有一股穿透我的，令我震顫的力量，那不是一種神經質的震顫，而是感覺到，這個人，這個人的身體，是在這個世界上要實現一個巨大的，全能的意志的工具。我覺得那是一個奇跡』。」(117)

對斯堡恩來說，這就是從他以前那個幾乎視而不見的希特勒身上發出的魅力，是希特勒變了嗎？還是斯堡恩自己變了呢？改變的不是希特勒，而是斯堡恩眼裏的那個希特勒。斯堡恩感覺到希特勒手指的魔力，是因為他知道那是偉人希特勒的手指，他震顫是因為

　　　　　　　暴政史：二十世紀的權力與民眾

他相信希特勒會實現他自己的政治信念，因此感覺到了希特勒的魅力，換句話說，他本來就是希特勒能對之施展魅力的民眾對象中的一員。就像情人眼裏出西施一樣，重要的是隨眾眼裏的領袖魅力，領袖是否真的有魅力決定於此。而且，只要領袖(相對少數)的隨眾覺得他有魅力就行，至於其他人(絕大多數人)是否覺得他有魅力，那並不重要。朝鮮的民眾可能覺得他們的領袖魅力無限，但其他國家的人卻一點感覺也沒有，而且會覺得莫名其妙，荒唐可笑。魅力本來就是一種領袖與其隨眾的精神相通和意志相聯的關係，魅力折射的是隨眾一方的崇拜心情，與領袖的個人素質並沒有直接的因果關係。

二　毀滅德國和自我毀滅的魅力

希特勒是個極端自信的人，他那永不受挫的自信和不顧一切的執著被許多德國人視為一種超級意志力的體現。哈佛大學心理學家沃爾特‧蘭格(Walter C. Langer)於1943年為美國戰略服務辦公室(CIA的前身)準備了一份希特勒的簡介，在這份簡介裏，蘭格列出了希特勒的20項最強品質。他強調「希特勒的最強點可能是他對自己使命的堅定信念。這是一個奇觀，他的信念如此強大，以至於他為了吸引別人投身於他的事業，並引導他們效仿他的榜樣，可以犧牲掉他自己」。[6] 奧特‧迪特里希(Otto Dietrich)曾任希特勒的新聞秘書達12年之久，定期見到希特勒，他說：「希特勒的主要特徵是他非凡的意志力。他認為自己是歷史上最偉大的人物之一」。[7] 歷史學家們也注意到並承認希特勒的無與倫比的自信。科紹(Ian Kershaw)寫道，「他是對自己永遠正確和自己使命的最熱心的信徒」。[8] 德國歷史學家約阿希姆‧費斯特(Joachim C. Fest)斷言，「希特勒有表達禁忌觀點的非凡勇氣，而這正是給了他一種男子漢

6　Walter Langer, *The Mind of Adolf Hitler*. New York: Basic Books, 1972, p. 12.
7　Otto Dietrich, *The Hitler I Knew*. London, 1955, p. 7.
8　Ian Kershaw, *Hitler: 1889–1936, Nemisis*. New York: W. W. Norton, 1998, p. 94.

的彪悍無畏和自主自為的氣概」。[9] 1939年，在進入布拉格並鞏固對捷克斯洛伐克全境的控制之前，希特勒對他的秘書們說：「我將成為歷史上最偉大的德國人」。[10] 1939年9月，在進攻波蘭之前的最後戰略會議上，他對所有在場的將軍們說：「一切在根本上都取決於我，取決於我的存在和我的政治天賦。可能沒有人再會像我一樣擁有整個德國人民的信心。未來可能永遠不會再有一個比我更擁有權威的人了。因此，我的存在是一個具有很高價值的因素」。[11]

對希特勒的許多隨眾來說，他的自信和意志力也許比他的實際領導力更能體現他的人格魅力。然而，也正是希特勒的這種狂妄自信和意志力，以及他發動戰爭的那種不顧一切的決心，把他自己和德國一起引向毀滅和災難，也使幾乎整個世界蒙受了巨大的摧毀。希特勒的將軍們並不總是在盲目地同意或順從他的戰略謀劃，他們甚至試圖說服他改變心意，但一次次都是希特勒的意志佔領了上風。里斯的《黑暗的魅力》中記錄了一個又一個這樣的例子。對戰略問題持有不同意見的德國將軍所不完全知道的是，「希特勒不是一個普通的政治家，他是不會被那些細緻表述的備忘錄說服的」。(203)里斯引用美國哥倫比亞大學歷史學教授亞當·圖茲(Adam Tooze)的話說，「希特勒不是普通意義上的政治家，他們客觀理性地考慮問題，為最後的勝利爭取最大可能。對希特勒來說，政治是戲劇，是一部可能沒有幸福結局的悲劇。因此他願意冒險，即使勝算機會對德國非常不利，他也在所不惜」。(203)為此，德國和世界都在二次大戰中付出了極其慘重的代價。也許沒有甚麼比這次戰爭更能說明：當一個人佔據了某個至高無上的領袖位置，他的個人魅力是多麼值得警惕的事情，不只是希特勒的黑暗魅力，而且是任何一個政治人物的個人魅力。

第二次世界大戰是歷史上最具災難性的事件。根據英國軍事歷史學家約翰·基岡(John Keegan)的說法，「第二次世界大戰是人

9　Joachim C. Fest, *Hitler*. New York: Harcourt Brace Jovanovich, Inc., 1973, p. 151.
10　Ian Kershaw, *Nemisis*, p. 171.
11　Ian Kershaw, *Nemisis*, p. 207.

類歷史上最重大的單一事件，在世界七大洲中的六個以及地球上所有海洋範圍內發生。這場戰爭殺死了五千萬人類，造成數億人受傷，並嚴重破壞了文明的許多中心地帶」。[12] 丘吉爾在1941年的一次演說中說，令人難以置信的是，造成了這場「大屠殺和毀滅」的是一個人——阿道夫·希特勒。[13] 著名歷史學家約翰·盧卡奇(John Lukacs)在他富有洞見的《第二世界大戰的遺產》一書中簡潔地描繪了希特勒與第二次世界大戰的因果關係，「沒有希特勒，就沒有第二次世界大戰。第二次世界大戰是希特勒的戰爭」。[14] 如果希特勒贏得這場戰爭，那麼後果將不堪設想，極權統治也許會成為人類世界的一場曠日持久的噩夢。

人類幾乎是由於僥倖才逃脫了在世界範圍內被極權主義統治的噩夢。盧卡奇認為希特勒本來是可以在二戰中獲勝的，「如果德國人在1940年的夏天入侵英格蘭，希特勒就會贏得他的戰爭」。盧卡奇還指出，1941年9月和10月，斯大林曾十分緊迫地通知丘吉爾說，『蘇聯正處於致命的危險之中』，已經瀕臨崩潰的邊緣」。[15] 希特勒和納粹德國的首席歷史學家特雷弗·羅珀(Trevor Roper)也認為，「事實上，希特勒幾乎贏得了戰爭。只是差了一點點，他才輸掉了戰爭。我認為有三四次機會，他都真的可以贏得戰爭」。[16]

盧卡奇指出，二次大戰中盟軍擊敗希特勒是非常艱巨的，「世界上所有最強大的力量一起用了近六年的時間才打敗希特勒。必須有美國、俄羅斯和大英帝國的聯盟，才能打敗了[納粹德國]。它們任何一個單獨，或只有兩個合力，都不足以戰勝希特勒的德國。大約有多達五億人在與8000萬人的德國作生死較量」。[17] 希特勒是人類歷史上最有影響力和最邪惡的人物之一，誰也動搖不了他這個位置。

12　John Keegan, *The Second World War*. New York: Viking, 1990.
13　Winston Churchill, *The Fourth Climacteric*. June 22, 1941.
14　John Lukacs, *The Legacy of the Second World War*. Yale University Press, 2010, pp. 8, 87.
15　John Lukacs, *The Legacy of the Second World War*, p. 31.
16　Quoted in Ron Rosenbaum, *Explaining Hitler, The Search For The Origins of His Evil*. New York: Random House, 1998, p. 71.
17　John Lukacs, *The Legacy of the Second World War*, p. 6.

幾十年來，人們對希特勒的興趣有增無減，是因為他在人類歷史上留下了太深的傷痕。伊恩·科紹寫道，「肯定沒有其他人比阿道夫·希特勒在20世紀留下更深刻的印記。希特勒12年的統治永久地改變了德國，也改變了歐洲和世界。他是世界上極少數幾個可以絕對肯定地這麼說的人：如果沒有他，歷史的過程將是不同的」。[18] 希特勒對世界的驚人影響可以說是有口皆碑。2000年，為了紀念那個過去的20世紀，在美國大學任教的1,200名歷史學家共同把希特勒列為「對20世紀生活影響最大的個人」。[19] 2000年是一個新的千禧年的開始，《藝術和娛樂》對360名記者、學者和政治領導人作了民意調查，要他們對那些「在過去一千年中最大程度塑造了人類世界」的人士進行排名。希特勒排在第16位，是世界各國領袖中排名最前的。他那些偉大的同時代人遠遠落在了他的後面：丘吉爾的排名是52，羅斯福是60，斯大林是79。[20] 連希特勒的勁敵斯大林也不得不承認，「希特勒是一個天才」。[21]

　　不幸的是，希特勒是一個邪惡的天才，也許是歷史上最邪惡的天才之一。美國《時代》雜誌在「世紀之人」的專號中說：「希特勒永遠重新定義了邪惡的意義」。[22] 牛津歷史學家艾倫·布洛克(Alan Bullock)寫過兩本希特勒的傳記，他說：「如果希特勒不邪惡，那麼邪惡這個字便沒有任何意義」。[23] 哥倫比亞大學教授羅森鮑姆(Ron Rosenbaum)試圖為認識希特勒的邪惡提供了這樣一個特別的理解背景：「你無法將希特勒定位在人性從善到惡的普通連續程度上。你不能只是說他是一個非常，非常，非常壞的人，或者是迄今為止最邪惡的人，好像他仍然可以被解釋為人類同一人性的某個產品，當作人類同樣心理的某個特例。這樣一來，就有下一個次壞的人，於是又有再下一個，一個一個直到我們自己。不，

18　Ian Kershaw, *Hitler: 1889–1936, Hubris*. New York: W. W. Norton, 1998. p. XX.
19　*Christian Science Monitor*, November 18, 1997.
20　"Biography of the Millennium: Names of the Top 100 Most Influential People of the Past 1000 Years." *Arts and Entertainment* (July 17, 2000), p. 1.
21　John Lukacs, *The Legacy of the Second World War*, Yale University Press, 2010, p. 166.
22　"Person of the Century", *Time*, December, 1999.
23　Quoted in Ron Rosenbaum, *Explaining Hitler, The Search For The Origins of His Evil*. New York: Random House, 1998, p. 87.

暴政史：二十世紀的權力與民眾

希特勒是完全在這個程度表之外的，他屬完全是另外一類的極端邪惡」。[24] 希特勒的極端邪惡甚至不能用他究竟屠殺了多少人類來計算或衡量。他屠殺了2,100萬非戰鬥人員，斯大林和毛澤東比他殺的人更多，斯大林殺了4,300萬人，毛澤東3,800萬，但也不像希特勒那麼邪惡。[25] 英國歷史學家艾倫‧布洛克(Alan Bullock)寫道，雖然斯大林的暴行是「納粹分子殺人數字的兩倍」，但希特勒的罪行似乎更大。[26] 德國－俄羅斯戰爭的歷史學家羅伯特‧康奎斯特(Robert Conquest)解釋説：「如果不得不對兩者進行比較……那麼希特勒的邪惡程度只會甚於斯大林」。[27]

希特勒的道德邪惡經常被當作是一種瘋狂，一種癲狂，一種普通人類難以想像或理解的非理性或神志失常，希特勒真的是一個瘋子嗎？他的領袖魅力真的是像某些藝術天才一樣，是以他的心理健康為代價的嗎？比洛‧達魯斯(Birger Dahlerus)是瑞典商人，業餘外交官，也是納粹黨魁之一戈林(Hermann Göring)的朋友。他試圖通過外交渠道來阻止第二次世界大戰。在1939年德國入侵波蘭之前的幾天裏，他徒勞的外交努力有時被稱為達魯斯使命。他曾經記下了與希特勒見面時的瘋人印象。希特勒先是咄咄逼人地注視着他，然後開始一場關於德國歷史的滔滔不絕的獨白。達魯斯注意到，希特勒完全不需要外部刺激就能自動進入一種特別興奮的狀態。他寫道，「他有一種用極度自我讚賞來表達觀點的方式，非常誘人。但他的可悲在於完全無視和不尊重對方的觀點」。達魯斯感覺到希特勒「精神平衡不穩定」，因此，他故意輕輕説話，想要讓希特勒平靜下來。但是，當達魯斯説到英、法也是軍事強國的時候，「希特勒突然立起身來，變得非常激動和神經質，他走來走去，像是自言自語地説，德國是不可抵抗的，會用閃電戰擊垮任何敵手。突然，他在房間中央停下腳步，站在那裏凝視。他的聲音含糊不清，行為

---

24   Ron Rosenbaum, *Explaining Hitler*, pp. 391–92.

25   R. J. Rummel, *Encyclopedia of Genocide*. Eds., Israel W. Charny and Santa Barbara, CA: Oxford: ABC-CL10, 1999.

26   Alan Bullock, *Hitler and Stalin: Parallel Lives*. New York: Alfred A Knope, 1992, p. 924.

27   Quoted in Ron Rosenbaum, *Explaining Hitler*, p. 392.

希特勒是怎樣的「魅力領袖」

像是一個不正常的人。他的話變得斷斷續續……一個勁地說，『如果爆發戰爭，我就造U型潛艇，U型潛艇，U型潛艇，U型潛艇。他的聲音變得更加含混不清，最後完全聽不懂他在說甚麼了。突然，他又來了精神，像是對一大群聽眾演說般地厲聲尖叫，『我要造飛機，飛機，飛機，擊垮我的敵人』。他像是故事裏的一個幽靈，不像一個真人」。(233)

這不過是里斯在《魅力》中記錄的許多例子中的一個，希特勒的暴躁、狂怒、情緒失控、目中無人是有名的，有許多史實記錄。里斯說：「這些成為真實希特勒的一個重要方面」，然而，也正是希特勒「對事情有強烈的情緒反應，並當眾宣洩，這成了他迷人魅力的一個重要部分」。(234)在外人看來，他簡直就是一個瘋子。二戰前英國駐德大使耐維爾·韓德森(Nevile Henderson) 認為希特勒「瘋得厲害，已經超過了精神不健康的界限」(235)。希特勒周圍的人一定也經常見到他這種行為，但因為崇拜他，所以並不覺得他是個瘋子。希特勒在接見達魯斯的時候，戈林也在場，他在一旁微笑，怡然自得，一點也不為希特勒的失態感到窘迫。

1939年3月的一天，時任捷克斯洛伐克總統的伊米爾·哈卡(Emil Hácha)被希特勒召喚至柏林。希特勒警告說，德軍正打算入侵捷克斯洛伐克。如果拒不投降，布拉格將在幾個小時內被炸為灰燼。施羅德(Manfred R. Schröder)是一位年輕的德國外交官和納粹黨人，他目睹了希特勒與哈卡總統的會談。施羅德回憶說：「當時整個就是希特勒一個人在說話，他同時對兩位秘書口述文件」。施羅德當時覺得「天才在工作」就應該是這個樣子的，可是「今天回想起來，我眼前浮現的希特勒一會兒站起，一會兒又坐下的那個樣子，絕對是個瘋子」。里斯評論道，「從魅力十足的『天才』到『絕對是瘋子』，這是同一個人對希特勒的判斷，只不過是時間和經驗讓他改變了看法」。(235)在我們的生活世界裏不是也有這樣的經驗嗎？當大躍進的浮誇風颳起的時候，我們意識到那是瘋子般的亢奮和囈語嗎？我們不是也把這當作了天才的思想傑作和魅力無限的劃時代創舉了嗎？

暴政史：二十世紀的權力與民眾

三 剖析領袖魅力

常有人說，天才與瘋子不過是一線之隔。許多人認為，天才和瘋子都極端在意並善於發現常人不太在意的細節。忽略不重要的細節本來是人類進化出的本領，而天才和瘋子卻對細節非常敏感。但天才和瘋子是可以區別的。天才能判斷出哪些細節是否重要，並把有價值的想法付諸實踐。而瘋子沒那個能力，往往鑽進牛角尖裏走不出來。這樣的見解或許適用於藝術、文學的天才，但是否也適用於政治領袖呢？像希特勒這樣的領袖，他的瘋狂與魅力之間又可能有怎樣的關係呢？歷史學家們經常會從這些問題的角度來試圖理解希特勒的領導魅力和他的心理健康。希特勒瘋了嗎？和希特勒個人生活的所有特徵一樣，他的精神狀況一直是眾多研究者關心的問題。

普遍的看法是，希特勒是一個瘋子，但對「瘋子」的界定方式卻不相同。有的是從精神病理學來說的，有的是從思維方式反常來說的，還有的是從極端反人性的邪惡來說的。美國威廉姆斯學院歷史學教授羅伯特・韋特(Robert Waite)在希特勒傳記《精神病患者的上帝》中描述了許多相當普遍的關於希特勒心理健康的觀點，包括狂妄自大和偏執型精神分裂症。[28] 英國歷史學家理查德・埃文斯(Richard Evans)在《歷史與記憶中的第三帝國》一書裏有專門的《希特勒有病嗎》一章，駁斥了醫學上「希特勒有病」的觀點，反對以「有病」來為希特勒減輕或開脫罪責。他同意其他一些研究者的結論，「希特勒沒有精神錯亂，沒有發瘋，也沒有藥物引起的妄想症，沒有受梅毒這樣的慢性疾病影響，也沒有在未蘇醒的催眠狀態下做事。相反，希特勒從任何意義上來說都是神志清醒的，並能為自己的行為負責」。[29] 和埃文斯一樣，一些其他研究希特勒的學者們也認為，強調希特勒那些瑣碎的瘋狂行為特徵會沖淡

28　Robert Waite, *The Psychopathic God: Adolf Hitler*. New York: Da Capo Press, 1977, pp. 27–33.

29　理查德・埃文斯：《歷史與記憶中的第三帝國》，梁文彬、孫勻譯，中信出版集團，2018年，第158頁。

希特勒邪惡的嚴重性，甚至使之合理化。斯坦利‧考夫曼(Stanley Kauffmann)在他關於希特勒的文章裏指出，「如果把希特勒看作數百萬流口水的瘋子的一個流口水的瘋子首領，那麼，那些災難事情的極端嚴重性也就會被忽視」。[30] 盧卡奇同意：「將希特勒歸類為瘋子，甚至歸類為精神病，那是赦免他的命令和言論的罪行，使我們把希特勒問題隱藏起來，不再去思考這個問題」。[31]

外人眼裏希特勒的「瘋狂」在他的追隨者眼裏正是他的領袖「魅力」。領袖魅力的概念來自韋伯，用它來瞭解希特勒，不是直接套用，而是用作一個僅供參照的分析性概念。當我們這樣一個概念運用於像希特勒這樣的人物時，有兩點特別值得重視。

第一，韋伯注重的是領袖本身的內在素質和領導方式，他雖然也承認魅力是一種民眾看待領袖的方式。但我們今天需要強調，魅力是一種民眾對領袖的看待和認知方式，就像情人眼裏出西施一樣，崇拜者眼裏出「魅力」和「天才」。20世紀以來的極權統治讓我們比韋伯更加認識到，即使沒有內在魅力的政治人物也可以通過權力和宣傳機器把自己打造成魅力領袖，暴力和恐怖在其中起着決定性的作用。

第二，韋伯的魅力領袖論是在純理論和理想狀態下提出的，它的前提是，民眾感覺到領袖的魅力，這種感覺是真誠的，真實的。他們因此服從魅力領袖，被他說服。他們跟隨領袖是真心誠意、心悅誠服的，不需要強迫。今天，我們知道，這種理想狀態在極權統治國家是根本不存在的。民眾就算看上去表現出感受到領袖的魅力，也會是出於多種完全不同的動機，信服的程度也會大相徑庭。因此，極權國家民眾對「魅力領袖」的熱愛、崇拜、服從實際上是難以準確測定的。

韋伯所說的魅力領袖，其人格要素是他的「使命」感(mission)和他的「遠見卓識」(vision)，我們姑且稱之為使命和願景(遠見)。

30　Stanley Kauffmann, "Dreaming of Hitler." *New Republic*, February 2, 1980, p. 24.
31　John Lukacs, *The Legacy of the Second World War*. New Haven: Yale University Press, 2010, p. 86.

當然，還可以加上「成功」的因素，這個我們以後再談。民眾感知領袖的魅力，願意追隨他，排除萬難，誓死效忠，是因為認同他的願景目標，折服於他為之忘我，鍥而不捨的使命精神。

　　領袖的使命感和願景都是看不見，摸不着的，必須得由領袖用語言傳遞給民眾，因此，語言就成為領袖與民眾溝通的必須手段。領袖可以寫文章、做報告、發指示，但沒有一樣是能像演說那樣快速、直接奏效的。演說的影響力自古便已為人知曉，並非從韋伯開始。亞里士多德在《修辭學》裏早就提出了演說的三要素：logos（「邏輯」）、ethos（「氣質」，本義是人格或人物，演說中指演講者的可信度。演講者要在說話中展現自己的超凡能力、智識和道德水準，建立聽眾或讀者的信任）、pathos（「情感」，本義是痛苦，這裏指聽眾的感情，要求演講者能打動聽眾的情感，實現說服的目的，並讓他們有所行動）。亞里士多德指出，演講者通過展現「良好意願，良好的道德品質和善意」的「氣質」來激發聽眾的信任，這是演說者是否具有說服力的關鍵因素。

　　希特勒是一位非常善於演說的政治家，他的演說才能是公認的。他的演說之所以成功，不只是因為他的辭令，而且是因為他能讓聽眾感受到他的人格力量，讓他們信任他，這就是他的個人魅力。他善於調動聽眾的「情感」。他知道聽眾想聽甚麼，有甚麼需要，他能把他們想說而說不出，說不好的話富有激情地說出來。其他魅力領袖也有這個特長，如列寧和托洛茨基。斯大林沒有這個特長，所以斯大林不如希特勒有魅力。希特勒宣稱：「我說服群眾的藝術無人能比」，這不算太誇張。研究希特勒生平的學者們都一致同意他的演說能力。美國歷史學家克勞斯·費舍爾(Klaus Fischer)說：「如果沒有他出色的說服力，希特勒永遠不會達到他的高度」。[32] 牛津大學歷史教授特雷弗·羅珀(Trevor Roper)說：「希特勒開始他的生涯，除了他的說話聲音，一無所有。說話是他權力的唯一工具」。[33] 德國歷史學家弗雷德里克·斯波茨(Frederic Spotts)

32　Klaus Fischer, *Nazi Germany*. New York: Continuum, 1995, p. 141.
33　H. Trevor Roper, introduction to *The Hitler File: A Social History of Germany and the Nazis*,

希特勒是怎樣的「魅力領袖」

説：「希特勒的演講是幫助他上台的關鍵」。[34] 科紹指出，希特勒的「修辭天賦是他的政敵也不得不承認的」。[35] 演說才能是希特勒成功的關鍵之一，他的演說之所以成功，正是因為他能讓聽眾覺得他可信，並將他的願景化為民眾的信念，這才有了他的魅力。

韋伯的魅力領袖適用於希特勒，他能讓人近乎直覺地感受到他的特殊使命、願景和目標，這符合韋伯所說的，魅力乃「個人性格的人格品質，憑藉這種品質，他被認為是非凡的。人們對待他，就像他有特別的天賦，擁有超自然，超人或至少是非常特殊的力量或品質」。韋伯解釋說，「這些是普通人無法獲得的，被認為有神聖的起源，是眾人的示範，並在此基礎上，這個(傑出的)個人被視為『領導者』」。[36] 政治學者約瑟夫・涅歐馬基(Joseph Nyomarky)這樣解釋韋伯：「魅力型領導者必須具有很高程度的非凡出眾才能，這樣才能喚起他人的熱忱和奉獻精神，這對於奠定魅力權威是必須的」。[37] 美國政治學者安・魯思・維爾納(Ann Ruth Willner)確定了魅力領袖的四個特徵：「一、他被追隨者視為超人一般。二、追隨者盲目地相信領導者所說的話。三、追隨者無條件地服從他的行動指令。四、追隨者對他給予無條件的熱愛」。[38]

韋伯承認，魅力領袖的形成並非是純客觀的，而是有相當的主觀因素。魅力是人們對領袖的看法，無需是一個事實。他解釋道，「唯一重要的是感受到魅力權威的人們，他的『追隨者』或『門徒』，如何看待他這個人。魅力權威的有效性完全取決於被統治者是否承認他們眼前的(魅力)『證據』」。[39] 也就是說，重要的不是領導者究竟是怎樣的一個人，而是隨眾們如何看待他。他真實的個

1918–1945. Grunfield Books, 1974.

34   Frederic Spotts, introduction to *Hitler and the Power of Aesthetics*. London, 2003.

35   Ian Kershaw, *Hubris*.

36   Max Weber, *Economy and Society: An Outline of Interpretive Society*. Eds., Guenther Roth and Claus Wittich. London: Bedminster Press, 1968, p. 241.

37   Joseph Nyomarky, *Charisma and Factionalism in the Nazi Party*. Minneapolis: University of Minnesota Press, 1967, p. 11.

38   Ann Ruth Willner, *The Spellbinders: Charismatic Political Leadership*. Yale University Press, 1984, p. 8.

39   Max Weber, *Economy and Society*, pp. 242, 266.

暴政史：二十世紀的權力與民眾

人究竟是一個英雄還是流氓，聖人還是惡棍，這並不重要。重要的是隨眾們認為他非常了不起，他不管如何帶領他們，命令他們做甚麼，他們都願意跟隨他，按他的意志辦事。魅力因此是領袖與隨眾之間的一種特殊的任意要求和無條件服從的關係。

這就揭示了魅力的又一個特徵，魅力無關乎道德上的善或惡，魅力不是道德的或反道德的，而是非道德的。修德行善的聖人可以有魅力，打家劫舍的山大王也可以有魅力。這也就像亞里士多德所說的修辭力量，是一種人格和精神的影響力量，無所謂好或不好，可以用來做好事，也可以用來做壞事。一個領袖有魅力不等於他一定會用魅力來做好事，他可以利用自己的魅力來整倒他的政敵，迫害他不喜歡的人，發動各種造成災禍的運動。他愈有魅力，民眾愈是死心塌地地跟隨他，服從他，後果就愈嚴重。這也是安·魯思·維爾納所說的，「只有當我們要評估某個魅力型領袖利用魅力關係，是在為善還是在作惡時，才會出現道德的問題」。[40]

今天，我們比在韋伯的時代更需要看到，極權國家裏的領袖與群眾之間並不只是韋伯所說的那種基於「說服」的自願形成的魅力關係。統治權力本身就對群眾有說服作用，也就是人們所說的成則為王、敗則為寇的心理效應。

這就必須考慮到領袖魅力的「成功」因素。極權獨裁者能在權力鬥爭成功獲勝，這本身就能對許多人證明他的出類拔萃、超凡出眾，被視為一種領導者的魅力。他動用暴力和恐懼來進行統治，也會使他在許多人眼裏顯得更強大：有決斷、有魄力、有權威，有「男兒」魅力。在專制傳統頑固的國家裏，極權主義的強人政治和鐵腕治國經常受到歡迎，許多人都習慣於把這樣的統治者當作魅力權威。這是奴性使然。就算是奴隸或奴性十足的人們也是會感受到主子魅力的。他們對魅力的感受被扭曲了，但感受本身卻是真實的，不是裝出來的(斯德哥爾摩綜合症也是這樣)。這和那些因為暴力和恐懼，把不滿或痛恨藏在心裏，假裝感受到魅力是不同的。

這也就是我們今天看待韋伯魅力觀念時與他本人不同的地方。

40　Ann Ruth Willner, *The Spellbinders: Charismatic Political Leadership*, p. 12.

希特勒是怎樣的「魅力領袖」

韋伯討論的魅力是真實的，魅力感受也是真誠的，但我們看到的經常是不真實的領袖魅力。極權統治用暴力和恐怖所打造的領袖魅力和魅力感受經常是虛假的。我們當然不能因此責怪韋伯，他於1920年去世，還來不及見證20世紀特有的極權主義統治和假面社會裏的民眾心理變態。

極權統治依靠的是暴力和恐怖，魅力只是極權存在的可欲而非必要條件。韋伯區分的三種權威形態 —— 傳統權威(如君王)、合法權威(如推舉或選舉)、魅力權威(個人魅力) —— 都不適用於20世紀的極權制度。由於希特勒的個人魅力，德國納粹的統治是最能用韋伯魅力權威來參照理解的，但這並不等於說，納粹統治的極權就是一種韋伯所說的魅力權威。20世紀的一些其他極權制度雖然也有看上去是魅力型的領袖(如蘇聯的斯大林，中國的毛澤東)，但那主要是個人崇拜的結果，是一種統治權術，而不真的是因為他們本身具有多少個人魅力。

如果說希特勒是假聖徒，那麼其他一些極權獨裁者則是真惡徒，他們的暴戾兇惡、政治流氓手段、道德敗壞、陰險毒辣都超過了希特勒。他們統治自己的人民也比希特勒更需要赤裸裸的暴力和恐怖，他們所殺的自己人也遠遠超過了希特勒。在他們的極權國家裏，民眾是否真的感受到領袖魅力，其實遠比希特勒在德國難以測定。要測定領袖魅力，必須要能測定民眾的真誠 —— 真誠的信任，真誠的情感。由於暴力和恐怖，這是無法測定的。領袖再為所欲為、走火入魔，也會受到萬眾 —— 包括那些雖不相信他但害怕他的人們 —— 的阿諛頌揚。他的胡作非為會被神話，被當作一種雄才大略和異常智慧的證明。

不同的極權統治在對誰運用暴力和恐怖，對象和手段上都有所不同。希特勒統治時代的暴力和恐怖雖然針對任何反對納粹的人士，但實際殺害的主要是猶太人，而很少是德國人。作為納粹的受害者，德國猶太人肯定不會像許多德國人那樣去崇拜希特勒或稱頌他的領袖魅力。相比之下，在以階級鬥爭來實行極權統治的國家裏，統治權力殘害或屠殺了數以百萬、千萬計的本國人民。在個人

暴政史：二十世紀的權力與民眾

崇拜的造勢下，領袖的光輝和魅力看上去似乎沐浴着每一個人，但真實的情況究竟又是如何呢？所有的國民真的會都同樣感受到領袖的魅力，都同樣真誠地表現對他的崇拜嗎？在這樣的國家裏，許多人生活在害怕和恐懼之中，會用假面和偽裝來保護自己，他們對領袖當然也會表現出熱烈的擁護、敬仰和崇拜。但是，他們眼裏和心裏的領袖魅力是不會有韋伯所說的那種真實意義的。

四 成功造就魅力

韋伯所描繪的領袖魅力存在於隨眾的真實感受之中，希特勒的魅力也許是所有極權領袖中與此最接近的。和其他早期極權主義制度一樣，納粹在許多方面令人印象深刻：它的果斷堅決，它有明確的綱領，有應付問題的能力。如果是一種民主制度，出於自身本性，不可能以這種方式解決問題。納粹政權有效地結束了德國的混亂局面，全面犒賞它的支持者，讓他們分享納粹統治的好處，給他們種種福利，甚至還讓他們分享一份沒收或偷來的財產。(參見本書第十三章)它恐嚇、關押或殺害那些和它不一致的人，創造了表面的統一和穩定。早先，它用誇張和炫耀的慶祝活動、遊行、檢閱來強化這種印象，讓這個政權彷彿具有某種近乎神奇的魔力。更由於戰爭初期那些出人意外的勝利，它看上去的確極其強大，而且至少在表面上給人以深刻的印象——它是成功的，它受到整個國家的萬民擁戴。

成功給希特勒的統治造就了魅力，但只是對德國人而已。「德國人對希特勒有能力帶給他們戰爭的勝利有着無限的信心」，但是，「英國人和他們的朋友美國人卻不相信德國一定會贏得戰爭」。(281)對德國人有魅力的希特勒對英國人或美國人卻不見得有甚麼魅力。韋伯所說的領袖魅力也許能解釋德國人對希特勒的那種信任、信心和崇拜，因為德國人對希特勒魅力的感受大致上是真實的。在韋伯那裏，民眾感知領袖的魅力權威，有就是有，沒有就是沒有，不是假裝的。韋伯認為成功對於魅力型領導至關重要，民

眾看到了領袖的成功就跟隨他，反之，則離他而去。但是，在另外一些極權國家裏，由於暴力和恐怖，就算領袖失敗，民眾也不敢說出他的失敗，更不敢公然離他而去，因為根本就沒有這個可能。為了苟活，他們必須忍受暴政，並且還得裝出高高興興的樣子。他們必須把領袖的失敗說成是成功，甚至是了不起的成功。

韋伯所說的領袖成功不是這個樣子的。他說的成功是真實的，也只是針對這樣的成功，他認為成功對於魅力領袖是必須的，「如果成功的證據長期躲避領導者，如果他看起來是被他的上帝，被他的神奇助力或英雄力量遺棄了，更重要的是，如果他的領導不能使他的追隨者受益，那麼，他的魅力權威也就看上去要完蛋了。失敗是對魅力的致命破壞，一連串的失敗就更是這樣了。即使是超凡魅力的領袖，也無法在缺乏成功的情況下生存」。[41] 這個斷言在一定程度上適合希特勒，但對其他一些極權領袖則可能完全不適用。他們可以憑藉暴力和恐懼，加上無所不在的宣傳洗腦，在一連串的失敗之後，仍然維持其領袖魅力，至少看上去是這樣。(參見本書第十章)

一直到二戰後期發生對納粹德國不利的逆轉時，希特勒一直是「成功」的魅力領袖。他作為總理的早期成功是無可爭議的。在第一次世界大戰失敗後，德國被盟友強迫簽署了懲罰性的凡爾賽條約，溫斯頓・丘吉爾稱那是一個「惡毒」和「神志不清」的條約，「是一個十足的白癡弄出來的悲劇」。它把德國逼上死路，也製造了希特勒這個民主的死敵，「德國被判處必須支付高得離譜的賠償」。[42] 一次大戰之後，德國陷入了嚴重的經濟蕭條，後果是德國失業率高於其他任何工業化國家。當時接近一半的勞動力要麼完全失業，要麼部分失業，通貨膨脹猖獗，民不聊生。所有的德國人都在絕望中期盼變革，這才有了希特勒的趁勢而上。

1933年，希特勒上台後開始了巨大規模的公共工程和重新武

41　Max Weber, *Economy and Society*, p. 242.
42　Winston S. Churchill, *Memoirs of the Second World War*. Boston: Houghton Mifflin, 1959, pp. 5–6.

　　　　　　　暴政史：二十世紀的權力與民眾

裝。到1936年，「失業實際上已經消失了。生活水平開始提高。消費品的品種愈來愈多，數量也愈來愈多。……那是德國的好時光。在短短的三年裏，希特勒似乎已經拯救了德國」。[43] 在上台之前，希特勒稱德國為「乞丐的骯髒之國」，他發誓要「要撕碎凡爾賽條約」，恢復德國的驕傲和榮譽。希特勒成功了，「通過一系列輝煌而不流血的政變，他創造了一個勝利的，更大的德國，強大而充滿自豪。他重新武裝了萊茵蘭(Rhineland)，並吞併了奧地利和捷克斯洛伐克」。[44] 整個國家為希特勒的連連成功而歡欣鼓舞。1938年3月德國吞併奧地利，希特勒的聲望達到了新的高度」。當希特勒於1938年10月在捷克斯洛伐克對抗軍事強國英國和法國時，他的魅力更是達到了「一個傳奇般不可戰勝的高度」，1940年6月德國戰勝法國，「再將希特勒的地位提升到無與倫比的高度」。[45] 希特勒的魅力簡直就是一個神話，這是一個關於擁有眾多魅力特徵的領袖的神話：勇氣，智慧，善意，超然，仁慈，禁欲主義，甚至特殊的性感。「希特勒神話」顯示的不僅是這位魅力領袖的成功和品格力量，而且還是由他來體現的德意志的那種特殊，超自然和非凡的力量。數以百萬計的德國人認為希特勒是一位偉大的天才，甚至是彌賽亞。

但是，成功是命運的惠顧，成功的盡頭又是如何呢？希特勒在東線的戰爭終於成為他一連串成功的結束。他的最後日子是在柏林的元首地堡裏度過的，那已經不再是一個他能夠施展魅力的時間和地點。1945年4月20日，他在地堡慶祝了他一生最後的生日。就在前一天，希姆萊、戈林和第三帝國的另外一些要人已經離他而去。以往最堅定的希特勒追隨者一向彼此互不信任，也沒有間斷過激烈的權鬥。但是，「這時候他們都想逃離希特勒，所以團結到了一起。這是很罕見的。……是『耗子離開了沉船』」。(398)在希特勒的心腹中，唯一留下的是他的宣傳部長戈培爾，他相信在這個時

43　Ian Kershaw, *Nemisis*, p. xi.
44　Robert Waite, *The Psychopathic God*, p. 5.
45　Ian Kershaw, *Nemisis*, p. 300.

希特勒是怎樣的「魅力領袖」

候自己結束生命，可以讓他青史留名。在希特勒自殺之後，他在地堡殺死了自己的妻子和六個孩子，然後自殺了。

里斯在《魅力》裏對希特勒最後的日子着墨不多，他更多的是記錄希特勒在成功的時候，德國人民崇拜他的許多軼事。里斯並不是在選擇性地以此證明希特勒的魅力，其他許多過來人和歷史學家也都提供了類似的例子。美國猶太作家埃利·維瑟爾(Eli Wiesel)是一位大屠殺的倖存者，他感歎道，「事實是，希特勒深受他的人民喜愛……普通德國人向他宣誓一種近於偶像崇拜的情感，又溫情又忠誠。這是全國範圍內的偶像崇拜」。[46]科紹也有相同的感歎：「希特勒無可爭議的權威，它的基礎是群眾對他的讚美。大部分德國人簡直就是崇拜他」。[47]英國歷史學家泰勒(A. J. P. Taylor)承認，「沒有任何一個獨裁者能像希特勒在德國那樣受到熱烈歡迎，並享有如此堅定的支持。現代最邪惡的制度也是最深得人心的制度」。[48]

德國的老老少少幾乎都對希特勒充滿了熱愛。一個17歲的女孩稱讚道，「元首是一個偉大的人，一個天才，一個天堂送給我們的人」。[49]一位柏林老師說：「大多數德國人的整個思想和感情都是由元首支配的。對那個敗落和悲傷的德國，元首是她的救星」。[50]美國 CBS廣播台駐柏林記者威廉·夏勒(William L. Shirer)在他的日記中描述了德國人在1934年紐倫堡集會期間對希特勒的反應：「今晚10點左右，我被捲入一個巨大的人群，大約有一萬人，完全是歇斯底里。他們堵在希特勒酒店前面，大聲叫喊，『我們要見元首。』……他們仰望希特勒，就像他是一個彌賽亞，他們的臉都變形了，看上去似人非人」。[51]

六年後的1940年12月，希特勒因戰勝法國而聲譽達到頂峰。夏

46　Elie Wiesel, Person of the Century, Time, September 21, 1999.
47　Ian Kershaw, Nemisis, pp. xxxix.
48　A. J. P. Taylor, From Sarajevo to Potsdam. Harcourt, Brace & World, 1967.
49　Ian Kershaw, Nemisis, p. 184.
50　Ian Kershaw, Hubris, pp. 460–461.
51　William Shirer, Berlin Diary, 1934–1941. London: Sphere Books, 1970, September 4, 1934 entry.

暴政史：二十世紀的權力與民眾

勒承認，「這個邪惡的天才阿道夫・希特勒喚醒了所有德國人的本能情緒，並給了它切切實實的表達。今天，對他的絕大多數同胞來說，他已經達到了德國領導人前所未有的頂峰。甚至在他還活着的時候，他就已經成為一個傳奇，幾乎和神一樣。對於許多德國人來說，他是一個遙遠，不真實，幾乎不是人類的人物。對他們來說，他已經變得無懈可擊」。[52] 希特勒的秘書克里斯塔・施羅德(Christa Schroeder)在她的回憶錄中寫道：「他天生就有一種能吸引人的罕見磁力，一種第六感和透視直覺。他能神秘地預先知道群眾會有怎樣的潛意識反應，並以一種無法解釋的方式催眠他的觀眾」。[53] 隆梅爾(Erwin Rommel)是一位傑出的德國將軍，1944年他參與了暗殺希特勒的計劃。他在1943年給妻子的信裏說到希特勒，「他散發出的力量。他對自己的人民充滿了信心」。[54] 希特勒的建築師和軍需部長阿爾伯特・施佩爾(Albert Speer)在他的回憶錄中自問：「十多年來，他迷住了我，這到底是怎麼辦到的？」[55] 萊尼・里芬斯塔爾(Leni Reifenstahl)在1933年希特勒上台前就是一個獲獎的演員、導演和製片人，她回憶1932年第一次聽希特勒的演講，「我有一種地球表面在我面前擴展的感覺，就像一個地球這半球在中間突然裂開，噴射出巨大的水柱，掀動大地。我完全被震住了」。[56] 這次經歷對她影響極大，里芬斯塔爾寫信給希特勒，自告奮勇為第三帝國製作電影，於是便有了她有名的紀錄片《意志的勝利》。

德國人不僅熱愛希特勒，參與營造了一個希特勒神話，而且把這個神話變成了一個日常秩序的現實。納粹宣傳非常系統地打造了「希特勒神話」，「希特勒本人非常重視建立他的公眾形象。他顯然意識到他的無所不能的形象對他的領導地位有多麼重要。他把自己變成了一個功能——元首的功能」。[57] 這是一個非常有效的統治功能，它不只是國家政治的，而且也是國民情感的。在這一點上，

52 William Shirer, *Berlin Diary*, December 1, 1940 entry.
53 Christa Schroeder, *He Was My Chief: The Memoirs of Hitler's Secretary*. Munich, 1985, p. 14.
54 Quoted in David Irving, *Hitler's War*. London: Hodder & Stoughton and Viking Press, 1977.
55 Albert Speer Spandau, *The Secret Diaries*. Fontana edn, London, 1977, p. 41.
56 Leni Reifenstahl, *Leni Reifenstahl: A Memoir*, February 1, 1995.
57 Ian Kershaw, *Nemisis*, p. 94.

希特勒是怎樣的「魅力領袖」

20世紀沒有任何一個其他極權獨裁者能達到希特勒的高度。

但是，我們仍然有理由要問，在納粹德國這個極權國家裏，如果人民真的是對希特勒有着那麼真誠而廣泛的熱愛，那麼希特勒又為甚麼還要用暴力和恐怖來維持一種人們在日常生活裏無處不在的思想管制和警察統治呢？里斯採訪過各式各樣的人——有希特勒的同僚，有因為追隨他而殺過人的，有戰後生活在東歐國家的。里斯最感興趣的是那些「曾經見過希特勒，在他的統治下生活過的人們」。通過採訪他發現，那些信任希特勒的覺得希特勒有魅力，但那些不相信希特勒的並不覺得他有魅力。感覺到希特勒的魅力，「絕對不是因為被『催眠』的結果。他們很清楚當時發生的事情，也對自己的行為負責。是他們自己選擇跟隨一位魅力領袖，這是一個事實，不能拿來當作不在場或不用負責任的理由」。(4)

20世紀是極權的時代，也是魅力領袖的時代，希特勒只是他們當中的一個，也許是最接近韋伯魅力權威的一個。作為魅力領袖，希特勒與國王或皇帝最大的不同在於：國王或皇帝的統治正當性來自他的血統，所以不需要魅力；而希特勒則需要有魅力，雖然僅僅有魅力也還不夠。自19世紀之後，群眾社會成為孕育魅力領袖的肥沃土壤，技術革命造就的大眾傳媒——報紙、無線電、電視，還有今天的互聯網——為營造和傳遞個人魅力創造了前所未有的條件。我們無需真的有機會直接接觸那個真人，就算我們從來沒有機會接觸他，他也能通過大眾傳媒讓我們覺得他是一個你熟悉已久的，瞭解的，能夠相信和信賴，值得敬仰或崇拜的人。沒有這樣的感覺，魅力是不可能的。

正如社會心理學所揭示的，人因為一種叫「可用性」(availability)的捷思習慣(heuristic)，趨向於高估熟悉事物的意義和價值，個人魅力經常是一種人格價值高估的結果。一個政客有魅力，是因為你對他有熟悉感，所以覺得他有魅力，未必是因為他真有魅力，也未必是別人也覺得他有魅力。魅力是一種有效的影響方式，就像熟人比生人對你更有影響力一樣。它會影響你去做你原本不會去做的事情。依靠魅力獲得的影響力也是最容易喪失的，一旦人們

　　　　　　　　　　　暴政史：二十世紀的權力與民眾

開始懷疑，魅力便開始瓦解，影響力也就難以維持。因此，維護魅力型影響力的唯一有效方法是不允許獨立思考，不允許懷疑或妄議魅力。這樣的魅力一定會變成強制性的個人崇拜和獨裁權力。

有魅力的，值得崇拜的領袖是不容懷疑的。他無所不能的，他的永遠正確和全能全知使他覺得自己理所當然就應該擁有對任何事情的絕對權威，也理所當然應該獨享所有的榮耀和讚美。他會像磁鐵一樣把各種各樣的阿諛奉承吸引到他那裏，並把這些阿諛奉承當作自己確實是有魅力的證明。他因此也會把對他不利的批評當作一種背叛和不忠，他偏聽偏信、任人唯親、獨斷專行，最後走上自我毀滅的道路。因此最有魅力的領袖也是對他自己和對所有人民最危險的領袖。里斯在《黑暗的魅力》中揭示的希特勒正是這樣一位魅力領袖。希特勒已經死了，但還有別的統治者在想要充當像希特勒那樣的魅力領袖。如果希特勒式的領袖再世，我們自己會不會受惑於他的魅力呢？我們會不會因為對他的崇拜而讓自己落入他的操控之中呢？《黑暗的魅力》暗示了一個重要的教訓，關乎領袖魅力和崇拜，也關乎我們自己：如果我們偏離了自由的理性和判斷，放棄了懷疑和抵抗，把自己完全託付給某個我們以為是有魅力的領袖，那麼我們就也有可能落入當年德國人的那種危險和災難之中。

第八章

天才聖人列寧

——《列寧永生：蘇聯俄國的列寧崇拜》

　　1930年代，被譽為「巴爾幹地區的馬克西姆·高爾基」的羅馬尼亞工人階級作家盤奈特·伊斯特拉蒂(Panait Istrati)訪問莫斯科，有一次他問一位共產黨員的朋友，「你們為甚麼要保存列寧的屍體？」這位朋友答道，「因為我們不相信不朽的靈魂」。這是一個圓滑的，聽起來像唯物主義的回答。然而，人們一般相信，要是有不朽，那也是人的靈魂，怎麼會是那個一定會腐爛的肉體呢？不管保存屍體的科技多麼先進，屍體最終還是要腐爛的。而且，如果靈魂能夠不朽，肉身的腐朽與消失又有甚麼重要呢？那麼，在保存列寧屍體幾十年這件事情，以及由此打造的「列寧崇拜」背後又隱藏着怎樣的秘密呢？這正是妮娜·托瑪津的《列寧永生：蘇聯俄國的列寧崇拜》一書所要揭示的。[1]

一　破解列寧崇拜

　　從研究領域來看，《列寧永生》是一部研究蘇聯意識形態的著作，但它完全沒有枯燥無味的理論分析，而是生動地展現了列寧崇拜在蘇聯從形成和上升，到衰落，又被復活的變化過程。這是一部列寧研究的開創之作，出版於1980年代初期，對後來的共產主義個人崇拜研究有深遠的影響。它嘎然停止在1933年斯大林崇拜開始進入高潮的時刻，這也是列寧崇拜的一個「低潮時刻」。這一年10

1　Nina Tumarkin, *Lenin Lives! The Lenin Cult in Soviet Russia*. Harvard University Press, 1983.
　　出自此書的引文在括號裏表明頁碼。

月7日，美國記者尤金・萊昂斯(Eugene Lyons)沿着幾個莫斯科的街區散步，隨便數了一下一路看到的領袖畫像和半身塑像，他稱這些是「政治偶像」，他看到的這些偶像的前三名是，103個是斯大林的，58個是列寧的，56個是斯大林的親密戰友卡岡諾維奇(Lazar Kaganovich)。1930年代初，列寧崇拜為斯大林崇拜提供了先例和合理性，斯大林蹭的是列寧的熱度，到了1933年，斯大林已經用不着列寧了。(250)《列寧永生》還有一個「後記」，介紹了赫魯曉夫在去斯大林化過程中如何又復活了列寧崇拜，以及這之後勃列日涅夫把列寧崇拜帶進了一個令人厭煩和玩笑迭出的時代。

　　1970年代初勃列日涅夫掀起「列寧熱」，是全面復活列寧崇拜的時刻，而這也是一個關於列寧的政治笑話最盛行的時代。官方的列寧熱與民間的列寧嘲諷形成了鮮明的對比，成為一個滑稽的列寧崇拜復活景觀。當時有許多政治笑話，諷刺無所不在的列寧宣傳，舉兩個例子：

> 新建的紀念噴水池叫「列寧溪」
> 香水叫「列寧味」
> 化妝粉叫「列寧的骨灰」
> 乳罩叫「列寧山」
> 雞蛋叫「列寧球」
> 孩子玩具是裝有按鈕的列寧陵寢，一按開關，就會蹦出斯大林的棺材。

> 莫斯科舉行一項報時鐘(布穀鳥鐘)的製作比賽，三等獎得主的鐘每到點就出來一隻布穀鳥，叫着「列寧，列寧」。二等獎得主的鐘每到點出來的一隻布穀鳥叫着「列寧萬歲，列寧萬歲」。頭等獎得主的鐘每到點就會有列寧跑出來叫着「布穀，布穀」。

　　列寧一直是蘇聯政治笑話的禁忌話題，他是蘇聯極權意識形態正當性的最後一個神聖象徵，他在勃列日涅夫時期成為政治玩笑的靶子，標誌着這個意識形態的徹底衰落。列寧被拉下了神壇，不僅

成為一個凡人，而且是一個滑稽可笑的凡人。繼勃列日涅夫之後，戈爾巴喬夫上台時，列寧崇拜已然經過了勉強復活而進入真正的死亡期，「列寧永生」的神話本身也就成為一個歷史的玩笑。

《列寧永生》中有許多對俄國–蘇聯的文化傳統、社會心理和民族歷史的多重分析，既富有思想啟發又非常有趣。托瑪津首先要揭示的是，列寧崇拜正是以一些最不馬克思–列寧的「腐朽因素」為根基的，而正是從這些腐朽的因素中，列寧崇拜和後來的斯大林崇拜源源不絕地吸收了發展和壯大的營養。在俄國的宗教和世俗傳統中有許多這樣的營養素，不僅包括現在已經被研究者普遍引述的俄國聖人崇拜和沙皇崇拜(主要涉及俄國的下層民眾，尤其是農民)，還包括俄國知識分子特有的那種19世紀英雄崇拜(他們後來很多成為布爾什維克主義者)。

普通俄國人有膜拜聖人的宗教文化傳統，「俄國的聖人被尊崇，不只是因為他們能使奇跡發生，而且是因為他們的謙遜與禁欲，他們關注的是來世」。俄國的聖人中有相當一部分是「親王封聖」，親王是貴族，他們封聖「不是因為傳統的宗教原因，如為了堅守信仰而殉道，而是因為他們是親王或戰士，他們盡自己的責任義務，因作戰而英年早逝」。(6)列寧去世時不過54歲，又是因為被刺受傷的緣故，所以很容易被放在「親王封聖」的傳統模式裏來理解。

普通俄國人的另一個傳統是沙皇崇拜。沙皇被稱為*batiushka*，是相對於上帝天父而言的「小父親」。沙皇是一個崇高的象徵性人物，「心地仁厚，與上帝相通，而且因為這層神聖的聯繫，與子民心心相連。蘇聯歷史學家稱之為『天真的君主主義』」。(7)在沙皇崇拜的觀念中，沙皇永遠是仁慈關愛的，如果沙皇不是這樣，那就只有兩種可能。一種是沙皇被奸佞小人包圍和欺騙；另一種是他不是真正的沙皇，而是個騙子。這是一種天真的循環論證，真沙皇一定是仁愛的，不仁愛的不可能是真沙皇。俄國不是沒有殘暴的沙皇，但俄國人相信，這樣的沙皇不是真的，是反基督，「彼得大帝之後的整個羅曼諾夫王朝都是反基督」。(9)列寧被許多俄國人當

暴政史：二十世紀的權力與民眾

成「小父親」，列寧崇拜也就延續了革命前的沙皇崇拜。

　　社會知識精英階層的列寧崇拜另有其自己的獨特淵源。俄國知識分子的一個特點就是「對新觀念全盤接受。他們許多特別能接受德國的唯心主義哲學，認為推動歷史的是精神的力量，哲學家的精神和心靈能夠把握這樣的力量，他們的偉大靈魂可以與歷史精神(Geist)直接交流」。(13)這是一種具有19世紀歐洲特色的英雄崇拜。激進知識分子的列寧崇拜在這樣的時代精神中找到了適宜於其發育成長的土壤，「列寧崇拜是激進知識分子演化發展過程的一個頂峰」。(12)在俄國，這個過程的開始是普希金崇拜，接着是車爾尼雪夫斯基崇拜。激進知識分子把他們崇拜的作家英雄政治化，崇尚俄國恐怖分子那種轟動性的，殺身成仁的英雄主義」。(12)

　　19世紀歐洲的英雄崇拜和優生理論對當時的左派知識分子有很大的影響。他們嚮往一個更好人類的未來新世界。例如，法國烏托邦社會主義者傅立葉(Charles Fourier, 1772 –1837)就熱情地展望未來地球上會有「3700萬與荷馬相當的詩人，3700萬與牛頓相當的幾何學家，3700萬與莫里哀相當的戲劇家。在每個可以想像的才能領域裏都是這樣」。俄國知識分子也感染到這種期待天才的熱烈氣氛。科學家們熱衷於研究像普希金和托爾斯泰那樣的俄國天才。果戈里的狂躁、陀思妥耶夫斯基的癲癇、托爾斯泰的抑鬱或躁鬱都引起了廣泛的討論，有的人認為那些是病狀，但有的人則認為，那些非但不是病狀，而且是特別旺盛的健康狀態。俄國精神分析學家巴扎諾夫(Nikola Bazhenov)提出，他們是未來完美型人類的原型。

　　俄國知識分子的英雄崇拜和天才期待不僅體現在列寧崇拜上，而且也體現在對蘇維埃「新人」的期待上。1924年列寧去世，列寧的戰友托洛茨基從列寧之死來展望一個非凡的未來時代，那時候，「普通人都能達到亞里士多德、歌德和馬克思的高度」。共產主義新人將是「超人」，是「由高等社會–生物孕育」的「全能天才」。醫學家西格林(D. V. Segalin)更是建議成立「天才學院」，專門研究死去了的天才，建立培養天才的科學。列寧當然是天才中的天才。列寧去世前就已經被視為天才，去世後，「天才」更是

成為頌揚列寧的主調。1924年，列寧格勒市蘇維埃副主席葉夫多基莫夫(Grigory Evdokimov, 1936年在第一次莫斯科審判時被指控參與托洛茨基–季諾維也夫反蘇聯盟，後遭處決)讚美道，「世界上最偉大的天才離開了我們，這位思想的巨人，意志和工作的巨人去世了」。季諾維也夫在列寧的喪禮上更是活靈活現地宣稱，他能感覺到「帶着翅膀的列寧天才」飛越過他的頭頂。還有人稱頌列寧是「天才的先知」，早就預見到了1917年革命，並以超人的能力達到了這個目標。[2]

在英雄崇拜和天才崇拜的時代氛圍下，20世紀初在布爾什維克主義運動內部就出現了一股「造神」(god-building)思潮，熱衷者認為可以製造出一種新的世俗宗教，以宗教般的狂熱來信奉革命之神，為其犧牲個人的一切。而在這些熱衷者中就有列昂尼德·克拉辛(Leonid Krasin)和盧那查爾斯基(Anatoly Lunacharsky)，他們是列寧去世後列寧造神的三位領導人中的兩位。另外一位是弗拉基米爾·邦奇–布魯耶維奇(Vladimir Bonch-Bruevich)，他是一位研究俄國宗教教派的專家。正是這些人，「負責保存列寧的屍體，並在莫斯科紅場建造列寧的最後安息之地」。(12)[3]

列寧活着的時候，蘇聯的最高統治機構是政治局，它的運作原則是「民主集中制」。關鍵的經濟、政治、軍事決策都是由政治局做出的。在政治局裏，委員們可以自由地表達自己的意見，但少數服從多數，一旦形成多數決議，就必須一致服從。列寧去世後，斯大林愈來愈專斷獨行，看上去是背叛了列寧這個「黨內民主」的原則。但事情並沒有那麼簡單，因為列寧同樣給斯大林留下了壓制不同意見的先例。

解禁的蘇聯秘密檔案裏有一份1927年9月政治局開會的記錄。

---

2   Darrin M. McMahon, *Divine Fury*. New York: Basic Books, 2013, pp. 200, 202.

3   列昂尼德·鮑里索維奇·克拉辛是一位俄羅斯工程師、社會企業家、蘇聯布爾什維克政治家、外交官，曾擔任蘇俄交通人民委員、貿易和工業人民委員，蘇聯外貿人民委員，首任蘇聯駐法國大使。阿納托利·瓦西里耶維奇·盧那察爾斯基是一位俄羅斯馬克思主義革命家、蘇俄首任國民教育人民委員會委員，負責文化教育。弗拉基米爾·邦奇–布魯耶維奇是一位蘇聯政治家，革命家，歷史家，作家和老布爾什維克。他是弗拉基米爾·列寧的私人秘書。

暴政史：二十世紀的權力與民眾

在會議上，托洛茨基、加米涅夫、季諾維也夫的「聯合反對派」要求將他們不同於斯大林及其政治同盟者的意見在即將召開的黨代會上進行討論。斯大林拒絕了這個要求，托洛茨基等人攻擊斯大林，指責他壓制不同意見是違反列寧主義的「民主集中制」。但斯大林反問道，列寧有沒有因為需要統一思想而「把托洛茨基和索科利尼科夫(Grigorij Jakovlevi Sokol'nikov, 曾擔任過蘇聯駐英國大使，1930年代被斯大林處死)同志送到突厥斯坦(Turkistan)和別的邊遠地方去？」斯大林又問，列寧有沒有「在十月革命的關鍵時刻，要求開除季諾維也夫和加米涅夫的黨籍？」根據這份會議記錄，托洛茨基等三位對斯大林的責問無言以對。斯大林接着說，「所有這一切告訴我們甚麼？它告訴我們，列寧知道壓制異見是必須的」。[4]

列寧崇拜也並不是在他死後才開始的，列寧本人討厭個人崇拜，但他卻不幸成為列寧崇拜的始作俑者，不是因為他愛慕虛榮或喜歡別人對他諂媚吹捧，而是因為他對自己觀點的正確從來就深信不疑。他有極強的支配欲和領導欲，不但形成了一種獨斷獨行的領導作風，而且，雖然他並不擔任任何特殊職務，不過是政治局的一個成員，但他事實上是以個人的魅力和威望成為蘇維埃政權不可替代的權力中心。這就為他之後的極權統治獨裁者定於一尊和個人崇拜做好了準備。

熟悉列寧的人們幾乎都會被他的人格魅力折服，而他的人格魅力就是他的工作作風。美國歷史學家布魯斯·馬茲列什(Bruce Mazlish)在《革命禁欲主義》一書中認為，列寧是「革命禁欲」型領袖的典範，列寧很少與他人有感情上的聯繫，他的感情世界裏只有他自己，對其他人來說，列寧的人格就是他的工作作風。列寧的魅力在於，「他在整個生涯裏都表現出一種專注和自律的天才能力」。列寧的工作絕對井然有序，他愛乾淨，趣味單調，「非常激進，同時又絕對自律，這種結合同時顯現出他的革命意志和責任心」。(40) 確實，列寧這種高度自律的作風與許多革命領袖的隨心

4　Paul R. Gregory, Lenin's Brain and Other Tales from the Secret Soviet Archives. Stanford CA; Hoover Institution Press, 2008, p. 113.

所欲、生活糜爛、道德偽善和口是心非形成了鮮明的對比。

　　也正是由於這樣的作風,列寧的寬容度幾近於零,他最不害怕的就是與人決裂,「他與不按他的要求來配合他的人都會斷然決裂,甚至永遠決裂」。曾經擔任《火星報》(Iskra)編輯的波特列索夫(Alexander N. Potresov)說,列寧把一個運動濃縮為他一個人,從1903至1917年,「列寧把自己視為一個政治理念的監護人,其他同志都只是在為它在工作。如果他不能說服他們,那麼他情願只是與那些少數信念堅定的人在一起留下」,因為他認為自己代表的是「俄國的未來」。(41)

　　那些最後選擇與列寧一起留下的人不僅是出於信念,而且也是出於對他的崇拜。瓦倫提諾夫(Nikola Valentinov)在回憶錄裏回憶了列寧在日內瓦時的情境。瓦倫提諾夫是一位一度嚮往布爾什維克主義的職業革命家,1904年他從俄國來到日內瓦,為列寧周圍的人對列寧的「崇拜氣氛」(atmosphere of worship)所「震驚」。例如,列寧的追隨者列潘辛斯基(P. N. Lepeshinsky)「崇拜列寧,就像一個『多情』的小女生崇拜一位老師似的」。他毫不懷疑,列寧是要成大事的,「每個人都看得出,他是一位多麼偉大,非常偉大的人物」。列潘辛斯基總是喃喃自語,「我們的老頭是智慧的」,「這時候,他的眼睛裏流露出溫柔的眼神,整個臉上都蕩漾着崇敬之情」。(43-44)

　　革命成功之後,列寧的魅力更是有增無減,「列寧在黨內並不擁有正式的領導權職務,但他實際上卻無疑是黨的最權威的聲音——他扮演這個角色是因為他決意要這麼做,並以過人的精力和技巧抓住了這個角色」。(56)列寧對黨和政府實行的是一種滲透性的管理,歷史學家律各比(T. H. Rigby)在《列寧政府》(Lenin's Government)一書中指出,「在整個蘇聯政府(Sovnarkom)中,列寧無處不在,他的活動滲透在這個制度的每一個節點上」。列寧的妹妹說,人民委員們各司其職,但是,「作為主席,伊裏奇必須過問每一件事情……在混亂的,經常是迷宮般的爭論中做出最合適的決定……他不能不在每件事情上都是專家」。(57-58)

蘇維埃政權成為了一個實質上的列寧政權，由於事必躬親，「列寧創造了一個只要他不持續積極參與，就會無法正常運轉的政務會」。(59)1923年1月24日，列寧留下了他的《政治遺囑》，六個星期後他就失去了所有的問事能力。這其實是一個備忘錄，成為後來黨內劇烈鬥爭的一個導火索。在這份文件裏，列寧一一評價了他的副手們的能力和品格，沒有一個是沒有嚴重缺點的。托瑪津因此認為，「列寧的用意，不管是有意還是無意，都是破壞他們代替他自己的可能性。列寧根本就不能設想，他的政權怎麼可以沒有他來運作，也不能設想，他自己將不再能繼續下去」。(59)

這樣的蘇聯政府實際上已經成為一個獨裁的制度，它的制度結構體現的就是列寧本人的工作作風。這是一個為列寧的工作作風量身定制的制度，「這個制度如此適合於列寧的領導，就像是他這個人的延伸一樣」。(59)然而，這個制度並沒有隨着列寧的去世而被改變，而是在他死後被永久性地確定下來。領袖的個人崇拜像是基因一樣被植入了蘇聯制度，成為它牢不可分的一部分，任何時候，只要最高領導人缺乏列寧那樣的自律，個人崇拜就會在這個制度中迅猛膨脹，甚至迫使整個制度服務於一個人的獨裁權勢。

二　永生的聖人和天才的大腦

列寧時代絕大多數俄國人是愚昧的農民，即使他們對列寧有好感，要把這種樸素的好感轉化為對蘇聯政權有政治價值的積極支持，也是一件很困難的事情。1924年春，列寧的太太克魯普斯卡婭寫道，俄國農村的文化水平太低，「從爭取共產主義勝利的角度來看，農村的政治教育是當前最緊迫的任務」。這種政治教育當然不是說要有就能有的。克魯普斯卡婭接着說，普通的鼓動和宣傳起不了作用，因為「報紙和書籍到不了農村，這些都不是為農村寫的，農民也讀不懂這些」。(217)

動員愚昧的農民與動員其他愚昧的人群一樣，只有兩個辦法，第一個是訴諸他們的情感，從操控他們的情緒入手。第二個是通過

權威之口，告訴他們現成的結論。列寧死後，蘇聯高層大力推行列寧崇拜，就是為了對群眾進行速效的政治教育。為此，他們必須迅速地找到能讓愚昧群眾方便接受的方法，讓他們能感知並相信列寧確實是一位「革命聖人」。

列寧剛剛去世，蘇聯領導人就做出了兩個重要的造神決定，第一是永久保存列寧的屍體，為列寧建造可供群眾瞻仰的陵寢。一般民眾都有敬往生的心理，對屍體肅然起敬，這是一種可以利用的大眾情緒。俄國從來就有沙皇死後讓民眾瞻仰的傳統，永遠保存列寧遺體的陵寢將成為蘇聯民眾的政治崇拜聖地。第二是保存列寧的大腦，並用當時的先進科學解剖來證明，列寧有一個曠古未有的天才大腦。普通人對先進的科學抱有一種盲目的信任，大腦研究更是聽起來充滿了神秘的魅力。只要科學能證明列寧有天才的大腦，就能讓民眾信服，列寧的特殊大腦證明他擔負着上天的特殊使命。

第一項造神工作進展順利，並獲得成功。列寧於1924年1月21日去世。2月2日，列昂尼德・克拉辛(俄羅斯工程師、蘇聯布爾什維克政治家、外交官，曾擔任蘇俄交通人民委員、貿易和工業人民委員，蘇聯外貿人民委員，首任蘇聯駐法國大使)和他的同事伊利亞・西夫希瓦澤(Ilya B. Tsivtsivadze，曾擔任莫斯科領導人)從俄羅斯建築師阿列克謝・休謝夫(A. Shchusev)的設計中挑選了一個木製陵寢的設計，原因是它比較簡單，可以很快建成，而列寧的遺體急需要一個安放之地。3月初方案被批准，方案確定後幾個星期，就開始動工建造。5月10日已經初步建成。5月底，蘇共十三大的時候，陵寢完工。5月23日，參加黨代會的代表聚集在莫斯科克里姆林紅場上的列寧陵寢前，由領導同志在主席台上向他們發表講話。代表們然後進入陵寢，瞻仰列寧的遺容。1929年，專家們確定列寧遺體可以長久保存，第二年，一座新的，用大理石、花崗石和其他珍貴石料建造的列寧陵墓完工，陵墓也是蘇聯領導人在紅場檢閱遊行隊伍的觀禮台。

第二項造神工作就沒有那麼順利了，進行了一段時間之後，在失敗中悄悄收場，一些具體的內幕直到1990年代蘇聯一些秘密檔案

　　　　　　　　暴政史：二十世紀的權力與民眾

對外開放，才被世人所知。1926年，列寧死後一年多，蘇聯政府邀請德國大腦研究專家奧斯卡·福格特(Oscar Vogt)到莫斯科主持對列寧大腦的研究。福格特切開列寧大腦的唯一用意就是為了證明列寧是一個天才。福格特通過研究想要回答的是一個許多人都好奇的問題：到底是甚麼讓列寧如此偉大，異於常人？而對於聘用他的蘇聯領導層來說，這一行動則更加意味深遠：能用科學來證明列寧是天才，那無疑是對共產黨權威和蘇維埃政權合法性的極大提升。

對福格特這位人物以及神秘任務，俄羅斯「歷史圖鑒」網站2011年4月16日的一篇文章作了披露，同年5月20日，中國的《青年參考》刊登了方亮撰稿的《切開列寧的大腦》予以轉述。[5] 其實，早在1990年代初，西方就已經有人在關注這個撲朔迷離的「列寧大腦」故事。安德魯·希金斯(Andrew Higgins)在1993年11月1日發表的《列寧的大腦》報道中詳述了他與莫斯科大腦研究學院負責人奧列格·安德烈諾夫(Oleg Adrianov)的訪談。安德烈諾夫當時已經70多歲了，在大腦學院工作了32年。這個大腦學院當時還保存着其他「偉人」的大腦，包括斯大林、詩人馬雅可夫斯基、著名的政治異見者安德烈·薩哈諾夫等人。他對希金斯說，列寧的大腦有一個大的額葉(frontal lobe)和大量特別大型的「角錐形神經元」(pyramidal neurons)，但「這些意味着甚麼，我們只能猜測了」。關於斯大林的大腦，他說：「沒有甚麼特別的……聾啞人的大腦也比它更有意思」。[6] 美國斯坦福大學胡佛研究所研究員保羅·R. 格雷戈里(Paul R. Gregory)在《列寧的大腦和蘇聯秘密檔案中的其他故事》(2008)一書裏也對解剖列寧大腦的事情原委有非常詳細的敘述。[7] 他所用的材料來自蘇聯的秘密檔案，書是由斯坦福大學胡佛研究院出版的，可信度應該很高。

福格特的研究團隊將列寧大腦切成了三萬多張切片，每片只有五微米左右的厚度。兩年後，在大腦研究所正式成立儀式上，福

---

5   http://qnck.cyol.com/html/2011-05/20/nw.D110000qnck_20110520_1-22.htm
6   "Lenin's brain: They took it out to understand the source of a Revolution".
7   Paul R. Gregory, *Lenin's Brain and Other Tales from the Secret Soviet Archives*.

格特將首份研究成果提交蘇共高層。研究結論稱，列寧大腦中存在着大量的角錐形細胞，他的這種細胞比一般人數量多，而且排列獨特，這些足以解釋列寧的「天才」。福格特原本沒打算這麼倉促地公佈研究結果，研究團隊只對一小部分切片進行了研究，還不足以得出可靠的結論。但是，福格特知道斯大林在等待的是甚麼樣的研究結果。他的這個研究在世界範圍內引起了反響，一時間專業人士們都在討論角錐形細胞。然而，研究從此之後便停滯不前。幾年後，斯大林已經開始冷卻列寧崇拜，大腦研究所也被併入了共產主義科學院。而福格特本人也早早回到了柏林。其他研究者發現，列寧大腦中的那種角錐形細胞沒甚麼特別的，即使是弱智的大腦中也有大量這種細胞。雖然蘇聯在1930年代繼續研究列寧的大腦，並最終有了一份結論報告，但該報告因「不宜發表」而不再有人提起。據一些材料稱，對列寧大腦的研究一直持續到蘇聯解體之前，此後這項工作便銷聲匿跡。如今，除了這些往事，人們很少能找到有關列寧大腦研究的信息。而從那顆大腦裏生發出來的社會思想，也已經被證明並不成功。

1920年代短暫的天才列寧大腦工程流產了，也沒能起到任何期待的宣傳作用。但是，列寧陵寢確實起到了巨大的宣傳作用，並維持將近70年，直到蘇聯解體。開始建造列寧陵寢時，它的主題是「永恆」，當然不只是70來年。最初木製的陵寢是由三個立方體構成的。正立方是一個宗教象徵，它代表的是永恆，也代表真理，因為它從任何角度來看都是一樣的，它通常被認為是球體的對應物，與滾動的球體相比，立方體穩定不變。《聖經》裏所羅門建造殿宇，「殿裏預備了內殿，好安放耶和華的約櫃。內殿長二十肘，寬二十肘，高二十肘，牆面都貼上精金。又用香柏木作壇，包上精金」。(列王記上，6:19–20)

負責列寧陵寢事務的是「不朽委員會」(Immortalization Commission)，任務就是打造列寧的永恆形象。無數頌揚列寧的詩歌都用了永恆的主題，盧那查爾斯基的詩作《圖畫》讚頌道，「看哪，像旗幟一樣的霧裏/堅定而不變地站着/……永生的，全世界的

　　　　　　　　暴政史：二十世紀的權力與民眾

嚮導：列寧」。用保存屍體的方式來證明列寧永生，對俄國人來說也許是天經地義的想法，但在當時的外國來客看來，簡直是匪夷所思，尤其是在1920年代，世界上還沒有過這樣的事情。1928年，美國作家德萊賽(Theodore Dreiser)對此寫道，「許多人告訴我說，保存列寧的屍體——樣子就像他剛去世時一樣——是迷信的糾結。只要列寧還在那裏，只要他不變，共產主義就會安定，新俄國就會昌盛。但是——噓——假如他褪色了，或者爛掉了，唉，那麼悲哀的大變就會來臨——他的好夢也就做到頭了。神秘主義嗎？你的名字叫斯拉夫」。(196–197)

　　列寧崇拜不過是俄國東正教的替代品，政權愈不穩固，就越需要它。列寧葬禮後，《紐約時報》記者沃特‧杜蘭蒂(Walter Duranty)是這麼説的，「許多瞭解斯拉夫性格的人都相信，過不了多久就會有『奇跡發生』這種事情，或者在列寧的聖地，至少可以治癒俄國普遍可見的歇斯底里症。他們開始猜想，這會給宗教信仰受到布爾什維克沉重打擊的農民造成怎樣的影響……東正教的迷信本能變得比任何時候都更強了」。雖然蘇聯官媒沒有報道過「奇跡發生」的事情，但列寧確實成了革命聖人，「沒有證據顯示列寧的遺骸喚起了民眾(宗教般)的崇拜，列寧的個人崇拜只是一種官方製造的政治義務和心靈着迷的混合，或者甚至是一種病態的好奇」。陵寢的裏裏外外都是如此神秘、陌生，既遙遠又近在咫尺，這是一個絕佳的宣傳情境，「在有列寧陵寢之前，宣傳鼓動的效果遠沒有這樣引人入勝」。(197)

　　正是以一種出人意外又符合人們死者崇拜心理的方法，「列寧永生」取得了客觀的宣傳效果，種種與宗教情懷相一致的列寧神話在民間應運而生。許多人都相信，列寧沒有死，他還活着。1925年有傳說，列寧在烏茲別克的山裏尋找真理。1925年，蘇聯一個叫Viaka地方的農民流傳一個故事，列寧很擔心俄國沒有他怎麼辦，所以找來了一個最好的醫生，叫他想辦法讓他看上去死了，其實還活着。醫生對列寧説：「我們不把你埋到墳墓裏去，而是放在一個寬敞的房間裏，用玻璃蓋把你罩上，不讓人用手指戳你」。還有一

個故事說，列寧在玻璃蓋下躺厭煩了，有一天從陵寢的後門溜了出來，來到克里姆林宮。他看到，人民委員們在開會，兩個清潔工人在門縫裏偷聽。列寧問他們，開會的人提到列寧了嗎？清潔工說，當然啦，他們在說，列寧死後，我們現在的黨員多了一倍，看聯盟國還敢不敢再來」。列寧聽了很滿意，他回到陵寢，心滿意足地又躺到玻璃蓋下去了。(198–199)

三 潮起潮落的列寧崇拜

雖然列寧的遺體一直被當成是革命的道身真神，但帶着神聖光環的列寧崇拜卻在他去世後到蘇聯解體前不到70年裏潮起潮落。時起時落中列寧崇拜一直在被不同的政治人物以不同的方式，為不同的政治目的利用和操控，是蘇聯專制統治的必不可少，但卻愈來愈不能得心應手的工具。

列寧剛去世的時候，列寧崇拜是為了應付短期的危機採取的應急措施。民眾的哀傷是自發的，而自發的情緒都是激烈和短暫的。需要對這樣的情緒加以規範，並轉變為可控的愛黨愛國情感，否則便可能發生危險。(207)列寧去世看上去與其他國家政治人物去世引起的悲情波濤相似(如周恩來、胡耀邦)，但卻有着關乎蘇聯新政權存亡的特殊意義。這是因為，「任何一個將合法性維繫於統治者一人的政權，在他死後，都可能面臨失穩動亂的危險。但是，如果他死後成為崇拜的對象，表示他還像活着的時候一樣掌握權力，那麼崇拜就會成為一種維穩力量」。這正是列寧崇拜要發揮的作用，「以列寧的死亡來打造的崇拜，它的要旨是，列寧還活着！列寧之死並沒有中斷他對蘇俄的領導。……『健康或不健康，活着還是死了……列寧都是我們永遠的領袖』」。(166)因此，對於任何一個蘇聯人，堅稱列寧永生不死都是一個政治宣誓，是一種對黨和政府的效忠行為。

1926年，就在列寧去世後兩年，列寧崇拜已經完成了從民眾自發情緒向官方制度化崇拜的關鍵轉折，對列寧本人的情感轉變為對

暴政史：二十世紀的權力與民眾

「列寧主義」的信仰。列寧主義的宣傳要人們相信，「『不管做甚麼事情，每個人都要記住，沒有任何一個工作領域是伊裏奇沒有想到過，沒有留下清楚和全面文字和指示的』。所有的黨員都必須向廣大民眾傳遞列寧的文字和指示」。(214)有專門的列寧學院(Lenin Institute)負責打造列寧主義，它彙集並解釋列寧的著作，提供權威的注釋和解釋。對列寧著作的解釋權成為政權內部鬥爭的一個焦點，不同的政治勢力都想通過這個話語權來增強自己的合法性訴求。在這一鬥爭過程中勝出的是斯大林。他於1926年開始掌權，經過一系列的政治鬥爭，於1930年已經獲得勝利。1931年，他發表了《論列寧》一文，成為列寧主義最權威的解釋者和列寧的無可爭議的繼承者。1933年，他成為列寧主義旗幟下，建設社會主義的領路人，而社會主義是與列寧無關的，只屬斯大林的獨家品牌。斯大林已經有了足夠的本錢，可以用斯大林崇拜來代替列寧崇拜了。

淡化列寧，突出斯大林，這樣的趨勢其實早在1930年就已經表現出來了。那一年，莫斯科紅場上永久性的列寧陵墓建成，但列寧崇拜卻開始走向低潮。這種宏偉的列寧陵墓是被當作斯大林社會主義五年計劃的偉大成就來宣傳的。1930年11月1日，《真理報》在第五版中間部位，刊登了一小篇報道宣佈列寧陵墓建成。報道強調說，建築工程的複雜性無與倫比，是國內外建築中最偉大的傑作。陵墓所用的石料每塊有數噸重，整個建築形成了一個立方體的紀念碑，原計劃要五年完成，結果以社會主義五年計劃的速度，只用了一年四個月便超前完成了。報道讚揚了建築師、工程人員和工人，唯獨沒有提列寧本人。

這樣報道顯然成為列寧崇拜正在蘇聯發生變化的信號，「這座石頭的建築物代表着列寧崇拜的消亡。在斯大林統治下，列寧已經變得像這座石陵一樣冰冷，不再有生命。它讚頌的是死去了的，而不是還活着的列寧。斯大林已經真的埋葬了列寧，要到斯大林死後，列寧才又會復活」。(206)

斯大林冷落列寧崇拜，為的是樹立他自己的個人權威。除此之外，恐怕還另有原因，那就是列寧可以被用作對斯大林許多政策進

天才聖人列寧

行批評的懷舊武器。蘇聯「國家政治保衛總局」(OGPU，秘密警察)1931年的一份報告似乎就流露出某種微妙的信息。西部城市斯摩棱斯克的秘密警察負責人在3月份的一份報告中彙報群眾對流放富農一事的反應。報告說，總體來說，民眾反應良好，但也有少數工人表露出「負面」看法，他們懷念過去的時光，認為，要是列寧還活着，就不會像現在這個樣子。一位馬鞍匠望着列寧的畫像說：「列寧是模範領袖……要是他還活着，他會讓我們自由做生意，讓我們自願參加合作化，會說服而不是強迫我們」。(257)馬鞍匠說的是列寧在1920年代比較自由的新經濟政策。這被用作理由，批評斯大林強迫集體化的五年計劃。懷念列寧其實就是批評斯大林。斯大林政權不會不知道，這是一種暗中抵抗的形式。列寧是否真的溫和說服其實並不重要，重要的是他被用來反對強暴和專橫，這是斯大林所絕對不能容忍的。

從列寧崇拜向斯大林崇拜轉換，在其中起作用的是一個雙人崇拜模式。斯大林崇拜的一個重要元素是他與列寧的特殊關係：斯大林是列寧最忠誠的學生、朋友、同志和繼承人，「斯大林崇拜的發展是複雜和多方面的，但它的多重結構中有一點就是他與列寧的親近關係」。(249)甚至在斯大林崇拜最高潮，列寧崇拜最低潮的時候，斯大林也還是在不斷強調他與列寧的莫逆之交關係，而他們兩人之間的真實關係也將成為赫魯曉夫打擊斯大林的致命死穴。

1956年，斯大林死後三年，赫魯曉夫在蘇共20大的「秘密報告」中對斯大林的個人崇拜進行了攻擊，將之視為一種罪行，而不只是一個錯誤。他說：「把個人尊奉為超人，具有超自然的，像神一樣的能力，這是違背和不能見容於馬克思－列寧主義精神的」。這樣的個人自以為無所不知，無所不能，獨斷專行，囂張跋扈，是對國家和人民的犯罪。面對着所有那些曾經協助過斯大林的黨內要人，赫魯曉夫動用的有力武器便是列寧：列寧是謙虛的，一生都堅決反對英雄崇拜。更重要的是，列寧並不是斯大林所說的親密老師和戰友，而是對他最嚴厲的批評者和不信任者。

赫魯曉夫引用了列寧的《政治遺囑》，所謂列寧的「遺囑」，

也就是他對黨的領導人員組成問題的最後建議，是他第二次病情發作期間分兩次寫成的：一次是1922年12月25日，另一次是1923年1月4日。「斯大林同志當了總書記」，遺囑中說道，「掌握了無限的權力，他能不能永遠十分謹慎地使用這一權力，我沒有把握」。十天後，列寧感到這些話過於拘謹，意思不夠明朗，於是又補寫道：「我建議同志們仔細想個辦法，把斯大林從這個職位上調開，任命另一個人擔任這個職務」。這個人應當「較為耐心、較為謙恭、較有禮貌，較能關心同志，而較少任性等」。[8] 沒有疑問，列寧所談的是把斯大林從唯一能賦予他權力的職務上撤換下來的問題。赫魯曉夫還出具了另外兩份文件，一份是列寧夫人克魯普斯卡婭給加米涅夫的信，控告斯大林對她的粗暴行為。另一份是列寧給斯大林的信，寫於列寧1923年3月9日癱瘓性中風前幾天，列寧說，如果斯大林不為自己在去年12月對克魯普斯卡婭的侮辱道歉，就跟斯大林絕交。(256)赫魯曉夫用這些文件粉碎了斯大林是列寧「忠誠學生」的神話。

也就在譴責斯大林的同時，赫魯曉夫發起了新的列寧崇拜。其實，早在他做這個秘密報告前，他已經在做準備了。1955年1月11日，他簽署了一份決議，把列寧紀念活動從他去世那天改為誕生日。這是一個重要的改變，為的是打造一種新的列寧崇拜，以此表示蘇聯政權進入了一個新的紀元。這份決議要強調的是，舊的列寧紀念日只適合過去30年的那個過去了的時代，而新的列寧紀念日面對的則是未來。他宣稱，「列寧主義是肯定生命的偉大教誨，照亮了建設共產主義的道路。列寧活在黨和蘇聯的偉大事業中，活在蘇維埃祖國建設共產主義的勝利中。……因此，現在已經不適宜帶着哀傷和悲悼，在他去世日那天紀念他，而是應該在他的誕生日——4月22日——紀念他。這個日子更適合於列寧主義永遠充滿活力和肯定生命的教誨」。(257)

1960年代的列寧紀念日是對1920年代列寧崇拜的復活，不僅是復活，而且是擴大和增強。每年的紀念活動一掃以往的葬禮氣氛，

8　《列寧全集》，人民出版社，第43卷，第339，340頁。

以巨大的排場和色彩絢麗的公共活動凸顯蘇聯強大的力量和偉大的勝利。參加的人數動則幾十萬，大排場和輝煌壯麗的場面不僅滿足了領導人的好勝心，而且也製造了一副威懾海內的盛世景象。這樣的慶典被標準化了，成為蘇聯向其他共產國家的一種「文化輸出」。(261)

到了勃列日涅夫時代，列寧的個人崇拜已經不只是漲潮，而且更是成為一種泛濫。1970年，列寧百年誕辰紀念成為一種狂轟濫炸式的全方位宣傳，到了讓人厭煩的地步。這也是這個時期關於列寧的政治玩笑出現井噴的一個原因。但是，根本的原因是蘇聯統治意識形態本身的失敗已經充分暴露在公眾面前。雖然列寧仍然被尊奉為革命的聖人，但他的神聖光環已經開始消退。以列寧為象徵的那個革命意識形態——經過斯大林時期的恐怖統治、赫魯曉夫在蘇共20大上對斯大林的批判、赫魯曉夫本人「20年實現共產主義」的失敗、勃列日涅夫的重新斯大林化和政治停滯——已經喪失了真實的信仰感召力，變得如同躺在陵寢中的列寧屍體一樣，不過是一具經過了人工化妝的殭屍。

四　黨國將亡時的列寧崇拜

1985年，戈爾巴喬夫成為蘇共最高領導人，開始他並不想動搖蘇聯的制度，所以他仍然需要利用列寧崇拜來推行他的政治理念，戈爾巴喬夫「幾乎完全接受了學者和哲學家大致的那種列寧官方形象」。[9] 然而，戈爾巴喬夫又是一位現實主義者，他認識到需要徹底改變那個不健康的列寧主義體系。在經歷了數十年的腐敗和無效領導之後，蘇聯陷入了長期的停滯狀態。戈爾巴喬夫決心通過一系列重建蘇維埃政治機構，在文化和社會中允許更大自由的漸進式改革來扭轉這一趨勢。他於1985年5月開始了他的改革重建(perestroika，又譯新思維)計劃，為了強調他與列寧主義的永恆聯

9　Dusko Doder and L. Branson, *Gorbachev: Heretic in the Kremlin.* New York, N.Y. : Viking, 1990, p. 14.

暴政史：二十世紀的權力與民眾

繫，他選擇的講話地點是革命時期布爾什維克總部所在的列寧格勒的斯莫爾尼研究所(Smolny Institute)。他還在蘇聯多個列寧紀念碑前敬獻花圈，以表明他尊重託付給他的列寧主義遺產。

然而，也正是他的政治改革最後摧毀了那個建立在神話和謊言上的列寧崇拜。在戈爾巴喬夫宣佈放鬆對媒體的國家控制之後，蘇聯出版物，無線電廣播和電視節目的面貌開始發生變化。1960年代的赫魯曉夫時期，曾經有過蘇聯導演列昂尼德·普切爾金(Leonid Pchelkin)的一個四集電視劇《列寧的幾筆肖像》(*A Few Touches to Lenin's Portrait*)，劇中的列寧與他一貫的領袖形象有所不同。他不是一個無所不能，無所不在的救世主，也並不能對所有的問題馬上就提供一個正確的答案。這個電視劇在蘇聯一直沒被允許公開播出。

戈爾巴喬夫時代，這個被長期封存的電視劇終於播出了，它釋放的信號是，可以用不同於以往的方式講述列寧的故事，可是，哪怕只有些許的變化，也需要小心謹慎，把握好尺度。1987年11月，戈爾巴喬夫擴大了言論自由的範圍，聲稱重新評價歷史「不存在禁區」。但是，列寧仍然似乎是個例外，這個人物太敏感了，觸動列寧就會觸動蘇維埃政權的根基。

因此，歷史反思的矛頭指向了戈爾巴喬夫的前任勃列日涅夫和他那段還沒有真正成為歷史的歷史。勃列日涅夫才剛去世五年，人們對他那個腐敗、停滯、低效的政府還記憶猶新。反思勃列日涅夫時代在社會上立刻引起了強烈的反響，產生了明顯的效應。批評勃列日涅夫的主要理由是他背離了列寧主義路線，沒有能像列寧那樣動員「蘇聯土地上所有積極公民的參與」。回歸列寧主義路線也就是要轉變他那個時代的懶散無為、得過且過、停滯不前，重新煥發列寧時代的熱情。[10]

1988至1989年，蘇聯報刊也再次聚焦斯大林的罪行，指責他背離了列寧的路線。也就是在這個時候，蘇聯文學雜誌《新世界》

10　Trevor J. Smith, "Lenin For Sale: The Rise and Fall of the Personality Cult of V. I. Lenin in Soviet Russia, 1935–1995" (master's thesis, University of Ottawa, 1995), pp. 70–81.

(Novi Mir) 連載了索爾仁尼琴的《古拉格群島》，引起極大轟動。早在赫魯曉夫時代，索爾仁尼琴就發表了他的《伊凡‧傑尼索維奇的一天》(*One Day in the Life of Ivan Denisovich*, 1962)，是當時震撼人心的作品。與這部作品相比，《古拉格群島》更為重要，因為它揭露了蘇聯制度的本質，古拉格成為蘇聯集中營式統治的代名詞。實際上前蘇聯並沒有古拉格群島這個地理名稱，索爾仁尼琴把整個蘇聯比作海洋，在這個海洋上處處皆是監獄和集中營的島嶼，他把這些島嶼稱為古拉格群島。這部作品創作於1962年至1973年間，於1973年在西方出版，但在蘇聯一直只能作為地下出版物在私下流傳。

　　1989年，這部作品的發表標誌着蘇聯正在發生深刻變化，雖然書裏的邪惡主角是斯大林，但直接衝擊的卻是列寧，因為索爾仁尼琴清晰無誤地把列寧指認為斯大林的精神之父。古拉格群島的原創者是列寧，斯大林只不過是將其發揚光大了而已。長期以來，蘇聯一直存在着一個美好的列寧神話，去斯大林化也從未動搖過這個神話，而是反過來加強了這個神話。斯大林是殘暴的，列寧是仁慈的；斯大林解決問題的方法是強暴的，而列寧則是用說服；斯大林殺人不眨眼，而列寧則是一個人道主義者。不僅是官方話語，就連一些所謂的列寧笑話也在維護這樣的列寧神話。例如，「為甚麼列寧總是穿鞋子，而斯大林總是穿靴子？」一個俄國人問另一個俄國人。「因為列寧繞着泥塘走，而斯大林直接踹過去」。另一個類似的笑話：「為甚麼列寧總是穿一件乾淨襯衣，而斯大林則不這樣？」「因為列寧知道要走甚麼路，而斯大林則不知道」。

　　但是，隨着戈爾巴喬夫時代改革開放的擴展，溫和、文雅的列寧神話愈來愈難以維持了，因為這個時候列寧不同於斯大林的神話已經動搖了。人們意識到，列寧是斯大林的精神之父，既然如此，斯大林便是列寧主義的繼承人，而不是背叛者。這樣看待列寧，在蘇聯歷史上是頭一次。然而，真正顛覆「人道主義者」列寧神話的不是索爾仁尼琴的文學作品，而是重新真實地理解列寧本人的言行記錄和著作。

暴政史：二十世紀的權力與民眾

1989年，一些原存於蘇聯檔案中的關於列寧的歷史材料得以公開發表。一些幾十年來從未面世的文件讓人們見識到列寧的另外一面：他的殘忍和可怕。人們看到，原來他才是令人談虎色變的「紅色恐怖」的真正創始人。許多文件證明，列寧是數不清的野蠻殺戮的主謀，無辜的教士和富裕農民都曾經是他大開殺戒的受害者。列寧也不是甚麼農民和工人的朋友，他毫不諱言，「我們布爾什維克不喜歡農民……他們太落後，是地主的堅定支持者，必須向他們開戰」。列寧可以動員農民參加他的革命，但是，一旦他認為他們成為革命的障礙和阻力，不管他們是不是甚麼「無產階級」，都會毫不留情地從肉體上消滅他們。[11]

1918年，列寧對下諾夫哥羅德(Nizhny Novgorod)可能發生市民暴動和另一個地區土地擁有者的反抗發出指示，「同志們，在你們的五個管轄區內的農民起義必須進行無情的打擊。必須用以下幾種方法來以儆效尤。一、絞死(我指的是公開的絞刑，讓人們可以親眼看到)；二、公佈他們的姓名；三、沒收他們的穀物；四、按我昨天的電報指示挑選人去做。這些都要做，讓方圓幾英里的人民都能看見、懂得、顫抖並知道，我們正在殺那些富農，而且我們還會繼續這麼做……你的，列寧。又及，找更厲害的人去做這件事」。[12]

專門執行紅色恐怖命令的是「契卡」，也就是全俄肅清反革命及怠工非常委員會。它的主要職能還包括逮捕及殺害蘇聯國內的反革命分子，並負責管理監獄、搜查、逮捕、拘禁。1918年10月15日，契卡的一位名叫格萊伯‧波基(Gleb Bokii)的負責人有一份報告說，在彼得格勒已經有800個敵人被槍斃，6229人關押。《契卡週報》說，在兩個月裏就處決了一萬至一萬五千個敵人。1918年9月5日的一份蘇聯政府文件說，為了紅色恐怖，「需要派更多當負責人的黨員」，把「敵人關押到集中營裏進行隔離。任何與白

11　Trevor Smith, "The Collapse of the Lenin Personality Cult in Soviet Russia, 1985–1995." *The Historians*, 60: 2 (December 1998): 325–343, p. 330.

12　Nicolas Werth et al., *Black Book of Communism: Crimes, Terror, Repression*. Harvard University Press, 1999. Chapter 4: The Red Terror.

天才聖人列寧

衛軍、陰謀、反叛有關的人員都由行刑隊執行槍決」。[13]

這種紅色恐怖，殺人如麻的事情數不勝數。列寧在殺人的時候，絕不會手軟。他在意的是他的革命理想，而不是活生生的普通俄國人的性命，為了實現他的烏托邦理想，沒有他不能犧牲的對象，也沒有他不能運用的手段。歷史學家查德‧皮普斯(Richard Pipes)認為，列寧「完全無視人的生命，除了他的家人和最親密的同事」，「對人類，列寧有的只是鄙視」。[14] 列寧的殘忍和可怕消除了他與斯大林之間在統治方式上的區別，讓許多人認清了一個被隱瞞了幾十年的事實，列寧是「布爾什維克集中營、流放、大規模恐怖和凌駕於國家之上的『組織』的真正父親」。[15] 隨着一個又一個令人驚駭的秘密被揭露出來，正如俄國歷史學家柯伐爾琴科(I. D. Koval'chenko)所說，人們意識到，「社會主義的陰暗不僅是因為斯大林的個性或他的行政–官僚制度，而且是因為，這在列寧的行動中就已經發展形成了」，列寧「並不是一個仁愛之人，他是一個拿槍的仁愛之人」。[16]

列寧一直被描繪成一個對討論、辯論和不同意見持開放態度的開明領袖。許多人相信，如果列寧能夠活得長久一些，蘇聯就能夠發展出一個更人道，更能容忍政治異見的制度。然而，真的會這樣嗎？在蘇聯解體後的解密文件裏。人們有機會看到一個完全不同的列寧。正是這個列寧開啟了專制政權動用秘密警察迫害知識分子的惡劣先例。[17]

1922年5月23日，衛生部長塞馬什科(N. A. Semashko)向列寧和政治局報告，不久前召開的「醫生代表大會」有「反蘇」傾向。對這個會議他總結了四點，「一、它反對蘇維埃醫療；二、它要求在基層獨立組織內進行『自由選舉』；三、它有明顯的意圖要脫離

13　Christopher Andrew and Vasili Mitrokhin, *The Mitrokhin Archive: The KGB in Europe and the West.* Gardner's Books, 2000, p. 34.

14　Quoted in Christopher Read, *Lenin: A Revolutionary Life.* Routledge, 2005, p. 259.

15　Dmitri Volkogonov, *Lenin: Life and Legacy.* London, 1994, p. 235.

16　Quoted in Trevor Smith, "The Collapse of the Lenin Personality Cult in Soviet Russia," p. 331.

17　對事情的詳細記述見Paul R. Gregory, Lenin's Brain and Other Tales from the Secret Soviet Archives, pp. 80–89.

　　　　　　　　　　暴政史：二十世紀的權力與民眾

職業工人運動；四、它有意圖要組織獨立的出版機構」。塞馬什科在信裏還建議要讓國家政治保衛總局(OGPU)介入調查，讓秘密警察來處理這些「反蘇醫生」。

列寧將此信交給中央委員會總書記斯大林，由他提交政治局。列寧還親手寫下了這樣的指示，「斯大林同志：我認為有必要將此信讓捷爾任斯基(保衛總局領導人)一閱。絕密(不複印任何副本)，也讓政治局成員傳閱，並準備一份指令：要求捷爾任斯基做出一個協助塞馬什科的方案，並報告政治局(在兩星期內？)」。

按照列寧的指示，斯大林當天就在政治局進行了表決，結果除了米哈伊爾·托姆斯基(Mikhail Tomski，曾任全蘇工會中央理事會主席、最高國民經濟委員會主席團委員等職務)一人棄權之外，政治局其他成員(斯大林、托洛茨基、加米涅夫、李可夫、莫洛托夫)一致通過。

按照政治局的要求，捷爾任斯基在兩星期的限期內提交了一份「關於知識分子中的反蘇組織」的報告，羅列了知識分子在多種組織中的「反蘇行為」，這些組織包括大學、科學團體、學術會議組織、商貿團體、職業團體等等。1922年6月8日，政治局根據捷爾任斯基的報告，發佈了「關於知識分子反蘇集團的指示」，要求對非無產階級的學生招生進行嚴格的政治「過濾」、限制教授和學生的會議、禁止獨立出版。這些都由秘密警察、高教部人事部門、國家出版部的政治審查部門共同負責執行。就這樣，一場從醫生開始的政治壓迫迅速擴大到了針對所有知識分子的範圍，也從此開啟了一個專制政權可以任意迫害知識分子的恐怖傳統。專制權力無需經過任何法律定罪程序，便可以由少數「領導」秘密決定甚麼是反革命組織，誰是反革命，並用秘密警察對他們進行監禁、流放甚至殺害。

1922年6月22日，政治局收到了「問題醫生」的名單。7月20日又收到了一份「反蘇知識分子」的名單，但是政治局認為，「不能滿意，人數不夠，罪證也不充分」。同一天，斯大林收到捷爾任

斯基的緊急要求，必須加快進程，因為逮捕的消息已經洩漏。8月2日，國家政治保衛總局備齊了一份186人的名單，準備進行逮捕和流放。這個名單包括工程師、教授、文藝人士。這個名單後來又有所增加。八天後，政治局接受了國家政治保衛總局的名單，命令逮捕其中的危險分子，並對其餘的人實行軟禁。8月22日，國家政治保衛總局向斯大林申請經費，把217人流放國外。1922年9月28日，一艘德國輪船從彼得堡出發，搭載的就是那些被流放的蘇聯知識精英，他們中有作家、詩人、記者、科學家和哲學家。著名哲學家尼古拉・別爾嘉耶夫(Nicolas Berdyaev)也在其中，他是具有世界影響的俄羅斯宗教哲學家，思想涉及哲學、宗教、文學、政治、人類學和倫理學等領域，被譽為「20世紀的黑格爾」，「現代最偉大的哲學家和預言家之一」，俄國給予世界思想界的「第四件禮物」，但在列寧的蘇聯卻無他的容身之地。

這些被流放國外的俄國知識分子當時自然不會知道自己在受害者中是多麼幸運的一群。許多留在蘇聯但不願意隨波逐流的知識分子最後都被送到了特別的索洛維茨基群島營地(Solovetskii Camp)監禁。那是專門關押政治犯的地方，地處極北的島嶼上，是寒荒極塞之地，環境特別惡劣。1937年，索洛維茨基群島營地接到要處決1200名犯人的命令，但營地主管卻處決了1615名犯人。

正是從列寧時代開始，蘇聯開啟了黨國政權可以隨意迫害、流放，甚至殺害知識分子的制度性機制。只要當局認為誰持有異見，有不與布爾什維克政權合作的嫌疑或可能，就可以將他們交由秘密警察處置，予以各種殘酷的處罰。要想不被列為這類「反蘇」知識分子，作家、藝術家、科學家、醫生、教授就必須乖乖地聽黨的話，跟黨走。極權專制最害怕的就是知識分子堅持真實，說出真相，這樣的真實和真相經常與黨要人民相信的美妙「現實」不相符合，甚至截然相反，因此對它的專制統治形成了從認知到政治的威脅。這種極權制度對知識分子的害怕和敵意一直持續到蘇聯政權崩潰的那一天。也正因為如此，在戈爾巴喬夫提出「開放」和「改革」主張的初期，蘇聯知識分子並沒有積極響應，而是抱着不信任

的態度在一旁觀望。冰凍三尺非一日之寒,蘇聯知識分子的懷疑、冷漠和謹慎觀望乃是他們幾十年來生活在專制獨裁下的寒蟬效應。

五　從列寧崇拜到列寧惡搞

到了1990年,列寧神話已經跟着蘇聯制度一同進入了最後的死亡期。成百萬的黨員退黨,幾十年來一直在顯示蘇聯強大力量的5月1日和11月7日閱兵和慶祝被取消了。那一年的5月1日,要求民主的人群舉着標語和旗幟走過紅場的列寧陵墓前面,標語上寫着「共產黨員們,丟掉幻想」「打倒列寧崇拜」。隨後,戈爾巴喬夫承認,「結束荒唐的列寧偶像崇拜,是時候了」。[18] 就像赫魯曉夫時代的斯大林神像倒掉一樣,戈爾巴喬夫時代的列寧神像也倒掉了。

當然,這並不等於說列寧與斯大林沒有區別,但他們的區別不是在殘忍,而是在其他的方面。列寧是一個比斯大林純粹得多的理想主義者,任何人都不會懷疑他的激情的真實性。他沒有玩世不恭地利用1917年的俄羅斯局勢來滿足他對權力的渴望。列寧的革命推翻沙皇,後來建立了共產黨政權,不是為奪權而奪權,也不是用新沙皇換掉舊沙皇。不管我們如何看待和評價列寧,我們都不能否認他的誠意。他是真心相信,俄羅斯可以實現共產主義的烏托邦,而這是在拯救俄國。

列寧對馬克思主義有着一種像教徒對福音般的宗教信仰。而且,與我們能想到的任何獨裁者不同,列寧有着謙遜,幾乎是修道院的品味。他對奢侈、享受、女色沒有興趣,而是一心一意地完成了自己的使命。列寧也不靠陰謀詭計和險惡權術來控制他的同事和同志,他說得上是光明磊落、坦坦蕩蕩的。他對別人的嚴厲不是一種偽善,而是律己也律人,列寧的殘忍可以比斯大林更多地從他的事業面臨的危險來理解,那是多年的內戰和巨大的不穩定。然而,正是在特殊環境下形成的統治方式,在特殊環境已經不再存在的時候,仍然被延續了下去,而這是在斯大林手裏完成的。列寧可能沒

18　Trevor Smith, "The Collapse of the Lenin Personality Cult in Soviet Russia," p. 332.

有斯大林那種獨裁者的俗氣，但不能因此就認為他不殘忍、不嗜血。有這樣一個蘇聯笑話，説的就是人們在列寧身上看到的那種殘忍：

> 學校的孩子們訪問列寧的遺孀娜蒂亞·克魯普斯卡婭。「娜蒂亞奶奶，請給我們講一個列寧的故事」。
>
> 「孩子們，列寧是一個很有愛心的人。我記得有一次一群孩子來訪問伊裏奇，列寧正在刮鬍子。孩子們説：『和我們一起玩吧』。列寧眼裏充滿了慈祥地對他們説：『你們這些小畜生，他媽的滾！』他沒有用刀子」。

列寧的殘忍並不是一個秘密，只是長期在蘇聯被虛假的愛心神話遮蓋起來而已。曾相信馬克思主義的俄國思想家普列漢諾夫早就看出了列寧殘忍狂暴的面目，臨終時他口授了一份《政治遺囑》，其中評價道，「列寧是典型的領袖，他的意志壓制住周圍的人，使他們自我保存的本能退化。他勇敢、堅決、從來不喪失自制力、剛強、能算計、策略手段上很靈活。同時他不講道德，殘酷無情，毫無原則，從本性上説是個冒險主義者。但是應該承認，列寧的不講道德和殘酷無情並非出於他本人毫無道德和殘酷無情，而是出於對他自己真理在握的信念。列寧的不講道德和殘酷無情是通過使道德和人道服從於政治目標來擺脱個性的獨特辦法。列寧為了把一半俄國人趕進幸福的社會主義未來中去能夠殺光另一半俄國人，他為了達到既定目標甚麼都幹得出來，如果有必要他甚至可以同魔鬼結盟」。[19] 列寧沒有被廣泛鄙視的唯一原因是他比較早地離開了人世。如果他沒有，我們現在不會抨擊斯大林。因為列寧會成為斯大林。

也正是因為列寧畢竟不同於斯大林，所以長久以來，如何處理列寧遺體的爭論在俄國成為一年兩次高峰的週期性問題，在列寧的生日四月通常會出現一個高峰，而在1917年十月革命的周年紀念之前通常會出現另一個高峰。今天，這樣的爭論已經不再是高度意識

19　《普列漢諾夫的〈政治遺囑〉》《馬克思恩格斯列寧斯大林研究》2000年第2期。

形態的「政治事件」，而更是一個是否應該妥善安葬列寧遺體的實際考量。

主要有兩種不同的意見。一種意見認為，應該讓列寧入土為安，像對待任何一個常人那樣妥善安葬列寧的遺體，這符合東正教基督教的傳統，也符合逝者個人家庭的意願。現在維護遺骸和陵墓建築的費用非常高昂，部分由國家預算承擔，部分由非營利基金捐贈。有人提出，共產主義已經成為俄國的過去，安葬列寧有助於俄國翻過這一頁歷史。當然，也有人認為，保存列寧陵墓是一個國家的羞恥，是無視布爾什維克犯下的罪行。

另一種意見認為，應該維持現狀。列寧建立的國家是以史無前例的平等夢想為基礎的，雖然這是一個沒有實現的夢想，但卻迫使資本主義國家推進有利於勞工的改革，讓社會變得更公正。而且，他們認為，不安葬遺體也並不是不可以的，且有先例可循。世界聞名的俄國外科醫生尼古拉·皮羅戈夫(Nikolay Pirogov)，他的防腐屍體自19世紀80年代以來一直在現在的烏克蘭文尼察市(Vinnytsia)展出。皮羅戈夫的屍體被保存在東正教教堂的一個地下室中，被一些教會信眾視為聖人的遺物。

多年來，俄羅斯政府一直試圖與列寧遺體的辯論保持距離，認為安葬列寧沒有甚麼實際意義，可能會傷害許多老年人的感情。政府也試圖避免與列寧遺體有直接關聯。近年來，在勝利日的閱兵儀式時(這是俄羅斯最重要的公共事件)，列寧陵墓已經不再出現在公眾視線中，這與共產黨時期領導人站在列寧紀念館頂部檢閱遊行是完全不同的。

1991年，列寧不僅是「惡搞」的對象，而且惡搞公然發生在電視上。這雖然有點像勃列日涅夫時期的「列寧笑話」，但其實性質完全不同。所有的列寧笑話(與其他政治笑話一樣)都是口耳相傳的，沒有人知道誰是笑話的作者。官方雖然可以懲罰說笑話和聽笑話的人們，但卻無法追究笑話的「事主」。公開的惡搞就不同了，「事主」是明擺在那兒的，要是他不覺得有相對安全的說話大環境，他是絕對不敢輕易暴露自己的。而且，要追究的話，公開惡搞

是比説笑話遠為嚴重的「政治事件」。敢於公開惡搞列寧這件事情本身就説明，蘇聯的政治環境已經發生了重大的改變。

公開惡搞列寧，最有名的一次要數俄國前衛藝術家謝爾蓋・古廖金(Sergey Kuryokhin)的電視亮相了。關於這件事本身，《新浪看點》有《列寧是蘑菇》的詳細介紹。然而，今天回顧這個事件，重點不在於古廖金到底説了甚麼，而在於觀眾的反應讓我們看到，幾十年的僵化思想統治是如何讓幾乎整個俄羅斯民族失去了正常思維的能力。[20]

1991年5月17日，當時黨國蘇聯還沒有解體，這天列寧格勒電視台的晚間談話節目《第五個輪子》(意為：多餘的人或物)有兩位交談人物：一位是三十多歲的主持人蕭洛霍夫(Sergey Sholokhov)；另外一位就是古廖金。蕭洛霍夫是一個新媒體人，他的節目很受歡迎，許多人都相信像蕭洛霍夫那樣與蘇聯舊媒體無關的年輕記者。

這兩位年輕文化人的交談背景是一個學術氣息濃郁，但顯得有點雜亂的書房，他們討論的話題是「感覺與假設」(Sensations and Hypotheses)。觀眾認為交談正在慢慢展現一個文化謎題，交談者是值得信任的。他們完全不像是製造膚淺故事的那種人，而是嚴肅，深刻的問題調查型思考者。

在一個小時的時間裏，扮演嚴肅學者角色的古廖金提出了一個理論性的假設，那就是列寧有好幾年都在消耗穩定劑量的迷幻蘑菇，在這後，在某個時刻，列寧自己變成了蘑菇。而且，這種轉變可能引發了讓他執政的布爾什維克革命。古廖金以一個親身實地考察者的身份説，他曾經在在墨西哥旅行，見到一些與20世紀初工人革命有關的藝術作品，發現這些革命幾乎是1917年十月革命的複製品。這兩種革命雖然遠隔重洋，但有着思維形式上的高度相似。他推論説，這不是巧合，會不會是因為有相同的作用原因？那就是迷幻劑。

古廖金的研究發現，在西伯利亞中部地帶有一些特別的植物，

20　Eric Grundhauser, "How Vladimir Lenin Became a Mushroom." *Atlas Obscura*, Dec. 5, 2017. https://www.atlasobscura.com/articles/lenin-mushroom-hoax-russia

它們具備和「烏羽玉」以及墨西哥蘑菇同等的功效。眾所周知的一種就是毒蠅蕈(又名蛤蟆菌，一種毒蘑)，幾個世紀以來，這種植物一直被用作麻醉藥和致幻劑而不作為食物。食用毒蠅蕈後能產生異常和長時間的欣快感，並產生視聽幻覺，這使之成為倍受世界上許多原始部落推崇的宗教儀式用品。

古廖金將俄羅斯和墨西哥的致幻蘑菇的存在和使用聯繫起來，認為毒品最終激發了俄羅斯革命的成功宣傳。事實上，列寧消耗了如此多的蘑菇，以至於毒蘑菇的真菌「意識」完全侵耗掉了他的健康。最後，古廖金說：「我十分確定，十月革命是由多年來一直食用某些蘑菇的人進行的。這些蘑菇在被這些人消耗的過程中，已經取代了他們的個性。這些人正在變成蘑菇。換句話說，我只是想說列寧是一個蘑菇」。

古廖金還用列寧和斯大林之間的一些通信來作為他推論的證明，在有的信件裏，列寧說，他吃了一些蘑菇後感覺很好。而且，還在列寧的書房照片中發現了蘑菇狀物體，到底是甚麼至今都不清楚。還有一份比較分析，比較列寧站在上面發表著名演說的那輛裝甲車和迷幻蘑菇的根部結構，二者非常相似。古廖金展示了一系列的檔案照片和舊的紀錄片，用作支持他理論的線索。

古廖金還指出，如果把列寧的名字Lenin從右往左讀過來，就是Ninel，「懂了麼？這個Ninel並不是一個隨便的甚麼，而是一道法國名菜，而這道菜就是由蘑菇做成的，用一種特別的方法」。另外，「列寧曾經對貝多芬的《激情》協奏曲這樣評價：『神聖的，非人間的音樂。』他為甚麼對貝多芬的音樂有這種感覺呢？同理，如果把貝多芬的名字拆開，在德語裏面*Beet*是蘑菇的意思，*hoven*是精神的意思，貝多芬的名字的含義就是『蘑菇精神』。這和列寧之間同樣也是有某種關聯，對吧？」

古廖金思維連貫、語詞縝密，加上專有名詞和原文引用。對談人蕭洛霍夫 一臉嚴肅地專注傾聽，還穿插了一個預先錄製的訪談材料，是他正在與一位真的迷幻學專家討論致幻蘑菇的問題。這個訪談雖然沒有涉及列寧，但在這個場合播放，起到了巧妙的移花接

木效果。在他們嚴肅的表情和學術氣場裏，電視機前的蘇聯觀眾被這場神秘學討論引入了一個超現實的迷幻語境，如墜雲霧之中。

俄裔的加州大學伯克利分校教授尤恰克(Alexei Yurchak)指出，1990至1991年間改革的最後階段，蘇聯意識形態話語中正發生一種事與願違的轉變。執政黨試圖通過回歸列寧主義來重振蘇維埃意識形態，沒想到這產生了相反的結果。蘇聯意識形態話語合法性一直來自列寧的話語，但這個真理的源泉一下子不靈了。而列寧的蘑菇事件正是這種轉變的一個顯示，「很少有人當時就能看出這是一個惡作劇節目，但是大多數人都記得自己困惑，動搖的感覺，不知道要做甚麼」。[21] 人們不知所措，是因為從來沒有碰到過這樣的事情，它發生得太突然了，人們根本就不知道如何對之作出反應。這一事件後來被當作蘇聯(和俄羅斯)大眾文化的一個特徵，用來證明蘇聯群眾的愚昧和輕信，與今天的小粉紅網民和憤青大眾文化有相似之處。

就蘇聯的語境而言，古廖金發表「列寧是蘑菇」的高見，根本不像蘇聯人所熟悉的那種蘇聯「政治笑話」，而是以非常認真嚴肅的「學術探討」和「調查研究」面目出現在電視觀眾的面前。這種全新的諷刺和嘲笑手法讓幾乎所有人都不知如何應對。他們錯愕不已，陷入一種集體性的認知和判斷休克。一直到今天，上了年紀的俄國人都還記得這件事，就連年輕人也都知道「列寧是蘑菇」這個說法，雖然他們不一定知道這個說法是從哪裏來的，但說起列寧，還是會拿「列寧是蘑菇」這句話來開玩笑。

共產極權幾十年統治下的蘇聯人早已習慣於把電視當作可靠消息的來源，被動的信息接受慣性使他們非常輕信易騙。更何況，他們根深蒂固地相信列寧是革命導師，雖然有的人以前開過無傷大雅的列寧玩笑，但那只是消遣娛樂和尋開心而已。誰也不敢想像有人會如此肆無忌憚地惡搞列寧。當然，也有人馬上意識到這是一個大膽又挑釁的惡作劇，並且笑了起來。但是，許多人都覺得費解，不知所

21　Alexei Yurchak, "The Canon and the Mushroom: Lenin, Sacredness, and the Soviet Collapse." *Journal of Ethnographic Theory* Vol 7, No 2, 2017.

　　　　　　　暴政史：二十世紀的權力與民眾

措，陷入了一種前所未有的困惑和不解。尤恰克回憶道：「幾個星期後，數百萬人還是一片茫然，覺得像是『發生了甚麼事情』」。

今天回想起這件古怪的往事，人們也許會聯想到1957年愚人節在英國發生的「意大利麵」事件。那一年，一向頗受推崇的英國廣播公司在4月1日的新聞節目裏報道，由於冬季氣候溫和，可怖的象鼻蟲已經消滅，瑞士農民正享受着麵條大豐收的喜悅之情。與這條消息同時播出的是瑞士農民從樹上採摘麵條的一組新聞鏡頭。一大批觀眾居然上當，許多觀眾向電台詢問如何在自家後院裏栽培他們的麵條樹。對於這個問題，英國廣播公司非常巧妙地回覆說，他們應該「將一根麵條放在番茄醬錫罐中，然後期盼好收成」。

蘇聯人對惡搞假新聞的反應可沒有那麼簡單，根據蕭洛霍夫在2008年接受俄國女性雜誌《農婦》(Krestyanka)採訪時所述，在古廖金節目播出後的第二天，一群布爾什維克老兵去找列寧格勒地區黨委，要求組織告訴他們，列寧是否真的是蘑菇。難以置信的是，黨委人員回答他們說，這個故事肯定是錯誤的，「因為哺乳動物不能是植物」。老兵們問黨部的固然是一個愚蠢的問題，黨部官員的回答則同樣愚蠢。她給出了一個不是解釋的解釋。她的結論「列寧不是蘑菇」似乎是正確的，但卻是用一個不相干的，因此是錯誤的解釋來論證的，而錯誤的理由是得不到正確結論的。

對「列寧是蘑菇」這件事有兩種完全不同的看法，一種認為「沒有意思」，一種認為「很有意思」。與所有的惡搞一樣，它只是一個玩笑，並沒有觸及列寧主義的本質和一個多世紀以來對人類世界的嚴重政治惡果。但是，古廖金節目那種始料未及的觀眾效應卻讓我們看到，真正重要的問題當然不是「列寧是不是蘑菇」，而是，一旦專制社會開始開放起來，開放社會中的「自由信息」對習慣於思想灌輸的民眾究竟有多大的意義和作用？自由來了，他們——那些一輩子生活在紅色神話和謊言中，看電視新聞聯播節目長大，或是還在接受其教育的人們——已經準備好運用自己的自由了嗎？如果沒有，自由會給他們帶來一個比神話或謊言更好的現實世界嗎？為更好地準備這一天的到來，人們今天又該做些甚麼？

第九章

斯大林崇拜是怎樣的「民情」
—— 《斯大林俄國的民情》

在蘇聯時代，研究者非常想要瞭解1930年代大恐怖時代普通蘇聯人有何真實的想法和感受。但是，他們能夠獲得的材料 —— 當時的報紙，逃亡者證詞、電影或人們偶爾所寫的回憶錄 —— 都不夠充分。在這些材料裏根本聽不到普通民眾的真實聲音，不可能用這些材料來重構蘇聯的真實民情和心理世界。研究者所能做的就是把自己能想像的蘇聯人思想和感情投射給他們的研究對象，而這種想像經常是帶有認知不足或政治偏見的。

對於每一本涉及斯大林主義政權下普通人日常生活、所思所想、所作所為的新書，讀者首先要問的是，它是否提供了新的材料？這些材料對於增進認識和理解有何貢獻？我們能夠從這些新材料知道哪些我們以前所不知道的事情？形成怎樣的不同觀點？莎拉・戴維斯的《斯大林俄國的民情》(以下簡稱《民情》)就是一本可以幫助我們思考這些問題的蘇聯研究著作。[1]

蘇聯崩潰後，一些前國家警察檔案被開放，借助這些新材料，蘇聯研究出現了新的氣象，也有了新的研究成果。《民情》就是其中之一。莎拉・戴維斯對斯大林主義蘇聯的民情研究依據的主要是她在前蘇聯國家和黨部檔案中發現的一些材料，主要是列寧格勒市的材料。而且，從書裏可以看出，她對與論題有關的二手研究文獻也相當熟悉。《民情》可以在相當程度上滿足一般讀者對斯大林主義鐵幕後蘇聯人真實想法的知識要求。正如作者自己所說，「斯大

1　Sarah Davis, *Popular Opinion in Stalin's Russia: Terror, Propaganda and Dissident, 1934–1941.* Cambridge University Press, 1997. 出自此書的引文在括號中表明頁碼。

林主義的宣傳機器未能消除一股自主的民情暗流」，而「官方宣傳不得不與一個非常有效的民間信息和思想網絡抗衡」(183)。在民間信息和思想網絡裏，相當活躍的一部分就是民眾對斯大林崇拜的那種半認真半遊戲的態度。這是一種弱者的抵抗。斯大林崇拜是由蘇聯官方媒體精心打造的，雖然千方百計、不遺餘力，但終究無法有效打動人心和降伏民情。官媒話語中的斯大林崇拜造就了一場全民參演，卻半真半假、真假莫辨、各有玩法的遊戲。而在這場遊戲的全過程中斯大林本人也扮演了一個雖然半推半就，卻十分關鍵的角色。

一　給蘇聯「民情」把脈

戴維斯所討論的斯大林崇拜是蘇聯人「民情」的一個部分，也讓這種民情有所顯現。蘇聯的民情(popular opinion)不是我們一般所理解的那種在開放社會裏人民表現出來的「公共輿論」。在專制獨裁的國家裏，不存在獨立、自主的公民社會，因此也不存在開放社會裏的那種公共輿論。在封閉的極權社會裏也有它所謂「公眾輿論」，但那是由壟斷信息的官媒所打造的「廣大人民」的「聲音」和「願望」，戴維斯稱其為「官方文化」。

在斯大林時代的蘇聯，普通人(也就是我們所說的老百姓)的民情，用戴維斯的話來說，是一種相對於「官方文化」而言的「影子文化」(shadow culture)。老百姓並不完全生活在影子文化裏，就像他們並不完全生活在官方文化裏一樣。「他們在這兩種文化之間來回切換」，因此，即使同一個人對待官方文化，「也是既有同意，又有不同意；既有服從，又有抵抗」。(186)

這兩種文化的共存貫穿於蘇聯一黨統治的70多年裏，但它們彼此間的影響力消長卻在不同的時期裏有很大的變化，影子文化作用的顯隱程度也有很大的差異，官方文化越強大，影子文化就越弱小，反之亦然。斯大林時代是極權統治最嚴厲、有效的時期，也是官方文化最強大，統治的民眾基礎顯得最穩固的時期。戴維斯要指出的是，即使在這個時期，蘇聯人的影子文化仍然頑強地存在，並

發揮着實際的影響。這就使得她的《民情》在一些觀點上實際上衝擊了早期極權主義理論對蘇聯極權主義「全能」統治的觀點。

戴維斯認為，即使在斯大林時期，蘇聯的極權統治也不像許多人認為的那麼「全能」。她認為，早期極權主義理論沒有能看到斯大林主義統治下蘇聯社會的複雜形態，而她的研究則是為了「避免極權主義理論所堅持的那種民眾原子化和沉默無聲的刻板形象」。(6)這是一種人們在電影《1984》中看到的人民因恐懼而完全沉默的景象(其實並非全然如此)。暴力和恐怖確實是早期極權主義理論所特別強調的，但這並不意味着只能用暴力和恐怖來看待蘇聯政權與社會的關係。

由於誇大了早期極權主義理論的所謂局限性，1970年代之後的西方蘇聯研究中出現了一種被稱為「修正主義」的趨勢，雖然有人把戴維斯與這一趨勢聯繫到一起，但她本人清楚地表明，她並不贊同修正主義。她直接批評修正主義美國代表人物之一瑟斯頓的《斯大林俄國的生活與恐懼》一書中提出的觀點，「認為除了1937年最壞的時候，其他時候，大多數蘇聯普通人並不感到恐懼，他們行使自由言論(在一定的限度內)的權利，也有批評和表達自己不滿的權利」。(5-6)她也婉轉地批評了另外兩位研究者只看到蘇聯社會順從斯大林主義統治，接受官方宣傳，因而忽視民間暗藏的不滿甚至抵抗。

戴維斯在對蘇聯解禁檔案的研究中發現，斯大林統治下的蘇聯社會和普通人民情要比極權主義理論或修正主義所描繪的都要來得複雜，也充滿了「曖昧和矛盾」。(6)這就需要在給蘇聯真實民情搭脈時，在極權主義理論和修正主義之間找到一個平衡點，既避免極權主義理論因為強調國家政權的宣傳和強迫，「認為群眾要麼被徹底洗腦，萬人一面，要麼就是萬馬齊喑，完全無法有所抵抗。與此相反，修正主義把社會描繪成一股活躍自主的力量，而不是國家附庸。他們為了推翻『極權主義理論』對群眾只有恐懼、冷漠和殭屍行為的觀點，轉而努力證明蘇聯社會存在着支持斯大林的基礎。例如，他們把那些期盼升遷的幹部、共青團員和斯達漢諾夫式

暴政史：二十世紀的權力與民眾

勞動模範統統都當作了斯大林政權的積極支持者」。(5–6)

　　戴維斯要為複雜、曖昧、矛盾的蘇聯民情搭脈，首先需要確定的是，誰是那個「民」(普通民眾)。她認為，這個「民」不應該是一個社會階層，也不能按階級、階層或職業(工人、農民)去劃定。「民」是與「當官的」「有權有勢的」「享受特權的」區別出來的老百姓。他們無權無勢，沒有特權，就算是一般基層幹部、一般黨團員或勞動模範，照樣還是老百姓。老百姓的自我認同來自「我們」(人民)與「他們」(新權貴)的兩級分化」。(185)老百姓是一種在心態上自我定位和心理上自我認同的「我們」。我覺得自己是老百姓，根本不需要用社會學的定義來證明，只要我覺得跟我周圍的人——每天來往的熟人、朋友、同事、街坊——是同一類人就可以了。「我們」受到權力的相同對待、有相同的事情需要擔心或操心、面對同樣的煩惱和問題，處境相同，不得不做相同的事情，因為我們都是老百姓。

　　這樣的「普通民眾」是一個非常駁雜而不確定的人群，這使得為民情把脈的工作變得非常困難，「很難對這一時期的『民情』內容一概而論，因為它的一個特徵就是駁雜。民情與官媒上那種枯燥單一的『公眾輿論』形成了鮮明的對比。但是，民情也確實表現出一些共同的趨向」。(185)

　　民情中最重要的一個共同趨向就是民眾能夠感覺到官媒宣傳與真實之間的距離。官方宣傳稱人民是「國家的主人」，正在建設無比美好的社會主義和共產主義。但是民眾的真實經驗告訴他們，他們根本當不起這麼尊貴的稱號。他們不過是無足輕重的升斗小民，整天為一日三餐奔忙勞碌，不得不看大大小小官員的臉色過日子。那些對他們頤指氣使的「當官的」反倒自稱是「人民的公僕」。老百姓知道官媒說的「人民」不過是官話(被稱為「布爾什維克語」)，根本不是現實。官媒是在演戲，官話滲透到社會生活的每個角落，除非你不說話，說話就得說官話。拒絕官話，揭露官話，輕則招來麻煩，重則惹禍上身，人人心裏明白，沒有人願意以身試法。

　　民眾知道，人人都在用「布爾什維克語」演戲，自己也必須

這麼做，一切都很自然，順理成章。對此，戴維斯指出，絕大多數人並不相信這樣的官話，但是，這並不意味着他們就憎惡或抵制官話。他們其實對官話並沒有甚麼特殊的反應，就像他們在馬路上匆匆走過，並不會在意路旁張貼的標語口號。她還特別指出，老百姓說布爾什維克語，並不是因為他們把官話當了真，而是因為根本就不覺得有甚麼值得與它計較的。(6-7)其實，說布爾什維克語不但不等於擁護或支持斯大林政權，而且相反，有時還可以拿它來表示不滿和反抗。例如，工人在工廠裏被領導欺壓，他們就會對領導說，你不是說咱們工人是國家的主人嗎？你不是說當官的是人民公僕嗎？為甚麼僕人要欺壓主人，為甚麼主人不能批評僕人？

戴維斯認為，不宜誇大這種反抗的政治意義。因為民情中的忿懣和怨氣總是針對具體的事情或遭際，極少有涉及極權制度的。必須到那片介於完全服從和抵抗之間的灰色地帶中去觀察民情，「很少有絕對『聽從』或『異見』的。事實上，民眾的觀點要曖昧和矛盾得多：不滿某個政策或政權的某個方面，完全可以與支持別的政策或方面同時並存」。這種情況在希特勒的德國也有，「歷史學家迪特列夫‧帕克特(Detlev Peukert)就曾指出，在納粹德國，多種批評和『抱怨』很可能與承認政權和被動接受權威同時並存。意大利歷史學家路易絲‧帕瑟利尼(Luisa Passerini)的口語研究也揭示了法西斯意大利的民眾曖昧態度。」(6)

民情把脈所能獲得的真相是有限的，把脈畢竟只是把脈，不可能剖開民眾的頭腦，看看裏面到底是怎麼想的，有甚麼感受。唯一可供研究者把脈的是他們使用語言的方式，而語言是需要解讀的。語言的運用方式經常隱藏着晦澀、曲折的豐富含義，在專制的高壓下尤其如此。人們不能說真話，或有話不能直說，所以經常用各種轉彎抹角、顧左右而言他的方式來言說：正話反說、反話正說、插科打諢、裝傻、沒正經，聽上去又像木訥憨厚，又像尖嘴薄舌，或者怪聲怪氣，憤世嫉俗，但又絕不去踩甚麼紅線，冒無謂的政治風險。他們的精明和狡黠證明他們並不愚蠢，他們可以裝傻，但絕對沒有被官方成功洗腦成真正的腦殘。

　　　　　　　　暴政史：二十世紀的權力與民眾

戴維斯引用俄國語言學家沃洛希諾夫(V. Volosinov)的話語理論指出，語言的本質是柔軟的，可以成為社會衝突的競技場。不同認識的人們在那裏爭奪符號意義，「每一個生動的意識形態符號都是雅努斯(Janus，羅馬神話中的雙面門神，象徵可能有不同發展方向的開始)」。蘇聯官媒的語言並不是全然是由它獨自操控的，「符號有這種雅努斯的兩面性，這使得斯大林政權不可能把對現實的單一解釋強加給每一個蘇聯老百姓」。(7)

戴維斯關注普通蘇聯人如何在影子文化裏把語言用作一種可能削弱或抵抗官方文化的秘密武器。這明顯受到了美國政治學家詹姆斯‧斯科特(James C. Scott)對「弱者文化」和「弱者抵抗」研究的影響。[2] 她引用斯科特的話說，「對大多數抵抗目的來說⋯⋯被壓迫群體不需要越出統治者設置的禁區界限，就能形成對權力的批判。發生階級鬥爭最常見的是因為統治者沒有兌現其必需做出的承諾。統治者自己的意識形態可以用來對準那些特權受益者。不僅是因為被壓迫者對它有了自己的解釋，能夠理解和解讀它的模糊含義，而且也是因為統治者從一開始就在大肆宣揚他們的承諾」。布爾什維克革命承諾蘇聯人民，說要把沙皇統治下剝奪的人民「自由」「解放」「平等」「公民權利」交還給他們。戴維斯說，不需要別的，單單是布爾什維克的這些承諾，就讓民眾有了「反抗的語言」，而這也正是作為弱者的他們所需要的抵抗武器。(184)

二　全民參演的斯大林崇拜

蘇聯民情在官方文化和影子文化之間切換，蘇聯官方文化的核心就是歌頌斯大林，打造對他的個人崇拜，領袖崇拜後來也成為其他共產黨國家裏一黨專制獨裁的標配。這是由它的統治邏輯決定的。一黨獨裁的根本合法性在於這個黨永遠不變的偉大、光榮、正確，它的意識形態是唯一的真理，是國家從勝利走向勝利的可靠保

2　參見《弱者的抵抗》，見徐賁：《知識分子：我的思想和我們的行動》，華東師範大學出版社，2005年。

障。共產黨這麼偉光正，帶領它的一定是最傑出、最能力超凡的英明領袖和偉人了(可以是集體而不是個人)。這個偉人並不一定是具有個人魅力的領袖，但卻需要盡可能打造成這樣的領袖。

斯大林並不是一個具有個人魅力的人。他中等身材，臉上有天花留下的麻點。他沉默寡言、說話簡短，有濃重的格魯吉亞口音。他走路時像矮個子那樣蹣跚搖擺，老是叼着他的煙斗。他沒有幽默感，也不開玩笑，但喜歡惡作劇地拿別人的害怕和恐懼取樂。他一位前秘書對他有這樣的描述：「他只有一種激情，絕對而且強烈，那就是嗜權如命，是很久以前亞洲地方長官 (satrap)的那種權力欲。他完全上了癮，這成為他一生的目標」。[3]斯大林極端殘暴，他沒有知心朋友，「他的社交圈就是他的政治親信，他們因恐懼而非友情聚集在他周圍」。[4]

這樣一個斯大林不同於官方文化所打造的那個政治神話中的斯大林：英俊、威嚴、果斷、親民、和藹。官方文化希望所有的民眾把一個值得崇拜的斯大林當作真實的斯大林來接受。但是，民眾接受官方「領袖崇拜」的方式並不全由原來的造神意圖左右。在接受過程中，民間影子文化的解釋方式始終在發揮微妙的影響。

《民情》中有三分之一的內容是關於斯大林崇拜的，它的重要性不言而喻。戴維斯的討論分為三個部分：一、「官方話語中領袖崇拜的形成和特點」(第9章)；二、領袖崇拜在民眾「祈求文化」(culture of supplication)中的作用(第10章)；三、領袖崇拜如何被用作批評政權和戳穿其偽善虛假的秘密武器。第二和第三部分分別是「崇拜」在影子文化裏的正面或負面運用，這兩個方面同時存在於蘇聯民情之中，成為其「模糊且矛盾」性質的一個標本。

在蘇聯，領袖崇拜開始只是一黨專政所運用的一種提升統治合法性的權謀，後來發展成一場在全蘇聯轟轟烈烈上演的國家正劇，雖然所有的共產國家都需要這樣的合法性權謀，但未必最後都發展

---

3 Boris Bazhanov, *Bazhanov and the Domination of Stalin*. Trans. David W. Doyle. Columbus: Ohio University Press, 1990, pp. 104–106.

4 Paul R. Gregory, *Lenin's Brain and Other Tales from the Secret Soviet Archives*, p. 15.

暴政史：二十世紀的權力與民眾

出像斯大林崇拜這樣的國家正劇，有的是因為不需要，有的是因為沒有條件，但也有的在狂熱程度上超過了斯大林崇拜。

領袖崇拜從一開始就是蘇聯政治文化的一部分，研究者一般把公開的斯大林崇拜追溯到1929年12月慶祝斯大林50歲生日的時候。祝壽者們對斯大林大肆讚頌，相當引人注目，因為這之前讚頌的都是集體的「領導同志」或「政治局領導同志」，很少這樣突出個人，領袖的個人像也很少出現在報紙上。1929年斯大林的形象是「鋼鐵般的意志、冷峻、不動聲色、不講情面」。(147)他的職務是首位的，個人是其次的。但是，從1930年開始，對他個人的頌揚增多了，但與後來的個人崇拜相比，還算溫和。一直到1933年初，斯大林都是黨的最高領導人，但並沒有特殊的稱呼，官媒的提法是，「在以斯大林為首的布爾什維克黨的領導下」。但1933年中期，官媒開始使用「敬愛的斯大林」的說法，大規模的個人崇拜也是出現在這個時候。蘇聯著名人物畫家亞歷山大·格拉西莫夫(Aleksandr Gerasimov)有一幅斯大林在蘇共16大上講話的名畫，就是這個時候創作的。隨後斯大林和其他領導人的畫像便大量印製出來，到處張貼。

1934年1月，蘇共17大上崇拜的熱潮洶湧澎湃，全黨稱頌斯大林的偉大「歷史功勳」。更重要的是，斯大林崇拜的四大特點有了標準的官方版本：一、斯大林與列寧的特殊關係：學生、戰友和繼承人；二、他是蘇聯社會主義的掌舵人，為蘇聯的偉大勝利成就作出了特殊貢獻；三、他繼承和發展了馬列主義，寫下了重要的理論著作；四、他與蘇聯人民心連心，得到廣大人民的衷心愛戴。黨媒全方位積極打造斯大林的個人形象，連篇累牘地引用他的著作和語錄。一向深居簡出的斯大林頻頻公開露面，照片不斷出現在報紙上，成為一位世人所熟悉的，萬眾矚目的光輝偉人。

1934年12月1日，斯大林的戰友基洛夫被刺身亡，這也成為斯大林崇拜的一個轉折點。從此，對斯大林的一切非議或不利言論統統被禁止，妄議斯大林成為一種犯罪行為。1935年2月5日，一位地區黨委成員因為提到列寧遺囑中有對斯大林的負面評價，即使是事

實，也被開除出黨。(149)1935年以後，對斯大林必須使用最熱烈的稱呼和頌詞。青年作家阿夫丁可(A. Avdeenko)在一次講話結束時說，「我感謝您，蘇維埃政權」。負責政治工作的列夫・麥赫利斯(Lev Mekhlis)對他說：「蘇聯政權說到底就是斯大林，我們必須為這個國家已經取得的和正在取得的一切成就，特別感激斯大林」。(149)

在這個轉折點上，頌揚斯大林已經不是頌揚他在黨內職位上的貢獻，而是頌揚他這個偉大的個人，「他的天才，他的智慧和先知般的魅力」。(149)為了不讓這種超凡脫俗的天才形象脫離現世中的人民，黨媒特別加強報道斯大林與人民心連心和對人民的親切關懷。他在克里姆林宮接見來訪民眾的照片頻頻出現在報紙上，來訪的有勞動模範、紅軍指揮員的妻子、普通的工人和農民。

無論是在象徵還是現實的層面上，斯大林崇拜都已經成為在蘇聯上演的國家正劇，「這些接見都是非常戲劇化的事件，斯大林出場和講話都受到熱血澎湃、經久不息的鼓掌。官媒借被接見者之口，把這些事件(像國家喜訊一樣)廣泛報道。被接見者在講述接見體會時更是無比激動和萬分崇敬」。(150)個人崇拜在1936–1937年達到了高潮。1936年8月的一份地方黨部報告裏寫道，「報紙宣傳必須增加對領導同志的報道，必須培養和呵護民眾對領導同志的熱愛和無限忠誠⋯⋯特別是在兒童和青年人中間⋯⋯要把對斯大林和蘇維埃祖國的熱愛和保衛決心提升到狂熱的高度」。(150)為了培養和造就這樣的狂熱，官媒進行了大張旗鼓的宣傳，用各種最誇張、狂熱的名號來稱呼斯大林：「偉大領袖」「人民之父」「智慧舵手」「時代天才」「世界革命的巨人」等等。

在斯大林崇拜的國家正劇裏，沒有任何一個蘇聯人可以缺席，誰都沒有不參演的選擇，誰都無法裝作沒有看到這場大劇正在上演。在這場崇拜劇裏，崇拜的是在參與，裝着崇拜的，甚至不崇拜的，也都是在參與。每個人都在扮演一個角色，角色可能不同，但絕無例外。這種情況只能發生在一個極權主義的國家。

蘇聯的官媒是斯大林崇拜劇的編劇和導演，它要編排的本是

暴政史：二十世紀的權力與民眾

同一種角色：斯大林的衷心崇拜者。但是，在劇本演出時，卻還是會出現它所沒有編排或在編排之外的不和諧角色，也就是那些假裝或拒絕崇拜的蘇聯人。然而，他們雖然可以偏離官媒的編排，但卻沒有缺席的選擇。不要說普通的蘇聯人，就是斯大林本人也不能缺席。這就是極權主義「全能」統治的強制效果。

戴維斯分別討論了斯大林崇拜中被編排的和編排之外的兩類角色。有意思的是，無論是哪一類都並非是在按照官方編排意圖演繹自己的角色。編排之外的角色自不必說，就連編排的角色也都會因為不同的情感動因、利益認同、心理內容而呈現出多種變化。

戴維斯稱接受編排意圖為「對個人崇拜持正面態度」。這類角色中大致可以分為三種。第一種是受惠者感恩。為此戴維斯提供了一些她在檔案研究中發現的蘇聯人寫的學習心得、人民來信、感謝體會、戰士家信、名人回憶錄等等。有一位65歲的不識字婦女讓兒子代寫給蘇聯國家元首加里寧(Mikhail Kalinin)的信中寫道，「我想要與你分享我的心情。我的日子過得很好，我想還會更好。為甚麼？因為我活在斯大林的時代。願斯大林比我活得更長久。……感謝國家，我的孩子們都受到了教育。我要說，感謝黨，特別要感激斯大林。他和列寧為我們普通人開闢了道路。……我這個老女人已經準備好了為斯大林和布爾什維克的事業去死」。(156)

第二種是期盼英明領袖，是俄國「祈求文化」和沙皇崇拜傳統的衍生。黨的領導同志是為民做主的青天大老爺，有冤情可以向他們上訴或陳情，他們的關懷和明斷是老百姓申冤的唯一指望。1934年，斯大林的親密戰友基洛夫被刺後，有的工人哀傷至極，說自己就像成了「孤兒」。1940年，教堂被關閉，一群女教徒聚在一起高喊，「把我們槍斃好了，吊死好了，我們一直在禱告，也會繼續禱告。我們要找斯大林爸爸，他讓我們有自己的教堂，一切都是地方蘇維埃在搞鬼」。(158)斯大林的親密戰友日丹諾夫經常收到民眾的告狀和投訴信，1935年平均每月一千封，1938–1940年平均每月五至七千封，有的時候一個月超過一萬封。上訴信的格式和感性語言幾乎完全相同，開頭總是「尊敬的某某領導同志」，然後是

斯大林崇拜是怎樣的「民情」

訴苦，訴説自己的無奈和無助，再三表示對領導關懷的萬般感激，對「領導同志在百忙中過問」感恩戴德，為自己打擾了領導的「日理萬機」表示不安和道歉，請求原諒。如一封信裏寫道，「有這樣的集體農莊領導，我們不可能富裕起來。我們的領導不按照親愛的斯大林同志的話去做，斯大林是關心我們的，感謝您，斯大林」。(160–162)

第三種是感受到斯大林的個人魅力。民眾當然沒有機會見到斯大林，直接感受他的無限魅力，斯大林的個人魅力是官媒為他們製造出來的。雖然不可能自發，但一經誘導，民眾還是會覺得就像是親身感受到了領袖個人魅力一樣。他們在家裏高掛斯大林的畫像，就像掛聖像一樣。他們對斯大林充滿了崇敬，期待畫像能夠顯靈保佑，大顯神效。一位集體農莊的漁夫把領袖畫像和漁具一起掛在牆上，他對人説：「您瞧，我以前掛聖尼古拉的像，他真的保佑我多打魚，現在這像掛在那裏，卻還是打不到魚」。(164)為了表示崇敬，有人用蘇聯領導人的名字給自己孩子取名字，一下子有了許多類似中國「衛東」「旭東」「偉東」的名字。1939年蘇共18大召開時收到了一份來信，要求把蘇聯共產黨的名字改為「列寧–斯大林全體同盟共產黨」。在討論蘇聯新憲法圖案設計的時候，有人要求配上馬恩列斯的頭像。有人提議把莫斯科改為「斯大林城」，一位名叫契科娃(E. M. Chulkova)的退休金領取者婦女來信説，她的最大夢想就是住到「斯大林城」去。還有另外一封信裏寫道，「斯大林的天才是給人類的禮物，是指引方向的明星，讓我們在發展的道路上，攀升最高的層次。因此，我堅信，我們時代地球上的所有工人和未來的所有人類都會以快樂和幸福的心情，歡呼將莫斯科改名為斯大林城」。(165–166)

但是，也有對斯大林個人崇拜「持負面態度」的人們，他們當然不可能是國家正劇有意編排的角色，但好歹也在劇裏有他們的位置。戴維斯把他們分成四種：一、政治蠢人；二、批評者；三、暗地裏使壞的抵抗者、四；懷有政治異心者。

第一種人根本弄不清誰是「領導同志」，哪個領導同志是幹

甚麼的，擔任甚麼職務，有多麼重要或了不起。一直到1930年代中期，蘇聯還有人不知道「領導同志」是幹甚麼的。1933年，蘇聯共產黨開除了一批完全弄不清領導同志職務履歷的黨員，1935年還有黨員不知道誰是中央的領導同志，有的共青團員回答不出「誰是斯大林」這個問題。到了1936年，還有的教師不知道，誰是加里寧，誰是莫洛托夫。這些人雖然是榆木腦袋，相當愚昧，但喊口號卻很起勁，不管甚麼人，哪怕是地方上的張三李四，都會喊他萬歲。這些民眾可以說是完全缺乏「政治覺悟」的蠢人。

第二種是不同意搞個人崇拜的人。檔案裏有材料記載，1934年，在一次學習斯大林十七大講話的會議上，一位工人發言道，「大家都在頌揚斯大林，把他當成了神，沒有一點批評」。還有工人在1934–1935年認為，媒體過度抬高了斯大林的歷史地位，因為他在革命時期的地位根本不能與托洛茨基、季諾維也夫、加米涅夫相比。1935年底至1936年初，出現了更多批評個人崇拜的聲音，一位有25年工齡的老工人語帶諷刺地說：「有人說生活愈來愈好，愈來愈快樂。但那些人是誰呢？有這麼多傻瓜，在斯大林還活着的時候就叫他『偉大的斯大林』，斯大林會高興嗎？」還有的工人對肉麻的稱呼感到不滿：「親愛的」「父親」「心愛的」等等。一位共青團員認為，崇拜把斯大林變成馬克思所譴責的那種「迷戀」(fetish)，列寧是絕不會同意這樣對待他的。(171)1936年還有人把斯大林崇拜與希特勒崇拜做比較，認為兩個人都獨掌大權，都受人民愛戴，還認為斯大林是有意在模仿希特勒。甚至還說，不要看人人當面喊萬歲，肯定有人在心裏詛咒：「去見鬼吧，日子不見得真的好過」。(172–173)

第三種人是在暗地裏抵制，拿官方的個人崇拜話語或直接拿斯大林本人來搞笑和搞怪，「這種顛覆或『嘉年華』特別明顯地表現在口頭流行文化中，玩笑、說唱、打油詩。當流行文化涉及政治問題時，總是不放過高層黨領導，如斯大林、基洛夫和列寧」。(175)斯大林時代就已經有不少關於斯大林的政治笑話，例如，對熱愛斯大林有這樣的笑話：「你和蘇聯政權是甚麼關係？」第一

個回答：「跟我和太太的關係一樣：我不愛她，但還得忍受她」。第二個回答：「跟我和太太的關係一樣：有點愛她，有點怕她，非常希望換一個新的」。還有諷刺斯大林殘暴的。一個來自格魯吉亞的代表團訪問斯大林。斯大林在書房裏會見了他們。但是，他們剛剛離開，斯大林就發現自己的煙斗不見了。他到處找不到，就大聲叫內衛軍頭子貝里亞過來，對他說：「貝里亞，我的煙斗不見了，你去把格魯吉亞的代表團追回來，看看有誰偷了我的煙斗」。貝里亞趕緊衝出去。這時，斯大林發現煙斗就在桌子底下的地板上。貝里亞走了進來。斯大林說：「我找到煙斗了，你事情辦得怎麼樣了？」貝里亞說：「他們一半人招認偷了煙斗，另一半人在偵訊過程中死掉了」。還有直接咒罵列寧和斯大林的，例如，有一個蘇聯人下了地獄，看到希特勒和斯大林站在沸騰的屎尿裏受苦，沸騰的屎尿漫到了希特勒的脖子，但卻只到斯大林的腰部。這個蘇聯人問，「怎麼會是這樣？」地獄管理員說：「因為斯大林站在列寧的肩膀上」。[5]

　　第四種是懷有政治異心的人。他們懷念托洛茨基、加米涅夫、布哈林這樣的老布爾什維克，他們認為，列寧的「布爾什維克」與斯大林的「共產主義」是對立的，斯大林搞得那一套共產主義是錯誤的，糾正錯誤就要回到正確的布爾什維克主義。1937年，一位地毯工人把支持工人的托洛茨基與壓迫工人的共產主義者做了比較，他怒氣沖沖地說：「你們共產黨都是臭知識分子；我要投票給托洛茨基」。像這樣反對斯大林並沒有積極的政治意義，正如戴維斯所說，「反對者們選擇的其他領導人也都是威權主義者，使用的也同樣是崇拜的語言」。(181–182)極權主義的思維方式是一種侵入所有蘇聯人政治神經的毒素，癱瘓了一切有效的政治思考和政治批判，即使是憎惡或拒絕參與它的人們也沒有能力和可能去與它做有效切割，這才是它最可怕的禍害。

5　參見《斯大林時期的蘇聯政治笑話》，見徐賁：《犬儒與玩笑：假面社會的政治幽默》，牛津大學出版社，2018年。

　　　　　　　　　　暴政史：二十世紀的權力與民眾

三　斯大林怎麼看待斯大林崇拜

　　斯大林崇拜的國家正劇，劇本的主角當然是斯大林，但他同時也是一個在劇本演出時參演的演員。演員斯大林和劇本主角斯大林並不全然是同一個個體，他們之間是有距離的，甚至會不一致或相互矛盾。有一次斯大林的兒子瓦西里對他說：「我也是一個斯大林」。斯大林對他吼道，「不，你不是……你不是斯大林，我也不是斯大林。斯大林是蘇聯政權。斯大林是那個在報紙上和畫像裏的人，不是你，甚至不是我」。[6] 斯大林自己很清楚，他這個人跟那個在官媒上被崇拜的斯大林不是同一個人。

　　由於忽視了這兩個斯大林的區別，不少研究者會用劇本中的斯大林來猜測演員斯大林，把斯大林看成是一個與列寧完全不同的、蓄意製造對自己個人崇拜的總設計師、策動者和推行人——為了突出自己的革命貢獻，他修改了歷史，他授意並准許用電影和文藝來美化自己的形象、誇張的生日慶祝讓他樂不可支、「天才」和「人民之父」的阿諛頌詞令他陶醉。正如普林斯頓大學歷史教授家羅伯特‧特克爾(Robert Charles Tucker)在《掌權的斯大林》一書裏所說，「大量證據表明，斯大林需要用崇拜來支撐他的權力和精神(psyche)，他渴望得到列寧所厭惡的那種英雄崇拜」。[7]

　　戴維斯在解密的蘇聯檔案中發現，斯大林本人對個人崇拜的態度要比人們一般所想的要曖昧和複雜得多，這與她對複雜且矛盾的蘇聯民情研究結果也是一致的。專制統治下沒有一個人是黑白分明的，誰都不可能保持真實的自我，連最高的獨裁者也不例外。比起劇本主角斯大林，戴維斯更感興趣的是演員斯大林及其對個人崇拜的反應和看法，她在《斯大林和1930年代的領袖崇拜製作》(以下簡稱《製作崇拜》)一文中對此作了詳細的分析。[8]

6　S. Sebag Montefiore, *Stalin: The Court of the Red Tsar*. London: Phoenix, 2003, p.4.

7　Robert C. Tucker, *Stalin in Power*. New York: W. W. Norton, 1990, p. 3.

8　Sarah Davies, "Stalin and the Making of the Leader Cult in the 1930s." In Apor Balázs, et al., *The Leader Cult in Communist Dictatorships: Stalin and the Eastern Block*. Houndmills: Palgrave Macmillan, 2004, pp. 29–46. 出自此文的引文在括號裏表明頁碼(《製作崇拜》)

戴維斯依據的不是斯大林親近者的證詞。例如，曾經是斯大林女婿的尤里·日丹諾夫(政治局委員日丹諾夫的兒子)回憶說，斯大林是一個「謙虛的人」，有一次，斯大林手裏拿着一份歌頌他的《真理報》，非常不屑地隨手一捲，丟進了樹叢裏。莫洛托夫也回憶說，對個人崇拜「斯大林開始不能接受，是後來才喜歡上的」。戴維斯認為，無法證實這類材料所說的內容，「我們也不太可能知道斯大林對個人崇拜的『真實態度』到底是怎樣的。但是，我們可以從能得到的文獻資料中重構斯大林對個人崇拜現象的公開反應」。(《製作崇拜》30)她用的材料大多來自「社會–政治史俄國國家檔案」(The Russian State Archive of Socio-Political History，RGASPI)的斯大林卷宗。這些材料並不代表真相，但卻是重構真相所不可缺少的。

　　從現有的歷史檔案材料來看，斯大林並不全然熱衷於對他個人崇拜，但也不拒絕，而是採取一種半推半就的態度，既讓它順其自然地發展，又對它的不純動因和不良後果有所戒備。在這個問題上，他既在意馬列主義的原則，又有自己政治利益的考量。他一直在很謹慎，也很精明地經營自己的良好形象。這可以從三個方面來看：一、他清楚地知道，個人崇拜與馬列主義不符，因此一直有所顧忌；二、他也很明白，有人在利用這種個人崇拜達到自己的個人目的，而且這種崇拜會有事與願達的高級黑效果；三、個人崇拜可以用來動員愚昧的群眾，而他自己的不情願姿態也可以用來考驗手下人的忠誠。

　　第一，斯大林承認，個人崇拜並不符合正統馬克思列寧主義的觀點。正統馬克思主義者普列漢諾夫早就明確指出，偉大的個人是因為反映了廣大的社會力量而變得重要的。斯大林瞭解這個觀點，「這個基本原則使斯大林譴責『個人崇拜』，不贊同頌揚領導者個人而不是突出他只是一個事業的代表。斯大林無疑知道崇拜的政治效益，但他並不提這個。他只是在談到號召『落後』群眾的時候，才間接提到」。(《製作崇拜》30)

　　斯大林能很巧妙地用馬列主義來重新解釋了個人的革命領袖

作用，使突出個人不但不違背，而且符合馬列原則。他是從英雄崇拜的角度來說明的，「馬克思主義一點也不否認傑出人物的作用，也不否認歷史是由人民創造的。……當然，人民創造歷史的方式不是憑藉奇思怪想。……每一代人都是處在特定環境中的。……偉大人物的價值只是在於他們能夠正確地認識這個特殊的環境，懂得如何改變這個環境。……馬克思主義從來沒有否定英雄的作用。正相反，馬克思主義認為英雄有很大的作用，只是有一些保留」。[9]

1930年代，斯大林屢次在講話中淡化領袖個人的作用，強調更廣大的社會力量。1933年2月他在第一次集體農莊勞動模範代表大會上表示，把領導同志當作歷史創造者的時代已經過去了，歷史是勞動人民創造的。1935年5月他在對紅軍大學畢業生講話時表達了相似的看法。1937年10月的一次勞動模範代表大會上，不斷有人為領導同志祝酒，斯大林說：「這當然不壞，但除了大幹部，還有中幹部和小幹部」。他然後又說，幹部要得到群眾的信任才行，「幹部來了又走了，群眾一直在那裏」。(《製作崇拜》30–31)

斯大林當然不會否定偉大個人的作用，列寧是他常用來證明偉人歷史作用的一個例子。埃米爾·路德維希(Emil Ludwig)是一位以寫偉人傳記出名的德國–瑞士作家，1931年在與斯大林的一次交談中，他把斯大林與彼得大帝相比，斯大林表示不贊同。他說，他自己不能跟彼得大帝相比，但列寧可以，列寧是大海，而彼得大帝不過是滄海一粟罷了。路德維格認為這樣的偉人觀點不符合唯物主義對歷史的認識，斯大林反駁道，馬克思沒有否定個人的作用，而只是認為，個人必須在特定的環境條件下才能起作用。偉人是那種懂得特定環境並能改變特定環境的個人。(《製作崇拜》31)

斯大林非常在意用馬克思主義來解釋和強調偉大個人的作用，而且，他還用馬克思主義來解釋他自己為甚麼能夠從一個本來不偉大的人變得偉大起來。1937年慶祝十月革命20周年的時候，政治局成員有一個聚會，到場的還有共產國際的領導迪米特洛夫(G.

---

9 Cited in Eric van Ree, *The Political Thought of Joseph Stalin: A Study in Twentieth-Century Revolutionary Patriotism*. London: Routledge, 2002, p. 162.

Dimitrov)。迪米特洛夫稱頌列寧的偉大，表示列寧有斯大林這樣的繼承人，真是幸運，隨即又向斯大林敬酒。斯大林說，他在黨內也是有反對者的，反對者之所以失敗，是因為不能遵從群眾的意願。斯大林一反當時歷史學家的觀點，說他自己在列寧逝世時並不是一個可以與托洛茨基、布哈林、季諾維也夫他們相提並論的人物。他承認，與他們相比，自己的演說才能很差，他之所以能夠戰勝他們，是因為代表了人民群眾的利益，而他們則背叛了人民群眾。(《製作崇拜》31–32)斯大林用馬克思主義話語不僅突出了自己的偉人作用，而且還以此證明了他打擊政治對手的合理性和正當性。這在政治上是非常精明的。

第二，斯大林很清楚，有的人熱衷於對他的個人崇拜，那是別有用心，至少是另有所圖。1939年五一勞動節，共產國際的口號是「我們的斯大林萬歲，斯大林就是和平，斯大林就是共產主義，斯大林就是勝利」。斯大林很不高興，因為他懷疑共產國際的秘書曼紐爾斯基(D. Manuilskii)有托洛茨基派的嫌疑，不可靠，是個「馬屁精」(toady)，是在明捧暗損他。1940年，斯大林對雅羅斯拉夫斯基(E. M. Yaroslavskii)發難，指責他對領導人的吹捧「太過分，令人作嘔」。緣由是他主編的《馬克思主義歷史》(*Istorik-Marksist*)雜誌上發表了一篇文章《1907–08年斯大林領導巴庫布爾什維克和工人鬥爭》(1940年1月)。文章讚頌斯大林和伏羅希洛夫當時的領導作用。後來有人寫信給蘇共政治局，揭發文章嚴重失實。斯大林於4月29日對此作了批示，批評這篇文章說，他和伏羅希洛夫的貢獻有目共睹，不需要這種文章來為他們貼金。

斯大林寫道，「顯然，那些想升官的作者和報道人……是想用肉麻吹捧黨和政府領導人的手段來抬高自己。我們有權利在人民中培養這種奴性和諂媚嗎？顯然沒有。我們有義務要在我們的人民中根絕這種無恥的奴性。……諂媚與科學歷史是完全背道而馳的」。(《製作崇拜》34–35)他很清楚，這種內容不實的文章只能幫倒忙，成為高級黑。

1937年，斯大林有一次與德國著名作家利翁·福伊希特萬格

(Leon Feuchtwanger)交談。斯大林告訴他的客人說，他容忍個人崇拜是因為它能讓參與者享受到一種「天真的快樂」。他批評道，有些個人崇拜的方式是「不恰當」的，例如，一次在倫勃朗畫展上，有人把斯大林的肖像畫也掛上了。斯大林認為，那是存心不良的人幹的，「以過分的熱情表示熱愛」其實是在幫倒忙。[10] 許多馬屁和討好就是這樣變成低級紅、高級黑的。

斯大林還批評蘇聯個人崇拜中的一個顯著現象，那就是他在會議上講話時總是有長時間的鼓掌。斯大林批評說，那是把鼓掌看得比聽他的講話更重要。1932年，在一次會議上他問道，「你們為甚麼鼓掌？……你們應該覺得羞恥」。1934年6月，主持人剛剛介紹斯大林入場，便又響起了暴風雨般的鼓掌和歡呼。斯大林說：「有人想把嚴肅的事情變成一個玩笑，所以拼命鼓掌，我們現在總是這樣」。他又接着說：「你們對領導是好意，但卻用歡迎的掌聲把領導給害了……我們被資本主義包圍，被敵人包圍，但他們比我們更文明，更有教養」。他還說，這種奉承領導的風氣不利於教育黨和國家的青年幹部，只會讓他們養成靠拍馬屁升官和討好上級的壞毛病，成為虛假和善於偽裝的卑鄙小人。(34–35)

斯大林當然不願意承認，養成卑鄙小人的不是鼓掌和歡呼，而是那個以他為首的專制獨裁制度。鼓掌是一種政治正確的公開表態，是一個控制眾人在公開場合表現團結一致、熱烈擁護的手段。前蘇聯作家索爾仁尼琴在《古拉格群島》中說了這麼一件事情，莫斯科附近的一個小城召開政治會議，當地要人們均參加會議。便衣警察像以往一樣，滲入了大廳裏群眾之中。眾多的演講之後，進入晚會的最高潮 —— 歌頌俄羅斯的偉大領袖斯大林。歌頌完畢。全體起立，熱烈鼓掌，掌聲持續了三四分鐘還不停歇。人人都知道祕密警察在監視誰先停止鼓掌，於是六分鐘，八分鐘……掌聲還在繼續，老年人的心臟跳得厲害。九分鐘，十分鐘過去了，大家害怕起來，沒人知道這情形如何結束。這時，一位坐在講台上的造紙廠

10　Jeffrey Brooks, Thank you, *Comrade Stalin! : Soviet Public Culture from Revolution to Cold War.* Princeton University Press, 2001, p. 67.

斯大林崇拜是怎樣的「民情」

廠長鼓起了勇氣，停止鼓掌，坐下。好像發生奇跡似的，寧靜降落在整個大廳內：現在可以不鼓掌了，大家如從惡夢中醒了過來。一星期後，造紙廠廠主以玩忽職責的罪名被捕，判監禁十年。審判結束，法官走過他身邊時，對他說：「下次當涉及斯大林時，你可要小心，不要率先停止鼓掌」。在這種表演性的政治儀式中，人們用鼓掌來表演對領袖的絕對忠誠，在它的背後則隱藏着極端的恐懼和不信任。

極權需要有卑鄙小人來為公眾作出熱愛和服從專制獨裁的行為示範，獨裁者有時候也會鄙視卑鄙小人，但絕不會因為鄙視他們而遠離或拋棄他們。相反，他需要的正是這種連主子的鄙視都不在乎的卑鄙小人，越是卑鄙的小人，才越是權力可以方便驅使的走狗、鷹犬和奴才。

第三，斯大林知道個人崇拜是一種愚蠢行為，但他不會選擇放棄或阻止對他的個人崇拜，因為那對他有用。歷史學家戴維·布蘭登貝格爾(David Brandenberger)指出，斯大林為了動員俄國愚昧的群眾，把個人崇拜與俄國中心論和民粹主義一起用作精神武器。[11]歷史學家米勒(F. Miller)則把個人崇拜當作為斯大林服務的「民俗學」或「偽民俗學」。[12]斯大林認為，在教育程度很差的蘇聯，個人崇拜是必要的政治權術。蘇聯歌唱家瑪麗亞·斯瓦尼澤(Maria A. Svanidze)是斯大林很親近的親戚，1937年12月被捕，1942年3月3日被槍決，她在日記裏兩次提到斯大林對俄國人沙皇崇拜的看法(1935年4月22日和5月9日)。一次他說：「民眾對他歡呼，是需要一位沙皇，也就是某個他們可以崇拜，並以他的名義來生活和工作的人」，還有一次他說，人民心靈中的「迷戀」(fetishism)需要有一位沙皇。[13]斯大林把個人崇拜看作俄國傳統愚民需要的精神致幻劑，是蘇維埃版的沙皇崇拜，既然對他有用，當然不會拒絕。

11　D. Brandenberger, "Constructing the Cult: A Case Study of Stalin's Official Biography" (unpublished ms.).

12　Frank J. Miller, *Folklore for Stalin: Russian Folklore and Pseudo-folklore of the Stalin Era*. Armonk, NY: M. E. Sharpe, 1990.

13　"Diary of Maria Anisimovna Svanidze." *Istochnik*, 1 (1993), pp. 18–20.

斯大林在個人崇拜問題上並不避諱自己的功利主義，甚至犬儒主義，他最親密的同僚也大多心照不宣。布魯克斯認為，「斯大林和他的圈內人看不起農民和農民信仰，這並不是一個秘密。他們的所作所為或許只是為了滿足那些無知的基層幹部或支持者的某種期望。儘管列寧的遺孀和其他人反對列寧崇拜和保存列寧遺體。但布爾什維克們還是這麼做了」。據說，當時斯大林的意見是，「要尊重俄國人熱愛和尊崇死者的傳統觀念」，而且「也需要不讓我們的那些鄉下同志們失望」。所以，蘇聯的個人崇拜不只是自上而下思想灌輸和官方宣傳的結果，而且也是一種自下而上的民眾願望所致。在長期專制導致人民普遍愚昧的國家裏，領袖特別重要，個人崇拜在社會中有大範圍受歡迎的基礎。不僅在蘇聯，在其他類似的國家也是一樣。[14]

斯大林很清楚崇拜和愚昧的關係，他在與福伊希特萬格的交談中談到這個問題，福伊希特萬格在《莫斯科1937》一書裏對此有簡略的記敘，戴維斯在蘇聯檔案裏發現了更詳細的記錄。福伊希特萬格對斯大林說，他覺得許多對斯大林的個人崇拜都「枯燥無味、誇張失實」。斯大林同意他的看法，告訴他自己收到成百的這種群眾來信，只回過一兩封信，大多數來信都是不允許公開發表的，尤其是那些太誇張的。斯大林又說，他不主張群眾來信，但能夠理解：工人、農民顯然很高興能夠擺脫剝削，把這個全歸功於他一人，「當然，這是錯誤的，光一個人又能做甚麼呢？——他們用我來表達他們愚蠢的歡天喜地心情」。斯大林很清楚，吹捧他個人是「愚蠢」的行為，他也知道，這些吹捧是「枯燥無味、誇張失實」的。他心底裏其實看不起這樣的蠢人和蠢事，一點也不掩飾這樣的想法。所以，福伊希特萬格便直截了當地問斯大林，那麼你為甚麼不停止這種愚蠢的個人崇拜呢？斯大林說，他已經試過幾次了，但人們認為這是他的假謙虛。例如，他不贊成用那樣誇張的方式來慶祝他的55歲生日，就有人說那是故作謙虛。斯大林解釋道，俄國人文化落後，要過些時候才能改變，很難不讓人民表達他們心裏的快

14　Jeffrey Brooks, *Thank You, Comrade Stalin!*, p. 67.

斯大林崇拜是怎樣的「民情」

樂，對工人、農民的要求不能太嚴格。(《製作崇拜》38)

　　福伊希特萬格對斯大林說，他指的不是普通工人和農民怎麼表達他們的感情，而是蘇聯到處擺放斯大林半身塑像這種事情。斯大林承認有這樣的事情，說那是下面官員們自己幹的。他們害怕，要是不擺半身像就會挨上級的批評，擺半身像是為官之道，「是官員們在『自我保護』，這樣可以保太平，所以他們就擺半身像了」。(《製作崇拜》38)

　　斯大林很清楚，個人崇拜是在演戲，是做給別人看到，做戲給別人看是一種「自我保護」的手段，但這對他的統治不但沒害處，而且有好處。這就像哈維爾所說的那些在自己店鋪裏張貼革命標語的小商小販，並不表明他們的真實信仰，而只是表明他們的順從，免得招惹是非，引火燒身。這正是獨裁者想要的統治效果，他在整個國家裏營造一種奴性功利行為的氛圍和環境，並不一定是因為他喜歡這種奴性功利，而是因為這有助於他的專制統治。羅馬暴君提比略就是這樣對待那些熱切表現忠誠的元老們的。提比略利用他們，但又從心底裏看不起他們，塔西佗在《編年史》裏記載道，「人們傳說每次在提比略離開元老院的時候，他總是習慣於用希臘語說，『多麼適於做奴才的人們啊！』看起來，甚至反對人民的自由的這個人，對於他的奴隸的這種搖尾乞憐、低三下四的奴才相都感到膩味了」。(《編年史》3, 65)我們無從知道，斯大林對個人崇拜的那些蠢人蠢事是不是也感到膩味，但是，就算他膩味，和暴君提比略一樣，他也還是會讓這樣的事情持續發生下去的。

　　斯大林對個人崇拜的態度既複雜又充滿了矛盾，沒有他的縱容，斯大林崇拜不可能發展到如此登峰造極的程度，但他又似乎時時在防止它走火入魔，而這似乎更給人們一個把他當英明、謹慎、謙虛的領袖來崇拜的理由。在他統治的蘇聯，對他愈來愈崇拜的過程(至少是那種幾乎全民熱烈表演的崇拜)，也是他的獨裁愈來愈殘暴，愈來愈恐怖的過程。他的殘暴和恐怖使得對他的個人崇拜成為每個蘇聯人必須的，也是唯一可能有效的自我保護手段。專制獨裁是一種使每個人都不能免除恐懼，迫使他隨時隨地生活在恐懼中的

　　　　　　　　　暴政史：二十世紀的權力與民眾

邪惡制度，人們崇拜的是一個喜怒無常、恩威難測、主宰一切的暴君，誰又能真的熱愛這樣一位讓自己擔驚受怕、驚恐莫名、不得安寧的統治者呢？對他的讚揚和稱頌又怎麼能是出自真心的歡歌呢？然而，這又偏偏是一個高唱着歡歌的時代。這樣的歡歌可能會在一個暴君死去時暫時沉寂下來，但又會因為另一個暴君的來到而重新響起。

第十章

破船上的舵手
——《崇拜毛》

> 大海航行靠舵手
> 萬物生長靠太陽
> 雨露滋潤禾苗壯
> 幹革命靠的是毛澤東思想
> ……

　　這首歌曲於1964年由哈爾濱文藝工作者創作，譜曲王雙印，填詞李郁文，歌名初為《幹革命靠的是毛澤東思想》。當年六月，周總理在哈爾濱歡迎朝鮮領導人崔庸健時，王雙印曾專場演唱。1965年初，《紅旗》雜誌發表了《大唱十首革命歌曲》的社論，這首歌名列榜首，歌名改為《大海航行靠舵手》，很快唱紅全國，也成為狂熱的「毛澤東」崇拜(下簡稱「毛崇拜」)的招牌作品。

　　這首歌的創作離開1960年代初全國大饑荒不過一兩年的時間，在長達三年多的極度饑荒中，饑民流離失所、餓殍千里、餓斃者數以千萬計。舵手把船駛入歧道，為此付出的是無數活生生的人命代價，人們對如此大災禍的記憶真的這麼短暫嗎？不過一年多以後，1966年，舵手再次又把航船駛進了誰也不知道歸宿究竟在何方的驚濤駭浪，全國實行紅色恐怖、冤獄遍地，暴力殘害、互相殘殺、含冤自殺成為家常便飯。而這又正是毛崇拜的最高潮時期。10年以後，文化革命隨着舵手之死而壽終正寢之時，他所駕駛的那艘破船早已是千瘡百孔。當時的中國是一幅怎樣的景象呢？曹普在《「文革」結束時的中國，是一副怎樣的圖景？》(《學習時報》2013年5月21日)一文裏作了以下的簡略描述。

　　　　　　　　　　　　暴政史：二十世紀的權力與民眾

政治上，冤假錯案堆積如山。據統計，「文革」十年中，全國被立案審查的幹部高達230萬人，佔「文革」前夕全國1200萬幹部的19.2%。中央和國家機關各部委被審查的幹部有29885人，佔幹部總數的16.7%。其中，中央副部級和地方副省級以上的高級幹部被立案審查的達75%。據最高人民法院1980年9月統計，僅因劉少奇問題而受株連的「案件」就有2.6萬多件，被判刑的達2.8萬多人。

經濟上，國民經濟損失巨大。1977年12月，據李先念在全國計劃會議上估計，「文革」十年在經濟上僅國民收入就損失人民幣5000億元。這個數字相當於建國30年全部基本建設投資的80%，超過了建國30年全國固定資產的總和。「文革」期間，有五年經濟增長不超過4%，其中三年負增長：1967年增長–5.7%，1968年增長–4.1%，1976年增長–1.6%。(中央財經領導小組辦公室編：《中國經濟發展五十年大事記》)1978年2月，華國鋒在五屆人大一次會議上作的《政府工作報告》中說：由於「文革」的破壞，僅1974年到1976年，全國就「損失工業總產值1000億元，鋼產量2800萬噸，財政收入400億元，整個國民經濟幾乎到了崩潰的邊緣」。

文化上受到的摧殘更為慘烈。無數的文化遺產遭受浩劫，一大批學有專長的知識分子受到殘酷迫害。到1968年底，中科院僅在北京的171位高級研究人員中，就有131位先後被列為打倒和審查對象。全院被迫害致死的達229名。上海科技界的一個特務案，株連了14個研究單位，1000多人。受逼供、拷打等殘酷迫害的科技人員和幹部達607人，活活打死2人，6人被迫自殺(《科技日報》2008年3月17日)。從1966年到1976年，十年沒有組織過正式高考，交白卷也可以上大學。1982年人口普查統計表明，當年全國文盲半文盲多達2億3千多萬人。

任何一個造成如此浩劫的國家領導人都一定會成為國家和民族的罪人，但是，毛卻偏偏不是，不但沒有成為罪人，而且遺體永久保存，在天安門廣場上建築宏偉的陵寢裏照樣接受人們的膜拜。這樣一種荒唐、奇詭的毛崇拜是怎麼發生的呢？它有怎樣的特定歷史

破船上的舵手

背景呢？它背後的「結構和功能」又是怎樣的呢？(xv)[1] 這些正是丹尼爾・里斯在《崇拜毛：文化大革命中的言詞崇拜與儀式崇拜》(以下簡稱《毛崇拜》)一書裏所要回答的。

一　毛崇拜：可比的和不可比的崇拜

里斯對毛崇拜的特定歷史背景考察分為兩個部分，第一個部分是中共延安時期，尤其是1942年延安整風開始樹立的「毛澤東權威」，而第二個部分則是1956年赫魯曉夫批判斯大林個人崇拜的「秘密報告」在中共高層引起的震動及其後續發展。這兩個部分都涉及了「毛崇拜」和其他崇拜 ── 孫中山崇拜、蔣介石崇拜、希特勒崇拜、列寧崇拜、斯大林崇拜 ── 的關係，因此也都有可比的和不可比的問題。毛崇拜與其他人物崇拜是否可比可以讓我們更好地認識毛崇拜本身的特點和它的獨一無二。

里斯把毛崇拜界定為一種「現代領袖崇拜」，與「傳統領袖崇拜」(如帝王或洪秀全這樣的起義領袖)是不同的。這兩種領袖崇拜的「最主要區別並不體現在對不同政治領袖的崇拜上，而是體現在崇拜的合法性、強度與廣度上。與植根在『攝行天子之政』的帝王崇拜不同，現代的個人崇拜缺少外在的甚至超驗的合法性依據。現代社會的政治領袖要想樹立自己出類拔萃的形象，就必須聲稱自己是各種民眾運動或者廣大『人民』的代表」。打造現代領袖崇拜的主要手段是大眾媒體，「現代的個人崇拜被定義為『用大眾傳媒的手段對現代政治領袖進行神一般的頌揚』，經常伴隨着的是無度的公開崇拜與大批量製造的標準化崇拜產物的大批量生 ……這些象徵在公共媒體間傳播的廣度極大地依於政治控制的程度」。(4–5)

因此，里斯定義「現代領袖崇拜」時，實際上考慮的是兩個基本因素：第一、代表廣大人民(包括人民是否認可這種「代表」)。第二、大眾傳媒頌揚的強度與廣度，如「紅太陽」的強度遠超「偉

1　丹尼爾・里斯(Daniel Leese)：《崇拜毛：文化大革命中的言詞崇拜與儀式崇拜》，香港中文大學出版社，2017年。出自此書的引文在括號中表明頁碼。

暴政史：二十世紀的權力與民眾

人」，全國家社會的廣度遠超一個政黨內部，如果超出常識程度太多，那便是「無度」。對第一個因素我們可以做一些補充：代表人民也是有條件的，具體而言，也就是領袖在代表人民時所展現的「願景」(vision)和「使命」(mission)，他為追隨者(人民)提供一個他們可以認可的，並願意為之奮鬥，甚至犧牲的「事業」或「信念」，他自己對這個事業要有一種強烈的使命感，這才能成為他們的精神領袖。而且，他向人民展示了他的非凡才能，證明他的事業是可以實現的願景。

　　1936年美國記者斯諾訪問陝北的共產黨地區並對毛澤東進行了一系列的訪談。在《紅星照耀中國》一書裏斯諾向人們呈現了一個正面的毛形象：「雖然每個人都知道他而且尊重他，但沒有——至少現在還沒有——在他身上搞英雄的一套。我從來沒有碰到過一個中國共產黨人，口中老是叨念着『我們的偉大領袖』」。(2)這一點也不奇怪，因為「流寇」般還沒有站穩腳跟的毛澤東與「任何偉大領袖」都還沒有可比性，即使有人數不多的共產黨人把他當作「偉大領袖」，那也頂多是一種對首領的習慣性服從和迷信，算不上有意義的崇拜。

　　1966年，斯諾再次來到中國，今非昔比，他卻目睹了一幅完全不同的景象。他在北京觀看了革命史詩《東方紅》的演出，對毛被「無限頌揚」的那種個人崇拜表示不滿：「現在，街上懸掛着他的巨幅畫像，每一間會室裏都擺放着他的半身雕像，他的著作和照片隨處可見，而其他人的照片則不見蹤跡。大型音樂舞蹈史詩《東方紅》歷時四個小時的表演，毛是唯一的英雄。在演出的高潮……我看到一幅根據我1936年拍攝的照片複製的畫像，被放大到大約三十英尺高」。(2)這個時候，斯諾看到的毛崇拜已經在接近它的輝煌期頂峰。史詩《東方紅》之於毛崇拜，正如萊妮·里芬施塔爾導演的《意志的勝利》之於希特勒。這二者的相似也許會讓一些人以為，毛崇拜與希特勒崇拜如出一轍。

　　其實，這二者的可比性是相當有限的。首先，希特勒是一個魅力型領袖，而毛則談不上是一位魅力型領袖。希特勒1919年加入

德國工人黨(納粹黨的前身)，1921年成為納粹黨的黨魁。早在他於1933年掌權之前，他就已經是當時人數不多的納粹黨的最高領袖了，他的親信和追隨者對他的崇敬是在他取得政權之前，他用以影響他們的是他的願景和使命感，而不是他的權力。希特勒的人格力量使他成為一個卡里斯瑪式的領袖。毛澤東不是這樣一個卡里斯瑪式的領袖。他雖然是最早的共產黨員之一，但「長征之前並不居於黨內領導集團中真正重要的職位」。(6)而且事實上經常在黨內受到排斥。一直要到1935年1月的遵義會議後，由於他的軍事才能，他才脫穎而出，成為黨和紅軍的領袖，即使如此，也還有張國燾、王明這樣的人物能夠與他分庭抗禮。他影響隨眾的主要不是願景和使命感，而是他實際掌控的政治和軍事權力。如果說毛有甚麼魅力的話，那麼，希特勒是用魅力來取得權力，而毛則是用魅力來鞏固本來並非靠魅力取得的權力。

列寧對早期布爾什維克的影響與希特勒相似，他的魅力影響來自他的人格，以及他為布爾什維克主義所提供的願景和使命感。正如英國哲學家伯特蘭・羅素(Bertrand Russell)所說，列寧具有「堅定不移的信仰——對馬克思主義福音的宗教信仰」。而且，與你能想到的任何獨裁者不同，列寧有着謙遜，幾乎是修道院的品味。他沒有專注於奢侈，而是一心一意地完成了自己的使命。正如歷史學家理查德・皮普斯(Richard Pipes)所說的那樣，列寧「在個人需要方面非常謙虛」，並且具有「嚴峻，幾乎是苦行僧的生活方式」。[2] 列寧的布爾什維克主義願景和使命是山大王式的毛所根本無法望其項背的。他對馬克思主義的理解是權力實用主義的，他的名言是，「馬克思主義的道理千頭萬緒，說到底就是一句話，造反有理！」即使在他的親信那裏，毛也只是一位了不起的軍事家和權術大師。毛看上去像列寧一樣創立了一個新的政權，但列寧崇拜和毛崇拜卻極少有類似的地方。列寧可能是一個強大而無情的領導者。但他的手上沒有沾上自己同志的獻血，也從未以莫須有的罪

2　"Lenin: Heroic Visionary Or Cruel Tyrant?" https://yesterday.uktv.co.uk/russian-revolution-in-colour/article/lenin-heroic-visionary-or-tyrant/

　　　　　　　　　　　暴政史：二十世紀的權力與民眾

名來殘酷打擊和消滅他不放心的人。這與斯大林、毛澤東和波爾布特這些暴虐領袖的權力狂、虐待狂，偏執狂和陰謀詭計是不能相比的。

里斯認為，中國的首例現代領袖崇拜是孫中山，「孫中山被尊為新中國的國父。孫一生都在苦心經營自己在媒體中的形象，以進一步確立他的『中國革命代言人』身份」。但是，毛崇拜與孫中山崇拜也是沒有可比性的。這不僅是因為，毛推翻孫中山創立的共和國，與孫中山推翻滿清君主專制的歷史意義無法相比，而且因為，毛與孫中山在個人操守和人格魅力上也是無法同日而語的。里斯承認，「孫中山能夠迅速崛起成為政界名流，一方面是由於個人非凡魅力，另一方面則是因為外在的環境因素。孫本人無疑抱有以領導中國革命為己任的強大信念，這種強大的信念在其晚年甚至發展到了近於自負的程度，並展現出強大的個人『磁場』，讓他環集了一批願意促進其事業的中外支持者」。(5)孫中山的個人「磁場」來自他的願景和使命感，而不是他手中的權力。如里斯所說，「對孫中山的崇拜是一個混合產物……對他的崇拜並未能自動轉變為政治權力。孫中山推翻滿清政府的企圖遭遇到了一系列失敗，而他本人對辛亥革命的影響也頂多是邊緣性的。他的形象被真正奉為民族英雄，則只是在他1925年3月去世之後」。(5–6)

就死後成為崇拜對象而言，孫中山與列寧相似，他們享有的都不過是對死人的崇拜，這與對毛的活人崇拜完全沒有可比性。就和列寧留下來布爾什維克主義一樣，孫中山留下了三民主義。列寧沒有留下一個國家統治的官僚制度，孫中山也沒有，這使得他們成為具有開創性的意識形態之父，而不是權力的授予人。列寧生前反對個人崇拜，他死後，他的繼承人需要用對列寧的記憶和民族情緒來為危機四伏的蘇維埃政權打造合法性基礎，這才打造出列寧崇拜。孫中山的繼承人蔣介石也是這樣來利用孫中山崇拜的。就連毛自己，也標榜自己至少是在部分繼承孫中山的事業。孫中山這個名字絕對如雷貫耳，不管是國民黨，還是共產黨，都把他尊為「國父」，推崇備至。

破船上的舵手

堅持列寧主義成為赫魯曉夫批評斯大林的根本理由，也是勃列日涅夫在赫魯曉夫下台後，用來鞏固自己合法性的説辭。回歸列寧主義更是戈爾巴喬夫批評勃列日涅夫時代停滯、低效、腐敗的合法性訴求。在這個意義上，列寧就是蘇維埃政權。同樣，孫中山就是中華民國政權。就像斯大林説自己是列寧最好的學生、親密戰友和同志一樣，蔣介石也以他與孫中山的特殊關係來打造他的合法性。蔣介石崇拜蹭的是孫中山崇拜的熱度，沒有孫中山崇拜就難以打造蔣介石崇拜。里斯認為，「孫中山一直不斷地被稱頌了幾十年。蔣介石和毛澤東都不得不依靠崇拜孫中山來鞏固各自中國革命繼承者的合法性」。(6)但是，毛和蔣與孫中山的關係畢竟不同，對於打造他們各自的個人崇拜來説，孫中山崇拜的價值也是不同的。

　　里斯認為，1942至1943年，毛在延安通過「整風」所打造的個人威信，乃至個人崇拜，是為了對抗或抵消當時的蔣介石崇拜。這是高估了毛崇拜在全國範圍內的重要性，而低估了他鞏固個人權力的一己私利和野心。其實，那個時候的蔣介石崇拜和毛崇拜是不可同日而語的，因此並沒有直接的可比性。里斯認為，「1943年3月，國民黨出版了蔣介石的著作《中國之命運》，並將其運用於大眾傳媒競爭。在這一競爭中，這位『大元帥』被塑造為有能力從軍閥割據和外敵入侵的廢墟中拯救中國的唯一者。中共領導層在仔細研究了蔣介石自20世紀30年代末開始未經置疑地居於『國家領袖』的過程後，反其道而行之，將毛澤東的形象塑造為中共黨的最高領袖和傑出的馬克思列寧主義理論家，毛的上位是為了給中共提供一個可以在這場競爭中擁護的有力象徵，並且向蘇聯以外的地域發出信號吸收新的跟隨者，其中絕大部分是中國的文盲百姓」。(9)

　　應該看到，在整個抗戰時期，蔣介石在全國範圍內的威望不是毛能相比的。蔣介石是孫中山的繼承人，更因為他領導北伐統一中國，所以成為抗戰當仁不讓的領袖。1937年九一八事變後，國家面臨生死存亡的危局，國民黨和國民政府部分調整國家紀念日政策，國家紀念日特別融入其他政治活動，蔣介石成為這些政治活動的主角。蔣介石積極參與國家紀念日的紀念活動，將之作為「表演」的

暴政史：二十世紀的權力與民眾

場地和舞台，凸顯出其自身地位和權威。隨着全面抗戰爆發，紀念日話語將蔣介石奉為「領袖」、「最高領袖」、「唯一領袖」，毛事實上並未，也還沒有本錢與蔣爭奪這樣最高權威。只是在大陸易手之後毛才確立了他在國家範圍內的最高權威，也才有了推行他自己領袖崇拜的條件。

在取得全國政權之前，毛用以與蔣介石爭奪國內輿論的不是馬列主義，而是他於1940年提出的「新民主主義論」。1944年6月12日毛澤東親自在答中外記者問時說：「中國是有缺陷，而且是很大的缺陷，就是缺乏民主。只有加上民主，中國才能前進一步。民主必須是各方面的。只有建立在言論出版集會結社的自由與民主選舉政府的基礎上面，才是有力的政治」。新民主主義是毛澤東依照清黨之前，孫中山的國民黨「三大政策」(聯俄、容共、扶助工農)提出的全面政治願景和使命，不是「打土豪，分田地」這樣的鬥爭動員口號可以相比的。「新民主主義」是用來對抗國民黨「假三民主義」，進行民眾動員的自由民主治國綱領。然而，共產黨奪取政權後，「新民主主義」就很快被「階級鬥爭一抓就靈」的共產主義和社會主義所代替。

整個1940年代，在中共的宣傳下，新民主主義對廣大中國知識分子和民眾發揮了重要的「願景」和「使命」影響。它示以世人的面目不是馬列主義的階級鬥爭和無產階級專政，而是英美式的自由民主，因此成為對蔣介石專制獨裁的有力對抗。例如，1944年3月30日，《新華日報》宣稱，「英國人民把言論、集會、身體等自由作為民主政治的基礎而加以無比重視，從美國方面也同樣表現出來。上引赫爾國務卿自稱一生為這目標奮鬥力爭的正是這個東西。『平等』與『自由』為甚麼被民主國家這樣重視，重視到認為沒有這就無從談民主政治呢？這是很簡單的。國父孫中山先生曾經說：『提倡人民權利，便是公天下的道理。公天下和家天下的道理是相反的；天下為公，人人的權利都是很平的；到了家天下，人人的權利便有不平……所以對外族打不平，便要提倡民族主義。對於國內打不平，便要提倡民權主義』。英美民主政治所重視的平等，

正是這一含義⋯⋯假如至今英美仍不准人民有平等的權利,那末怎樣能夠談得到民主、怎樣能夠實現民治呢?說到『自由』也是一樣,如果連人民言論、集會、身體的自由都不允許,則民治從何談起?⋯⋯英國沒有成文憲法,但是英國人民有平等有自由,所以雖沒有憲法也是民主國家。由此看來,民主政治的主要標誌是人民有自由平等的權利⋯⋯民主的潮流正在洶湧,現在是民權的時代,人民應有言論、出版、集會、結社和身體的自由是真理,實現民主政治是真理,真理是要勝利的,所以高舉民主的大旗奮鬥着的世界和中國人民是一定要勝利的」。這聽上去簡直像是今天美國的中學生教科書。

　　1941年10月28日《解放日報》說:「目前推行民主政治,主要關鍵在於結束一黨治國。此問題一日不解決,則國事勢必包攬於一黨之手;才智之士,無從引進,良好建議,不能實行。因而所謂民主,無論搬出何種花樣,只是空有其名而已」。1941年10月28日說:「共產黨要奪取政權,要建立共產黨的『一黨專政』。這是一種惡意的造謠與誣衊。共產黨反對國民黨的『一黨專政』,但並不要建立共產黨的『一黨專政』」。1943年紀念「九一」記者節時《解放日報》大聲呼籲,「全國記者們和同胞們,一致奮起,挽救新聞界的危機,挽救全民族的危機,反對『一個黨、一個領袖、一個報紙』的法西斯化新聞統制政策。」1944年3月5日又說:「限制自由、鎮壓人民,完全是日德意法西斯的一脈真傳,無論如何貼金繪彩,也沒法讓吃過自由果實的人士,嘗出一點民主的甜味的」。可以想像,共產黨這樣強烈的自由、民主訴求對國統區那些痛恨國民黨專制獨裁的自由知識分子會有多麼巨大的道義和精神吸引力。提出如此高尚和美好主張的政黨領袖又怎麼能不佔據道德高地?又怎麼會不是民眾眼裏的一個富有魅力的偉大人物?如果不考慮到這種宣傳在全國範圍內製造的共產黨領袖魅力效果,而只是從延安整風來看毛崇拜所包含的政治影響力,那是不夠充分的。

二　毛崇拜:從克制到膨脹

1949年，中華人民共和國成立，毛是這個新政權的最高領袖，他享有崇高的威望，這種領袖威望，就像抗戰時蔣介石的「最高領袖」地位一樣，不能簡單地等同為「個人崇拜」。領袖威望主要是一種對他的能力、成就和貢獻的理性認可，而個人崇拜則可能完全是一種情緒性的迷信和盲從。領袖威望的基礎是領袖所代表的願景、事業、制度、政權性質；個人崇拜則會把領袖個人與這些分離開來，並將他凌駕於所有這些之上。崇拜是人的一種情緒或情感，它是自然的，本身並沒有對或不對的問題。成問題的不是崇拜，而是政治化的惡性個人崇拜，因為與這種個人崇拜如影相隨的是迷信、盲從、偏執、無判斷、無是非、放棄原則、個人權力野心惡性膨脹、罔顧法紀、無法無天。這一點毛本人是認識不清的，或者故意裝糊塗，視而不見。1970年，斯諾訪華時對毛表達了對個人崇拜的不滿，毛回答說：「總要有人崇拜嘛，你斯諾就沒有人崇拜你，你就高興啦……總要有點個人崇拜，你也有嘛」。(3)斯諾說的是政治化的惡性個人崇拜，而毛則故意淡化它的政治性，轉移論題，輕描淡寫地把個人崇拜說成是人際之間的普通欽佩或敬仰。

　　1956年赫魯曉夫對斯大林個人崇拜的批判震動了中國高層和毛本人，開始的時候，他們似乎有了對個人崇拜的一個基本共識，那就是個人崇拜不符合馬列主義的理論原則，值得注意的是劉少奇的態度(他主持討論中共對這一事件的「回應」文稿)，他建議使用「個人迷信」而不是「個人崇拜」。只是因為「個人崇拜」已經作為標準翻譯，才沒有改變這個術語。(29)劉的這個建議為後來毛肯定「有用的」和「正確的」個人崇拜打開了方便的後門。

　　1956年中期，有明顯跡象表明「秘密報告」在中國引發了巨大反響，劉少奇在「八大」上做政治報告，多次提到「毛澤東同志」而不是「毛主席」，也沒有提「毛澤東思想」。根據劉的報告，「毛澤東之所以能夠享有中國革命偉大舵手的崇高榮譽，『不但是因為他善於把馬克思列寧主義的普遍真理同中國革命的具體實踐結合起來，而且是因為他堅決地信任群眾的力量和智慧，倡導黨的工作中的群眾路線。堅持黨的民主原則和集體領導原則』」。里斯

指出，「毛本人在50年代早期也多次在各種情況下刪去『毛澤東思想』一詞而改用『毛澤東著作』。還有，他反對過給他送禮和為他塑像的行為。因此，這次黨章中不再提到『毛澤東思想』並不意味着毛政治地位的削弱」。(39)

也許正是因為毛絕對崇高的政治地位，1958年他開始親自提倡「天才論」，為他的「大躍進」所需要的卡里斯瑪式群眾動員做準備。1958年3月，中共中央政治局在四川省會成都召開會議。在一系列的講話中，毛通過援引諸多先賢(如從耶穌、佛祖到馬克思和達爾文這樣的宗教領袖、科學家和哲學家)強調了自發獲取真理相較於努力積累知識的優先性。個人的天才之見勝過普通人的經驗常識，「根據毛的論述，(天才們)全都在年輕之時各自做出開創性的發現，並沒有受過長期教育的影響。進而，一旦發現了真理，他們便會不懈地堅持着他們自己的見解」。(57)他顯然暗示，自己就是這樣的一位天才。

所以他明確地提出，「正確的崇拜」崇拜的是真理，是一定要堅持的。他說：「個人崇拜有兩種，一種是正確的崇拜，如對馬克思、恩格斯、列寧、斯大林，正確的東西，我們必須崇拜，永遠崇拜，不崇拜不得了，真理在他們手裏，為甚麼不崇拜呢？我們相信真理，真理是客觀存在的反映。一個班必須崇拜班長，不崇拜不得了。另一種是不正確的崇拜，不加分析，盲目服從，這就不對了……問題不在於個人崇拜，而在於是否是真理。是真理就要崇拜，不是真理就是集體領導也不成」。(58)

毛對崇拜的論述是非常粗糙的，卻擺出一副「高明」理論的架勢。一個班服從班長都能稱為「崇拜」，崇拜的概念完全被偷換掉了。毛之所以敢於隨口任意發揮，是因為他握有絕對沒有人敢於挑戰的權力，他說的話不僅代表真理，而且就是真理。因此，黨內從來沒有對「個人崇拜」有過真正的討論，而只是在與「個人膜拜」「個人迷信」的摳字眼遊戲中不斷加強對毛個人的肯定。(70–71)對「正確崇拜論」的普遍附和和諂媚助長了早已實際存在並起作用的「毛崇拜」。

個人崇拜在大躍進之後得到了大規模的恢復。盧山會議之後，1959年9月9日，劉少奇指責一些黨員(暗指彭德懷)企圖效仿蘇共「二十大」的例子，欲取毛澤東而代之。他稱自己是堅定的個人崇拜擁護者：「我本人歷來是積極提倡『個人崇拜』的……我是說提高毛主席的領導威信，我在很長時期就搞這個事情……現在我還要搞，要搞林彪同志的，小平同志的『個人崇拜』，你們不贊成我搞，我也要搞的，我也不一定要人家同意的」。(63)個人崇拜被正式接受為黨內的共識，反對個人崇拜就是「破壞領袖與群眾的聯繫」，「就是醜化無產階級政黨、醜化無產階級專政、醜化社會主義制度」，這種態度一直保持到「文革」時期。(68, 69)

　　從1950年代初開始的一次又一次運動——批《武訓傳》、「三反五反」、「反右」、「大躍進」、「四清」、「工業學大慶」、「農業學大寨」、文化大革命，有人統計，毛澤東批准的全國性運動多達52次[3]——沒有一次不是按照毛的意思一錘定音的。即使在毛的個人崇拜被完全肯定之前，這些運動也都是毛的卡里斯瑪式群眾運動。對這些運動的目的、合理性、必要性、手段、後果，從來沒有公開的公眾討論。一切都是偉大領袖高瞻遠矚的運籌帷幄和戰略部署。群眾熱情投入運動，對領袖的指示和意圖，理解的要執行，不理解的也要執行。這種崇拜要求所有中國人無條件地迷信、服從和膜拜毛澤東，這種愚昧、盲目、偏執、非理性、無是非和無法紀，與毛標榜的「崇拜真理」毫無關係。直到「文革」，這些運動都是在黨的官僚體制的組織和管制下運作的。但是，「文革」時，「毛有意……利用對他的崇拜動員群眾來反對黨的官僚體制」。(76)這是前所未有的，也是毛崇拜與斯大林崇拜最根本的不同，與這個根本區別相比，斯大林崇拜和毛崇拜所運用的修辭、話語、儀式、象徵的區別則都只有技術性和手段的意義，因而都是次要的了。

　　列寧死後，在斯大林鞏固個人權力的整個過程中，個人崇拜的作用是加強他個人對黨的官僚體制的控制，用他的親信來代替這個

3　https://www.voachinese.com/a/a-21-w2007-06-15-voa61-62985742/1037977.html

官僚體制中他信不過的人員，而不是打碎這個體制。對於斯大林的個人權力，這個體制是必不可少的。斯大林謀求的是一種「在絕對權力和官僚利益之間的平衡」，他的個人權力是直接進入國家官僚體制的，而不是像列寧時代的政治局那樣進行「遠程掌控」。[4]

但是，毛在「文革」中卻是利用紅衛兵和造反派來打碎他曾親手打造的官僚體制，因為他覺得這個體制——不僅是以劉少奇、鄧小平等為首國家政府部門，而且還有以彭真為首的北京市委、陸定一為首的中宣部、楊尚昆為首的中央辦公廳這樣的黨務體制——已經不再是他可以隨心所欲操控的工具。毛是要顛覆而不是改造那個他不滿意的官僚體制，他理想的正是一個可以由他足不出戶就能遠程掌控的，事事必須得到他批准的皇帝式統治體制。

毛利用對他的個人崇拜造成了一個「雙重國家」，而斯大林的蘇聯則更像是一個正常國家。里斯認為，「文革」中的雙重國家更類似於納粹德國的極權模式，「即劃分為負責日常管理的『規範國家』(Normenstaat)與實施按照元首意願行事的『特別措施國家』(Mainahmenstaat)。在文革期間，存留下來的國家機構繼續完成其日常工作並且要有效地確保文革不能完全墜入無政府狀態，而在制度之外的機構諸如中央文革小組的崛起，由於沒有經常同國家權力和軍隊權力相競爭的明確領域，這就相當大地增強了毛的力量。因為在這些權力鬥爭中，毛就可既擔當『裁判者和調停者』的角色，又可支持目前情況下對其最為有利的政治派別。另一方面，所有這些派別的代表人物都會為了擴大其派別影響而對毛澤東不遺餘力地阿諛奉承」。(221)

毛是一位無與倫比的陰謀家和權術大師，精通於「莫須有」之道，用冠冕堂皇的「黨話」來給他人捏造罪名是毛的拿手好戲。他只要想整任何人，都可以將其羅織在一個「反黨集團」裏，同樣，任何一個他不滿意的黨、政部門，他順手就可以給它扣上一頂「獨立王國」的帽子。里斯指出，「毛經常抱怨黨內一些官僚單位正在

---

4   Benno Ennker, "The Stalin Cult, Bolshevik Rule and Kremlin Interaction in the 1930s." In Apor Balázs, et al., *The Leader Cult in Communist Dictatorships: Stalin and the Eastern Bloc*, pp. 85-86.

暴政史：二十世紀的權力與民眾

形成『獨立王國』，這就揭示了他既感受到了對他的領導地位所形成的潛在威脅，又對黨–國官僚體制日益不滿。……毛試圖通過依賴自己的心腹或者依賴體制之外的機構來使他們對毛的旨意負責和行事」。這麼做，名義上是為了防止「修正主義」，其實是為了實現他個人的現代帝王式統治。帝王統治需要有血統的合法性，毛不具有這樣的合法性，因此，個人崇拜的合法性對他就更加重要，個人崇拜是一個可以在很大程度上繞開體制的中介維繫，在統治者(領袖)和被統治者(民眾)之間直接建立忠誠關係，「文革見證了卡里斯瑪式的關係取代官僚體制程序的過程」。但是，這並不是韋伯所說的那種自然的個人魅力，而完全是靠壟斷宣傳機器打造的那種領袖神話。(221)

「文革」中鋪天蓋地的領袖天才宣傳和各種個人崇拜象徵和儀式——紅寶書、請寶像、領袖徽章、忠字舞、早請示晚彙報、學毛選經驗介紹、毛澤東思想的醫療奇跡、芒果禮物和感恩——都是在不斷加強對神話領袖的忠誠，並以此來穩定「文革」已經在全國範圍內造成的難以收拾的亂局。

現代宣傳機器的造神功能可以把一個並沒有魅力的個人打造得看似充滿了魅力，「無論是毛還是斯大林都不具備與眾不同，超出尋常的修辭演說能力。然而，他們仍然能夠打造出基於忠誠、信念甚至直接是恐懼的卡里斯瑪式的關係。不過，這樣的關係並不是穩固不變的，在經歷了像大躍進之類的災難性事件後，反而大有必要加強這種超越等級的人際紐帶。例如，毛經常巡視外地就是為了要地方黨的書記們和軍事指揮官們經常刷新對他的忠誠。通過照顧一些堅定支持者的仕途，毛繼續編織他的個人崇拜關係網，這種個人崇拜，有時是基於對毛超凡能力的相信，但更多時候是體現了一種人所皆知的政治升遷原則」。(221–222)個人崇拜使得官僚體制的任人唯親成為正當合理的原則。

這樣一種卡里斯瑪式關係網不只是造就了一種以諂媚、奉承、溜鬚拍馬為特色的官場文化，而且形成了一個人人以虛偽、謊言、奴性來得過且過、苟且偷生的假面社會文化。每個人都帶着假面在

做戲，上至嗜權如命卻高喊反修防修的領袖和他周圍的那些親信，下至茫然不知所從，只管跟風，不辨是非的基層官員和普通黨員，還有命如螻蟻、愚昧無知、奴性十足、不惜以相互出賣和背叛來自保或求寵的普通百姓。整個國家墜入前所未有的道德腐敗和困境，一直到今天，雖然毛已經死了40多年，但他留下的那個國家卻仍然無法從這樣的道德腐敗和困境中自拔。同樣嚴重的是，毛式領袖崇拜在中國政治文化中開創了一個惡劣的先例，為後來的領導人邯鄲學步、有樣學樣鋪平了道路，也為大多數國民默默接受這樣的個人崇拜準備好了效忠輸誠的愚順心理土壤。

三　領袖崇拜和高級黑

　　「文革」十年期間，效忠輸誠的標準誓言是「以生命和鮮血捍衛毛主席的革命路線」。但是，當「文革」被以「撥亂反正」結束之時，沒見一個人以這樣的方式來實現自己的誓言，人們反而是以同樣的熱情投入到對毛的親信和黨羽的清算中去。所以我們要問，他們先前信誓旦旦掛着嘴上的忠誠和崇拜真的是他們心裏所想的嗎？

　　莎拉・戴維斯在《斯大林俄國的民情》一書中揭示，在依靠暴力和恐怖來統治的極權國家裏，民眾對領袖的熱愛和效忠(外化為公開的個人崇拜行為)其實是複雜且矛盾的，背後隱藏着多種不同的形態：從愛戴、感恩、迷信、感受個人魅力到隨眾、反感、扮相做戲、假戲真做。戴維斯把斯大林崇拜研究的重點放在官媒崇拜話語的受眾(普通民眾)一方，而不僅僅只是從官方文件、官媒報道、公共話語和表面儀式來理解這種個人崇拜。(參見本書第九章)相比之下，這是《毛崇拜》所欠缺的。不過《毛崇拜》是第一部比較深入研究毛崇拜的著作，「僅希望能夠為將來的進一步研究打下基礎」。(20)進一步的研究也許正可以更多地關注普通民眾對待領袖崇拜的多樣化的接受心理、反應特徵、行為表現。

　　「文革」後，毛崇拜並沒有就此煙消雲散，除了在官方話語中

保存的那種特定的毛澤東政治遺產，民間對毛記憶、懷念、懷舊的一些主要表現通常被籠統地稱為「毛澤東熱」(毛熱)。毛熱比「文革」時的毛崇拜要相對單純和真實，因此相對便於對領袖崇拜的受眾研究。不管出於怎樣的個人需要或動機，這樣的「毛熱」都不太可能是假裝出來的，因此也可以讓研究者比較準確地瞭解民眾的真實想法和感受。

「文革」之後，幾乎所有與毛崇拜有關的「毛物件」——書籍、像章、報刊、印有毛語錄或頭像的物品等等——都被當作「廢品」處理掉了。這似乎表明人們已經開始忘卻「文革」，忘卻「文革」中他們曾經為之瘋狂的毛崇拜。但是，那些劫後餘生的毛物件不久就成為許多人熱衷的收藏品，還出現了專門的毛物件市場。有人把這個現象解釋為對毛的政治性懷念，也有人認為這不過是一種新的商業行為，還有人認為這是一種與政治和商業都沒有太大關係的懷舊情緒，或者是不止一種因素的混合。

不管怎麼，「文革」後人們對待毛物品的態度要比「文革」時期誠實得多。「文革」中，這類物品是不能隨便處理的。它們大量積存在人們家中，經常是因為人們沒有合適的方法去處置它們，而不是因為喜歡，更不是為了表明對毛的熱愛或崇拜。你可以把舊報紙賣到廢品收購站去，但是像《毛選》和《毛主席語錄》這樣的印刷品，或者像毛像章或雕像就不能這麼處置。凡是有毛畫像的物品都得格外當心，意外毀損會給人帶來麻煩甚至災禍。在「文革」的社會和政治環境中，物品取捨與自由選擇之間的關係是被扭曲了的，因此人們用物品或物品行為表現的個人崇拜也是扭曲和不真實的。

「文革」後的民間毛澤東熱表現出明顯的民間宗教性質，其情緒和行為特徵也是值得關注的問題，你可以把這些看作是迷信或愚昧，但那卻是真實的情感，不是因為屈從於官方宣傳或政治壓力而裝出來的。全國各地有許多「毛澤東廟」，四川省綿陽市南山有座很小的寺廟(紅恩寺)是其中之一。這個小廟除了供奉着一般廟子常見的菩薩外，還供着當代紅色領導人毛澤東、周恩來、朱德塑像以

及馬克思、恩格斯、十大元帥等畫像。廟門口的一幅對聯是「打江山坐江山全國人民都喜歡」「打天下坐天下人人都很擁護他」，橫批是「真龍天子天下為公毛主席萬歲」。是傳統的「天子崇拜」和「現代領袖崇拜」的奇異混合。

廟的主人是83歲的老人諶敦全，他出生在射洪縣一個貧苦農民家庭，1955年參加自願軍，1959年退伍到綿陽一家中央企業當鍛造工，1983退休。1995年，諶敦全與老伴在家後自留地的山坡上，挖土填方，將退休費和養豬費集中起來，以原來的小廟為基礎，建起了紅恩寺。2003年群眾又捐了些錢，擴大了面積，為寺廟塑造了那些菩薩和雕塑。他與老伴天天燒香，每逢初一十五，一些民眾也來朝拜。問及為何要建紅恩寺，諶敦全說，家裏兄妹九人，自小家裏很窮，「我爸幫人出身，除了給地主交租，基本上沒有節餘，吃了上頓沒下頓，解放後才逐漸過上了好日子。沒有毛主席奪取江山，就沒有我們今天幸福生活。現在，種地土地不交錢，取消了千百年的皇糧國稅，我們應該感恩」。在斯大林的蘇聯，希特勒的德國和毛澤東的中國，感恩都是領袖崇拜最真實、最樸素的情感內容，雖然感恩者並不知道為甚麼要感恩，值不值得感恩。

里斯在《毛崇拜》中特別關注頌聖和崇拜的「言詞和儀式」。「文革」中確實有許多個人崇拜(包括類似於宗教崇拜)的儀式，但「文革」後的領袖崇拜中，類似的儀式已經幾乎看不到了。然而，「文革」的個人崇拜言詞特色卻是被繼承下來，為新的個人崇拜需要服務(如習近平崇拜)，有的甚至發揚光大，更加誇張。頌聖語言慣常使用「最高級」說法，誇張地使用排比、高頭銜排列(領袖、統帥、導師、舵手、戰略家)、英雄歷史象徵(延安、長征、遵義、一大會址)、與領袖成長有關的聖地(如毛澤東的韶山、西柏坡，習近平的小梁河和「第二故鄉」河北省正定縣)。

對習近平個人崇拜用得最多的諛詞是「領袖」和「統帥」，形成了好幾個「系列」，有「大幸」系列(國之大幸、軍之大幸、民之大幸)，「不愧」系列(不愧為英明領袖、不愧為新時代總設計師、不愧為中共新一代核心)，「家」系列(馬克思主義政治家、思

　　　　　　　　　　　　　　暴政史：二十世紀的權力與民眾

想家、理論家、戰略家)。這些都曾經是用在毛澤東身上的頌詞。

北京市委書記蔡奇在十九大北京團讚揚習近平說:「最根本的是我們黨有以習近平同志為核心的黨中央堅強領導,有習近平總書記為全黨掌舵。習近平總書記具有馬克思主義政治家、思想家、理論家、戰略家的雄才大略、遠見卓識與堅定信念,他站在歷史的高點,嫺熟運用馬克思主義的立場、觀點和方法,指引我們進行偉大鬥爭、建設偉大工程、推進偉大事業、實現偉大夢想,得到了全黨全軍和全國各族人民的衷心擁護愛戴,充分展示了社會主義大國領袖的崇高風範和人格魅力。我們在任何時候、任何情況下都必須堅決維護核心、服從核心、愛戴核心、捍衛核心,堅決維護以習近平同志為核心的黨中央權威和集中統一領導」。

其他大員也不甘落後,天津市委書記李鴻忠甚至比蔡奇更勝一籌。「十九大」剛一結束,李鴻忠就在《人民日報》上發表文章,說「黨的十八大以來,我們之所以能夠實現偉大歷史性變革,最重要的就是有習近平總書記作為黨中央,全黨的核心,有習近平總書記理論創新,實踐創舉,人格感召的引領」。大概覺得這還不夠偉大,他還提出了要在習近平的帶領下,「進行偉大鬥爭,建設偉大工程,推進偉大事業,實現偉大夢想」的「四個偉大」,頓時被外界拿來跟「文革」時期林彪對毛澤東的「四個偉大」的吹捧作對比。

國防部長常萬全發明了「五天五地」崇拜經典,連用了五個排比句說:「習主席頂天立地的歷史擔當托起偉大夢想,經天緯地的雄才大略引領前進方向,戰天鬥地的革命精神令人心馳神往,翻天覆地的開新圖強鑄就巨變滄桑,感天動地的領袖情懷彰顯大愛無疆」。而河南省委書記謝伏瞻則發明了與毛時代「請芒果」有得一拼的「凝望習桐」行為藝術。2017年11月5日上午,他帶領多名省委副書記和省委常委去往蘭考縣,在焦裕祿幹部學院瞻仰「焦桐」,參觀和凝望「習桐」——據說是這兩位手植的泡桐樹。

同樣的修辭手法,反復使用,效果會迅速遞減,最後變得令人厭煩和反感,甚至滑稽可笑。更重要的是,今天的黨國意識形態已

經完全失去了1940年代「新民主主義」和1950至1960年代的「社會主義」的那種願景和使命魅力。今天的受眾已經與「文革」時已經發生了很大變化，他們對領袖崇拜的誇張、阿諛、奉承、奴性之詞其實是相當敏感的，他們並不愚蠢，只是沒有機會公開說出他們的真實感受而已。相比起「文革」時期的人們，他們更有思考和判斷的能力，頭腦也更清楚多了。雖然他們不能公開表示自己的看法，但私下裏卻並不遮掩內心的鄙視和嘲笑。這已經成為一個公開的秘密，新領袖崇拜的製造者和宣傳者是知道的，這也是為甚麼他們對低級紅、高級黑的反效果有所顧忌和懼怕，而這在「文革」中或之前是完全不需要的。

2019年2月27日，新華社受權發佈「中共中央關於加強黨的政治建設的意見」(2019年1月31日)，《意見》指出，要以正確的認識、正確的行動堅決做到「兩個維護」，堅決防止和糾正一切偏離「兩個維護」的錯誤言行，不得搞任何形式的「低級紅」「高級黑」，決不允許對黨中央陽奉陰違做兩面人、搞兩面派、搞「偽忠誠」。《意見》一經刊發，昔日網絡熱詞「低級紅」「高級黑」，再度引發輿論關注。

「忠誠」是一種人頭腦裏看不見、摸不着的意向，一個人的意向需要用語言表達出來，傳遞給別人。但這個傳遞的過程，以及傳遞的結果是不受表達者自己控制的。人們常說，言者無意，聽者有心，就是這個意思。一般情形下，這句話是說，一個人隨便說一句話，或者開個玩笑，但聽的人卻把這話當真了。然而，也有這樣的情況：一個人很認真地說一句話，提出一個建議，但聽的人卻把它當成了玩笑。說話的人本不想開玩笑，但聽話的人卻覺得好笑。他們不是存心看不起說話的人，而是覺得他說的話不合常情或有悖常理，所以不由得啞然失笑。

以機智出名的美國專欄作家富蘭克林·亞當斯(Franklin P. Adams)說過，「一個人的無心之言，別人聽到的卻是帶刺的諷刺」。領袖崇拜的「頌聖」在頭腦清醒的受眾那裏就會有這樣的諷刺效果。例如有一首《沒有他會死》的頌歌：

　　　　　　　　　暴政史：二十世紀的權力與民眾

他親密的情誼　在心間流淌
睡着醒着呼吸間溫暖的心
我們信任他像天一樣高的德
我們都跟隨他生活啊
沒有他我們活不了　金正恩同志
沒有他活不了　我們活不了
我們的命運　金正恩同志
沒有他的話我們活不了

　　這原來或許是很真誠的讚美，但讓許多人聽起來噁心和肉麻，在網上招來的是各種各樣的冷嘲熱諷。為甚麼會有這樣的言詞效果呢？因為它要死要活的濫情到了不近情理的地步。
　　再看這樣一首讚美蔣介石的頌歌：在台灣廣為傳唱一首《蔣公紀念歌》

翳惟總統，武嶺蔣公，
巍巍蕩蕩，民無能名！
巍巍蕩蕩，民無能名！
革命實繼志中山，
篤學則接武陽明，
黃埔怒濤，奮墨絰而耀日星；
重慶精誠，揮白梃以摧堅甲利兵，
使百萬之眾輸誠何易，
使渠帥投服復皆不受敵之脅從；
使十數刀俎帝國，取消不平等條約，而卒使之平；
使驕妄強敵畏威懷德，
至今尚猶感激涕零。
南陽諸葛，汾陽子儀，
猶當愧其未之能行！
……

破船上的舵手

頌辭引經據典，讚美蔣介石的豐功偉績：繼承孫中山的遺志、北伐、抗戰、廢除與帝國主義的不平等條約、用「以德報怨」的對日方針讓日本人對中國心存感激等等，因此發出了「老百姓無法形容他的偉大」的讚美。頌歌説，諸葛亮、郭子儀這樣的人物也會慚愧自己無法與蔣介石相比，雖然言詞誇張，有人會覺得可笑，但還不至於令人噁心和肉麻。相比起《沁園春·雪》的作者自以為秦皇漢武、唐宗宋祖、成吉思汗更加偉大，要算是很有節制的了。

　　噁心和肉麻在英語裏都可以用disgusting(厭惡)來表述，其同義詞是repulsive, sickening, nauseating，都是令人極度不適的意思。心理學研究發現，厭惡是一種文化習得：人們被教導甚麼是良好的趣味(往往與真誠、真實、真情、常識、適度等有關)，甚麼是惡劣的趣味(往往於阿諛奉承、拍馬溜鬚、虛偽做作、不誠實有關)。在正常的社會環境中，人們可以學會分辨良好的和惡劣的趣味，學會如何避免讓別人感到噁心。密歇根大學法學教授威廉·米勒(William I. Miller)在《解剖厭惡》一書中指出，「厭惡標誌着文化的界限和自我的界限」。[5] 也就是説，文化與文化，個人與個人，社會與社會之間的區別往往可以用他們對同一事物是否厭惡的不同反應看出來，滑稽可笑也能起到這樣的作用。即使在同一個社會裏，不同時期之間的區別也可以據此來區別。對於領袖崇拜頌辭的肉麻和噁心感同樣也能起到這樣的區分作用。

　　「文革」中的多種領袖崇拜頌辭在今天許多人聽來也許有了以前人們所沒有的肉麻感覺，這是因為時代變了，人們的言詞趣味也發生了變化。然而，一些模仿「文革」式領袖崇拜的新頌辭卻還是在被生產出來。習近平上台後，網絡上不斷湧現「頌習」的紅歌，如《習大大愛着彭麻麻》、《我是黃土地的兒子》、《平易近人》、《要嫁就嫁習大大》、《不知該怎麼稱呼你》、《全民偶像習大大》等，其中有一首叫《東方又紅》。曲調與《東方紅》相同，歌詞有輕微變動：「東方又紅，太陽重升，習近平繼承了毛澤東。他為民族謀復興，呼兒嘿喲，他是人民大福星」。然而，《東

5　　William I. Miller, *The Anatomy of Disgust*. Harvard University Press, 2009, p. 50.

暴政史：二十世紀的權力與民眾

方又紅》後來似乎在百度搜索上消失了，據説是因為涉嫌為民間的
「高級黑」之作。同樣的頌聖言詞在不同的歷史時期和境遇下並不
能起到同樣的宣傳效果，經常會事與願違，甚至適得其反。

其實，就像《沒有他會死》一樣，《東方又紅》的原作者也
許是真誠的，而「高級黑」或「低級紅」則是聽者一方的感受。其
實，在很多情況下，低級紅和高級黑的區別是很模糊的。這個區別
經常是由説話者的文化、社會、政治身份來確定的。我在農村插隊
的時候，村子裏有一位目不識丁的老婦人，夏天幹活，她光着上
身，在胸口的皮肉上別了一個領袖像。她對別人説：「你説你忠，
敢不敢別啊？！」村子裏沒有人懷疑她的忠誠，但都覺得她的行為
滑稽可笑，當面笑話她是瘋子。這或許就是低級紅，雖然低級，但
那是真忠誠。但是，如果官媒把這件事當作正面的經驗大張旗鼓
地予以報道，那就是高級黑了，雖然高級，但卻是偽忠誠。察覺領
袖崇拜的低級紅或高級黑是頭腦正常的人都具有的一種智識能力，
而愈明白事理的人就愈能敏鋭地感覺到公共和政治生活裏存在的低
級紅和高級黑。以前，副統帥説統帥的話句句是真理，一句頂一萬
句，大家都跟着這麼説，覺得是挺深刻，挺忠誠的高見。那是因為
明白人太少。今天，明白人多了，聽這種話就覺得是言不由衷的低
級紅或高級黑，知道這樣的諛辭奉承是馬屁樹上結出的謊言果實。

低級紅和高級黑的問題今天受到關注，是一件好事。低級紅和
高級黑都是諷刺的效果，聽起來像是正話反説，或者反話正説。只
有當眾多的聽話人都頭腦正常，都保持對滑稽、荒誕、諷刺的感知
能力時，社會中才會有低級紅和高級黑的問題。今天，人們意識到
低級紅和高級黑的諷刺和挖苦意味，是他們愈活愈明白的結果。低
級紅和高級黑是否冒犯被恭維者，令他感到不爽，其實並不重要；
重要的是，阿諛奉承的不實頌詞是一種公共話語污染，是對所有頭
腦正常、神志清楚者的智力侮辱和思想戕害。陀思妥耶夫斯基在《地
下室手記》裏説：「謙和而靈魂乾淨的人們，當他們的心靈被別人用
粗暴和侵犯的話語騷擾的時候，他們唯一的回擊便是諷刺」。或許也
可以拿來體會當下領袖崇拜的低級紅和高級黑之害吧？

破船上的舵手

第十一章

定於一尊的天才領袖

── 《共產獨裁的領袖崇拜》

　　前蘇聯和東歐集團國家雖然在政府體制上存在差異，但都有一位定於一尊的「領袖」，他是共產黨的首腦，也是國家事務實際的最高領導人和決策者。這樣的領袖角色是由一黨專制的獨裁制度所決定的。它雖然並不一定會產生斯大林或毛澤東這樣的獨裁統治和個人崇拜，但卻在任何時候都不能完全排除這種可能。在艾泊・巴拉希等編輯的《共產獨裁的領袖崇拜》(以下簡稱《領袖崇拜》一書裏，我們可以瞭解到一些與此有關的領袖崇拜特徵、專制制度規律和極權統治邏輯。[1]

　　20世紀極權國家的領袖崇拜中，希特勒崇拜和斯大林崇拜是最有代表意義的，一個是在非共產國家的德國，另一個是在共產國家的蘇聯。希特勒崇拜是納粹體制中特有的個人和領袖崇拜，是其他國家沒有的。相比之下可以看到，對斯大林的個人崇拜卻是其他共產國家在不同程度上都有的典型案例。因此，認識斯大林崇拜的特徵就不只是限於蘇聯一國，而且也可以在不同程度上推而廣之，用來認識其他共產國家的領袖崇拜。

一　領袖崇拜與個人崇拜

　　《領袖崇拜》中的討論限制於前東歐集團國家，並沒有涉及亞洲式的領袖崇拜或個人崇拜(如毛澤東和金日成三代王朝)。亞洲式崇拜在突出領袖「天才」時，會連蘇聯或東歐國家的人民都覺得誇

1　Apor Balázs, et al., *The Leader Cult in Communist Dictatorships: Stalin and the Eastern Bloc.*

　　　　　　　　　　　　暴政史：二十世紀的權力與民眾

張離奇、荒誕不經。例如，日本《新潮週刊》雜誌曾以專輯方式，對朝鮮金氏祖孫三代的神話提出評比，祖孫三代各顯神通，功力之高令人歎為觀止！根據朝鮮教育委員會製作的「今年的教育綱領」有關金正恩的內容，包括：「金正恩三歲就會開車，五歲則駕駛戰車，完全具有領導人必要的資質和能力」。關於金正恩的父親金正日，平壤出版的「正日傳說集」記載：「金正日出生時，日本的櫻島、三原山、富士山等各地五十個火山同時爆發」。金正恩的祖父金日成則功力更高。朝鮮小學一年級用的「親愛的首領金日成大將軍的幼年時代」教科書說，金日成在五歲時就知道「朝鮮獨立」的意義，「偉大的大將軍(金日成)有一天在一張白紙畫下許多匹馬，結果紙上的馬忽然全部變成真馬，其中一匹帶有金翅膀的『龍馬』跑出來，偉大的將軍就乘坐這匹『龍馬』飛上空中」。接着是：「瞬間雷雨交加，從天空降下大量石塊，地上的『日帝野郎(日本討伐隊)』全軍覆滅」。[2]

　　中國的毛澤東神話中雖然也有「奇跡」故事，毛澤東思想治癒聾啞人、「用毛澤東思想指導殺豬」，但主要借助的不是金家三代的特異功能，而是神話詩意和哲理象徵：「東方紅，太陽升，中國出了個毛澤東」，「天大地大不如黨的恩情大，爹親娘親不如毛主席親」、「毛主席的話一句頂一萬句，句句是真理」「只要有了好的思想，一切人間奇跡都能發生」。在這樣的領袖神話裏，領袖不僅偉大、英明，而且是人世間少見的天才、超人和神仙異人，人格魅力成為他絕對權威的正當性和正統性基礎。

　　與亞洲領袖崇拜的「神力」相比，《領袖崇拜》一書中討論的領袖崇拜更適宜於從「魅力」去理解。魅力(又稱卡里斯瑪)的概念來自馬克斯·韋伯關於「三種不同類型權威」的學說，它們分別是理性的，合法的和卡里斯瑪(魅力)的權威。就連屬非理性的魅力也比亞洲領袖崇拜的神仙魔力要理性得多。為了瞭解蘇聯和東歐集團國家裏的領袖魅力及其與領袖崇拜的關係，我們可以把領袖崇拜

2　　《朝鮮金氏三代的神話》，https://www.zaobao.com.sg/wencui/politic/story20141223-427423

(the leader cult)與個人崇拜(cult of the individual)區分開來處理。

領袖崇拜是體制性的，而個人崇拜則是個人性的，魅力更與個人崇拜有關。在黨國體制中，黨的最高領袖也是國家實際最高權威。他不同於民主國家裏的政治領導人，他的權力地位不僅在黨內，而且在國家裏也是至高無上的。作為「黨中央」的化身和人格化的「黨中央」，他是當然的和唯一的最高領袖，這種絕對的領袖地位自然而然會產生對領袖的崇拜：他號令天下、不容挑戰、不容置疑、絕對正確。在最好的情況下，領袖崇拜只是黨國體制和黨中央崇拜的變化形式，是屬他的黨魁職位，而不是他個人的。

但是，個人崇拜的對象不是黨魁職能，而是領袖本人。個人可能有魅力，而職能則無所謂魅力不魅力。在黨國體制內，一旦領袖本人被賦予神話魅力，他的個人崇拜代替了黨魁職能崇拜，那麼他就會凌駕於黨之上，如斯大林和毛澤東。領袖崇拜的黨國是一黨獨大，而個人崇拜的領袖卻是一人獨大，唯我獨尊，他可以隨意挑選他喜歡的人，把他們安插在黨和國家的重要位置上。他是絕對的主子，黨和國家的要員不過是他的跟班，他通過這樣的主子–跟班關係，控制了黨，而不受黨的制約。為了防止出現這樣的獨裁領袖，黨國會試圖建立一種可以對他形成某種約束的集體領導，而且原則上不會贊同領袖的個人崇拜。

斯大林就曾經是一個最典型的個人崇拜獨裁者。1956年2月蘇聯共產黨第20次代表大會上赫魯曉夫攻擊斯大林的「專制統治」。他用「個人崇拜」(kult lichnosti)一詞來解釋1934年之後蘇聯領導制度發生的變化：是個人崇拜鞏固了斯大林的個人獨裁，因此發生了犯罪性的濫權。赫魯曉夫所説的「個人崇拜」強調的是斯大林的個人品格、欲望和心理：粗暴、濫權、無度的權力欲和私心膨脹。赫魯曉夫承認，這可以追溯到1928年之後的一些政策，如以領袖權威強制推行的集體化。但是，他拒絕承認斯大林的個人專制與蘇聯的政治體制和運作有任何關係，也就是説，斯大林的個人專制是他個人的事，與列寧主義的布爾什維克制度無關。

這與我們今天對斯大林個人崇拜的認識有着本質的區別，我們

　　　　　　　　暴政史：二十世紀的權力與民眾

今天所重視的恰恰是，在蘇聯所建立和運行的是一個極權制度，領袖崇拜是這個制度的權力要素，而領袖崇拜極端化為個人崇拜只不過是一步之遙。只要極權統治維持一天，個人崇拜的危險就存在一天，有時候看起來受到了節制(如集體領導或有限的黨內民主)，但只要時機合適，條件成熟，或有所需要，就一定會死灰復燃。斯大林之後的勃列日涅夫個人崇拜，毛澤東之後的習近平個人崇拜都是例證。出現新一輪的個人崇拜，是因為又出現了新的權力危機，需要用個人崇拜來加以化解。新一輪的個人崇拜有邯鄲學步、東施效顰的效應，只會顯示領袖本人黔驢技窮和刻舟求劍的低能，並不能添加他的個人魅力。

個人崇拜的禍根隱藏在極權體制的領袖崇拜之中。在一黨專制的極權體制中，黨是絕對的權威：黨的領導無所不在，無所不能，而且相信會千秋萬代永遠長存。這個精心打造的體制結構的核心就是它的領袖，領袖是黨的象徵和黨的面孔，所有國民都必須聽黨話，跟黨走。他們必須對黨的無限信任、崇敬和服從，這樣培養起來的黨崇拜心理可以方便地轉移到任何一位黨魁身上。無論誰來擔任黨的最高領導都是一樣。

從理論上說，任何人都可以坐上這個最高位置，而且這個位置必須時刻有人坐着，絕對不能空閒。這個位置本身就在黨內扮演一個「可替換的不可替換角色」。一顆洋蔥必然有內核，而內核卻是空的，其實甚麼都沒有，同樣，黨組織必須要有核心，但誰都可以當這個核心。這就阿倫特著名的「洋蔥」比喻，「極權主義的統治和組織的恰當形象是一個洋蔥的結構，領袖處於一種空心的位置。無論他做甚麼，整合威權等級的政治體，或者暴君般地統治人民，他都是從洋蔥結構的內心，而不是在它之外或之上發生作用的」。[3]

德國歷史學家格哈德‧里特(Gerhard Ritter)指出，20世紀的暴力「革命」產生了形形色色的領袖崇拜，這與暴力革命的目標與方

3　Hannah Arendt, "Authority in the Twentieth Century." *The Review of Politics*, Vol. 18, No. 4 (Oct., 1956): 403–417, p. 411.

式有關，也是為達目的不擇手段的馬基雅維里政治產物。暴力和恐怖，階級鬥爭、黨內鬥爭、欺騙、權術、奸詐、偽善，形成了一種與戰爭類似的政治。20世紀的這種個人崇拜人物都是心狠手辣、陰毒殘忍、狂妄自大的流氓、超人和半神式人物，無一例外。以他們為首的政權都在國內造成過大規模的迫害、殘酷的政治運動、頻繁的清洗和人道災難。[4]

領袖崇拜對共產國家政權合法性的奠定是必須的，不是可有可無，而是其統治機構不可缺少的部分，只不過由於不同的現實條件，顯現的程度有所差別而已。以蘇聯為例，革命政權的合法性不可能基於傳統(世襲)或者理性-法律(選舉)，因此必須用其他理由來說服人民接受它的合法性。英國伯明翰大學歷史教授利斯(E. A. Rees)指出，不能用韋伯模式的第三選項「魅力」來解釋這種合法性。

共產國家政權有自己獨立的合法性基礎，包括三個特點。第一，利用象徵或情感依戀的力量，讓人民認同政權及其意識形態、制度、領導人、革命歷史、英雄人物等等。第二，政府提出某種口號、政策或綱領來爭取人民的支持，政策口號視需要而定。例如，蘇聯有戰時共產主義、新經濟政策、一國建成社會主義；中國有新民主主義、社會主義改造、大躍進、「文革」、四個現代化。第三，取得能讓人民覺得符合他們利益和願望的成就，如蘇聯的第一個五年計劃，中國的改革開放、經濟崛起。(《領袖崇拜》4)[5]

共產極權政權合法化基礎的上述三點都是脆弱的，它們必須依靠國家的力量才能保證人民的支持，因為它們都是自上而下強行決定的。人民沒有自由選擇的權利，他們不敢公開表示自己的反對意見，所以他們的支持並不總是真心誠意、言行一致的。為了說服他們，宣傳和洗腦便成為必不可少的重要手段。為了保證人民對政權的服從和忠誠，需要調動他們的情緒和情感，激發他們對黨和領袖的熱愛和敬仰，崇拜便是這樣一種情緒力量。然而，在非自由狀態

4　Gerhard Ritter, *The Corrupting Influence of Power.* Trans. F. W. Pick. London, 1952.
5　E. A. Rees, "Leader Cults: Varieties, Preconditions and Functions." In Apor Balázs, et al., *The Leader Cult in Communist Dictatorships: Stalin and the Eastern Bloc*, pp. 3–28. 出自此文的引文在括號中標明頁碼(《領袖崇拜》)。

下，人心裏的情感和情緒是無法測試的。統治者完全知道這一點。因此，對政權忠誠和對領袖熱愛的公開表現，各種崇拜的象徵和儀式，便有了決定性的重要意義。從唱國歌、升國旗典禮，到佩戴領袖像章，宣誓表忠、刷「學習App」，都是這種性質的儀式化行為。

儀式化行為規範了共產專制國家裏的「正能量」和「政治正確」。民主國家也有正能量和政治正確，但那是社會主流的政治和道德價值，而不是對某個黨或黨魁的忠誠和服從。共產專制國家的正能量行為都是為政治效忠服務的：讚美領袖、愛黨愛國、仇恨敵人、要求「進步」、向黨「交心」、要求參加組織、把組織當作爹娘親人、看官方新聞聯播、監督和舉報「壞人壞事」。在所有這些政治表現當中，敬仰和熱愛領袖是第一位的。一個人經常模仿別人這麼做，就會漸漸自覺要求自己這麼做。這會對他的思想、感情和心理有馴化作用。他的內心便會形成一種習慣性的態勢，對任何領袖都會有一種習慣性的膜拜。這種領袖崇拜是專制制度下「官職崇拜」政治文化的一部分，與領袖是否有個人魅力根本無關。事實上，產生於僵化官僚體制，經過這個體制長期打磨的領袖恰恰是最不可能具有個人魅力的。

二 封閉社會裏的領袖崇拜與政治文化

極權體制的領袖崇拜是專制統治邏輯(仇視人權、公民自由和權利、憲政法治)的作用後果，也是它權力制度結構的要素(一黨專政、以領袖為核心的大一統、等級森嚴和層層只對上級負責的官僚體制、挑選領袖的黑箱機制)。個人崇拜是領袖崇拜的極端形式，它經常被錯誤地理解為只是因為某個政治人物的個人權力欲望失度、道德操守低下、個性強梁霸道才出現的特例情形。不能排除這些個人因素所起的作用，但是，這些並不是主要的。如果不是因為專制極權本身的統治邏輯和權力結構，就算再有心計的個人要營造和維持個人崇拜，也是不可能的。

領袖崇拜是極權政治文化的集中體現，也強化了這種政治文

化。政治文化指的是形成人們政治行為的一系列觀念與行為方式，包括道德判斷，政治傾向，信仰選擇，以及關於良好社會的想法。政治文化體現為當下政權的性質和政府形式，但也包含一些早於當下政權的歷史和傳統元素。政治文化的重要性在於，它塑造了人們普遍的政治觀念和行為。因此，政治文化也被定義為「一系列態度，信仰和情感，它們為政治過程提供秩序和意義，並提供管理政治制度行為的基本假設和規則」。政治文化既包括政治理念，也包括政體的運作規範，是人們普遍政治心理和認識的體現。[6]

　　即使制度非常相似的國家也會有各自的政治文化特徵。例如，美國和英國都是民主國家，但各自有獨特的政治文化。美國政府的權力源於一部成文憲法，這部憲法的制定者們既擔心君主專制和強大的中央政府，也對多數人的暴政很不放心，因此他們將聯邦政府劃分為三個不同的分支，以確保權力的分散。在歷史的過程中，美國政治體制形成了兩黨競爭的傳統。相比之下，英國有着悠久的君主制歷史，從未有過成文憲法。雖然現任君主擁有國家元首的官方頭銜，但她的權力只是名義上的，而且。英國實行的是多黨而不是兩黨的議會政治。

　　同樣，前蘇聯和中國看上去有非常相似的政治制度，但卻也有着不同的政治文化，這也是兩個制度中領袖崇拜各有特色的一個原因。蘇聯斯大林的個人崇拜聯繫着列寧崇拜，與舊俄農民愚眾的沙皇崇拜和俄羅斯東正教的聖人崇拜有歷史淵源。中國的毛澤東崇拜則有與蘇聯不同的封建專制歷史傳承，「文革」後，許多對毛澤東個人崇拜的反思都論及中國專制主義統治傳統的影響。與俄羅斯傳統不同，中國特色的皇帝崇拜和王權崇拜是一種基於恐懼而非真愛的崇拜，是跪拜而非崇拜。就像中國人跪拜龍王，並不是因為愛龍王，而是因為怕龍王。臣民對皇帝也是這樣，皇帝獨攬大權、權力無邊、恩威莫測，代表一種深不可測的恐怖威力。正如歷史學家謝天佑所說：「君王對臣下一覽無遺，臣下視君王高深莫測。使臣下互相監視，可以『以十得一』，從而在上的君王達到『以一得十』

6　　*International Encyclopedia of the Social Sciences*, New York: Macmillan, 1968, Vol. 12, p. 218.

　　　　　　　　　　　暴政史：二十世紀的權力與民眾

的效果、這樣就『奸無所失』了。而君王則應『周密而不見』，把自己內心世界嚴嚴實實地藏起來，不讓臣下知道自己的愛憎。甚至君王與臣下語言思想都要『隔塞』，『辭言通』則『主不神』。君王與臣下之別，一個是不可揣摩的神，一個是完全可以控制的奴僕」。[7]

儘管不同極權國家的專制政治文化有各自特色的歷史傳統淵源，但作為同一類國家，它們共同的政治文化特點更值得我們重視。正如弗羅姆(Erich Fromm)在《害怕自由》一書裏指出的那樣，共產國家的民眾有一種對強人領袖的心理依賴，並自然而然產生對他的崇拜。崇拜能同時滿足領袖和民眾的不同心理需要。崇拜能讓領袖消除對自己的不確定性和不安全感，增強他的自信力和權威感。崇拜也能讓民眾覺得自己的生命裏融入了一個偉大的事業和一個高尚的目的，因此得到極大的滿足。這是一種對神話般的，超越世俗的，不可思議的力量的渴望。民眾需要滿足這樣的渴望——無論如何，哪怕是用自我欺騙的方式來滿足這個渴望。惟有如此，他們才是消除他們自己身上那種令他們感到羞恥的平庸。他們不但不渴望自由，而是反而害怕自由，逃避自由。[8]

這種雙重意義的領袖崇拜只是在封閉的極權社會裏才會起到作用。利斯指出，「這就是為甚麼領袖崇拜被視為內在於那些有『極權』控制野心的政權。20世紀的極權主義政權都有強大的領袖崇拜、精英組織和教條原則，都致力於將群眾融入一個信徒團體。他們都有這樣一個政治進程的目標」。利斯還指出，封閉制度中的領袖崇拜與開放政治制度中人們對政治人物表示崇敬是不同的。任何一種政治制度都會有一些崇敬或敬仰的象徵因素，如國旗、國歌、紀念處所、就職宣誓、國家節日和慶典、公共葬禮等等。美國首都華盛頓的國家廣場是就是一個具有國家象徵意義的開放型公園，裏面有林肯紀念堂，還有華盛頓、傑弗遜、羅斯福的紀念館。美國民眾對這些傑出的政治人物表示敬仰，不是因為他們代表了某一個黨

7　謝天佑：《專制統治下的臣民心理》，吉林文史出版社，1990年，第19–20頁。
8　Erich Fromm, *Fear of Freedom*. London: Routledge & Kegan Paul, 1942.

定於一尊的天才領袖

派，而是因為他們生前為國家做出過貢獻，或因為他們代表了國家歷史上的一些關鍵時刻。(《領袖崇拜》7–8)孫中山在中國也可以說是一個類似華盛頓或傑弗遜的人物，對孫中山表示崇敬與蔣介石崇拜或毛澤東崇拜是不同的。

在開放的政治制度下，公共空間能夠獨立存在並發揮作用，人們可以自由地發表對政治人物的看法和評價，因此能夠防止出現定於一尊、權大無邊的領袖。在穩定的民主憲政制度下更是不可能出現對領袖的個人崇拜。[9]但封閉的政治制度就不同了。第一，在那裏，政治有着開放政治所沒有的特殊目的和任務。開放社會裏的政治是一個推行和實施具體政策的工具，但封閉社會裏的政治卻是壓制和打擊政治異己的武器(階級鬥爭)，它的根本目的是確保政權永不易手(紅色江山永不變色)。這種政治需要一個代表政權，而不是代表人民的領袖。

第二，開放制度中的政治人物只是公職人員，過了任期，便可從事其他工作。封閉制度中的政治人物是「幹部」或「領導幹部」，工作由「組織部」安排，退出「一線」後，就會安排到「二線」。在這樣的制度中，最高領袖對眾多高級領導幹部的安排有很大的決定權，這個權力是開放制度中任何一位政治人物所沒有的。

第三，最高領袖對人事安排的巨大權力決定了封閉制度中領袖與親信下屬特有的主子–跟班關係。跟班的地位和榮耀取決於主子的恩寵，當然得竭盡全力擁護和讚揚。領袖的個人崇拜雖然可能由他自己授意，但必須借助這些下屬的精心打造和大力宣傳才能形成和維持。

封閉社會裏的宣傳機構和各種代言人都擔負着維繫領袖與民眾關係的重要「中介」任務。「領袖與民眾的關係是需要中介的」，這是因為，領袖並不直接接觸民眾，領袖甚至需要遠離民眾的日常視線，深居簡出(當然也是為了安全)才能保持一種高貴的神秘性。他的日常起居細節都是「國家機密」，偶爾在社會裏露面，也只是

9　A. J. Polan, *Lenin and the End of Politics*. Berkeley: University of California Press, 1984. Roy Medvedev, *Let History Judge*. Oxford University Press, 1989, ch. 11.

　　　　　　　　　　　　　暴政史：二十世紀的權力與民眾

為了顯示體恤下情、關心民眾。媒體予以報道，這就是一種中介的宣傳。利斯指出，「個人崇拜只有通過負責宣傳和控制輿論的職能部門才能真正發展起來，這些職能部門人員包括編輯、記者、宣傳和審查人員、教育人士、輿論引導人」。(《領袖崇拜》9)在對習近平崇拜的推動中，不僅有官方媒體，而且有他的親信下屬，還有各種身份的官方代言人，如胡錫進(編輯、記者)、胡鞍鋼(教授)、周小平(網絡輿論引導人)等等。

專制個人崇拜不僅要有人鼓吹，而且需要封殺一切不同的反對聲音。這就特別需要有封閉政治制度的基本條件保證，其中有四個特別值得重視。第一，這個制度實行的是人治而不是法治，政治以個人而不是制度為中心。政治權力逐級上升的個人，到了頂峰，便是至高無上的領袖個人。第二，言論和輿論，尤其是政治的不同觀點必須是嚴格掌控的。領袖的意見是唯一正確的，他一個人正確還不夠，還要用他的思想來統一全黨、全國人民的思想。第三，必須對所有公共媒體實行審查、管制和掌控。不允許妄議政治，更不允許批評或譏諷領袖。違反者，法律伺候。第四，必須控制人的社會化的所有方式和進程，嚴加監視學校教育、圖書報刊出版、文化活動、大眾文化、文娛旅遊、網絡社交等等。一句話，封閉的體制必須做到充分的封閉，任何一個缺口，都可能有千里之堤，潰於蟻巢的效應。防範「政治風險」也就成為重中之重，而維護領袖的絕對權威和個人崇拜則成為政治維穩的核心部分。

三 真假魅力與個人崇拜

領袖個人崇拜要打造的不可能是一個泥塑木雕的偶像，而是一個富有個人魅力的英明領袖：他有堅定的信仰，不忘初心，一如既往。他有強烈的使命感，高瞻遠矚、天才睿智，永遠正確，這是他的傑出之處，也是他的魅力所在。只有這樣的偉人，才配得上萬民的敬仰和崇拜。個人崇拜強調的是領袖的個人魅力。「魅力」因此成為認識個人崇拜的一個不可或缺的關鍵因素。但是，不同的領袖

個人崇拜中的魅力因素(打造方式、運作特徵、合法性需要)卻並不相同。

英國歷史學家伊恩·科紹(Ian Kershaw)用「魅力」為關照點，比較了納粹德國的希特勒崇拜和蘇聯的斯大林崇拜。希特勒的「元首」(der Führer)崇拜是內在於納粹體制的，希特勒這個個人從一開始就是納粹運動的精神力量，他也始終是納粹制度的核心。相比之下，斯大林崇拜是一種對最高「領導」(vozhd)的崇拜，是在他權力鬥爭勝利後才製造出來的。共產革命開始的時候，就算是領袖或「大佬」式的人物，也不可能有個人崇拜。多位大佬人物之間的權力博弈結果是難以預測的，只有當其中一位絕對勝出後，才有可能形成絕對的權威，並以此打造他的個人崇拜。[10]

而且，共產黨內的個人崇拜還有礙於馬列主義的教義原則。希特勒可以把自己當作德國的救世耶穌般人物，但斯大林不行，因為馬克思主義不承認救世主。為了打造他的個人崇拜，斯大林必須重新解釋馬克思主義，用馬克思主義理論來包裝革命領袖的特殊作用。他也得先打造列寧崇拜(列寧生前是不允許這麼做的)，乘勢打造自己的個人崇拜。由於個人崇拜違背馬列主義的教義，赫魯曉夫才有可能用反對個人崇拜來反對斯大林。希特勒是靠自己的魅力贏得了他在納粹黨內和德國的政治權威，但斯大林在蘇聯共產黨裏和國際共產主義運動中的權威卻是來自他作為馬克思、恩格斯、列寧的繼承人身份。

共產國家的領袖不具有希特勒的那種個人魅力，他們根本不善於做那種即興發揮、熱情澎湃、打動人心的演說，他與「人民」的溝通不過是在報紙上發表「重要文章」或者在開會時用緩慢的語速做報告。他訴諸革命思想和正確理論的說服力量，到底有多少人是真的被說服，似乎從來不是他要考慮的問題。解釋和貫徹他的思想力量，那是他親信手下的事情。這也是其他共產黨領袖一貫的

10　Ian Kershaw, "Working Towards the Fuhrer: Reflections on the Nature of the Hitler Dictatorship." In Ian Kershaw and Moshe Lewin eds., *Stalinism and Nazism Dictatorships in Comparison*. Cambridge University Press, 1997, pp. 88–106.

　　　　　　　　　暴政史：二十世紀的權力與民眾

指示和領導作風，與希特勒富有個人魅力的煽動和蠱惑是根本不同的。

　　共產黨領袖擁有的是一種「製造的魅力」，這個特殊意義上的「魅力」與韋伯所說的那種「魅力領袖」又可能有怎樣的聯繫呢？這種「製造的魅力」在極權體制中起到的又是怎樣的作用呢？這些是與斯大林式領袖崇拜和領袖魅力普遍有關的問題，可以從以下兩個方面來考慮。

　　第一，真假魅力的區分並不一定是本質的區別，而可以是程度上的區別。魅力只是極權獨裁統治權力的一個元素，而不是全部。斯大林式的個人崇拜是一種鞏固其統治，打造其統治合法性的權謀。個人崇拜訴諸於個人魅力，但它的魅力只是一種表象，與韋伯所說的那種真實的領袖魅力並不是一回事。韋伯所說的那種「魅力」有助於我們認識斯大林的假魅力，因為用「魅力」概念去理解斯大林的個人崇拜，可以幫助我們看到，像斯大林這樣的獨裁統治者雖然並不具有真實意義上的內在魅力，不具備希特勒那種程度的個人魅力，但可以用宣傳的手段來營造一種「魅力效應」，這種魅力效應是共產極權制度所特有的，也特別需要的一種領袖與民眾的情感認可關係。個人魅力效應的心理要素是親和性的「崇拜」，它能有效淡化或消解極權統治的暴力恐懼，把統治權力的強制壓迫轉化為民眾的自願服從和支持。

　　而且，如德國社會學家，韋伯研究專家雷納・萊普修斯(M. Rainer Lepsius)所指出的，一黨專政的權力結構需要有一種「卡里斯瑪式關係」(魅力關係)。里斯在對毛澤東崇拜的研究中採用了這個觀點，他認為，「不管領袖本身的個人能力如何，政治制本身已經促成黨內等級體系中頂端與其下屬之間交流的不對稱性……萊普修斯為這種『卡里斯瑪式關係』選出了如下的主要標準：信徒們的個人奉獻；規範性標準的消解；基於情感忠誠而不是正式法則建立起來的共同體」。這是對韋伯理想中的『卡里斯瑪式關係』的重新解釋，把個人崇拜的魅力從靜態的個人內在素質轉向動態的權力運作，「認為領袖能夠維持卡里斯瑪式統治不僅僅基於其個人品質特

性，而且也基於卡里斯瑪式關係的結構。雖然卡里斯瑪式的個人品質並不是建立領袖崇拜的必要條件，但是它確實能強有力地加強領袖崇拜被認可的程度」。[11] 也就是説，領袖的個人崇拜能夠在權力的官僚體系中有效地經營一種主子與跟班的利益聯繫，斯大林、毛澤東都是這樣。

第二，雖然黨的首腦並不是一個真的魅力領袖，但為他精心打造的個人崇拜卻還是讓他成為一個似乎魅力無限的神人，因此實際上是有效的統治謀略。利用個人崇拜的神話，斯大林成功地改變了自己的公共形象，從一個枯燥無味、不討人喜歡的行政官僚變成了英明睿智的時代創造者。這種個人崇拜所營造的政治魅力在相當程度上改變了傳統暴君與臣民的關係，使斯大林與人民之間形成了一種具有催眠和麻痹作用的魅力黏合。無論他的統治如何恐怖、殘暴，錯誤連連，都不曾對他的統治權威造成重大的負面影響。無論他做甚麼，怎麼做，人民都能接受，既不懷疑，也不反抗。

對領袖的個人崇拜形成了一種人民必須對他絕對信任和服從的政治氣氛。心甘情願地絕對服從，這是人民對魅力領袖表示無限熱愛和崇敬的唯一方式，任何程度上的不熱愛或不崇敬都自動成為大逆不道的犯上行為。而且，個人崇拜還能成功營造一種「敵友論」的世界觀和社會觀：要麼是「我們」，要麼就是與我們敵對的「他們」。崇拜「我們的領袖」是表現我們這一方的無條件忠誠，因為他是我們這一方的絕對權威。

在共產政權延續數代人的國家裏，開國領袖的個人崇拜與守成領袖的個人崇拜在性質上是不同的，因為他們包括的權威(無論是否需要外化為魅力)是不同的。卡蘿·斯特朗(Carol Strong)和麥特·基林斯沃斯(Matt Killingsworth)在《斯大林是魅力領袖嗎？：作為合法性權術的「個人崇拜」》一文中指出，開國領袖擁有的是「自然的權威」，而他們的後繼守成者擁有的是「製造的權威」。自然的權威指的是，在政權轉變時期的過程中，在民眾那裏自發形成的

11　丹尼爾·里斯：《崇拜毛》，第16–17頁。M. Rainer Lepsius, "The Model of Charismatic Leadership and Its Applicability to the Rule of Adolf Hitler." *Totalitarian Movement and Political Religion.* 7: 2 (2006), p. 175.

　　　　　　　　　暴政史：二十世紀的權力與民眾

那種權威。[12] 也就是亂世出英雄的時期，在複雜的環境、條件、機遇中自然而然產生的英雄權威。相比之下，製造的權威則是指在官僚科層中因提拔或推舉而產生的那種最高位置的權威。這兩種權威是不同的，權威的性質不同，製造權威人物神話，即個人崇拜，的可能性和有效方式自然也就不同。

利斯指出，「不同的共產政權——在蘇聯、南斯拉夫、阿爾巴尼亞、中國、北韓、北越和古巴——有一些相同的特點。開始時的革命運動參加者都是高度意識形態化的(信念堅定、使命感強、有獻身精神)，都是富有戰鬥性的先鋒戰士，都經歷過地下工作、革命、內戰、黨派鬥爭或民族解放鬥爭。這些都影響了他們的思維和做事方式。他們在革命運動的過程中建立起自己的權威，大多數權威都能維持幾十年之久。像列寧、斯大林、鐵托、霍查、毛澤東、胡志明、金日成和卡斯特羅這樣的人物都是傑出的歷史角色，他們身上有着勝利者領袖和國家建立者的光環，編織關於他們的神話和傳奇是很容易的事情」。(《領袖崇拜》20-21)但是，這些英雄人物的後繼守成者們要編織專屬於他們自己的神話和傳奇就沒有那麼容易了。勉強為之，就難免鬧出「小梁河大學問」「扛200斤麥子，10里山路不換肩」一類的笑話來。

以個人為中心的領袖崇拜是共產專制政權的共同特徵，雖然個人崇拜的程度不同，但這種領袖崇拜都具有相同的統治邏輯、權力結構、專制運作方式，並形成一種相同的，與封閉社會相一致的政治文化。這種政權在領袖周圍製造一種精緻而令人害怕的神秘感。它把領袖神話為一個使得他的所有下屬和人民都相形見絀，必須對他仰望，唯其馬首是瞻的偉大人物，因此向他們索取無條件的忠誠與馴服。儘管這種個人崇拜中有個人榮耀、自尊自大、忘乎所以的因素，但是，它出現在幾乎所有的專制政權中，這就表明，它的存在是有制度原因的。

12　Carol Strong and Matt Killingworth, "Stalin the Charismatic Leader? Explaining the 'Cult of Personality' as a Legitimation Technique." *Politics, Religion & Ideology*. 12: 4 (Dec.2011): 391–411.

有的共產專制國家甚至在吃夠了領袖個人崇拜的苦頭之後，有過痛定思痛的反思，也採取過一些遏制個人崇拜的措施，但終於因為不能改變專制制度本身，而功虧一簣，無功而返。一旦有機會，有需要，個人崇拜便又死灰復燃，甚至變本加利地捲土重來。每當這種個人崇拜再度發生的時候，它都會強迫國家和社會變得更加封閉：嚴控媒體和公共言論、禁止任何批評或辯論、打擊異己、監控人民的思想、強化宣傳洗腦。在這種時候，個人崇拜便成為一個國家的憲政法治正在以怎樣的速度倒退，強權正在如何倒行逆施，政治氣候正在變得何等惡劣的一個晴雨錶。歷史一次又一次給了我們這樣的這樣的教訓，能不能吸取歷史的教訓，就要看我們自己了。

　　　　　　　　　　　　暴政史：二十世紀的權力與民眾

第三部分

恩惠、感恩與崇拜

第十二章

從天才崇拜到天才領袖崇拜
—— 《群氓的時代》、《極權主義的起源》

　　莫斯科維奇在他的群眾心理學名著《群氓時代》(1981)裏討論的是一種以全知全能的天才領袖為中心的群眾社會。(4)[1] 他認為，這樣的政治人物既是韋伯所說的魅力型領袖，又是18世紀後「新天才」的政治化身。他是以20世紀前四分之三年代中的一些政治領袖為藍本的，在這個歷史時期裏，「劇烈的社會動盪一場接着一場，震撼了世界上大多數國家，並把有魅力的領袖推上權力的巔峰。斯大林、墨索里尼、鐵托、尼赫魯、卡斯特羅，偉人以及他們的那些仿效者完全控制並將繼續控制他們的臣民。作為回報，後者則狂熱地崇拜他們」。(1)

　　今天，這樣的歷史時代已經成為過去，這些20世紀的天才領袖有的已經絕後，極少尚未絕後的即使仍然還有傳人，也已經不再是超人領袖，頂多只是在東施效顰地模仿他們的政治先人，乞靈於先人殘存的領袖魅力。但是，「領袖」仍然是我們今天認識和理解當下群眾社會的一個重要概念，因為在他身上集中體現了民眾與權力的關係。這種關係在歷史中是逐漸形成並不斷變化的。它最初形成於法國革命，18世紀啟蒙時代的天才觀念和天才崇拜對這一關係的形成有着重要的影響。經過拿破崙時代和隨後19世紀的英雄崇拜，天才崇拜在20世紀一些極權國家演變成為意識形態型的領袖崇拜。莫斯科維奇對群眾社會中領袖的論述正是以20世紀這個特定歷史時期為背景的。

---

[1]　　塞奇·莫斯科維奇：《群氓時代》，許列民等譯，江蘇人民出版社，2003年。出自此書的引文在括號中直接標明頁碼。

一 天才的政治化: 法國大革命與天才崇拜

　　莫斯科維奇討論的是一個大眾社會(mass society)和大眾人(mass men)的時代，他指出，在人類歷史中，「一種集體生活形式的誕生總是伴隨着一種新類型的人的出現。相反地，一種集體生活形式的衰亡也總是伴隨着某種類型的人的消逝」。在大眾人的時代裏，領袖必須把指揮、管理的本領「與其他更有魔力的先知的素質結合起來，去喚起羨慕和熱情」。缺少了這種能人加先知的「偉人」，大眾社會便會陷入危機，「民眾們就像是一堆碼好的磚塊，略經風雨就會坍塌，因為沒有任何東西把它們黏合起來。領袖讓每個人都感到與他有一種個人的關係，使他具有人們已經認同的思想和世界觀」。(6)

　　在宗教中，先知是被視為與神聖存在有接觸的個體，是代替神說話的人，他充當神和人類的中間人角色，向人類傳遞神的旨意和教誨。基督教的先知又稱先見，他們能夠早早看到某些未發生的事，但並非每一件事都能預知，他們只能看到神要他們看到的事情，並以隱晦的方式告知世人。能聽懂先知的話，這本身就是一種人世間的智慧。在現代政治中，天才領袖的先知作用就是向芸芸眾生指明社會未來的發展方向。在這個意義上說，天才領袖是被賦予特殊使命的，「他們被認為是人們期待已久的救世主，將把人民帶往上帝允諾的樂土。儘管有一兩個頭腦清醒的人士的警告，民眾們依然總是通過那些所謂的領袖來理解自己、發現自己，認清自己的本質，他們敬仰那些人是全知全能的超人，能夠通過人格的支配力量來利用人」。在敬畏和崇拜之中，他們把這樣的領袖變成了半神人，「認為他們的每個判斷都正確無誤，每個行為都公平合理，每句話都真實不虛」。領袖的絕對權力開始是在偶然中形成的。他的好運使他的權力顯得更加神秘和神聖，「這種力量後來有具備了制度的形式，自動地獲得了普遍的運用」。(3-4)

　　無論是作為先知還是半神，領袖身上都保留了前現代的天賦異稟痕跡，正如達雷恩·麥馬漢(Darrin M. McMahon)在《神聖的精

暴政史：二十世紀的權力與民眾

靈：天才史》一書中指出的那樣，這種天賦異稟在18世紀啟蒙時期開始轉化為現代意義上的「天才」，也正是在這個時代，天才被政治化了，成為構造現代權力的一個要素，這也就是為甚麼大權集於一身的絕對領袖都會把自己打造成一個天才。沒有「天才」這個因素，領袖無法真正成為「偉人」。[2]

天才和偉人並不是同義詞，但是，從法國大革命把米拉波(Honoré Gabriel Riqueti, comte de Mirabeau)、伏爾泰、盧梭請進「先賢祠」(Pantheon)的時候開始，這兩個詞的辨別便不再像人們想像的那樣清晰。巴黎的聖吉納維芙教堂(Church of Ste-Geneviève)原先是路易十五為他的保護聖人修建的，他於1744年大病之時發誓，如果他能從疾病中康復，定將建一所教堂來作聖女日南斐法遺骸的安放之地。1791年，這個教堂被變成了革命的先賢祠，首先被請進來的先賢是米拉波伯爵，他是法國革命早期的領導人(1789–1791)，也是作家、政治記者和外交官，共濟會會員。在法國大革命初期統治國家的國民議會中，他是溫和派人士中最重要的人物之一，贏得了「人民的聲音」的美譽。接着被請進先賢祠的是伏爾泰，還有笛卡兒、盧梭。

對此，麥馬漢評說道，先賢祠成為法國革命的神聖象徵，「也成為國民向一種新型偉人獻祭的象徵。一部分是英雄，一部分是偉人，一部分是守衛者，一部分是聖人，天才既是舊的合成，又是新的創造。他們的遺骸背負着國家的沉重。新聖人是國家的庇佑，也是人類之父，承載着法蘭西之外萬千男女的渴望，將普世與特殊合為一體」。早在1760年還沒有人能預見革命的時候，法國作家尼古拉斯·尚福爾(Nicolas Chamfort)就宣稱，天才不僅是天賦超常之人，而且是「人類的大師」。1767年，法國詩人安托萬–萊昂納德·托馬斯(Antoine Léonard Thomas)在法蘭西科學院的演說中說：「天才已經成為其他人思想、看法和公共偏見的仲裁者」。啟蒙哲學家孔多塞(Marquis de Condorcet)在爭取讓笛卡兒進入先賢祠時辯

2　Darrin M. McMahon, *Divine Fury: A History of Genius*. New York: Basic Books, 2013, 出自此書的引文在括號中標明頁碼(McMahon)。

護說，笛卡兒「讓哲學回歸理性」，不僅解放了人的思想，也為「永遠摧毀政治壓迫」奠定了基礎。這很像達朗貝爾(Jean-Baptiste le Rond d'Alembert)說過的，「少數偉大天才的作品讓啟蒙得以在人類中間傳播」。(McMahon, 107–108)

法國革命後，與18世紀啟蒙伴生的天才崇拜再也無須顧慮教會的指責，天才崇拜不再被視為一種褻瀆，而是對人類偉大的頌揚。革命前，法國的日曆上標明的是紀念聖徒的日子，革命後統統換上了普世性的優秀人物，達芬奇、笛卡兒、拉辛、莫里哀、伏爾泰等等。1793年革命白熱化的時候，基督教曆法被徹底廢除，代之以新的曆法，稱共和曆(calendrier républicain)，是法蘭西第一共和國時期的革命曆法，由數學家約瑟夫‧拉格朗日(Joseph-Louis Lagrange, 1736–1813)、數學家加斯帕‧蒙日(Gaspard Monge, 1746–1818)和詩人、演員、戲劇家法布爾‧代格朗汀(Fabre d'Églantine, 1750–1794)協助制定。目的在於割斷曆法與宗教的聯繫，排除天主教在群眾生活中的影響，並同時增加勞動時間。雖然已經廢棄不用，但當時的法國歷史事件至今還有用這種曆法記載的，如熱月政變、霧月政變等。新曆法計劃增加五個節日，把每個革命年的最後一天法定為「天才節」，以此向為國家作出重要貢獻的傑出人物致敬。

天才節的提案是由代格朗汀向革命立法機構國民議會提出的。他是法國大革命的政治家，他對國民議會解釋說：「天才節將向人類的一個最寶貴和高尚的特性致敬，那就是人的思想，思想讓我們與所有其他的造物區分開來」。他還說，在天才節這一天，人們向「那些最偉大，對國家最有貢獻的觀念」致敬，向「所有與人類心靈創造有關的活動」致敬，其中包括「藝術、科學、商貿、立法、哲學、道德」。國民議會通過了天才節的提案，但由於革命引起的動亂而並沒有真的慶祝過。(McMahon 108–109)

大革命把天才樹立為一種新型的權威，它不僅是法國的，而且還是人類的，明顯受到18世紀啟蒙的普世主義的影響，與後來的民族國家甚至黨派國家的天才權威是不同的。這樣的現代天才取代了國王，也取代了上帝，成為一個新神話，也成為公眾的崇拜對象。

從此天才便與政治和政治變革聯繫起來。革命者頌揚天才，需要天才，借助天才的貢獻。對他們來說，天才的意義不只是在於認識世界，而且更在於改造世界，這才是天才真正的政治作用。馬克思後來把這項重任轉交給哲學，他所說的哲學不是解釋世界，而是改造世界，保留了哲學在所有認知行為中特別優越的那種天才因素。

這個關於天才的政治神話是「革命」和無數因為平凡而需要天才的「我們「創造出來的，「我們是那些驚歎、癡迷，渴望天才帶來解救的人們。在非常真實的意義上可以說，是我們創造的天才」。(McMahon, xvi)連革命和啟蒙的反對者也參與了對天才神話的創作，就在他們咬牙切齒地把「革命歸咎為伏爾泰的罪過」，把他當作洪水猛獸的時候，他們的咒罵本身就是在高抬所謂的啟蒙天才。

天才神話越得以擴散，天才的政治作用也就越加得到認可。天才成為政治的一種新的合理性依據，成為政治理性、智識、前瞻遠見、正當性的象徵。到此刻為止，天才是在死後被追認的，很快天才在活着的時候就會被發現，發出耀眼的光芒。這光芒可以照亮黑暗，也可以照瞎注視者的眼睛。天才領袖活着的時候便是這樣的兩面人物。

活人天才領袖的危險在於，由於迥異於常人，他們被允許擁有特權和行為特許。這就意味着，民眾因為需要和崇拜天才，所以心甘情願地放棄與天才的平等，把自己放置在低於天才一等的智識和政治地位上。在高舉自由、平等、博愛大旗的法國大革命時代，天才崇拜已經開始顯現它深刻而致命的內在矛盾。一方面，天才富有魅力，因為他具有解放的作用和救贖的能量；另一方面，天才又可能代表一種新的危險，開闢一條新的路徑，把人重新帶回欺凌和壓迫。

第一個方面是天才的破壞和革除作用。劇作家、詩人和革命家瑪麗–約瑟夫·謝尼埃(Marie-Joseph Blaise de Chénier, 1764–1811)堅信「自然讓自由與天才結成同盟」。他建議將笛卡兒的遺骸移靈先賢祠，他說，笛卡兒被迫離開法國，在瑞典客死他鄉，是舊制度對

天才的犯罪。笛卡兒的存在本身就標誌着「天才歷史的一個重要時刻」，他配得上「革命之友」的高尚榮譽。天才之所以與自由密不可分，是因為天才顧名思義就是為人類進步清除障礙和打破限制的偉人。狄德羅《百科全書》裏論天才的文章也是持這樣的看法，稱「規則和法規都只是天才的阻礙」。(McMahon, 110)

第二個方面是天才的建樹與引領作用，這可以向善，也可以向惡。向惡的天才可能比任何人都更危險。在法布爾‧代格朗汀向國民議會提議設立天才節的時候，羅伯斯庇爾表示不同意，他說，「凱撒是一個天才之人，但凱撒是一個暴君」，天才並不能保證正義，也不能保證正當行為。羅伯斯庇爾認為，德性比天才更重要，所以「美德紀念應該比天才節更優先」。羅伯斯庇爾的提議有人附議，但沒有通過，但卻顯示了在當時的共和環境裏一些人對天才的戒備。那些站在羅伯斯庇爾一邊的人們未必主張甚麼「人民是天才」。他們是擔憂，天才論和天才崇拜會變成一種新的合理的不平等，變成一種新的強制服從，這種不平等和服從都因為看上去是自願的，所以會成為更加難以抵抗的宰制和壓迫。(McMahon, 111)這正是莫斯科維奇在《群氓時代》里特別關注的那種現代極權政治天才，他們全都能力超凡，但卻無一不是為了滿足無度的權力欲而不擇手段。他們專斷獨裁、欺詐善變、乖戾專橫、喜怒無常、唯我獨尊、無法無天，是20世紀特有的那些大大小小的希特勒和斯大林。

二　英雄崇拜與領袖崇拜

羅伯斯庇爾對天才崇拜懷有戒心，雖然他曾經是法國革命的領袖，但他反對個人崇拜，就此而言，他是一個完全不同於後來希特勒或斯大林的政治人物。在莫斯科維奇對領袖的分析中，希特勒和斯大林屬「圖騰式領袖」，而羅伯斯庇爾則是一位「摩西式領袖」。他們的根本區別在於對「個人」崇拜的肯定與否上，因此可以用「個人崇拜」來區分他們。莫斯科維奇認為，「早期的基督教徒，革命時期的法國革命家」都屬非個人崇拜的摩西式領袖。

(441)在法國，反對天才崇拜的羅伯斯庇爾與自詡為軍事天才的拿破崙，他們之間有一個從摩西式領袖向圖騰式領袖的轉變。

在這兩類領袖中，「摩西式領袖的道路更高尚」，他們不需要是完美的領袖。摩西式領袖沒有，也不允許自己有任何特權，「這類領袖對別人提出的要求也是他們對自己提出的要求。他們對自己約束到甚麼程度，對別人也約束到這個程度」。他們引領人民，但他們並不把自己變成偶像，他們要求「人們必須敬慕和尊重更高層次的思想，而不是敘述這種思想的人」，摩西禁止偶像崇拜，「是為了防止那些已經被他驅逐出去的重新歸來，也就是那些製造幻覺，並且麻痺人民的魔術師和拜物教徒」。(435)

羅伯斯庇爾是一個摩西式的領袖，他忠於自己的共和理想，把共和的聲音看得比他自己聲音重要得多。他曾是1789年法國三級會議、國民議會代表和雅各賓俱樂部的成員，主張男性普選權及對日常食品實施價格管制，並於1794年成功地在法國殖民地廢除奴隸制。他受到18世紀啟蒙時代知識分子盧梭和孟德斯鳩等人的影響，堅定地遵守和捍衛他的共和主張，在當時一度贏得了「不可腐蝕者」的綽號(l'Incorruptible)。[3] 他的演說《路易必須死，因為共和國必須生》便是他的信念宣誓。法國歷史學家亞伯特·麻階(Albert Mathiez)把羅伯斯庇爾的名聲推至頂點，將他塑造成窮人和被壓迫者的辯護人、保皇黨和腐敗政客的敵人、法蘭西共和國的守護者。[4]

與羅伯斯庇爾相比，拿破崙是一個典型的圖騰型領袖，他雖然沒有20世紀極權領袖可以倚重的那種政黨和國家宣傳機器，但差別只是表面的。他們都是「從人海中湧現出來，接受人們的奉承和效忠」，「拿破崙的形象讓人瘋狂，他的話語充滿魅力，他喚起的敬畏感感染每一個人。對於由孤獨的、原子化的個人重新組成的群體中的大多數人來說，他就是體現為個人的民眾。他使這個群體有了他的名字、他的形象，以及他的積極有為的意志」。(7)就像斯大

3   J. M. Thompson, *Robespierre*, vol. I. Oxford: Basil Blackwell, 1935, p. 174.
4   Albert Mathiez, "Robespierre: l'histoire et la légende." *Annales Historiques de la Révolution Française.* 49: 1 (1977): 3–31.

林就是蘇聯，毛澤東就是中國一樣，拿破崙就是法國。

拿破崙的名字對於他的群眾就是圖騰和崇拜的偶像。19世紀初，當拿破崙的士兵就像20世紀當斯大林或毛澤東的戰士，都意味着無條件的效忠和崇拜。「拿破崙為法國革命軍隊中的士兵作了這種出色表演。斯大林也在全世界共產主義者中成功地展示了……人民與一個領袖的心心相印」。士兵為民眾提供了服從和效忠榜樣（經典口號就是「向雷鋒同志學習」），軍隊式的服從確保民眾對領袖的無限忠誠，「把一個龐大的人群轉變成為一個單一實體，這給了領袖一種可見而又不可理解的吸引力」。莫斯科維奇認為，這是一種有害的結合，是非理智的，「一旦領袖說話或行動，它就會屏息駐足。但是，為取得這種效果而使用的技能首先是心靈，然後是信仰，最後還有希望。理智只起着非常次要的作用。在這個民眾組成的社會中，只要仔細看看動員民眾的藝術，我們就會明白，政治乃是被復興的宗教。」(7)

然而，並非所有的政治都是復興的宗教，只有在斯大林和希特勒統治的或類似的極權國家裏，我們才能看到那種復興宗教的政治。在拿破崙的時代還不存在這樣的國家或統治形式。拿破崙確實是一位魅力型的領袖，但他的魅力與希特勒或斯大林的相似性是有限的。麥馬漢把拿破崙視為最典型的「浪漫天才」，「只要一提他的名字，那就是浪漫天才的定義」。(McMahon, 115)拿破崙代表的是一種領導風格，而不是一種意識形態；他是有魅力的軍事天才，而不是絕對正確的政黨領袖；他是浪漫的，而不是恐怖的。在這一點上拿破崙與斯大林或希特勒那樣的極權獨裁者是完全不同的。

拿破崙身上體現的那種天才偉人和對這種政治人物的天才崇拜是史無前例的，從此形成了莫斯科維奇所說的圖騰式領袖，在20世紀的極權統治中達到了登峰造極的程度。德國詩人歌德讚美拿破崙是「這世界上從來不曾有過的輝煌天才」。英國詩人拜倫還是哈羅公學學生時，不顧跟同學們鬧翻，也要把英國人痛恨的拿破崙的半身塑像放置在他的房間裏。雖然貝多芬後來不喜歡拿破崙，但拿破崙1804年稱帝時，貝多芬對他充滿了崇敬，把他的第三交響曲獻

給了拿破崙。拿破崙的天才當然與他的種種超常才能有關，他有眼光、堅韌、專注、知識豐富、興趣廣泛，有判斷力，還有充沛的精力，「作為領袖，尤其是將軍，拿破崙具有一種對別人有強制影響力的心理威力，讓他能充分展現他的人格魅力。他是一位心理大師，能把握軍隊的情緒，讓軍隊順從他的需要。在談判桌上和接見廳裏，他都有辦法使歐洲最強大的人物向他屈服。最後，他的興趣和知識非常廣泛，年青時喜愛寫作和哲學，成熟後關心科學和支持藝術，這讓各種各樣的人都迷上了他。他也因此成為歐洲公認的天才。(McMahon 115–116)

這也容易讓我們忘記一個重要的事實，那就是拿破崙的天才形象首先是他自己打造的。一個人光有才能，哪怕是非凡的才能也是不夠的。一個人必須讓別人認為他有大才能，是天才，他才有可能成為天才，除非他能成功打造自己的天才形象，也就是製造天才神話，他即使有再大的才能，也還不是天才。一旦天才神話打造成功，天才崇拜也就包含在其中了。

拿破崙是一個啟蒙時代的人，「他有意識地運用在整個18世紀形成的天才話語，為自己塑造一個比任何人都偉大的形象。可以說，他的天才中最為關鍵的部分正是他扮演天才角色的能力，並進一步地發揮這一角色的作用」。他一直在有意識地打造自己的天才形象。早在1797年他還只是駐意大利法國軍隊指揮官的時候，他就利用軍隊的報紙《駐意大利軍隊戰報》(*Courrier de l'armee d'Italie*)把自己宣傳成一個「像閃電和雷鳴般的」人物，「集許多美德為一身，是一個無所不知、無所不能的廣泛天才(un vaste genie)」。《戰報》稱拿破崙是一位「除了他自己的意志限制，力量無限的偉人」。1799年他的政治地位開始上升，1802年成為執政官(Consul)，1804年成為皇帝，官方頒佈的拿破崙履歷讚譽他的目光遠大，可以實現「任何天才的宏大抱負」。幾乎所有的政治要人，甚至僧侶也都加入了造神運動。1805年，拿破崙率軍渡過萊茵河，一位牧師熱情讚揚說，拿破崙15天裏所做的貢獻超過了查理曼(Charlemagne, 768–814)一輩子的功業，或敢於夢想的成就。

　　拿破崙的天才形象打造就相當於我們今天所熟悉的那種天才領袖宣傳，當然，在規模和組織性上還只能算是雛形。但是，他卻開啟了把政治人物打扮成人類天才的先河。在他之前，天才都是一些詩人、藝術家、科學家、作家，而且絕大多數是死後的追認。但是，從拿破崙開始，政治家也成為天才，是最重要的天才，而且活着的時候就已經是公認的天才。這樣的天造之才使他成為非凡之人，非凡的天才更是他政治合法性的基礎。這是史無前例的。

　　拿破崙被他的同時代人和後人視為「偉人」，他集軍事天才、傑出領袖、卓越政治家於一身，他不僅具有魅力，而且具有現代意義上的魅力。魅力這個字在古希臘就有了，古希臘語的魅力(kharis)是「神恩」和「神所賦予」的意思，早期基督教沿用了這個説法。在現代用法中，魅力會令人立刻想起19世紀德國社會學家馬克斯·韋伯在《經濟與社會》一書中闡述的一種特定的宗教和政治權威。他提出的「三種統治分類」：魅力型權威、傳統型權威、法理型權威。他將魅力型權威定義為「對某一個人神聖、英雄或出類拔萃之非凡特質，及其彰顯出的行為模式之遵從」。魅力型權威擁有「超凡的個人特質、神奇的洞見或成就，並吸引跟隨者盡忠和服從」的權力。這種權力在民眾心中被認為是神授的，追隨者也因此對他竭盡忠誠。韋伯特別用拿破崙來作為「天才型統治」的例子，「暗指在天才的神秘力量和魅力之間有密切的聯繫」。在韋伯那裏，魅力可以「喚醒」和「測試」，但無法「學習」也無法「教授」，因此有一種魔幻、神秘、命運的色彩。(McMahon, 121)

　　在拿破崙身上，魅力和天才是合二為一的。這樣的「偉人」在歷史上還是第一次出現，經濟和政治學家亨利·德·聖西蒙(Henri de Saint-Simon)1807年提議為拿破崙建一座巨大的紀念碑，他説：「歷史用金色的字母寫下了五個英雄的天才和五個科學的天才」。五個英雄天才是亞歷山大、漢尼拔、凱撒、先知穆罕默德和查理曼；五個科學天才是蘇格拉底、柏拉圖、亞里士多德、培根和笛卡兒。他們是從兩個不同的大門進入「光榮聖殿」的，唯一結合了英

雄天才和科學天才的拿破崙從兩個大門都可以進入這個聖殿。[5]

拿破崙不僅是聖西蒙所説的英雄天才和科學天才，而且還是19世紀許多德國崇拜者所説的「行動天才」(Taten-Genie)，他把握了改變人類存在和世界面貌的無限可能，不僅集前人的種種天才(智識、創造力、想像力、意志力)於一身，而且還添加了強大的行動能力。他的行動不全在於征戰和征服，而在於改變了他的人類同伴。拿破崙死後，黑格爾説：「世界歷史的(偉大)個人是那些明顯地塑造了人類同伴欲望的人」。拿破崙就曾經是這樣的偉人，「他們在目的達到之後，就像種籽的空殼一樣飄落到了一邊」，但他們的精神會永久存在下去，「他們身上有一種比他們本人更強大的力量，這是一種『永恆而異類』的東西」。[6]可以説，黑格爾是在用一種浪漫的眼光在看待浪漫天才拿破崙。莫斯科維奇把拿破崙樹立為圖騰型領袖的典範，當我們用這個範型去看待20世紀的希特勒和斯大林時，我們需要警惕的是，不要被這樣的浪漫色彩迷惑，因為群眾心理學的分析模式雖然有用，但它有一個根本的缺陷，那就是忽視對具體政治領袖 —— 摩西型的也好，圖騰型的也罷 —— 的政治分析。

三　極權領袖崇拜的政治分析

莫斯科維奇在《群氓時代》中提出的兩個原型的領袖類型 —— 摩西型和圖騰型 —— 原本是來自弗洛伊德對偶像崇拜的研究。不難看出，與所有的原型分類研究一樣，這兩種領袖原型是高度抽象和原則化的。它雖然用歷史人物作為例子，但與現實生活中存在的領袖個人崇拜有着相當大的距離。用這兩個原型來認識20世紀國家的政治領袖及其個人崇拜很難得出與原型一致的結論。例

5　Claude-Henri de Saint-Simon, "Introduction aux travaux scientifiques du dix-neuvième siècle." In *Oeuvres de Claude-Henri de Saint-Simon*, 6 vols. Paris: ÉditionsAnthropos, 1966, 6: 201–202.

6　Georg Wilhelm Friedrich Hegel, *Lectures on the Philosophy of World History: Introduction*. Trans. H. B Nisbet. Cambridge University Press, 1975, pp. 84–85.

如，同一個國家祖孫三代的專制領袖，每一代的魅力未必都是一樣的，而三代統治者所造就的民眾順從是會積累的，以至於他們説起領袖就會動情地流淚，領袖難得出國一次就會像呵護弱不禁風的孩子一樣，擔心他是否會被外國的壞天氣損害了健康。民眾對第三代領袖出奇的崇拜未必就能證明他的魅力真的就勝過前面兩輩。雖然這三代領袖的個人崇拜讓他們顯得似乎跟拿破崙一樣是圖騰型人物，但是，如果單憑這一點就把他們當作可以與拿破崙平起平坐的天才偉人，那就簡直成了一個笑話。

即使是那些看似可以歸類的領袖，最後決定是否成為摩西型和圖騰型的也不是他們自己的意願，而是對他們有所利用的個人、組織或勢力。莫斯科維奇舉了兩個摩西型的共產主義領袖，一個是馬克思，另一個是列寧，他們活着的時候都是反對個人崇拜的。但是事實如何呢？摩西禁止拜偶像，不准為神畫像，基督教徒們至今仍然遵循這個古訓。但是，馬克思和列寧後來在共產國家裏都還是被當作了崇拜的偶像來供奉。

是甚麼力量把馬克思和列寧變成他們自己所不願意的偶像的呢？又是甚麼力量讓希特勒開始時只是虛無縹緲的天才夢最後得以實現的呢？是政治制度的力量，而不只是如一般群眾心理學所描繪的那種領袖與民眾的關係。制度分析應該是政治分析，而不只是心理分析。阿倫特的《極權的起源》是對希特勒和斯大林極權統治的政治分析典範，她對極權領袖的看法與韋伯式的魅力領袖(也就是圖騰型領袖)觀念形成鮮明對比。她要表明的是，所謂的魅力觀念在應用於20世紀極權主義時是荒謬的。

阿倫特對極權領袖的分析包含在《極權主義的起源》一書的第三部分裏。[7] 她這部著作的三個部分並不是很銜接的，第一和第二部分(分別關於「反猶主義」和「帝國主義」是針對德國納粹而寫的)。在這兩部分完成後，阿倫特才形成了極權主義理論的基本認

---

7 Hanna Arendt, *Origins of Totalitarianism.* New York: Harcourt Brace Javanovich, 1979. 出自此書的引文在括號中直接表明英文原文頁碼(Arendt)。譯文來自林驤華譯的《極權主義的起源》，個別處有改動。

暴政史：二十世紀的權力與民眾

識，也就是第三部分的內容。有論者認為，阿倫特「不過是把一個新理論嫁接到舊的軀幹上，在已經幾乎完全寫好的手稿上添上了全新的第三部分」。這使得《極權主義的起源》的讀者經常會對全書的結構感到相當困惑，也使得阿倫特所說的「極權起源」只是納粹的起源。[8] 她在第三部分裏也討論了納粹主義之外的布爾什維克主義，更具有與極權主義的普遍相關性，因此，對她的極權主義理論來說，第三部分是最重要的，可以獨立成篇。

這部分是從討論「群眾」和「暴民」(mob)開始的。阿倫特對極權領袖(希特勒和斯大林)的討論不是單獨的，而是放在對群眾的討論中來處理的。她對群眾的理解集中在「被運動」和「被組織」這兩個根本的特點，而極權主義本身就是一種「組織化的運動」，或者說，極權主義運動就是組織群眾的運動。(Arendt, 323)這樣界定的群眾是與群眾心理學的群眾非常不同的。

群眾心理學的「群眾」一般是與「個人」區別的結果，雖然有的也涉及「組織」，但並不突出。莫斯科維奇在《群氓時代》裏就「個人與群體」指出，在群體裏，個人「每個人都時不時地被迫服從其主管和上級的決定。他往往不假思索地接受其朋友、鄰居或者政黨的觀點。他還常常採納周圍人的態度、語言和品位格調」。他所說的「上級」和「主管」都暗示了個體的組織特徵。但是，他的重點還是在於「群眾心理」，「更糟的是，一個人一旦加入一個群體，深陷於一群民眾之中，就可能變得過分暴躁、驚惶、熱情或者殘忍。他的行為舉止與道德良心相抵觸，與其利益也相違背。在這種情況下，他似乎已完全變成了另一個人」。[9]

相比之下，阿倫特對「群眾」(masses)的認識基礎不是個人與群體，而是在「群眾」與「民眾」(也就是我們所說的「百姓」)的區別中產生的。而且，她更強調極權主義組織群眾的特定方式，它有別於民主或其他制度下民眾組織的方式。她指出，「極權主義運

8　Roy T. Tsao, "The Three Phases of Arendt's Theory of Totalitarianism." *Politicial Research*. Vol. 69. no. 2 (Summer 2002): 579–619, p. 581.

9　莫斯科維奇：《群氓的時代》，第17頁。

動將目標定在組織群眾，並且獲得了成功」，極權主義必須造成人多勢眾的勢頭，在人口分散或人口較少的國家裏很難建立極權主義政權。極權主義不可能在沒有群眾動員的情況下存在，群眾是在「純粹多數的力量」脅迫下，被運動和被組織的百姓。(Arendt 308)極權主義慣用的「發動群眾」就是用動員的方式把民眾變成群眾，民眾並不像許多人設想的那樣天生就是群眾，民眾必須經過政黨的組織和動員才有可能變成群眾。

然而，即使在現代極權國家裏，百姓也不可能永遠處於這種被動員的狀態，因此百姓並不隨時隨地、在任何情況下都是群眾。領袖依靠的是群眾，而不是百姓。在有的事情上，領袖可以把相當範圍內的百姓動員成群眾，但並不是在所有的事情上都能這樣。例如，領袖可以組織千千萬萬的百姓搞「大躍進」運動，但在這之後的大饑荒裏，領袖卻不可能組織千千萬萬的百姓忍饑挨餓或者組織他們活活餓死。人們作為群眾和他們作為百姓的利益經常是互相衝突的。「文革」的上山下鄉運動中，中學生「響應號召」，情願或不情願，都得被動員或裹挾成為群眾。他們積極表現，最後浪費青春，蹉跎歲月，一事無成，吃盡苦頭的還是自己。這是百姓為自己充當群眾付出的代價。

當百姓被動員成為群眾的時候，他們甚至還會失去理智，跟着領袖做出各種蠢事和壞事，甚至犯下罪行。「文革」中的群眾暴力施虐和打砸搶便是這樣。百姓之所以容易被動員成為群眾，是因為他們不能擺脫原始的暴民心理，「惡和罪在暴民心理中的吸引力早已有之。暴民一向會歡迎暴力行為，而且會讚美說：『這也許不光彩，但是很聰明』」。他們會把暴力當為一種信念，哪怕他們自己成為這一信念的受害者。阿倫特說「一個納粹分子或者布爾什維克分子不會因為對……民眾犯了罪行，而動搖他的信念，這可以理解；但是，令人驚異的是，當他自己遭到厄運，甚至變成被迫害的犧牲品，被整肅出黨，或被送進苦役營或集中營……的時候，他也不會動搖。相反，文明世界都驚奇地發現，只要他還把自己當成極權主義運動中的一個群眾成員，他甚至會自願幫助迫害他自己，

　　　　　　　暴政史：二十世紀的權力與民眾

判處自己死刑」。(Arendt, 307)蘇聯1930年代莫斯科審判中被誣陷有罪的罪犯主動配合認罪，並以為這是自己對黨應盡的責任。「文革」中有的人即使被迫害得生不如死，在跳樓或投河的時候，還忘不了高呼「毛主席萬歲」。像這種極權統治下的乖戾行為已經遠遠超出了群眾心理學所關注的普通群眾行為特徵：衝動、非理性、趨同、暴力等等。

阿倫特從群眾和群眾運動來看領袖，得出的結論就是，領袖的重要性來自群眾和運動，而不是他本人的內在天才特徵，「希特勒得依靠他所體現的群眾『意志』，正如群眾得依靠(希特勒這個領袖)一樣」。沒有領袖，群眾就會「缺乏外在的代表」；而沒有群眾，「領袖則是一個無足輕重之人(nonentity)」。(Arendt, 325)沒有群眾，領袖就甚麼都不是，更不要說是甚麼魅力型天才或偉人了。

人們對韋伯提出的「魅力型」領袖到底是怎樣的人物一直有不同的解釋，有的人把希特勒和斯大林視為韋伯所說的魅力型領袖，儘管是惡的魅力型領袖，莫斯科維奇就是這樣。在韋伯那裏，真正的魅力具有超自然、超人的，至少是特別出類拔萃的力量或素質。魅力要保持對他人心靈和頭腦的感召，就必須不斷顯示它的威力，一旦失靈，也就會喪失，成為嘲笑和捨棄的對象。也就是說，魅力型人物是他人情緒的俘虜，當他人的情緒變得冷淡和敵意的時候，魅力的光彩也就煙消雲散。

對於魅力型領袖具有超人和不凡品質這種說法，阿倫特相當不以為然。她認為，把希特勒和斯大林看作這個意義上的魅力型領袖，無異於是在為他們的殘酷罪行做辯解。不僅如此，這還會妨礙清楚地看到，追隨這種領袖的到底是些甚麼樣的人物，這些追隨者不是指一般的黨員，而是與領袖有直接接觸，並瞭解他意圖的那些重要的核心人物。他們是發動和動員群眾的真正實行者，如納粹的希姆萊，蘇聯的莫洛托夫。他們成為領袖的死黨，並不是被領袖的所謂人格魅力所吸引，而是因為，把他確立為領袖，有利於實現自己的權力欲。這也同樣適用於其他極權領袖，例如，有的政治人物事實上是難以相處，心計很深，令人害怕，不受信任的人物，但由

於黨在生死存亡的關頭需要他的軍事才能，於是他便有機會被擁戴為領袖。

至於一般的追隨者，他們根本沒有機會直接體會領袖的所謂魅力，他們對領袖只是「着迷」(fascination)而已。有人認為，希特勒有演講的天才，演講是領袖與群眾的直接互動，也是群眾感受他魅力的原因。對此，阿倫特反駁道，斯大林缺乏演講才能，卻打敗了富有演講才能的托洛茨基。(Arendt, 361)她還指出，群眾對斯大林的着迷可以完全與斯大林是否有魅力無關。一個人對誰着迷便會覺得他值得着迷，或者反過來說，一個人覺得誰值得他着迷，他就會對誰着迷。阿倫特稱此為無需魅力的着迷。

把着迷當作魅力，是因為看不清一個重要的事實，那就是極權領袖的所謂魅力天才是由兩個極權機制所打造的，那就是組織和宣傳。阿倫特指出，極權領袖的權威來自他所領導的那個組織，那是一個用意識形態來組織的黨。領袖只是「黨組織的簡單結果；他的確不是作為一個人，而是作為一種功能。……與其他專制形式相比……極權主義領袖事實上可以隨心所欲，可以依賴隨從們的忠誠，甚至可以作出殺死他們的選擇」。只要黨組織是完整的，領袖就是無可指責的，這就是領袖的絕對權威。(Arendt, 387–388)只要維持一黨專政存在，換哪一個領袖，無論他實際上多麼平庸，都能成為這樣的權威，都能被當作具有魅力天才的領袖，都能讓千千萬萬從來沒有見過他的普通民眾着迷。

四　極權領袖權威的兩大支柱

阿倫特對極權領袖研究的核心觀點是，極權領袖的重要性不在於他這個人，而在於他的位置，他的職能(function)。(Arendt, 387)她稱這樣的領袖是「不可取代的可取代」(indispensable dispensable)人物，意思是，領袖是一個最高的上位，誰來坐都可以，他這個人是可取代的。但是，一旦他坐上了這個位置，他就成為必須的了，誰都不能取代他了。這個位子是至高無上的，它就是領袖，軍隊和

　　　　　　　　暴政史：二十世紀的權力與民眾

秘密警察都得聽坐在這個位子上的那個人。阿倫特把這個位子上的個人的經歷分成兩個階段,一個是在坐上這個位置,獲得絕對權力之前的階段(成為領袖之前),另一個是坐穩了這個位子的階段(成為領袖之後)。

在第一個階段,他是在一個「緊密的小圈子」裏脫穎而出的,「他的地位取決於他在小圈子成員中玩弄計謀的能力和他經常更換部下的技巧。他上升至領袖地位,依靠的是一種處理黨內權力鬥爭的極端能力。……他與先前各類獨裁者之間的不同之處是他很少通過簡單的暴力來取得勝利。希特勒不需要衝鋒隊和黨衛軍來保障他在納粹運動中的領袖地位;相反,羅姆是衝鋒隊首領,能夠依賴衝鋒隊對他個人的忠誠,卻成了希特勒的黨內敵人之一。斯大林戰勝了托洛茨基,托洛茨基在群眾中更有魅力,而且作為紅軍總司令,手中握有當時蘇俄最大的潛在權力。再者,俄國革命中最有組織才能的、最能幹的官僚不是斯大林,而是托洛茨基。另一方面,希特勒和斯大林都是處理具體問題的能手,在他們的初期生涯中都致力於人事工作,所以幾年後,留在重要位置上的人幾乎全都是依仗他的恩賜」。(Arendt, 373–374)在第一個階段,這個還未正式成為領袖的人是最不安全的,所以時時處處會小心謹慎。

在第二個階段,他就變得堅不可摧了,起關鍵作用的不是他有甚麼超乎尋常的才能,而是讓他周圍最親近的小圈子「真心誠意並識時務地相信,沒有了這個領袖,那就甚麼都完了」。(Arendt, 374)這個圈子裏的每個人,高層人士和部長們都明白,他們自己的臨時權力職位都是可以被別人取代的,並不非要他們來擔任不可。他們知道,「自己的權力直接來自領袖本人」,並不是通過階層提拔制度推舉上來的。(Arendt, 405)領袖掌控着「迷宮一般的權力傳送帶,這就是最高權力」。(Arendt, 408)也就是說,除非領袖點頭,誰也別想在官僚的階層裏爬到他渴望的那個地位。讓領袖擁有這種權力的並不是他知人識賢的能力,而是他坐在上面的那個至高無上的位置。

領袖坐上第一把交椅,靠的是政治手腕和一些外在的偶然因

素，而不是甚麼人格魅力或智識天才。一旦坐穩了這個位置，領袖的絕對權威也不是來自他本來就不見得具有的甚麼魅力，而是來自他能夠長期佔據不放的那個位置。這麼說，當然不是要貶低他在組織高層間的重要性，領袖的職位屬性恰恰增加了領袖的重要性。極權高層一切都從「組織」的角度來考慮問題，他們知道，用政變的方式去取代領袖，等於集體自殺。阿倫特指出，這種內部的政變對組織會有災難性的結果，會導致組織的瓦解。(Arendt, 374)她這個論斷似乎預言了1989年蘇聯葉爾欽的那場組織內部政變。當然，那是一個非常特殊的情況。

在一般情況下，組織內部的政變幾乎是不可能的。在組織內很難形成協調一致的反對派，就算有人動過這個心思，有這個想法，由於重疊的權力安排和頻繁的「去職、降職和升職」，也會使得權力人物之間的可靠合作不再可能，這樣也就防止了政變的發生。對此，阿倫特指出，「希特勒獨裁和斯大林獨裁清楚地證明了一個事實：原子化的個人形成的孤獨狀態，不僅為極權主義提供了群眾基礎，而且孤立狀態一直延伸到整個結構的頂層。斯大林幾乎槍殺了可以宣稱屬統治集團的每一個人，每當一個小集團將要形成時，他就將政治局成員隨意搬來搬去。希特勒摧毀納粹德國小集團的手段還不太可怕——唯一的一次血腥整肅是針對羅姆集團……希特勒阻止小集團形成的辦法是經常轉換權力和威權並且經常改變身邊最親近的人員，所以權力圈內的人和他人之間先前的一切團結都迅速煙消雲散」。(Arendt, 407)

領袖的力量體現在，哪怕是組織裏最高層的人物也都知道自己是可以按領袖的意志隨意替換的。他們都明白自己現有的權貴位置乃是領袖的恩賜，「在蘇俄，每一個人都知道，一個大工業集團的總經理或外交部的部長，都可能在任何日子裏跌落到社會和政治上的最底層，而一個毫不出名的人會取代他的位置。另一方面，在納粹專政的最初階段產生某些作用的幫派共謀，後來失去了延續的力量」。(Arendt, 407)每一個身居高位者要保住領袖的恩寵，唯一的辦法就是無條件的忠誠。更重要的是，不要與其他高層權貴發生可

　　　　　　　暴政史：二十世紀的權力與民眾

能引起領袖不安或懷疑的私人聯繫，無論是平級的還是上下級的。

領袖可以確定，無論他挑選誰作為他的繼承人，組織都一定會聽他的，組織給了他這個方便的權力。阿倫特稱這樣的組織是「統治集團」，她指出，「缺少一個統治集團，便使極權主義獨裁者的繼任者問題變得特別麻煩和為難。這個問題確實困擾所有的篡位者，而更有特點的是，極權主義獨裁者從無一人試過建立一個王朝、指定兒子繼位的舊方式」。(Arendt, 408)在這一點上，阿倫特似乎是誤判了，因為確實已經有極權獨裁者建立了一個王朝，而且傳位已經三代，看來還會繼續下去。

極權主義如何確立權力繼承，這對每個獨裁者都是一個難題，「希特勒作了無數次指定，而後又自我否定。斯大林的方式是使繼位在蘇聯成為一種最危險的榮譽。在極權條件下，懂得輸送帶(transmission belts)的迷宮便等同於最高權力，而每一個被指定的繼位者一旦開始明白實況，過一段時間他就會被自動清除。有效的，相對長久的任命的確預設着集團的存在，它的成員們會分享領袖壟斷的內情，而這正是領袖必須不惜一切予以防止的」。(Arendt, 408)在這之後，為了解決接班人的問題，有的領袖設計了隔代指定的方式，這有利於保證集團的存在，也使得被指定的領袖更需要徹底控制和完全依賴於這個集團的存在，更需要盡量長久地坐在他的位子上。

阿倫特認為，極權國家的領袖宣傳是為組織服務的，「極權主義宣傳的真正目的不是說服，而是組織」。(Arendt, 361)這樣的宣傳是意識形態的，也用意識形態的正確，而不只是領袖的個人能耐(當然有時候這也很重要)來突出領袖的英明和偉大。領袖的英明和偉大體現的是黨組織的英明、偉大、正確，他坐在領袖的位子上，這便是足夠的證明。領袖的錯誤是不能承認的，必須開動宣傳機器，證明這是前進道路上，由外部因素或陰謀——天災、階級敵人破壞、國際反動勢力的陰謀——所造成的困難或破壞。多難興邦，越是困難越要戰勝困難，這才更加證明領袖的偉大。這種宣傳的對象是「自己人」，而不是「敵人」。它不是要說服敵人放棄敵意和

對立(因為這是不可能的)，而是增加自己人的凝聚力。因此，如果它說謊，那是一種最惡劣，最荒誕的謊言，因為它欺騙的是那些對他信任，因此他最不應該欺騙的人群。

但是，阿倫特指出，「極權主義獨裁者們面對荒誕局面，仍然頑固地堅持原先的謊言，這種態度遠不止是對詭計的迷信，至少在斯大林身上，心理學無法解釋說謊的原因，他的成功也許會使他自己成為最後的犧牲品」。他最後會一句真話都聽不到，因此永遠被謊言蒙在鼓裏。(Arendt, 362)由於組織的政策不斷變化，朝三暮四，自相矛盾，根本不是用巧妙的修辭可以自圓其說的。所以，一時關於領袖創舉的非常成功的宣傳，後來卻會顯出領袖的愚蠢與專橫。而且，當領袖做出十分荒唐、愚蠢的決定時，整個組織裏居然沒有反對的聲音，所有的人都在一味附和、叫好。當這種上有好者，下必甚焉的滑稽景象充分暴露在世人面前時，受損的就不只是領袖，而是整個組織。

阿倫特指出，「極權主義宣傳只有在失敗的時刻才會顯現出它的虛弱本質。若無運動的力量，其成員立即就會不相信他們昨天還準備為之獻出生命的教條。當運動(亦即庇護他們的虛構世界)被摧毀時，群眾就會轉向他們原先作為孤立的個人的地位，或者在一個已經變化的世界裏愉快地接受一種新的功能，或者沉淪於他們舊日絕望的多餘者地位。極權主義運動的成員們只要運動猶存，就會完全瘋狂地活動，但不會模仿宗教狂的榜樣作為殉道者去死(儘管他們發誓願意像機器人一樣去死)」。(Arendt, 363)希特勒的自殺把納粹宣傳一起帶進來墳墓，但是斯大林的死雖然把他的個人崇拜帶進了墳墓，但卻並沒有結束蘇聯的宣傳，但那以後，極權主義宣傳顯現出它的虛弱本質，因為它事實上已經失敗。

阿倫特所論述的極權主義終止於1953年斯大林死去的時候，她對後斯大林的蘇聯相對沒有對斯大林時期那麼強烈的興趣。1956年，匈牙利事件發生後，她在《極權帝國主義：論匈牙利革命》(1958)一文中譴責了赫魯曉夫和他的支持者，但沒有再強調那是極權主義的延續。她對蘇聯的發展持悲觀的態度，但她在1966年為

《極權主義的起源》所寫的序言裏認為，蘇聯已經演化為一種非極權的一黨專制國家。這時候蘇聯的領袖是勃列日涅夫，他1964年上台擔任蘇共總書記，1977年6月，蘇聯最高蘇維埃舉行會議，解除波德戈爾內最高蘇維埃主席團主席的職務，選舉勃列日涅夫擔任這一職務，出現了勃列日涅夫獨攬黨、政、軍大權的局面，他掌握政權18年。他的上台恰恰是通過阿倫特所認為不太可能的「內部政變」實現的。阿倫特1975年去世的時候，勃列日涅夫正坐在領袖的位置上，直到1982年去世。

五　後極權的個人崇拜

赫魯曉夫時期，蘇聯經歷了批判斯大林個人崇拜和去斯大林化的歷史性轉變，但是，在隨後的勃列日涅夫時代，蘇聯卻經歷了一個再斯大林化和勃列日涅夫個人崇拜的歷史倒退。然而，這已經不再是斯大林個人崇拜的翻版，而是轉變為後斯大林和後極權的個人崇拜。它雖然延續了極權個人崇拜的內在邏輯和一些意識形態內容，但卻因為無力徹底翻新而成為一種狗尾續貂和東施效顰式的拙劣表演，成為國民的笑柄。這種後極權的個人崇拜不僅無助於勃列日涅夫的個人形象，而且也損毀了他所代表的那個政權本身的合法性基礎。

這個後極權的個人崇拜是在勃列日涅夫上台後逐漸發展起來的，他開始執政時並沒有顯露出來，即使顯露也相當有節制。可是，從1974年列寧百年誕辰以後，這種個人崇拜加速發展，與此同時，勃列日涅夫的健康狀況變差，他的公共形象與他這個人的強烈反差越發暴露出來，到了1980年代初期，他的個人崇拜已經成為公眾的笑柄。

勉強維持和打造一種實際上已經不能取信於民眾的領袖個人崇拜，這是後極權社會的一個特色。打造這種個人崇拜的宣傳機器假裝民眾仍然還在相信這個神話，不相信的民眾則也就配合着假裝相信，他們知道當局明白他們是在假裝，但照樣還是在假裝。所有的

人都在心照不宣、一本正經地玩一個假裝崇拜偉人領袖的遊戲。

這就是後極權的領袖個人崇拜。在這樣一種偽裝和犬儒的氣氛中，任何對領袖的頌揚和讚美看在明白人眼裏便猶如低級紅、高級黑的諷刺挖苦。即使如此，前蘇聯的統治權力依然需要刻意打造最高領導人高尚、美好、傑出的公共形象，不僅是因為有借此提高統治合法性和正當性的實際需要，而且也是因為，領袖與民眾之間早已形成了一種離不開崇拜的司空見慣，積習難改的政治文化。

十月革命以後，領袖個人崇拜就一直是蘇聯政治文化的一個重要部分。革命前的俄國就盛行沙皇崇拜，還有各種聖人崇拜和英雄崇拜。妮娜‧托瑪津(Nina Tumarkin)在《列寧永生：蘇俄的列寧崇拜》一書裏就曾指出，俄國革命前後的個人崇拜在比喻、儀式和形式上都甚為相似，早在對列寧的崇拜上就已經充分表現出來。例如，「『聰明的列寧』展示了經典的俄羅斯民間故事的元素，如完成三次旅行任務的英雄故事」。[10] 雖然發生了革命，但俄國民眾看待他們與「偉人」關係的方式並沒有發生變化。雖然列寧本人反對個人崇拜，但他事實上一直是革命同志和無數蘇聯人崇拜的對象，後來斯大林的極端個人崇拜就是對列寧崇拜的利用和吸收。[11] 勃列日涅夫崇拜也同樣是對列寧崇拜的利用和吸收。

蘇聯政治領導的結構是造成個人崇拜的另一個主要原因。澳大利亞悉尼大學歷史教授格雷姆‧吉爾(Graemo J. Gill)指出，最高領袖挑選繼承人的過程充滿了變數，對最高領袖的權力範圍和在位任期都沒有明確的規定，這讓他可以運用任何方式，甚至不擇手段地加強自己的權力和需要的支持。由於黨的總書記沒有「正規制度的支持和保護」，所以需要佔據一個「牢不可破的象徵性地位，讓自己看上去就是一黨制度合法性原則中的一個」。[12] 這樣的個人崇

10　Nina Tumarkin, *Lenin Lives! The Lenin Cult in Soviet Russia.* Cambridge: Harvard University Press, 1983, pp. 207–51; and "Religion, Bolshevism, and the Origins of the Lenin Cult." *Russian Review* 40 (January 1981): 35–46, p. 36.

11　Carol Strong and Matt Killingworth, "Stalin the Charismatic Leader?: Explaining the 'Cult of Personality' as a Legitimation Technique." *Politics, Religion & Ideology*, 12 (4), 2011, 391–411, p. 392.

12　Graeme Gill, "The Soviet Leader Cult: Reflections on the Structure of Leadership in the Soviet Union." *British Journal of Political Science* 10 (April 1980): 167–86. p. 179.

　　　　　　　　　　　　暴政史：二十世紀的權力與民眾

拜對黨也是必須的。黨之所以理所當然應該成為國家的唯一領導集團，是因為它擁有一位無比智慧，能夠最有效地維護國家利益，保證未來發展的偉大領袖。無條件地服從他，崇敬他，就應該以各種方式向他的特殊貢獻和非凡才能表示虔誠的敬意。惟有這樣的敬意才能表示國家不只是允許他來領導，而且是需要他來領導，非他領導不可，沒有他，國家一定會蒙受巨大的損失，甚至會有災難性後果。

領袖崇拜在不同的程度上也存在於與蘇聯制度類似的其他國家裏，都是一些專制國家。廣義的領袖崇拜是一種對國家領導人有組織的集體讚頌，崇拜給予他崇高的地位和權力的合法性。英國倫敦大學歷史教授傑安·伯蘭坡(Jan Plamper)指出，「個人崇拜的作用是把現代政治領導人當神一樣來頌揚，採用大眾傳媒的手段，極度地表達敬慕」。[13] 美國歷史學家利斯(E. A. Rees)則認為，領袖崇拜是納粹主義、法西斯主義和共產主義的共同特徵，每一個都把「個人崇拜用來營造一種新的正式政治文化，用以掩飾國內實際存在的分裂，打造一種新的國家意識和身份認同」。[14]

個人崇拜所能夠利用的文化傳統、象徵手段、觀念資源在不同國家是不同的。在勃列日涅夫時代的蘇聯，宣傳機器打造對他的個人崇拜和神話，運用的是蘇聯特有的政治象徵資源，形成了勃列日涅夫的四個高大人格要素，它們分別是，一、列寧的繼承人；二、對和平貢獻卓著的政治家；三、衛國戰爭的英雄；四、蘇聯人民的兒子。在這四個要素中，最受嘲笑的是他的「衛國戰爭英雄」神話，因為這是有實實在在歷史記錄可以證偽的。1960年代，勃列日涅夫在政治騰飛之前，得過4枚軍功勳章，他的確曾經為國家效力，但並無特別的貢獻。但是，登上大位後的勃列日涅夫獲得過許許多多的榮譽和各種勳章，得到過260多種勳章，光在軍服上佩戴

---

13 Jan Plamper, "Introduction: Modern Personality Cults." In Jan Plamper and Klaus Heller, eds., *Personality Cults in Stalinism/ Personenkulte im Stalinismus*. Göttingen: VR Unipress, 2004, pp. 13–42.

14 E. A. Rees, "Leader Cult: Varieties, Preconditions and Functions." In Apor Balázs et al., *The Leader Cult in Communist Dictatorships: Stalin and the Eastern Bloc*. Palgrave Macmillan, 2004, p. 17.

的勳章就有60多枚。朱可夫元帥不過46枚。勳章成為政治笑話裏的一個主要話題，例如，「你聽說勃列日涅夫要動手術了嗎？他要做擴胸手術，好佩戴更多的勳章」。

隨着對勃列日涅夫的個人崇拜不斷升溫，官員，作家和記者經常讚揚他所謂的衛國戰爭貢獻，成為國家慶典、重要節日的一個無處不在的主題，非但沒有取得預想的宣傳效果，反而成為許多蘇聯政治笑話的笑料，其中一個是，勃列日涅夫沒有成為蘇聯元帥(Generalissimo)是因為當時他不知道這個字怎麼發音。[15]

勃列日涅夫時期，官方高調頌揚這位領袖，而民間卻拿他編排出許許多多的政治笑話，這是後極權時代特有的荒誕現象。後極權在極權實際已經無效的時候不顧一切要繼續維持極權，極權的無效不是指暴力鎮壓的無效，而是指極權統治所依靠的官方意識形態事實上已經喪失了人們曾經予以它的信任。官方意識形態成為一個很少有人相信，但繼續被用來打造專制合法性的宣傳話語。

蘇聯的官方意識形態之所以還能在表面上得以維持，是因為有國家權力在那裏支撐，但它已經是一種沒有實質民情信任基礎的官方教條。官方意識形態早已在幾十年的口是心非表現中充分暴露了它的矛盾、虛幻和偽善，就是想要堅持，也沒有留下甚麼可堅持的了。然而，黨媒宣傳卻仍然在使勁鼓吹那種已經喪失了生命力的偽信仰。這種宣傳不僅不能令人信服或相信，而且暴露出它自己的虛偽和欺騙，因此越加顯得荒誕可笑。

失去了真正信仰靈魂的黨變成了一個純粹由利益和特權所維繫的集團。路易斯維爾大學(University of Louisville)歷史教授布魯斯‧亞當斯(Bruce Adams)就此寫道，在蘇聯，人們入黨不是因為他們對未來有甚麼明確的理想，或是對實現這一理想有堅定的信念，「黨早已成為機會主義和投機鑽營者的家園，他們鞏固了地位，並隨着勃列日涅夫的上台，掌握了大權。統治這個國家的是一些靠個人保

15　Adrianne Nolan, "'Shitting Medals': L. I. Brezhnev, the Great Patriotic War, and the Failure of the Personality Cult, 1965–1982," https://cdr.lib.unc.edu/indexablecontent/uuid:c66b99a9-a5b8-460e-bcce-d757c6857d7c.

暴政史：二十世紀的權力與民眾

護傘和任人唯親關係網冒出來的自選自舉的精英」，所謂精英，也就是享有政治、社會、經濟特權的階層。[16]

後極權的官方意識形態越是無效，其統治就越加需要用暴力和收買(給予人民的某些實惠)來維持其統治。即使是暴力，後極權也與極權有所不同，正如威廉・道布森在《獨裁者的學習曲線》中所指出，今天的極權政權領導者與20世紀的獨裁者不同，不像朝鮮那樣完全凍結在時光裏，還繼續用勞改營、暴力、洗腦的手段控制人民。新興的極權國家，如俄羅斯、中國、委內瑞拉、伊朗，它們不再直接使用斯大林、波爾布特那種舊式極權的赤裸裸暴力和血腥手段，以此剝奪人民的一切自由和實行恐怖統治。新的極權專制給人民許多表面與程序上的「自由」，但始終滲透並控制着那些權力賜予人民的自由。在經濟上，新的獨裁者更聰明，不再封閉守貧，切斷與世界的聯繫。他們懂得從全球體系獲得資源，卻不會失去自己的統治權，其最重要的三個手段便是金錢收編、利益分化和虛假憲政民主。[17]

即使是在再斯大林化的過程中，勃列日涅夫也已經不可能回到斯大林那種明目張膽、窮兇極惡的暴力統治。俄國薩拉托夫國立大學教授特魯博尼科夫(A. V. Trubnikov)指出，「人們並不害怕勃列日涅夫。他們說關於他的笑話，但並沒有人因此而坐牢。上班的時候，你可以悄悄地說關於他的笑話，沒有人會去告發你，也沒有人會來跟蹤你，儘管在蘇聯還存在着一個告密舉報的系統」。[18]

勃列日涅夫成為政治幽默的笑料，用亞當斯的話來說，是因為「他既沒有受過好的教育，也沒有睿智。他能夠成為黨的最高領導，說明這個黨已經根本不是革命開始時的那個黨了。……他是有他的精明之處，但既沒有學養，也沒有文化」。這樣的人很難真正讓有文化的人們看得起，在這一點上「有文化的人是很勢利

16　Bruce Adams, *Tiny Revolutions in Russia: Twentieth-Century Soviet and Russian History in Anecdotes.* New York: RoutledgeCurzon, 2005, p. 107.

17　William J. Dobson, *The Dictator's Learning Curve: Inside the Global Battle for Democracy.* New York: Doubleday, 2012.

18　A. V. Trubnikov, quoted in Donald J. Raleigh, *Russia's Sputnik Generation: Soviet Baby Boomers Talk about Their Lives.* Bloomington: University of Indiana Press, 2006, p. 247.

的」。[19]勃列日涅夫本人成為勃列日涅夫時代的象徵，他1974年第一次中風，1976年又第二次中風，成為蘇聯領導層老邁、昏庸、無能的象徵。1966年蘇聯政治局委員的平均年齡是58歲，1981年則為70歲。[20] 很多關於勃列日涅夫的笑話都與他昏庸無能的個人形象有關。這些笑話的輕鬆逗樂與斯大林時期政治笑話的陰冷沉重 —— 暴力、恐懼、處死和失蹤、假審判、瘟疫般的肅反、勞改，以及斯大林個人的暴戾、殘酷和喜怒無常等等 —— 形成了鮮明的對比。

　　勃列日涅夫的政治倒退不只是他個人的，而且也是蘇聯制度本身的。勃列日涅夫的後極權個人崇拜是失敗的，而失敗的個人崇拜必定成為他所代表的那個政權的一個包袱。在相當長的時期裏，蘇聯領袖的真實個人是用神秘、光輝、崇高的形象來包裝的，這種包裝非常成功。這成為蘇聯政治文化的構成部分，也讓後來雖然低能但富有野心的權力繼承者不擇手段地想要刻意仿效。由於他已經不具備政權開創者的那種個人魅力和時代機遇，他那種黔驢技窮、東施效顰式的個人崇拜註定是要失敗的。這種失敗的個人崇拜弊大於利，得不償失。有論者這樣評說：「個人崇拜的領袖所受之害是，他必須為政府的錯誤承擔責任」。[21] 既然他是這麼偉大、英明，無所不知，無所不能，那麼，政府的一切錯誤，他都脫不了責任。同樣也可以說，既然這樣的領袖與政府難解難分，那麼領袖個人的所有問題(哪怕是在報告裏念了一個白字)也都會使政府喪失它的合法性和正當性。他的倒行逆施作為更是會讓國人堅信，這個政權本身已經失去了繼續存在的理由。

19　Bruce Adams, *Tiny Revolutions in Russia*, p. 114
20　Ben Lewis, *Hammer and Tickle: The Story of Communism, a Political System almost Laughed out of Existence*. New York: Pegasus Books, 2009, p. 214.
21　Orlando Figes and Boris Kolonitskii, *Interpreting the Russian Revolution: The Language and Symbols of 1917*. Yale University Press, 1999, p. 89.

第十三章

極權恩惠的魅力

——《希特勒的受益人》

　　在納粹統治時期，普通德國人是怎麼生活的呢？他們在多大程度上贊同納粹的意識形態，擁戴希特勒這位德國領袖，感受到他的領袖魅力？納粹的暴力和恐怖對他們有着怎樣的影響？他們對自己的生活滿意嗎？感到幸福嗎？歷史學家們對這些問題的回答多有不同，甚至大相徑庭，即使是同一部研究著作裏，也會由於不同的方面和角度得出看似矛盾的結論。例如，在《希特勒的納粹德國：第三帝國社會生活史》一書裏，納粹統治下的日常生活就是平靜和幸福的一面，也有害怕和不安的一面。

　　對普通德國人的平靜、幸福生活，作者寫道，「就大部分德國人而言，對於20世紀30年代的記憶不是恐怖、謀殺和鎮壓，而是秩序、平靜、就業和繁榮。因此在1951年時，德意志聯邦共和國國內被問到對20世紀30年代看法的人，有將近一半把1933年至1939年的這一段時間形容為德國最美好的年代。1949年時由德國輿論研究中心進行的一項調查，可說是總結了其多次調查得的發現：『保證有薪水、秩序、歡樂力量旅行團(納粹的休閒娛樂組織)，還有平順運作的政治體制……因此『國家社會主義』使他們只會去思考工作、適當的滋養、歡樂力量旅行團和政治生活不再陷入混亂』」。[1]

　　對暴力和恐怖的一面，作者寫道，希姆萊的黨衛軍的「陰影投射在納粹德國的日常生活上」，「蓋世太保是負責搜捕危險分子，並維持納粹鐵腕控制的秘密警察，其逮捕權力完全沒有法令限制。

1　馬修·休茲、克里斯·曼：《希特勒的納粹德國：第三帝國社會生活史》，于倉和譯文，中國市場出版社，2016年，第85頁。

蓋世太保擁有許多線民擔任他們的耳目，例如在一棟大型公寓大樓中，就會有定居在其中的蓋世太保線民，負責監視該棟大樓住戶的一舉一動。蓋世太保在1939年時有2萬名職員，到了1943年則有10萬名線民。一旦被線民告發就意味着會被拘留，官員們在那裏依照法律規定，有權以毆打的方式來取得口供(此一過程一次可能會持續幾天，而犯人在意識清醒或模糊之間就會犯錯)。驚恐不已的犯人接着就會被送進集中營裏，之後就再也沒有人會見過他了。蓋世太保通過運用恫嚇和恐怖，對國家和人民保持嚴密的控制，鮮有人不清楚這個」。[2]

由於上述兩個方面的情況同時存在，不同的研究者對納粹統治時期普通德國人與極權統治關係的評估形成了大致三個不同的側重點。第一是認為，納粹是一個警察國家，監視和控制無處不在，生活在恐怖中的德國民眾除了屈服並配合和協助納粹之外，別無選擇。

第二是認為，1930和1940年代的德國是一個反猶和仇恨意識形態盛行的時期，納粹的反猶宣傳與暴行迎合了普通民眾的需要，得到他們的積極反應與配合。納粹要報復德國一次大戰後所受到的屈辱，恢復日耳曼民族的光榮，是深得民心的，因此普通德國人與納粹的合作是自願的。

第三是認為，希特勒的個人魅力極大地團結、鼓舞和動員了德國民眾。這是一種結合了人格力量和政治成功的領袖魅力。德國有受過良好教育的民眾，他們對希特勒的崇拜不同於蘇聯文盲農民對斯大林的崇拜。希特勒有魅力不只是因為納粹的宣傳和洗腦，而且是因為他有顯而易見的政績和成就(經濟成就、重新武裝德國、領土擴張和開始的戰爭勝利)。希特勒在德國執政期間，將一戰失敗後積貧積弱的德國發展成世界強國，實現了德國人看得見的「德意志民族復興」，實現了從俾斯麥時代就縈繞在德國人心中的「德國夢」。

2　同上，第95頁。

暴政史：二十世紀的權力與民眾

一 希特勒時代「心滿意足的竊賊」

格茨‧阿利在《希特勒的受益人》(以下簡稱《受益人》)一書裏，提出了與以上三種觀點都不相同的看法。[3] 那就是，德國普通民眾配合和協助納粹，自願並積極與納粹合作，是因為這麼做對他們自己有益，能給他們帶來實惠，無關乎他們是否同意反猶意識形態或是否害怕蓋世太保的秘密監視。希特勒讓民眾分享他從猶太人和別國搶奪和盜竊來的物質好處，讓許許多多德國人能夠與納粹利益分沾，成為受惠於納粹的快樂而滿足的竊賊。

對這些德國人來說，好處和實惠比希特勒的個人魅力或者戈培爾的黨國宣傳都要來得重要。大多數德國人的順從是納粹有計劃的物質收買和利益唆使的結果，他們對納粹的忠誠也是接受收買和賄賂的結果。這才是納粹能得到德國民眾廣泛支持的真正原因。將收買和賄賂當作民眾對納粹忠誠和服從的唯一原因，或者最重要的原因，阿利的這一觀點引起了不少批評和不同看法。雖然如此，他提出的仍不失為一家之言。尤其是在今天後極權統治與市場經濟相結合的時代，人們信仰喪失，道德淪落、拜金為榮。在這樣的時刻，我們思考人為甚麼會自願參與他們的良知本不會允許他們的事情，阿利所關注的那種民眾因被收買和賄賂而作惡，也就有了特別重要的當下意義。

阿利在《受益人》一書裏以翔實的歷史資料證明，納粹政權在第二次世界大戰期間掠奪了歐洲其他地區，讓普通德國民眾得到了很大的物質利益。即使在二戰中民生物資匱乏的時期，德國人生活中也不缺香腸，家具，鞋子和聖誕餐桌上的烤鵝，這些都是數百萬德國士兵和黨衛軍從歐洲各地以堅挺的德國馬克購買並郵遞回家的。他們直接參與了對歐洲其他地區的偷盜，並讓他們自己和家人撈到許多油水。

1939年9月3日，一位叫波爾(Heinrich Boll)的德國國防軍普通士

3　Götz Aly, *Hitler's Beneficiaries: Plunder, Racial War, and the Nazi Welfare State.* Trans. Jefferson Chase. Metropolitan Books, 2007. 出自此書的引文在括號中標明頁碼。

兵寫信給在德國科隆的家人說，簡直不能想像自己每個月25馬克的軍餉能買到這麼多好東西。咖啡在當時的德國是難得見到的奢侈品，但在荷蘭鹿特丹，50芬尼(半個馬克)就能買到半磅咖啡。他在信裏讓家裏給他匯款，「多多益善」，他可以在海外買到他們需要的東西。(94)

在海外的德國士兵可以買到各種在德國本土買不到的東西，所以他們的家屬們就把德國馬克從國內匯到海外，在德國通過郵局匯錢，軍人們則在駐地取出當地的貨幣，開始規定每個軍人每月收款的限度是50馬克，不久後增加到100馬克，1939年已經增加到了200馬克。由於馬克很值錢，德國軍人能夠在海外大肆購買緊缺或奢侈物品，「把那裏的貨架都買空了」。(94-94)

不同的駐地有不同的匯款限度，多的像在荷蘭，每人每月可以高達1000馬克，相當於2005年的12000美元，形成了非常可觀的購買力。軍人家屬們拼命利用這樣的機會，把錢匯往海外，購買了物品再郵寄回德國。德軍佔領比利時的第一年，軍人親屬通過郵局匯到比利時的錢就高達3千4百萬馬克，還不包括第15和第16軍士兵的軍餉。管理比利時的德國經濟學家發出警告，說這樣下去後果嚴重，但是，「德國財長部長根本就聽不見他們的意見」。德國政府非常重視滿足軍人的要求，無論是匯款還是寄郵件包裹上都盡量為他們提供方便。軍隊有持無恐，「比利時佔領區當局請求限制外匯兌換，要求每人不得超過50馬克」，以保護當地的貨幣，但軍需官一口回絕說：「從東線到比利時休假的士兵特別需要放鬆」。軍隊郵局經常抱怨包裹「多得離奇」，來不及運送，但最高軍事當局從來都不予理睬，這是得到納粹的最高層支持的。(95)

到了1940年10月，為了提高德軍士氣，戈林命令取消對軍人購買的任何限制，他指示說，「完全不必理睬」對於軍人買空佔領國貨架的擔心。他稱「強行限制購買和寄送」在「心理上是不能接受的」。他命令，在敵對國的德國軍人必須想買甚麼就買甚麼，要限制也是限制當地居民。現有的「關於毛皮、珠寶首飾、地毯、絲

　　　　　　　　　暴政史：二十世紀的權力與民眾

綢、奢侈品的禁令」必須立即取消，同時也必須取消對軍人郵寄包裹數量的限制。(104)

1942年8月，戈林在一次關於糧食供應的高層會議上再次談到佔領地貨幣問題。會議記錄記載說，戈林訓斥在場的財政部副部長說：「停止對軍人的海關檢查，我對此不感興趣……能送多少回國就送多少，甚麼都不需要付關稅」。到場的官員提出要穩定法國的貨幣，以利於長期佔領。對此，戈林怒氣沖沖地說：「有人說我們應該限制軍人只能用他們的軍餉購買物品，不然就會在法國造成通貨膨脹。我想要的正是法國的通貨膨脹……法郎就是應該變成廢紙。這正是我們所要的打擊法國的方式」。(104, 105)

正是因為這種特別優待德國軍人的政策，德國人在戰時日子也過得相當滋潤。一位當時在漢堡工作的圖書館員在自傳裏寫道，「我們不覺得有甚麼匱乏……我們的食品、衣服和鞋子都是有供給的。我們的男人們繼續從佔領區帶回來肉類、酒、紡織品和煙草」。(106)阿利還親自做過一個調查，對象是二戰期間的軍人女眷。他寫道，「德國士兵真的買空了歐洲的貨架，從前線把數以百萬計的包裹寄回德國，收包裹的主要是家裏的女眷。直到今天，她們談起收到包裹時的情形，眼睛裏還會發光」。包裹裏有各種各樣她們喜愛的，但在德國得不到的好東西：「北非的鞋子、法國的絲絨、絲綢、酒類、咖啡，希臘的煙草，俄國的蜂蜜和熏肉，挪威的青魚——更別提從德國同盟國羅馬尼亞、匈牙利、意大利湧入德國的各色禮物了」。女人們互相炫耀，互相攀比，誰收到的包裹越多就越有面子。但是，後來阿利詢問他們丈夫的時候，居然沒有一個承認自己寄過包裹，都說自己「一個包裹都沒寄過」。(87)這當然是因為後來覺得自己參與了對其他國家的掠奪和盜竊太不光彩的緣故。

阿利在《受益人》一書裏要做的當然不是收集和記錄一堆關於二戰時期德國軍人如何購物和寄包裹的趣事軼聞，而是要將此作為一個縮影，回答一個困擾許多研究者的問題：「納粹做了這麼多顯然是欺騙、狂妄和犯罪的事情，為甚麼能夠成功地說服大多數德

國人，讓他們相信，那是為了他們的利益？」他自己對這個問題的回答是，「儘管納粹的種族政策對猶太人、殘廢人和其他『多餘的人』非常殘忍，他們的國內政策在對待下層德國人的時候，卻是很友善的。納粹攫取了大量財富，並重新分配戰爭的負擔，讓下層人獲益」。這也就是「國家社會主義」(納粹)的社會主義部分。(6–7)

納粹進行的是一場人類歷史上代價最高昂的戰爭，但是，德國大多數人卻完全不用承擔任何經濟負擔。希特勒掠奪和榨取猶太人和佔領地人民，把他們逼到活不下去的地步，摧毀了許多國家的貨幣，讓普通德國人從中得到了好處，成為希特勒一貫「利民」和「社會主義」的新證明。阿利在他另一本著作《希特勒的民族帝國：劫掠、種族戰爭和納粹主義》(2005)一書裏就已經討論過納粹的社會主義，並指出，今天歐盟的一些具有社會主義色彩的政策，如農業制度、配偶分割課稅制度、道路交通規則、機動車強制責任保險制度、兒童補助制度、稅率等級制以及自然保護道德，都與1930年代的那種社會主義有關。不可否認，希特勒的納粹政府在內政方面取得了相當傑出的成就，它將整個國家民族擺脫了一戰後的屈辱和悲慘境地，走上了德意志民族的復興之路，也給普通民眾帶來自豪和實惠——如補助兒童，提升工人養老金；進行文字改革；為困難家庭提供經濟適用房和廉租房，徵收房東房產稅，且禁止其擅自提高房租；許諾給人民發放汽車，推行強制汽車保險；抬高關稅壁壘，補貼本國農業；發行國債，加強基礎設施建設等等。[4]

德國納粹在戰時的「利民」政策是一種典型的非正義，不道德的損人利己，「柏林的官員們辦事所依照的兩條鐵律是：第一，如果戰爭讓人挨餓，那麼挨餓的必須是別人，不是我們；第二，如果戰爭不可避免要造成通貨膨脹，那麼，它發生在哪裏都成，但德國不成」。(7)

那麼，對這樣非正義，不道德的政策，德國人是否有過不贊同的聲音呢？幾乎沒有，因為民眾與政府的利益是一致的，這足以

4　Götz Aly: *Hitlers Volksstaat–Raub, Rassenkrieg und nationaler Sozialismus*. S. Fischer Verlag, Frankfurt, 2005.

暴政史：二十世紀的權力與民眾

堵住任何反對者的嘴巴。戈培爾看準的就是這一點：民眾的私利可以把民情完全爭取到納粹領袖及其反人類罪行的一邊來。他宣稱，「元首教導我們，無論是對是錯，我們必須取得勝利。這是唯一的道路，這也是正義、道德和必須的。我們取得勝利的時候，沒有人會問是怎麼勝利的」。(319)

阿利指出，這並不等於在德國就沒有人懷疑這種所謂的正義和道德，但是，「在戰時，他們的聲音沒有人會理會。那些支持納粹的人大多數是因為他們被納粹所允諾的這個或那個目標所引誘。他們跟黨走，有的是因為相信黨要打垮的是德國的宿敵法國；有的是因為相信，納粹黨年輕朝氣的領導打破了傳統的道德陳規。天主教為納粹對無神論布爾什維克動武祝福……；社會主義的『人民同志』熱情地支持納粹的反教士和反精英立場。後來，當戰爭結束的時候，千百萬人的那種命運聯盟就像變魔術一樣消失了。取而代之的是極度誇張的『對希特勒的抵抗』，它其實在歷史上從來沒有發生過」。(319)阿利要用希特勒時代關於民眾和民眾擁護的歷史事實來告訴他的德國同胞們，你們並沒有抵抗過希特勒，因為你們是希特勒的受惠者，你們自己就是「希特勒的心滿意足的竊賊」。

二　納粹德國的「麵包與馬戲」

羅馬帝國時代的諷刺詩人尤維納利斯(Juvenal，公元1-2世紀)用「麵包和馬戲」來比喻帝國專制統治對羅馬民眾的愚民和腐蝕作用，他寫道，「自從人民失去了投票權，再也無法買賣選票以來，人民就放棄了他們對於國家之義務。人民曾幾何時是政治、軍事等幾乎一切事務的權威之源泉；但他們如今專心致志，只焦急地期盼兩樣東西：麵包和馬戲」。從此，「麵包和馬戲」這個說法被用來比喻一種對人民常見的收買手段和致愚政策。在經濟層面上，它指的是給人民一些能讓他們滿足的「好處」和「實惠」，讓他們能夠開開心心地過好他們的小日子。在政治層面上，它指的是民眾對政府認可和配合，政府不是通過道德示範或優質公共政策來引導公民

過自由、尊嚴、有責任感的公共生活，而是故意把他們引向一種只顧眼前享樂，只關心單純物質滿足，而沒有精神嚮往的平庸生活。尤維納利斯用「麵包和馬戲」一說來譴責大眾的自私和對公民自由和義務的忽視。他不是主張民眾不該有麵包和馬戲，而是要提醒他們，在專制制度下，麵包和馬戲不是白給的，而是用來作為交換的，由於只顧及麵包和馬戲，本來是自由公民的民眾乖乖交出和放棄了他們的自由。

阿利1990年代初期開始寫作《受益人》，直接起因是想平衡當時的一種研究趨勢，那就是把工業、企業、金融界精英與希特勒政權的合作當作納粹能夠順利進行統治的一個根本原因。阿利不同意這樣的看法，他認為，過分強調這些德國精英的責任，「會把對納粹野蠻主義的指責矛頭只是對準一小撮人」，而事實上，希特勒政權成功地在德國建立了一個「種族極權福利國家」(racist-totalitarian welfare state)，在這個福利國家裏，大部分普通德國大眾都從納粹的罪惡政策和所作所為中分到了一些實惠和好處。這也就是為甚麼「許多德國人在第三帝國時期，會如此廣泛地……對政府感到滿意」。(1–2)

阿利要探討普通德國人，而不只是少數工商、金融精英人物的責任，是因為他從小就在自己家裏和熟人的圈子裏聽到過許多希特勒時代的「麵包和馬戲」故事，親自接觸過不少對希特勒「恩惠」念念不忘的普通德國人。阿利出生於1947年，也就是德國戰敗後第二年，他說：「我對戰後德國的前20多年記憶猶新」。他記得，人們談論的最多的是戰後1946–1947年的食品匱乏，他經常聽到身邊的長輩說，在希特勒的時代，他們過得挺好，「糧食運輸從來就很順暢」。戰後他們反而在挨餓，「全都怪美軍組織的低能」。阿利的母親告訴他，他外祖父原來是個胖子，1946年一下子成了瘦子，一直到1950年代，才又恢復了體重。阿利的老師們像他母親一樣，雖然他們有的少了胳膊或腿，但從來不提二戰時期吃過甚麼苦。反倒是，「他們的故事讓戰爭聽起來像是普通人的遊記作品，有許多冒險和有趣的往事。他們回憶意大利、法國、波蘭，回憶在那些國

　　　　　　　暴政史：二十世紀的權力與民眾

家有過的開心事情。在那些享受了以前從未有過的好東西：美食、物品、殷勤的服務」。相比之下，他們戰後的生活簡直不值一提，美國援助德國人度過饑荒的玉米製食品簡直就是「雞食」（那時候的德國主婦們討厭玉米）。(2-3)

隨着研究的深入，阿利漸漸發現了那些陳年往事故事背後的真相。納粹統治時期，第三帝國的主婦們是不用拿「雞食」來充饑的。1941-1944年，他們的丈夫們不斷從德國佔領的國家郵寄回家許許多多的包裹，包裹裏「都是貨真價實的美味食品，遠遠超過了人類生存所需要的卡路里份量」。阿利還仔細向他的親戚們打聽有關的情況和細節，結果真是讓他大吃一驚。一位嬸嬸興奮地告訴他，「我是一個真正鞋子狂，我未婚夫弗里茲從非洲前線給我寄來過60雙鞋子」。一直到1950年代，她還穿着這些鞋子。阿利的一位叔伯姐妹記得她的祖父有一床從巴黎寄來的繡金線的鴨絨被子。阿利的母親沒有收到過這種好東西，因為他父親1943年被派往東部前期，幾個月後就負傷了。但阿利的母親記得，她姐姐朵娜「沒幾天就接到他丈夫從羅馬尼亞寄來的包裹，她需要的東西包裹裏應有盡有」。阿利有一次問母親，是不是還記得1942年10月4日戈林的講話。他母親毫不遲疑地回答說：「戈林說我們會有更多的食品，還會有過聖誕節的額外配給。我們確實都拿到了！」事實上，戈林並不是這麼說的，他說的是，「如果有人必須挨餓，那麼不能是德國人，讓別國人去挨餓吧」。(2-3)阿利寫作《受益人》一書的時候，家裏還有幾件漂亮的古董家具，是他妻子從岳父那裏繼承來的。他後來知道，這些家具的主人原來是某個在荷蘭的猶太人，他先是被送進了集中營，後來被殺害了。在他岳父居住的那個城市裏，曾經有幾百列火車車皮和幾十艘大船裝滿了家具，在那裏卸下，然後分別去了德國人的家裏。(3)

不僅有食品和供享受的物品，還有政府為德國人提供的廉價旅遊，稱為「力量來自歡樂」（參見本書第十四章）。這些都是納粹時期爭取民眾擁護和支持的「麵包和馬戲」，這樣的物質好處換來了民眾戰時對納粹的擁戴。然而，這並不是納粹在戰時為討好民眾制

定和實施的臨時措施，而是納粹一貫「為民」「利民」政策的一部分。從1933年到1935年，納粹以一系列社會福利政策贏得了民心。德國人在納粹的專制制度下失去了公民的許多自由權利，出版和言論受到嚴格的控制、報紙不得不成為納粹的喉舌，學校對學生進行強迫洗腦、人人必須對希特勒表示效忠，必須聽黨的話跟黨走，不得妄議時政，更不得集會抗議。在「麵包和馬戲」誘惑和收買下，德國人接受了這一切，有的人不情願，但也無可奈何，但大多數人卻是心甘情願，甚至甘之如飴。他們不再在乎自由，「自由不能當飯吃」成為他們最基本的生存常識邏輯。因此，在他們那裏，自由也就變成了可有可無的東西。他們當中更有許多人覺得，他們沒有甚麼不自由的，他們並沒有失去自由。

米爾頓·邁耶在《他們以為他們是自由的》一書裏記錄了二戰後他與10位德國普通人(他們都是希特勒時期的「小人物」)的交談和交往。在納粹的統治下，他們都是按照「麵包與馬戲」的常識邏輯在生活的。邁耶的記錄讓我們看到，這些小人物的「常識」其實是分裂的。一方面，他們滿足於納粹統治帶給他們的物質利益甚至某些自由，只要他們不「惹是生非」，不「自找麻煩」，他們有太太平平過自己小日子的自由，日子也還可以過得不錯。另一方面，他們對身邊的某些事情也會有「不對勁」的感覺。不過，由於他們的自我感覺始終在提醒自己不過是小人物，所以不對勁的感覺並不太攪擾他們。他們反而會疑心是不是自己有甚麼不對勁或弄錯了的地方。知足長樂和守住本分使得他們能像他們的小人物鄰居、熟人一樣，安安穩穩地過那種他們認為「還不算太壞」的生活。[5]

阿利在《受益人》一書裏讓我們看到的是，如果沒有納粹的對外擴張以及對猶太人和對他國的掠奪罪行，普通德國人的這種安安穩穩的好日子是根本不可能的，「納粹建立了這種制度，這種制度在軍事勝利的掠奪與大多數德國人直接形成了一種直接分贓的關係」。對此，阿利寫道，「納粹榨乾被佔領的和附屬國家的利潤，

5　參見《自由服從與無效常識》，見徐賁：《經典之外的閱讀》，北京大學出版社，2018年。

　　　　　　　　　　　暴政史：二十世紀的權力與民眾

剝削奴工的勞動，從被殺害的猶太人那裏沒收財產，蓄意造成數百萬人的饑餓，尤其是在蘇聯。納粹用這些利益來讓德國的受益者接受它的宣傳，使他們與第三帝國休戚與共」。(4)德國民眾與許多德國精英一樣，他們與納粹的經濟掠奪和人道罪行是脫不了干係的。

因此，阿利強調，「納粹的罪行並不只是哪一個特殊群體犯下的」，凡是受益的，在納粹的罪行中都有他的一份責任。《受賄人》要揭露的「不僅僅是惡魔般的納粹」，也包括許多看似清白無辜的普通德國人，而且「他們與我們自己的差別並不像我們想像的那麼大」。德國人心安理得地接受希特勒的恩惠，成為「為自己和孩子貪圖財物、物質享受和自身安全的做壞事的普通人」，「他們夢想擁有帶花園的房子，屬於自己的汽車，或者能夠出外度假」。政府只要能滿足他們的願望和要求，無論它對猶太人或別國人民做出怎樣傷天害理的事情，都是一個值得擁戴的政府。(4)

納粹用對人類犯罪的方式在德國這個「人民國家」(Volksstaat)裏讓普通人受益，用這樣的恩惠和利益交換他們的忠誠和支持。阿利認為，納粹在這件事情上做到很成功。他這麼說，當然不是要否定或淡化納粹宣傳在影響民眾支持政府中所發揮的重要作用。他是要強調，政府宣傳需要有一定的生活條件才能產生效應。當人們因為得到政府好處而存有感激之情，並因此信任政府的時候，也是他們最輕信，最容易被欺騙的時候。就算他們能識別政府的謊言，他們也很容易原諒政府，甚至主動予以理解。對此，政府在對人民施恩惠的時候，是完全清楚的。阿利認為，納粹的一些「與民分利」，分享利益的政策正是為此目的而設計的。他當然不是在暗示，一個不給人民任何好處的政府要比一個為了收買民眾而與他們利益分沾的政府要來得誠實和可愛。他要表明的是，在利益分沾的時候不要忘記問一聲，利益來自何處，是否正義。當一個政府將不義之利與你分享時，你不能光憑這一點就斷定那是一個正義、正派和不作惡的政府。對有邪惡行為記錄的專制國家政府，你更應該保持一份警惕和戒心，這是抵禦它對你洗腦宣傳，拖你下水與它同流合污的最好辦法。

極權恩惠的魅力

三 民眾利益與希特勒的魅力

《希特勒的受益人》一書的題目就已經點明，德國人是接受恩惠的一方，而施惠者則是希特勒。在專制獨裁的極權國家，最高領袖總是被宣傳為人民的救星，也被許多民眾當作對民族、國家和人民有大恩情的偉大領袖，他因此也是人民應該感恩戴德，無限敬仰的恩人。人民沐浴在他的光輝下，過着幸福美滿的生活，慶幸自己生逢「盛世」，而且還正在通往更美好未來的金光大道上行進。這樣的「施惠」和「受惠」形成了一種準宗教的神與人的關係，也成為極權統治領袖魅力和個人崇拜的基礎。領袖的賜予如同神的賜予，是人民對他愛戴的福報。

希特勒標榜自己是公而忘私的「人民領袖」，他的使命就是為人民謀幸福，讓德國再偉大起來。這樣營造起來的「希特勒神話」令人很自然地把希特勒與韋伯所說的魅力領袖聯繫起來。韋伯所說的那種富有魅力的領導者會投射出超自然的非凡「天賦力量」。希特勒神話中的希特勒正是一位由命運驅動的領導者，天生負有讓德國再次偉大起來的救世任務。希特勒自稱這一願景最初出現於1918年，他在一次大戰中因毒氣受傷，當時正在醫院裏養傷，「我躺在那兒，預感我會解放德國人民，使德國變得偉大」。[6] 這種預感成為希特勒神話不可或缺的一部分，他經常重複這個預兆。與希特勒頻有交往的恩斯特·豪斯坦格爾(Ernst Hanestaengl)回憶說，希特勒告訴他「他收到了來自另一個世界的命令，以拯救他不幸的國家。希特勒以超自然的力量接受這一天職。他認為他的使命就是拯救德國」。[7] 希特勒在演講中一再強調自己是一個有天意命運的人。1936年，他在慕尼黑的一次演說中宣稱：「我走的是上天指示給我的路，像夢遊者一樣準確無誤」。[8] 希特勒在奧地利的林茨度過了

6　Rudolph Binion, *Hitler Among the Germans*. New York: Elsevier, 1979, p. 136. See also John Toland, *Adolf Hitler*. Garden City, New York: Doubleday and Company, 1976, p. xix.

7　Ernst Hanfstaengl, *Adolf Hitler File, Roosevelt Library*. Hyde Park, New York. See also Robert Waite, *The Psychopathic God: Adolf Hitler*. New York: Da Capo Press, Inc., 1977, p. 27.

8　Speech in Munich, March 14, 1936. See Robert Waite, *The Psychopathic God: Adolf Hitler*, p. 28.

暴政史：二十世紀的權力與民眾

他的青年時期，他說：「如果天意叫我離開這個地方，那麼天意必然給我一個使命」。[9] 1937年，希特勒對超過百萬對他歡呼的柏林人說：「我不是從宮殿來的，我來自工地。我也不是將軍；我是一個像幾百萬人一樣的士兵。我這個默默無名的人能夠從數百萬德國人，德國工人和士兵的軍隊中脫穎而出，站在帝國和國家的前面，這是一個奇跡」。[10] 1936年，他在紐倫堡集會上向廣大觀眾講話時，慷慨激揚地說：「你在數以百萬計的人群中發現我，是我們這個時代的奇跡。而我能找到你們，那是德國的運氣」。[11] 希特勒相信自己受到上天的保護。1944年7月炸彈陰謀未能殺死他之後，他對軍官們說：「全能者再一次停住了(刺客)的手。難道你不同意我認為這是一個命運的旨意嗎，這是要留下我完成指定任務」。[12]

希特勒自己相信，也要德國人相信，他來到這個世上，就是為了造福德國和德國人的。從1933年上台之後，他就一直在讓德國人感受到他的恩澤：他把德國從1929年以後的經濟蕭條中解救出來，創造了納粹經濟的奇跡，解決了德國的高失業率問題，重新武裝德國並讓德國成為一個軍事強國，讓無數的德國人有機會快樂地休閒和旅遊，甚至有了擁有自己汽車的夢想。他不僅洗刷了1919年不平等《凡爾賽條約》加給德國人的恥辱，而且讓德國人民驕傲地站起來了。這些都能讓德國人感覺到他們的「利益」得到了滿足。《受益人》一書裏討論的那種德國人物質利益均沾，讓他們從第三帝國對猶太人和他國人民的經濟和物質掠奪中小小地分一杯羹，只不過是多種利益中的一種。

阿利的納粹研究與以前許多研究不同，以前的研究也試圖回答，為甚麼德國人願意跟隨希特勒，為甚麼對納粹統治幾乎從來沒有反抗，答案似乎總是，德國人有普遍的排猶意識形態、對納粹暴力心存害怕和恐懼、對希特勒盲目崇拜、是極權下的服從命令和平庸之惡。阿利的回答是「利益」，他特別突出和放大了經濟和物質

9   Robert Waite, *The Psychopathic God: Adolf Hitler*, p. 28.
10   Richard Evans, *The Third Reich in Power*. New York: The Penguin Press, 2005, p. 498.
11   Ian Kershaw, *Hitler: 1889–1936, Hubris*, p. 591.
12   Ian Kershaw, *Hitler: 1889–1936, Nemisis*, p. 684.

極權恩惠的魅力

利益的作用。他在突出和放大這一特定利益的時候，事實上也要求讀者對甚麼是極權統治下的「利益」有更多的思考。

對於每個具體的人來說，利益從來就不是單一的，而是多重的，而且，多重的或多層次的利益交織在一起，很難清楚無誤地劃出它們之間的界限。對於生活在社會變化中的具體的人們來說，利益不僅是多重或多層次的，而且不同利益之間的優先關係也會發生變化。也正因為如此，極權宣傳總是會利用不同性質利益的模糊性，來達到欺騙和洗腦的效果。這也就是阿利在《受益人》裏所說的，納粹的官方宣傳是通過民眾自己在某個時刻的利益意識發生作用的。不僅如此，極權的暴力，以及極權統治下民眾的害怕和恐懼，也是通過特定的利益意識來起作用的。因此，對民眾利益意識的認識應該與對極權統治的認識聯繫在一起。

極權統治可以通過引導民眾的利益意識來避免直接運用暴力和恐怖，營造一種專制權力所需要的「民意」。這種官方引導也就可以成為顧及民眾利益要求的有效宣傳。羅伯特·蓋勒特里指出，「納粹很成功地培養了民情，所以他們不需要使用大範圍的恐怖手段來對付民眾、鞏固政權」。他認為，納粹革命「並不是從對德國社會的全面進攻開始的，其行動往往與大多數人所希望或能容忍的事情一致」。他說，恐怖行動主要是針對被社會遺棄的小群體，並沒有威脅到大多數普通德國人的生活。大多數德國人確實知道集中營和恐怖組織，但他們的反應並不是恐懼，而是贊成。如果說恐怖行動的確在鞏固政權方面發揮過作用的話，那就是蓋世太保和刑事警察施加於社會局外人的恐怖行動讓大多數普通德國人相信，在魏瑪共和國的混亂和騷動之後，法律和秩序最終得到了恢復。『沉默和不那麼沉默的大多數人，是支持這個政權的』」。這並不是蓋勒特里一個人的觀點。事實上，似乎已經出現了一個新的共識，即第三帝國是一個「合民意的獨裁政權」(Zustimmungsdiktatur)。(埃文斯95-96)[13]

13　轉引自理查德·埃文斯：《希特勒的納粹德國：歷史與記憶中的第三帝國》，梁本彬、孫勻譯，中信出版社。出自此書的引文在括號中標明頁碼。

　　　　　　　　　　　暴政史：二十世紀的權力與民眾

阿利在《受益人》一書裏所持的基本上也是這樣的觀點，只不過他關注的不是德國人所謂的反猶共同利益，而是他們與納粹國家一致的經濟和物質利益。他在書裏提到的希特勒1933年至1939年的政績還包含了其他的一些利益，除了就業、經濟收入、社會福利這樣的利益，還有心理、情感和精神滿足的利益，如洗刷國恥、國家的強盛和體面、對「人民共同體」的歸屬和認同、對國家未來的信心，對魅力領袖的崇拜與信任等等。甚至可以說，1919年《凡爾賽條約》簽訂後，德國人心理和精神方面的利益一度超過了經濟和物質利益。希特勒在德國受到民眾的擁戴和崇拜，與他幫助德國人恢復自尊心有相當關聯。考慮到這些方面的利益可以避免局限於物質因素的單純經濟決定論。全面瞭解「利益」的複雜性，對於我們認識其他極權國家裏政府與人民之間的「共同利益」和由此而來「民眾支持」也是有幫助的。

　　但是，僅僅從「利益」來認識極權統治的方式，很容易忽視極權統治對暴力和恐怖的根本依賴。這是英國歷史學家埃文斯(Richard J. Evans)對阿利的《受益人》一書持批評態度的原因。埃文斯認為，阿利因為強調普通德國人與納粹的某些利益一致，而得出了「第三帝國不是一個靠武力維持的獨裁政府」的錯誤結論，這樣實際上也就淡化了納粹統治的暴力極權本質。

　　埃文斯認為，阿利得出這個錯誤結論是因為他過度強調納粹執政早期取得的成就。阿利在《受益人》中說：「納粹在物質繁榮和社會平等方面確定的成就讓它得到絕大多數人的熱情支持。其決策機構也不是『自上而下的』，而是『平面的』，在制度和執行政策時，都給人們提供了最大限度的參與機會」。(28)埃文斯特別指出阿利的這個錯誤觀點，是因為在一些別的研究者那裏也有類似的觀點。例如，著名的德國歷史學家漢斯–烏爾里希·韋勒(Hans-Ulrich Wehler)就曾表達過與阿利相似的觀點。韋勒認為，希特勒在德國實行的基本上不是恐怖統治，不是「一群亡命徒在一個奧地利社會棄兒的領導下，對德國實施了一種異族統治」，也不是由於恐怖，「那些正派但沒有自衛能力的大多數人只好低下了頭」。他認為，

強調普通德國人因恐怖而順從只會為他們開脫與納粹合作的罪責。他主張從歷史的實際情況，分階段地來認識希特勒對德國人的影響方式：開始是用個人魅力，後來則是用利益分享。(埃文斯95)阿利在《受益人》裏的主要觀點與韋勒是非常一致的。

其實，阿利對納粹與德國民眾利益均沾的論述並不是只能得出「納粹不靠武力維持」的結論，而是也可以得出「納粹並不完全靠武力維持」的結論。後面這個結論要合理得多。希特勒政權受德國人歡迎的經濟和利益原因是一回事，而這個政權是否靠暴力維持則是另外一回事。這二者之間並沒有直接的，必然的因果關係。在經濟相對富裕的極權國家裏，民眾滿足於他們的小康生活，他們容忍或支持政府用暴力維穩，並不等於他們自己就有了免於恐懼的權利。他們不反抗，不是因為完全沒有不滿或反抗的意願，更不是因為認同政府的暴力，而是知道反抗獨裁政府將會給自己帶來怎樣的災難性後果。因此，不能把他們不反抗獨裁簡單地當作獨裁已經合乎民意。

四　如何識別極權統治的暴力

阿利所說的「武力」是一種針對肉體的暴力(監禁、酷刑、殺害等等)，而不是更為複雜和隱蔽化的暴力(軟性暴力)。對阿利關於納粹統治不靠暴力來維持的說法，可以從兩個方面來看，這兩個都對我們認識納粹德國之外的其他極權暴力都有重要的借鑒意義。這兩個方面有區別，也有聯繫，它們都關乎我們對統治暴力的認識，一個是數字能說話，另一個是數字不能說話。

第一個方面是，相比起一些其他極權國家的暴力來說，納粹暴力確實不是最突出，最惡劣的。這些是可以用一些數字來證明或解釋的，阿利的書裏有不少這類數字。極權國家通常將這方面的數字列為「國家機密」，可見這些數字對極權統治有揭示和暴露的作用。第二個方面是，納粹暴力並不像阿利有意無意暗示的那樣，僅限於秘密警察、監獄、肉體酷刑、死刑、武裝警察鎮壓等等，納粹

也發明和運用了許多「絲絨手套」的「軟暴力」方式，如法規和法律條文、民眾舉報、宣傳洗腦、言論管制、溫和威脅(請喝茶)等等。納粹的這些「軟暴力」方式在其他極權國家也是廣泛運用的，形成了一種極權統治特有的暴力和恐怖的軟硬兼施。

第一個方面是能用量化來分析、認識和比較的暴力。阿利在《受益人》中運用數據和文獻資料來對納粹暴力做統計或量化分析。一般來說，不少研究者對暴力的量化分析方法是有所保留的，不只是針對阿利的著作，對其他著作也是這樣。例如平克的《人性中的善良天使》中關於暴力下降的結論，就因為量化的方式而有很多的爭議。[14] 阿利也是用警察的數量來說明納粹統治依賴暴力的程度並不算高。他指出，「納粹國家對民眾的脅迫需要拉開距離來看：共產黨德國(東德)後來僱傭了19萬正式的專門人員和同等數目的『非正式協助員』來監視1700萬人口，而蓋世太保在1937年只有7000僱員，這還包括官僚和秘書人員。用這樣一個小得多的安全警察，他們就已經足夠監視超過6000萬的人口了。大多數的德國人根本不需要監視或拘捕，到了1936年底，納粹是德國的第一大黨，用暴力對付對手的開始時期也已經過去，在國家集中營裏一共關押了4761人，其中有的是長期酗酒者和慣犯」。(28)

阿利把納粹的警察數量與東德的警察數量做了比較，應該是為了強調東德暴力的嚴重程度，而不是說納粹的警察暴力不嚴重。或者可以說，與納粹暴力相比，其他一些極權國家的暴力可能要更嚴重得多。人們一提到極權統治的警察恐怖，想到的就是納粹的蓋世太保，其實，就規模和殘酷程度來說，其他極權國家都可能遠遠超過納粹德國。例如，與納粹德國相比，蘇聯秘密警察和監禁的政治犯人數都大得驚人。早在1928年，蘇聯就有將近30,000人被監禁在集中營中，並被當局強制進行無償勞動。1930年的中後期，秘密警察和監禁大為擴大，斯大林主導大清洗運動，古拉格的規模開始戲劇性地膨脹。根據前蘇聯內務人民委員部頒佈的第58號命令，人們

---

14 參見《和平時代的暴力：斯蒂芬‧平克〈人性中的善良天使〉》，見徐賁：《經典之外的閱讀》，北京大學出版社，2018年。

開始被秘密警察監視，審查，並以「反革命」的罪名關押，由內務人民委員部草草審判並被流放或被處決。在1937–1938年一年的時間裏，內務人民委員部又出台第00447號命令，導致一萬多名古拉格囚犯未經正式審判便被處決。大部分古拉格囚犯在大部分時間內都面臨着食物供給不足，禦寒衣物匱乏，擁擠和缺乏醫療保障的困難。1934年至1940年六年間古拉格集中營內的非正常死亡人數是同期普通人口死亡人數的4至6倍。根據解密的檔案，1930年至1953年古拉格內死亡人數的報數估計為176萬人。其中二分之一死於1941年至1943年。[15] 這些都是對蘇聯人的殘害，與這樣的恐怖暴行相比，納粹對德國人的殘害只能算是小巫見大巫，但卻一直錯誤地被視為登峰造極、無與倫比的極惡。這無形中淡化了其他一些極權國家的實際殘暴規模和程度。

一個叫「全球治安」的政府網站提供了一些解密後的關於前蘇聯KGB的數字，更是令人對蘇聯秘密警察的規模有印象深刻。西方對克格勃人力資源的估計從1973年的49萬人到1986年的70萬人不等。這個數字與克格勃最後一任首腦弗拉基米爾·克魯奇科夫(Vladimir A. Kryuchkov)的說法一致。據他說，到1991年8月，克格勃軍人的總人數達到49萬人，克魯奇科夫引用的數字是指克格勃穿制服的人員(儘管並非完全如此)。值得注意的是，克魯奇科夫沒有提到克格勃不穿制服的部分，包括人數龐大的秘密舉報人(特工–線人)，「受託人」(trustees)，「幫助者」(helpers)以及其他非克格勃工作人員的合作者。據克格勃內部人士稱，這一數字達到了約2000萬。超過一半的克格勃人員(約220,000人)與秘密告密者一起參與了活動，每名克格勃「案件官員」(case officer)或「控制人員」(controller)都有大約20名線人。因此，克格勃的秘密告密者實際人數不會少於450萬至500萬，佔蘇聯成年人口的百分之三至四。[16]

第二個方面是不能用量化來分析和反映的暴力。例如，對阿利

15　參見，金燕：《東歐的秘密警察是怎樣形成的》https://www.hrichina.org/en/node/23952.

16　參見其官方網站：www.globalsecurity.org/intell/world/russia/kgb-su0515.htm.

　　　　　　　　暴政史：二十世紀的權力與民眾

提出的納粹暴力數字，埃文斯認為，這些數字會淡化納粹對德國人的實際暴力脅迫，許多脅迫看上去平靜，其實都是暴力的。他承認阿利所說的兩個理由(蓋世太保的規模和1936年的關押人數)都是事實，同時指出，「但這個時候，警察、國家檢察部門、法院和國家監獄已經在執行政府的大部分強制措施，納粹政權為了維護自己的統治而採取的措施隨處可見，比如街道上的衝鋒隊，日報上報道的對不順從者的審判定罪，人們在緊閉的門後低聲交談……在這樣的體制下，希特勒最不經意的言論也會立即變成官方政策，常常帶來災難性的後果」。(埃文斯140–141)

在「實實在在」的暴力(毆打、抄家、暗殺、監禁)之外還存在着多種多樣的隱形和軟性暴力。當然，運用這種看似溫和的暴力是有條件的，那就是人們已經嘗過了硬性暴力鐵拳的滋味，並記住了它的厲害。在這個意義上應該説，軟暴力不是硬暴力的另項選擇，而是配合和發展。軟不是真的軟，不是用軟的代替了硬的，而是軟硬兼施。軟硬兼施的暴力方式在納粹德國比比皆是，在其他極權國家裏也是一樣，隨着極權統治本身的變化而不斷，花樣翻新、與時俱進，以常見的舉幾個例子。

第一，採用脅迫、威脅和殺雞儆猴的手段。暴力直接的對象人數看上去很少，甚至只是個別，但威脅面極廣，對整個社會都有震懾的寒蟬效應。例如，1933年3月底，國會裏的民族黨議會領袖恩斯特·歐博福仁(Ernst Oberfohren)的家遭到劫掠，辦公室被查抄，幾個星期後，他被發現死於非命。納粹已經發出了明確的警告，警告的背後是誰都心裏有數的暴力威脅。以重刑判處個別政治異見者入獄，不到死絕不釋放，或者對一些明明有民憤的暴行(殺害和屠殺)絕不平反道歉，都能收到殺一儆百的效果。

第二，鼓勵舉報，以民制民，造成人與人之間的深度不信任和相互猜疑，這是一種造成恐怖和不安的心理暴力。而且，眾多的民眾向政府舉報還能造成民眾普遍擁護政府的假象，「人們會向當局舉報不法分子，這是認為納粹政權廣受歡迎的(一個論據)」，「蓋世太保大量使用有償線人，還有登記在冊的無償線人供他們無所

顧忌地反復利用」。(埃文斯115)在學校裏，家長和學生也參加舉報，「反對那些所謂離經叛道的人擔任老師」。(埃文斯109)由於害怕被舉報，人們會因為恐懼而特別賣力地表現對領袖和政權的忠誠，也特別賣力地舉報他人。這種看上去由民眾「自願」參與的維穩和監視行為，其實是在隱形暴力的脅迫下發生的。

第三，暗中監視，並讓人們知道，他們在被暗中監視。例如，「在所有的選舉中，投票站都被衝鋒隊包圍着，他們威脅性的態度明確告訴人們，那些不順從的人會有甚麼下場」。(埃文斯112)同樣，在公共場所佈置警察，看上去警察是在「維持秩序」，其實暗含着威脅性的警告：不要輕舉妄動！看上去是「自由」的投票，其實都是暗中控制的，「對於疑似的政權反對者，發給他們的選票都帶有特殊標記，在許多地方事先就有傳言，稱所有選票都進行了秘密編號，以便找出並懲罰投『不贊成』票的人或毀掉選票的人。那些這樣做的人要麼會遭到衝鋒隊的毒打，要麼被拖到街上示眾，脖子上掛着『叛徒』字樣的標牌，甚至被投入精神病院。這是為確保獲得壓倒性的『支持』票」。(埃文斯113)

第四，用仇恨和暴力來對民眾進行宣傳洗腦，「從1933年起，冷酷、強硬、殘暴、武力、暴力的效力就被反復灌輸給整整一代的德國年輕人。在舊軍隊和年長的官員中間，宣傳還基於一種更深層的信念，即斯拉夫人和東歐猶太人都是低等人」。(埃文斯121)接受了這樣的宣傳，人們把暴力當作一種「正義」行為，行使暴力也成為他們的「自願」行為。人們隨時害怕別人的「正義暴力」會落在自己頭上，因此會變得格外謹小慎微，不敢有絲毫「出格」的行為。甚至沒有做錯任何事情的人也會對做錯事的後果感到恐懼，「一個管道工可能修理了集中營辦公樓漏水的水管，但仍然會害怕如果做了甚麼出格的事或出言不慎的話，厄運也會降臨到自己身上」。(埃文斯117)

第五，全面地動員「法制暴力」，「納粹德國的主要恐怖工具不是集中營，而是法律，用恩斯特·弗蘭克爾(Ernst Fraenkel)的術語來說就是，納粹德國不是特權國家而是規範國家。換言之，它不

是黨衛軍那樣的希特勒建立的強制性機構，而是可以追溯到幾十年甚至幾百年前的業已存在的國家機器。當然，這不是在對1933年集中營的作用輕描淡寫。在1933年，德國各地可能有10萬名德國人未經審判就被以『保護性拘留』名義遭到關押」。(埃文斯106)

這樣的法律不是為了保護人民，而是維護納粹的權力統治。由於這樣的法律代替了監獄和集中營，納粹的暴力顯得不斷從社會和人們的眼前消失，呈現出一派非暴力的，「依法治國」的太平景象。「到1933年年底，幾乎所有早期的集中營都已被關閉。集中營減少的一個主要原因在於，政治鎮壓的主要職能現在正由普通法院、國家監獄和收容所來執行」。法律懲罰的許多罪行都與納粹的維穩需要有關，「法律和法令大幅度擴大了叛逆法和死刑的適用範圍。比如，1933年4月24日頒佈的法律規定，任何圖謀纂改憲法、以武力分裂德意志帝國領土的人或參與懷有以上目的陰謀集團的人，都將被斬首——一『圖謀』的概念包括書寫、印刷和散發傳單，纂改憲法包括倡導回歸民主或敦促廢除希特勒的領袖地位，參與陰謀者則包括所有與陰謀派系有關係的人。1934年12月20日頒佈的法律又更進了一步，那些對納粹黨或國家領導人發表『惡意』言論的嚴重案件的涉案人員都要處以死刑。還有一部法律將『惡意流言』也視為非法：散佈有關納粹政權的謠言，發表貶低納粹領導人的言論，都會被追究」，「講關於希特勒的笑話是非法的；傳播有關政府的謠言也是非法的」。(埃文斯107)各種各樣的「罪名」撒下了一個恐怖的大網，迫使人們隨時必須對自己的思想和言行做嚴格的自我審查，也審查別人的言論和表現。

絲絨拳頭或軟暴力是極權政府在穩定時期的一種統治策略和手段，並不標誌統治的殘暴或人民的恐懼有了實質性的變化。如果人民真的擁護，那麼為甚麼還需要長期維持龐大的警察和武警，還有別的脅迫和控制機構呢？軟暴力的統治訣竅在於能在相當程度上讓威逼顯得像是說服，讓脅迫顯得像是自願，讓奴隸有奴隸主的覺悟。然而，在沒有自由的地方，所謂「說服」「自願」「覺悟」又有甚麼意義呢？只有在人是真正有選擇自由的情況下，才談得上說

服或不説服，自願或不自願，覺悟或不覺悟。專制獨裁的權力，沒有約束、難以揣摩，即使在不直接訴諸暴力和恐怖的時候，也同樣令人恐懼、無助、焦慮和談虎色變。人們雖然不清楚該做甚麼，但卻知道不該做甚麼：不要隨便亂説話、不要多管閒事、不要表示不同意見、不要議論不該議論的事情、不要出頭打抱不平、不要反對也不要抵抗。這正是絲絨拳頭或軟暴力要達到的「不戰而屈人之兵」的統治效果。還無需暴力的拳頭真的出手，對手已經喪失了抵抗的意志，不知所措，匍匐腳下。相比起只是揮拳頭和砍腦袋來説，極權更靈活，更軟性，對人心滲透和社會倫理破壞更深的那種恐嚇和威懾才是更有效和更接近完美的極權統治。

暴政史：二十世紀的權力與民眾

第十四章

「第三帝國」的旅遊文化

── 《觀光希特勒的德國》

　　自1933年納粹在德國掌權之後，希特勒政權在德國發展出全世界最高效的現代群眾旅遊事業，這是一種廉價旅遊和黨國宣傳相結合的新型娛樂工程，被稱為「力量來自歡樂」(Kraft durch Freude, 縮寫：KdF)，是納粹黨國給予德國人民的一項恩惠。按照希特勒的指示，不僅要管好工人們的工作時間，而且還要管好他們的閒暇時間。「力量來自歡樂」從一開始便是一項由黨國宣傳部直接來抓的重要工作，是為了貫徹落實元首關於人民娛樂是黨國大事的思想，「我要求每個工人都得到充分的假日時間，我要求這些假日和其他休閒時間成為一種真正的娛樂，要為此不遺餘力地去努力」。元首還指示說：「要成就偉大的政治，人民必須有堅強的神經」，因此可以理解為，群眾性旅遊是一項政治任務，因為旅遊帶來的快樂會成為一種巨大的，黨國所需要的群眾力量。[1]

一　營造「正常」的幸福生活

　　納粹對於旅遊業的重視可以從它對旅遊快速立法看出來，1933年1月30日，魏瑪共和第二任總統保羅・馮・興登堡任命納粹黨黨魁希特勒為德國總理。1933年2月27日，國會縱火案發生後，希特勒立即公佈「國家及人民保護令」，凍結公民自由權，成為納粹構建極權統治的第一步。1933年9月1日，希特勒在紐倫堡召開納粹黨

1　　Quoted in Hasso Spode, "The 'Seaside Resort of the 20000': Fordism, Mass Tourism and the Third Reich." https://www.cddc.vt.edu/digitalfordism/fordism_materials/spode.htm, p. 14.

代表大會，會上首度使用「第三帝國」一詞，以指由納粹統治、「國祚千年」的德國。1934年8月2日，總統興登堡死後，希特勒自行宣佈代行總統職務，隨後再宣佈德國是第三帝國，自己是帝國總理，接着廢除總統制，且立法使自己成為德國元首(Führer)。在納粹黨代表大會召開之前的1933年6月23日，希特勒就簽署了一項法令，建立了一個管理旅遊的帝國委員會。這個委員會在宣傳部的架構內設置了一個全國性的旅遊組織，強調旅遊業負有教育人民的任務，而不僅僅是交通運輸或經濟問題。

早在魏瑪共和國時代，旅遊業的經濟潛力對第一次世界大戰中失敗的德國已經具有特別重要的意義，因為旅遊業能提供了一種大規模公眾消費的形式，而它又不會從國家重建中消耗大量資源。納粹政府延續了以前的旅遊經濟觀念，但添加了它自己的政治動機，那就是，旅遊能給民眾帶來幸福感，旅遊幫助他們恢復活力，可以提高生產力。而且，可以在旅遊中用納粹的歷史和意識形態教育他們。

塞蒙斯(Kristin Semmens)在《觀光希特勒的德國：第三帝國的旅遊》一書裏指出，旅遊可以讓不同階層的德國人通過增加接觸來打破他們彼此之間的障礙，讓普通民眾(尤其是勞工)覺得自己的生活水平有了提高，現在終於能夠享受以前只有富裕人家才能享受的旅遊和生活水平，這樣他們就能夠抵禦左翼政治勢力的吸引力。

旅遊不僅有利於納粹在國內籠絡人心，還有助於在國際上提升德國的形象，讓納粹的外交政策更容易得到國際認可。對納粹來說，國際旅遊是一種展現軟實力和溫和外交的必要手段，吸引外國遊客到德國旅遊，可以減輕外國對納粹德國的誤解，他們會親眼看到德國的偉大成就和大好形勢，消除國外對德國法西斯化的憂慮。

不管是政治賬還是經濟賬，旅遊都是一筆好生意，有政治宣傳的好處，對經濟也有相當助益，德國需要外匯，對外國旅行者徵收關稅，特別是對奧地利徵收的1000馬克旅遊關稅，是一筆可觀的國家收入，正是擴充軍備所需要的。而且，同樣重要的是，旅遊能對國內或國際的旅遊者產生一種重要的民眾心理效應，那就是，納粹

　　　　　　　　暴政史：二十世紀的權力與民眾

德國是一個「正常」國家，納粹的黨國化並沒有對這個國家的社會秩序和文化傳統價值造成衝擊，所以不必擔憂在這個國家崛起的法西斯主義和實行的專制統治。

納粹利用旅遊為它的專制極權塗上「正常」的偽裝色彩。在納粹德國日常生活全面納粹化，極權統治進入每一個文化領域的時代，由於表象的「正常」與實質的「黨化」混合交融，旅遊成為一個比較特殊的領域。當然，這種相安共處本身就是納粹宣傳營造的一個假象，是為其準備和進行戰爭的大目標服務的。

旅遊業為我們瞭解納粹統治下的日常生活本質及其「正常」表相提供了一個特殊的觀察和思考角度。營造「正常」的感覺是一種專制統治的手段，讓被統治者和外部的旁觀者覺得，正在發生的一切都是得到民眾同意的，民眾是自由的，統治者並沒有對他們進行洗腦，更沒有對他們有任何暴力和恐懼的威脅。有意思的是，旅遊在嚴格意義上並不是一種「日常生活」活動，而是一件不甚日常的事情。但是，看似不日常的旅遊與日常的家庭生活一樣，都是被某些期望，心態和實踐所構建的——日耳曼民族、雅利安種族、祖國、第三帝國、元首、黨國政府、過上好日子、感謝和忠誠、猶太敵人等等。賽穆斯指出，這些構成了普通德國人日常生活的「解釋框架」，事實上，休閒旅行的既日常又不日常性質可以幫助將這些因素變得更加清晰，「旅行者在踏上旅程時，顯然不會丟下他們對日常生活的解釋框架，而是把這些解釋框架打包起來，並隨身攜帶」。(3)[2]

在納粹德國，旅遊是通過「大眾化」來顯示正常的，旅遊讓普通大眾獲得一種前所未有的幸福感，而幸福是幾乎所有人都願意當成一種正常生活狀態的。旅遊這種以前只有富裕人士才能享受的文化經驗，由於納粹黨的關懷、提倡和推行，變成了普通民眾生活中也有可能的事情。1933年，在納粹黨魁羅伯特·萊伊(Robert Ley)的領導下，成立了一個叫「力量來自歡樂」的具有國家背景的大型休

2　Kristin Semmens, *Seeing Hitler's Germany: Tourism in the Third Reich*. Houndmills: Palgrave Macmillan, 2005. 出自此書的引文在括號中標明頁碼。

假組織。它是德國當時的勞工組織：德意志勞工陣線(下稱勞工陣線)的一部分。該組織成為向德國人民宣揚納粹思想(國家社會主義)優越性的一個工具。它也很快在1930年代成為了世界上的最大旅遊運營商。

「力量來自歡樂」被當作一個正常的旅遊組織，而不是第三帝國宣傳部的一個特殊部門。旅遊業直接接受黨國宣傳部的領導，這在任何一個正常的國家都是不正常的事情，但是，在希特勒的德國，這卻成為一種「正常」，因為它得到廣大民眾的同意。由黨國宣傳部的一個部門組織旅遊，這在任何一個正常的國家也是不正常的，但是，在希特勒的德國，組織化的旅遊因為價廉物美，廣受歡迎，也成為一種「正常」。從民眾心理上說，正常和非正常之間的差別是模糊的，人總是以自己的好惡為標準，把自己喜歡的稱為正常，把自己不喜歡的視為不正常，在對待黨國組織化旅遊的問題上，也是這樣。

「力量來自歡樂」在國際上被接納，這更加證明了它提供的是正常的旅遊。這個組織的「無階級豪華遊輪」產生了轟動效應，德國和意大利成為國際休閒運動的領導者，有論者稱之為「休閒軸心」。1936年7月，在柏林奧運會召開前夕，第二屆「世界休閒和娛樂大會」(World Congress on Leisure and Recreation)在德國召開，有61個國家的3000名代表與會。[3] 副元首魯道夫·赫斯(Rudolf Walter Richard Heß)致辭說：「對於國家內部的社會和平與國際間的政治和平，勞動人民的休閒時間都是一個決定性的條件」。這讓納粹的旅遊觀念聽起來像是現代旅行社模式創始人托馬斯·庫克(Thomas Cook, 1808–1892)的旅遊主張。「力量來自歡樂」組織的旅遊部主任拉費倫茨(Bodo Lafferentz)稱德國的遊輪是「和平大使」，並宣佈，在德國「階級意識的工人已經消失」。大會名譽主席，美國人格斯塔夫斯·寇比(Gustavus Town Kirby)稱讚說：

3　Daisuke Tano, "The Axis of Leisure: The World Recreation Congress of 1936 and Japanese-German Cultural Exchange." Conference paper, Conference: XVII ISA World Congress of Sociology, At Gothenburg, Sweden. https://www.researchgate.net/publication/267574588

暴政史：二十世紀的權力與民眾

「『力量來自歡樂』把理想變成了現實」。這是納粹對外宣傳的很大成功。籠絡人心是納粹的主要目的，「對外宣傳只是納粹假日政治的副產品，『力量來自歡樂』主要是一種國內政治。當然，在統治核心人物眼裏，一切國內政策都是為外交政策服務的」。[4] 在國內和在國外，「力量來自歡樂」都起到了納粹想要的那種宣揚「正常」的效果。

二「力量來自歡樂」

「力量來自歡樂」充分發揮了假日休閒變成大眾消費品的功能。把假日旅遊變成一種供大眾消費的產品，這是一種在1930年代之前就已經產生了的現代旅遊觀念。雖然人類在古代就已經有了「旅行」(travel)，但「旅遊」(tourism)卻是一個現代的概念，是隨着19世紀現代交通工具和旅館業的發展而產生的一個副產品。19世紀40年代出現了包住、包吃、包玩的「全包」式旅遊，但那時候只是一種旅遊產品的銷售方式，還不具有真正的普通大眾消費意義，更不是後來在法西斯國家裏形成的那種為黨國目的服務的組織化休閒。19世紀晚期，許多英國工人和僱員星期天到海濱遊玩，那只是一種「出遊」，並不是有產者的那種體面和享樂的「度假旅遊」。度假旅遊是只有少數有錢人才能在經濟和時間上負擔得起的奢侈品。

把有產階級的休閒旅遊變成一種大規模的民眾消費模式，開發為一種大眾商品，其開創者是意大利法西斯。「領袖」(Duce)墨索里尼的意大利法西斯政黨在1925年成立了一個康樂組織——國家康樂俱樂部(Opera Nazionale Dopolavor, OND)。德意志勞工陣線領導人羅伯特·萊伊1929年訪問意大利時瞭解到了這一組織。從1931年開始，在「領袖」的關懷下，「康樂俱樂部」的「人民列車」駛向意大利各地。價格只有平時的一半，第一年就有50萬人利用這個機會參加了旅遊。但是，當時意大利民眾的生活水準還太低，如果

4　Hasso Spode, "Fordism, Mass Tourism and the Third Reich: The 'Strength Through Joy' Seaside Resort as an Index Fossil." *Journal of Social History*, Fall 2004, p. 136.

僱主不補貼，連這樣的旅遊也是負擔不起的。所以開始的時候不少人歡天喜地，但熱乎勁一過，人數大降，跌到每年不過10萬人左右。[5]

　　但是，「人民列車」的提法卻是相當誘人，很有吸引力。德國納粹仿效意大利法西斯，同時以德國人特有的完美和高效組織了自己的「力量來自歡樂」，很快就超越了原來的意大利模式。德國納粹意識到，對工會運動的壓制、對工資上漲的限制，再加上軍備生產的高生產指標會導致工人潛在的不滿。為了維穩，必須把緩解壓力視為當務之急，而有效組織旅遊則是一種有效而經濟實惠的解決之道。1933年納粹黨取得政權後，萊伊建議在德國也建立類似他在意大利看到的組織。最初取名為意大利語譯名的「下班後的休息時光」，但最終選擇以「力量來自歡樂」作為組織名稱，後來證明這一名稱在宣傳時更為有效。1933年11月14日，希特勒批准了這項勞工休閒計劃。兩個星期後的1933年11月27日，在德意志勞工陣線的一次會議上，「力量來自歡樂」組織正式成立，納粹高層領導，包括副元首魯道夫‧赫斯和宣傳部長約瑟夫‧戈培爾都出席了這次會議。

　　「力量來自歡樂」的最大吸引力在於它低廉的價格。當時普通德國工人的月工資大約是30馬克，而1934年「力量來自歡樂」的全包旅遊價格平均是35馬克，比魏瑪時期的「廉價旅遊」花費減少了將近三分之二。「力量來自歡樂」第一年就有了迅猛的發展，高峰期是1937年，這一年有180萬人參加了它的「假日休閒」，還有840萬人參加了它的「旅遊」。按15歲以上的德國人口計算，這兩個數字加起來，佔了總人口的五分之一，形成了真正的全民旅遊熱。

　　「假日休閒」一般指的是豪華遊輪和滑雪，3–21日不等，一般是7–12天。「旅遊」時間則比較短，一般是1–2天，或6天的滑雪。1934年，這兩種旅遊的人數分別是50萬和190萬；1935年為110萬和520萬。1937年達到頂峰後，人數有所下降，1938年是160萬和870萬，1939年是120萬和620萬。這樣大串聯規模的旅遊已經達到

5　　Hasso Spode, "The 'Seaside Resort of the 20000'".

暴政史：二十世紀的權力與民眾

了極限，不僅是德國的運輸能力有限(主要是火車，鐵路運輸還擔負為國防軍服務的重要任務)，而且勞工陣線和僱主為工人旅遊所支付的補貼也是非常可觀。到1939年二次大戰爆發止，「力量來自歡樂」出售的旅遊總數額達到了800萬之多，其中大約十分之一(70萬)是乘坐「力量來自歡樂」的豪華遊輪到國外旅遊。戰前，有4500萬德國人參加了「力量來自歡樂」組織的旅遊。該組織於1939年二戰爆發後解散，諸如普洛拉度假村(Seebad Prora)等一些大規模的在建項目也未能完成。[6]

就其規模來說，「力量來自歡樂」的成效在世界上首屈一指，不是其他國家可以相比的。1937年，英國非營利組織「工人旅遊協會」(Worker's Travel Association)組織了61000人次的旅遊，還不到「力量來自歡樂」的百分之四(不包括短途遊玩)。越是長途旅遊，越是顯示「力量來自歡樂」旅遊的價格優勢。例如，去德國−奧地利邊境的滑雪勝地Reit im Winkl的七天全包遊是28馬克；去斯瓦比亞汝拉山(Swabian Jura, 德國的山脈，位於巴登−符騰堡州)的七日遊是16馬克；除了這種「普通」旅遊，還有「特別旅遊」。去Bavaria的滑雪八日遊是48馬克。最高級的當然是豪華遊輪休閒度假，是後來發展出來的項目，「力量來自歡樂」自己的遊船1934年下水，也就是在納粹禁止各種工會後一年。去挪威的七日遊是42到63馬克，去馬德拉(Madeira, 非洲西海岸外，北大西洋上一個屬葡萄牙的群島)的18日遊是120馬克，這個旅遊項目一般只有英國上流社會人士才能負擔得起，向來被視為相當奢華的休閒旅遊，不是普通工薪階層所能嚮往的。[7]

「力量來自歡樂」組織的一個重要政治目的就是吸引德國工人，讓他們脫離在德國廣有影響的馬克思主義和社會主義運動，有利於他們成為擁護納粹黨的群眾。而且，這種組織化的集體旅遊活

6　普洛拉度假村(德語：Seebad Prora)是一個海灘度假村。它位於德國的呂根島上，以其納粹規劃的龐大旅遊設施而聞名。這八幢外觀上完全相同的大樓總長4.5公里(2.8英里)，興建於1936年到1939年間，作為力量來自歡樂工程的一部分。但儘管它們計劃上要作為度假勝地使用，實際上它們卻從來沒有用於此目的。該綜合建築作為極其典型的納粹建築而被列入正式的遺產名單。

7　See also Hasso Spode, "The 'Seaside Resort of the 20000'", note 16.

動也有利於緩和德國的階級分化、促進社會階層溝通。例如，不同階層的乘客乘坐同一艘遊輪，船艙用抽籤來分配，而不是取決於社會地位。讓工人與管理層人員混合相處，減少了工人之間政治交流和組織機會。

　　旅遊業曾經也是左派工會與納粹爭奪群眾的一個手段。但是，「力量來自歡樂」把對手完全比下去了，這成為納粹宣傳經常標榜的話題。納粹宣傳大肆宣揚自己如何完全勝過了左派社會民主黨工會(ADAV)的旅行計劃。1933年，社會民主黨工會只舉辦了12次旅行，價格從42馬克的三日遊到350馬克的特別旅遊。而「力量來自歡樂」提供給工人們的是在高級度假村和溫泉勝地的享樂式休閒旅遊，或者在豪華遊輪的甲板上悠閒地盡情享受日光浴。一開始，很多人，特別是那些對納粹新政權有敵意的人們認為這樣的旅遊項目不過是納粹的宣傳謊言。但他們很快就發現，納粹至少部分兌現了他們在宣傳海報上的宣傳。海報非常自信地宣稱，「現在，你也可以旅行！」或者很有詩意地說：「編織自己的夢想地毯！」當時在德國的地下反對派人士對納粹籠絡民眾的這一高招感到震驚，也非常擔心它的政治作用。德國社會民主黨流亡海外的組織(Sopade-Berichte)也認為「力量來自歡樂」至少是有效的：「有些人對此熱情，有些人有所抱怨」。納粹政權的社會政策非常嚴苛，通常受到工人們的批評，但「力量來自歡樂」卻在工人中獲得巨大成功。從南巴伐利亞發回的工會報道說：「所有(社會民主黨)同志都多次報告都說：「『力量來自歡樂』是(納粹)政權的一個積極成就。這些旅行愈來愈受歡迎，它們的價格也便宜得驚人」。[8]

　　「力量來自歡樂」是20世紀一個少有的受歡迎的組織。它讓德國工人的假期待遇大大提高。1938年，87%以上金屬加工業工人享受每年六到十二天的假。甚至連日內瓦國際勞工局都不得不承認德國假期政策堪稱典範。[9]「力量來自歡樂」的成就還在於給了普通民眾旅遊者一種體面和受尊敬的感覺，以前普通的藍領工人也有

8　　Hasso Spode, "The 'Seaside Resort of the 20000'".
9　　Hasso Spode, "The 'Seaside Resort of the 20000'".

　　　　　　　　　　　　暴政史：二十世紀的權力與民眾

「旅遊」，但都是一兩天的「窮遊」，檔次很低，碰來碰去是和他們同一檔次的藍領。那種時間較長，遊玩地方比較高檔的體面旅遊是不屬他們的，只有少數有錢人才能享受。中產階級，尤其是那些勉強剛夠上中產，或者不久前才成為中產的普通人都是最講實惠的，也是最容易用小恩小惠收買和影響的。在現代生活方式或消費上，他們喜歡撿便宜，互相攀比誰撿到更大的便宜，納粹時代是如此，今天仍然是如此。

納粹至少在表面上打破了藍領旅遊與白領旅遊之間的隔閡，但是，那種高層黨官和高級領導所享受的旅遊特權仍然是對普通民眾保守的秘密。當然，這些都是以「工作需要」和「待遇」的名目而存在的。以前的高級假日休閒是「錢包」說了算。在納粹統治時期，「錢包」的界限似乎是被打破了，但是「革命資格」「領導級別」「政治待遇」的界限卻變得更加壁壘森嚴。納粹統治利用的就是普通民眾一面妒忌別人的錢包，一面崇拜權力的「小人心理」，所以納粹宣傳的是，「旅遊不再是富裕階層的特權。由於『力量來自歡樂』，我們每個民族同志現在都能參與旅遊業」。[10] 旅遊相當有效地幫助納粹營造了一種無階級差異的「民族共同體」假象。

「力量來自歡樂」有着國家文化和政治經濟的雙重目標。在國家文化上，它要加強民族自豪感和培養民眾對「民族共同體」的歸屬感，從一開始，「力量來自歡樂」的目標就是創建新德國人民和新德國社會，使政治和經濟符合德國民族共同體的社會文化重組。它所組織的集體性度假將德國人民團結起來。而且，德國人在外國旅行時會將自己國家的福利與外國對比，從而增強對本國的信心。興高采烈的德國遊客也會在國際上留下德國人民健康及愛好和平的印象。在政治經濟上，「力量來自歡樂」的休閒和業餘活動組織工作不只是旅遊，還包括體育比賽、文娛活動、低價電影、節日慶典、嘉年華、文藝演出等等。這些都是為戰爭做準備，因為健康而

10　H. Spode, "Ein Seebad für zwanzigtausend Volksgenossen. Zur Grammatik und Geschichte des fordistischen Urlaubs." In P.J. Brenner, ed., *Reisekultur in Deutschland*. Von der Weimarer Republik zum "Dritten Reich". Tübingen, 1997, p. 24.

充滿幹勁的人將更加適合投入戰鬥。同時，納粹也希望娛樂起到提升工人生產力的作用，讓國防工業能從增加的生產力中受益。

三 「感覺良好的專政」

「力量來自歡樂」組織的建立和運作是基於當時的社會學研究成果，如弗里德里克‧溫斯羅‧泰勒(Frederick Winslow Taylor)提出的科學管理概念以及基於工業化和標準化大量生產和大量消費的福特主義。旅遊成為標準化的大眾消費，也成為一種福利。正如德國歷史學家格茨‧阿利(Götz Aly)在《希特勒的受益人》一書裏所說，通過各種將意識形態與物質利益相結合的社會福利項目，包括積極推動娛樂活動，寓宣傳於文化，納粹統治成為許多德國人認同的「感覺良好的專政」。(參見本書第十三章)羅伯特‧萊伊引述希特勒本人的話說：「我要給予工人們充足的休假，要將一切事項安排好，使他們擁有屬自己的空閑時間，以讓他們真正休息。我這樣要求的原因是我要讓人民擁有強壯的精神力量，只有一個擁有強大精神力量的民族，才能取得真正偉大的政治成就」。[11]

旅遊在魏瑪時期就已經是一項重要的經濟產業，1933年納粹上台之後，旅遊的性質卻發生了變化，保持了其經濟產業的重要性，而且成為納粹意識形態宣傳的一個特別組成部分。納粹時期的德國旅遊文化有三個不同但又可能重疊的部分。第一個部分是明確的納粹黨化旅遊；第二個部分就是納粹休閒組織「力量來自歡樂」的旅遊產品。第三個部分是可稱為「正常」的私人旅遊。

第一個部分是納粹黨化旅遊，完全受納粹政治和意識形態化主導，目的是回顧黨的光榮鬥爭歷程、領袖的豐功偉績、英雄人物事蹟、回憶鬥爭往事、弘揚偉大理想、堅定戰鬥意志等等。為此有一種配合思想教育的導遊材料，稱為「褐色貝德克爾指南」(Brown-Baedeker)，褐色是納粹黨的標誌顏色，貝德克爾指南是著名的國際旅行系列小冊子，最早由19世紀德國出版商貝德克爾推出。黨化的

11 引自《力量來自歡樂》，維基百科。

　　　　　　　　　暴政史：二十世紀的權力與民眾

「褐色旅遊」熱點都是納粹官員認為最值得一看的地方，尤其是「革命聖地」。如紐倫堡的納粹黨集會會場(Reichsparteitagsgelände, 1933–1936年舉行過6次集會)、和「運動之城」的慕尼黑(這個城市於1933年被命名為「德國藝術之都」，並於1935年被命名為「運動之都」)。納粹在該城市制定了激進的種族和軍事計劃。正是在慕尼黑，政治反對派和不受歡迎的藝術形式受到了壓制。最早的集中營之一建在慕尼黑附近的達豪附近。著名的景點還有萊希河畔藍茨貝格(Landsberg am Lech，希特勒被監禁的地方)，奧地利的林茨(Linz, 希特勒青少年時代的故鄉)。

　　第二個部分就是納粹休閒組織「力量來自歡樂」的旅遊產品。這種旅遊是典型的大眾消費品，也就是打包式旅遊。這是一種「組織化的休閒」(regimented leisure)，按照希特勒的指示，「必須控制每個個人的工作時間，還必須控制他的休閒時間」。旅遊的行程和活動都是統一安排的。對工人遊客來說，價格非常低廉。但是，組團旅遊有許多規定和不便。例如，羅伯特·萊伊號遊輪可搭載1600名旅遊者，但只有40個廁所，100個淋浴處，高音喇叭卻有156個，整天不斷播放黨國宣傳。可是，旅遊者本來圖的就是價格便宜，所以不在乎這種耳朵不得閒的休閒旅遊。只要錢上劃得來，其他甚麼約束和不便都是小事。直到今天，以盈利為目的，具有欺騙性的組團或包團旅遊公司仍然在利用這樣的群眾消費心理。

　　第三個部分是「正常」私人旅遊，規模比前兩部分旅遊要大。納粹時期的德國有全世界最好的公路網。普通人出遊有了前所未有的便利。他們不會按黨化導遊書的路線去私人出遊，當然也不會完全排斥這樣的路線。雖然有人尋訪慕尼黑的Feldherrnhalle(流產的1923年納粹啤酒屋暴動的遺址)或希特勒的出生地，但更多的訪客是去歌德的魏瑪故居或自然景區黑森林。研究者發現，納粹時期，「正常」的私人休閒旅行比納粹化的旅遊更受民眾喜愛。但是，正如塞蒙斯所強調的那樣，以為這種私人旅遊就是「非納粹」旅遊——許多選擇這種旅遊方式者自己也是這麼以為的——那就錯了。因為納粹不僅容忍這種私人旅遊繼續存在，而且還積極地將它

用作維護納粹意識形態高壓統治的安全閥，讓那些能從意識形態日常生活逃離片刻的民眾覺得鬆一口氣，就像整天關在學校裏的學生春遊一日那樣，最後還是得乖乖地回到那種生活中去。從納粹組織「力量來自歡樂」來看，營造一種「正常」私人旅遊的幻覺是有效的軟性統治手段，用賽穆斯的話來說，這是一種「管制的正常」(managed normality)。讓民眾覺得一切還算正常，有利於在面對擴展軍備需要時，用旅遊來拉動內需經濟。(94)

　　納粹時期，德國「新景點」與「舊景點」的共存給大多數旅遊者造成了一種旅遊業未受政權變化影響的印象，一切都很正常，因此，對德國政權統治方式的變化擔憂其實是多此一舉，杞人憂天。旅遊業成為納粹德國「正常生活」的一個展覽店櫥窗。例如，關於黑森林的旅遊或導遊材料並沒有甚麼變化，它可能沒有突出納粹的內容，但它也沒有引起政治不正確的聯想，沒有令人想起魏瑪共和國和德國憲法的故鄉。改變歷史記憶最方便，最不引人注意的方式就是消除和代替，例如，魏瑪國家劇院那塊記載1919年國民議會召開的文字牌於1933年被拿掉了。但是，納粹烈士漢斯‧邁科夫斯基(Hans Maikowski)的文字牌卻掛在了他的故居上，成為一個新的旅遊景點。(55)德國詩人席勒在魏瑪的故居一直是一個受歡迎的旅遊景點，他的書桌上本來放在他的好友，哲學家門德爾松(Moses Mendelssohn)的著作。1933年，這本書被從席勒的書桌上拿掉了，因為門德爾松是猶太人。席勒故居事實上也成了文化清洗的犧牲品。這種變化是微妙的，看起來甚麼都沒變。這些旅遊點似乎仍然是「記憶的場所，而不是政治說教的地方」。(76)納粹採用的是一種控制旅遊的「精妙權術」，「只允許看似非政治性的……旅遊消費空間加強現有的(對納粹)的政治依賴和身份認同」。(97)

　　1938年3月，當「力量來自歡樂」的羅伯特‧萊伊號遊輪下水時，希特勒宣佈，「國社主義國家，國社人民共同體(Volksgenmeinschaft)正在盡一切努力。讓我們的民族同志(Volksgenossen)可以享受以前只是屬少數人階層的任何東西。……這個目標一開始是不可想像的。那時候，許多人相信，這個計劃聽

起來像是馬克思主義的夢想，是不可能實現的。好吧，我的民族同志們，這個計劃正在實現」。[12]

旅遊不但幫助了納粹的高調宣傳，而且還成為納粹統治的幸福物品，用來代替提高工資，代替工人的公民和社會權利。正如馬克思主義批評家魯道爾夫・科諾爾(Rudolf Kühnl)所指出的，納粹的「勞工陣線不會給工人真正的正義，只會給他們幻覺的正義」。[13]納粹在德國取消了民主，取消了工人罷工和在工作單位的參與權利。無論是白領還是藍領，都成為黨的群眾，與領導只有「忠誠和義務」的關係。納粹宣稱廢除了傳統社會等級，工作不分貴賤高下，只是分工不同和「用腦和用手」的差別。所有的德國人組成一個民族共同體。當然，這個共同體排除了各種各樣的「異族」「異類」「異己」。這個共同體是高度統一和諧的，沒有不正常的殘酷政治鬥爭和鎮壓，只有正常的文化、休閒和消費。

然而，在這樣的文化、休閒和旅遊消費中，無論是國內還是國外的旅遊者，納粹都對他們進行巧妙的權術控制。在納粹時期的德國，旅遊是極權專制扭曲民族意識和文化記憶，編造社會傳統和政治歷史的一部分。這種黨化旅遊表現出一種典型的極權統治「分裂意識」(divided consciousness)。它具有納粹統治下生活諸多方面的一個共同特徵，那就是，專制統治一方面不遺餘力的強制人們服從它的統治，另一方面又想方設法讓一切看起來是人民同意和自願的；一方面它的權力和意識形態控制滲透到社會和日常生活的每一個領域和角落，而另一方面，卻要營造和維持一種全面正常和穩定的太平盛世景象。在它的極權統治法典裏，正常的表象能讓人安心，讓人放心，而最有效的極權統治正是在人們普遍安心和放心的狀態下，把他們帶入一種原該讓他們驚慌和恐懼的境地裏去。心理學稱此為溫水煮青蛙效應，社會學稱此為意識麻痺。

反思納粹時期旅遊者對德國的看法和認識向我們提出了一個當下性的問題，那就是，如果我們沒有今天對納粹極權的認識，如

12　Hasso Spode, "Fordism, Mass Tourism and the Third Reich," p. 135.
13　Rudolf Kühnl, *Formen bürgerlicher Herrschaft*. Reinbek, 1971, p. 129.

果我們自己就是當時的旅遊者，我們能看到甚麼呢？我們又會怎麼解釋眼前看到的事物呢？這顯然不是一個容易回答的問題。我們雖然知道魔術的原理，但是，即使我們是帶着懷疑和挑剔的眼光看魔術表演，我們的眼睛仍然只會看到魔術家設計給我們看到的景象。同樣，我們即使知道溫水煮青蛙效應或意識麻痺的道理，但在自然的山光水色和風土人情中還是會看到令我們的眼睛信以為真的正常生活世界。這也許正是為甚麼從運作效果來看，即使是對那些可能帶着懷疑眼光來到德國的國外遊客，他們看到的也是一個顯得相當「正常」的德國。就此而言，納粹的旅遊政策也是成功的，正如塞蒙斯在她的研究裏所發現的，大多數外國遊客到德國遊覽或觀光之後沒有對納粹運動和極權專制造成的變化有不良印象，「他們離開德國回家時，似乎對他們在那裏所看見的留有好的印象，稱讚那裏『令人愉快的正常生活』。對於針對旅遊者所做的政治宣傳來說，可以說是一個小小的勝利，儘管這個勝利不足以最終影響對法西斯的國際輿論」。(153)

第十五章

法西斯陰霾下的盛世旅遊

── 《第三帝國的遊客：法西斯的崛起》

　　英國歷史學家和傳記作家朱莉婭‧博伊德(Julia Boyd)2018年8月出版的新書《第三帝國的遊客：法西斯的崛起：1919–1945》(下稱《遊客》)在英國和美國都受到普遍的好評。[1] 1930年代是納粹從崛起到鼎盛的輝煌時期，也是外國遊客，尤其是英美遊客雲集德國的時期。德國有完備的旅遊條件、最好的公路、美麗如畫的自然風光、中世紀色彩迷人的小鎮、第一流的音樂和歌劇、啟蒙運動的高雅文化與前衛的爵士俱樂部文化交相映輝，還有各式各樣的酒店舞會、溫泉和裸泳嬉戲。所有這些旅遊都價格低廉、經濟實惠。就在外國遊客享受這一切的時候，他們當中的絕大多數人對納粹德國正在發生的不詳發展── 壓制公民和新聞自由、反猶主義暴行、一黨專制、極權獨裁、集中營、軍事擴張── 視而不見。這並不全是由於他們主觀上的冷漠和自欺，或者故意充耳不聞、視而不見，而是因為納粹統治下的旅遊文化呈現出一種「正常」和「黨化」同時並存，相安共處的景象。希特勒時代的德國日常生活全面納粹化，專制統治向每一個社會和文化領域滲透並進行控制，但對外國人開放的旅遊卻故意營造出一派世外桃源的正常景象。正是由於這種表面的「正常」與實則的「黨化」交織在一起，外國遊客很容易就把一個黨化的德國當成了正常的德國。人們常說旅遊是一種「眼見為實」的體驗，真的是這樣嗎？為甚麼旅遊讓我們看不到的東西反而比看得到的東西更多，而看不到的部分卻更為本質？這正是我們在閱讀《遊客》時需要思考的問題。

1　Julia Boyd, *Travelers in the Third Reich: The Rise of Fascism: 1919–1945*. London: Pegasus Books, 2018. 出自此書的引文在括號中注明頁數。

一　混沌不明的魏瑪時代

　　《遊客》一書共有21章，可以分為三個部分，形成了一部有關納粹的簡史。第一部分是最前面5章，時間跨度是從一戰剛結束的1919年至1933年初納粹上台。第二部分是接下來的14章，從1933年至1939年德國入侵捷克。第三部分是最後2章，是1940到至1945年納粹最後的日子。第二部分佔全書三分之二，顯而易見是書的重心所在。博伊德在《遊客》提出的問題是，在這幾十年間，尤其是在納粹盛世的1930年代，外國遊客在德國看到了些甚麼？又是如何理解和解釋他們的所見所聞？如果説對第一個問題的回答有史料價值，那麼對第二個問題的思考便可能帶出我們今天自己應有的「後見之明」。這種後見之明就是歷史教訓。

　　博伊德在書裏引用了大量不為人所知的外國遊客日記、信件和其他文字記錄，以此還原當時人們的所見所聞、所思所感。這些訪客中有不少是名人，如發明家和探險家查爾斯·林德伯格(Charles Lindbergh)、名作家貝克特(Samuel Beckett)和杜波依斯(William E. B. Du Bois)、英國政治家大衛·勞合·喬治(David Lloyd George)。遊客中還有一戰老兵、留學生、學界人士、記者、藝術家、奧林匹克比賽選手。但是，更多是普通人。他們的身份背景很不一樣，他們來到德國，有的是因為職業或工作關係，有的是為了享受時間充裕的休閒旅遊，還有的則是匆匆觀光遊覽。他們各不相同的或者互相矛盾的印象和看法構成了一幅外國人如何觀察和認知納粹德國的斑斕圖景，也為我們提供了一個瞭解和回顧納粹崛起的特殊視角。

　　第一部分裏外國遊客對德國的印象可以用「霧裏看花」這四個字來概括。從1919年至1923年是德國在第一次大戰戰敗之後構建新制度和面對內外危機的時期。對戰後德國來説，從帝制轉變為共和是一個充滿了混亂和不確定的過程，安定、和平、重拾國家尊嚴是民心所向，但是，如何達成這些目標卻是一個未知數，因此引發激烈的政治鬥爭。也正是在這種情況下，誕生了希特勒

的國家社會主義黨(納粹)，這個黨的崛起、壯大和掌權成為德國後來災難的根源。

魏瑪時代最先向家人朋友報告德國印象的是隨軍隊來到德國的美國大兵。1919年，戰敗的德國是一個蕭條、敗落、絕望的地方。但是，出乎意外的是，美國大兵對作為敵國的德國有相當良好的印象，超過了對同盟國法國的印象。他們發現德國的城鎮比法國的要乾淨，人民也更勤奮和誠實。(20)他們對德國人的單純也有深刻的印象，「你在德國越是住久了，就越會對德國人感到驚奇，他們非常簡單(有時天真得可憐，有時候簡直就是愚蠢)，也非常友善」。(17–18)

1923年1月，法國和比利時以德國不履行賠款為藉口，出兵佔領了德國的工業心臟地帶魯爾地區，對德國來說這是一個難以承受的打擊。德國是因無力償還戰爭賠款而失去魯爾地區的，巨額賠償是法國堅持的，其實超過了德國的能力。1923年德國欠同盟國6.6億英鎊(8個零)，相當於2013年的280億英鎊(8個零)，許多英美人士認為這不僅不道義，而且還會造成嚴重的政治後果：德國一旦經濟崩潰，得利的必定是得到蘇聯支持的共產黨。

更有甚者，法國派駐魯爾區的是從非洲招募來的黑人士兵，斯德瓦特‧魯迪(Stewart Roddie)是英國人，曾任盟軍軍管會成員，他到Friedrichshof訪問時發現，「那個地方到處全是黑人軍隊」。他感到很生氣。1920年代還盛行着種族主義，在那時候的西方人看來，用「穿着制服的猴子」軍隊管理德國的文明白人簡直就是存心羞辱德國人。德國人對此感到羞辱，連英美兩國的人們都對此提出批評，認為法國不該這麼對待德國人。(37)

一位女訪客在Wiesbaden看到非洲士兵舉着火炬遊行，感到非常恐怖。旁邊一位法國觀眾對她說，這是常有的景象。法國人以此提醒德國人誰是戰爭的勝利者。這位女訪客寫道，「我永遠不會忘記那些站着看遊行的沉默的德國人臉上的表情」。(38)

1924年，遊客看到的是一個經濟凋敝、政治混亂與文化繁榮奇怪地混雜在一起的德國，他們到德國旅遊，不知道該如何看待這個國家。他們對當時德國的通貨膨脹和貨幣貶值感到震驚，一位女遊

客寫信告訴家人，兩個英鎊兌換20萬馬克，「一大捆紙幣拿都拿不動」。(31)一位英國工會人士發現，共產黨正在15至50歲的德國人中間招兵買馬，為選舉做準備。柏林「至少有15個政黨或派別的競選人在積極活動」。(35)他同時又發現，德國人熱愛音樂到了癡迷的程度。另一位遊客寫道，「在這個時刻，音樂成為德國人最美好最深層的表達方式」。(35)

在這個戰敗了的，飽受屈辱的德國，不只是音樂，而且整個文化都是異常繁榮，被稱為魏瑪文化。「魏瑪文化」並非是一種特有的共和國文化形式，而是魏瑪共和時期所出現的一連串文化現象的總稱。就實質而言，魏瑪文化是一種多元文化，它既反映了當時德國對各種文化創作的寬容，也體現了當時德國面對劇烈社會變遷時的各種感受。

一位訪客在日記裏寫道，「柏林是一座有趣的城市……生活豐富，但非常昂貴。有趣的人民，每天晚上都有三場有補貼的歌劇，觀眾爆滿。戲劇極好，電影也非常優秀。我看了兩場布爾什維克的電影，攝影一流，劣等的宣傳」。(66)不只是在柏林，其他城市也是一樣。德雷斯頓的劇場上演了理查德・施特勞斯(Richard Strauss)的五部歌劇，全是歐洲最優秀的。1929年4月12日該劇場為英國12歲的小提琴天才美紐因的來訪而改變了預定的表演。那天晚上，他演奏了巴赫、貝多芬和勃拉姆斯的小提琴協奏曲，讓全場觀眾如癡如醉。一星期前，美紐因在柏林演奏，愛因斯坦，著名導演馬克斯・賴因哈特(Max Reinhard)，還有柏林所有的詩人和音樂家都到場了。演出極其成功，之後，愛因斯坦含着眼淚對美紐因說：「我親愛的孩子，已經好幾年沒有人像你今晚這樣給我上過課了」。(66-67)美紐因是猶太人，而正是這個時候，希特勒已經在德國叫囂要「殺死猶太人」了。

希特勒和納粹的崛起是在幾乎沒人在意的情況下發生的。1923年希特勒發動啤酒屋暴動之前，很少有人知道希特勒是誰。1922年，美國大使館武官助理杜魯門・斯密斯接到一個任務，要他寫一份關於一個叫「國家社會黨」(納粹)的報告，所以他就和那個黨聯

繫了。他先是被邀請去觀看希特勒對「百人隊」(Hundertschaften)的檢閱，他後來記敘道，那真是「令人震驚的景象，1200名我平生所見過的最健碩的壯漢接受希特勒的檢閱，舉着舊帝國的旗幟正步走來。……希特勒叫喊『殺死猶太人』等等。人群瘋狂歡呼，我一生都沒見過這樣的景象」。幾天後，希特勒接見了斯密斯。接見室「像是紐約一處破敗公寓的睡房，死氣沉沉，冷冷清清，令人難以置信」。斯密斯後來後悔，當時自己真沒想到日後的希特勒會成為那樣的人物，本該利用這個機會好好地近距離觀察一下希特勒的性格和癖好。(40)一直到1923年，法國戰爭部都沒有聽說過希特勒這個人，不得不向英國人打聽這個宣揚反對一切，也包括反對法國的仇恨者到底是一個甚麼樣的人物。

希特勒的納粹黨前身是德意志工人黨，1919年1月成立，是一個試圖建立無產階級社會的工人政治組織，9月，希特勒加入該黨，這個組織發生了巨大的變化。希特勒對這個黨進行了一系列制度性改造，1920年2月，黨名改為「國家社會主義德意志工人黨」，簡稱「納粹黨」，由希特勒親自起草黨章，從1921年夏起，確立「領袖原則」，開始黨內獨裁。在此期間，希特勒把部分退伍軍人和志願兵團成員組織起來，組建了「衝鋒隊」，著褐色制服，稱「褐衫隊」。到1923年11月，納粹黨員已經從55人增加到5.5萬人，吸引了不少中下層民眾的參加。

1923年11月，希特勒及其黨徒在慕尼黑發起暴動，失敗後希特勒等數位納粹黨領袖遭逮捕。啤酒館暴動的失敗是納粹黨發展的轉折點。當時的人們似乎並不知道如何看待這個事件，「很少有人懷疑，這是希特勒政治生涯的結束」。但是，第二天，英國《曼切斯特衛報》報道，「希特勒是此刻的英雄。今天許多早報都用多欄報道了希特勒的辯護詞，給人很深的印象」。希特勒一下子成為德國的關注點，「他激情地譴責魏瑪政府、猶太人和凡爾賽條約，得到許多德國人的反響」。(72)希特勒的審判是他的一次公共關係勝利，但他還是被判處九個月的刑期。他在牢裏一方面撰寫《我的奮鬥》，宣揚納粹黨的政治主張，另一方面決定改變策略，走合法鬥

爭的道路。出獄後，希特勒迅速把這些想法付諸實踐，他也成為納粹黨無可爭議的領袖，那一年，他34歲。

二 從霧裏看花到視而不見

在納粹還未掌權但已在崛起的年代，希特勒激烈的反猶思想得到的更多是理解而不是譴責，經濟學家凱恩斯(John Maynard Keynes)很敬重他的猶太朋友愛因斯坦和銀行家卡爾‧梅爾基奧(Carl Melchior)，但他在訪問柏林後寫道，「我要是生活在那裏，我也會成為一個反猶主義者。因為可憐的普魯士人的腳步又慢又沉重，根本跟不上那些另類的猶太人。他們不是精靈，而是魔鬼的僕人，頭上長着角，尖牙利齒，尾巴油膩」。他又說，看到德國文明被這幫「有錢又精明的骯髒猶太人作踐」，令人非常不快。(74–75)

英國女作家和記者西塞麗‧哈密爾頓(Cicely Hamilton)是一位有思想的旅行者，她認為，希特勒的反猶主義不過是出於一般人的妒忌，沒有甚麼了不得的，「一個民族受了很多苦，又窮得要命，卻看到另外一個種族的人在他們財富的廢墟上變成了人上人，自然會心生妒忌，以為那個民族的每一個人都發了大財，恨的咬牙切齒」。英國作家溫德姆‧劉易斯(Wyndham Lewis)更是認為，英美人拿反猶主義說事，根本就是「借題發揮」，這其實根本就不應該成為一個問題。(75)

在1930年的國會選舉中，納粹黨獲得130個席位，成為國會第二大黨。英國媒體大亨羅斯米爾爵士(Lord Rothermere)正在慕尼黑，他為納粹的成功感到非常高興，認為英國人應該看到法西斯對歐洲的貢獻，尤其是在對抗共產黨方面。但是，從1928年至1933年擔任英國駐柏林大使的賀拉斯‧倫慕波特(Horace Rumbold)爵士在給英國國王喬治五世的報告裏對納粹的評價並不高，他描繪了納粹代表身穿制服走進國會的樣子，認為這「非常不體面，非常幼稚」，他接着又說：「但他們肯定喚起了這個國家的新精神，表達

暴政史：二十世紀的權力與民眾

一種『前進』的願望」。(73)倫慕波特在給母親的信裏一面對納粹代表的「演戲」表示不屑，一面又說：「他們很快就跟共產黨幹上了。這兩個黨在國會裏互相對罵、侮辱，都是非常幼稚和不體面」。(74)對英國人來說，德國正在發生的一切都是陌生的，難以理解，也難以解釋。他們只希望法西斯能夠遏制他們所害怕的共產黨，至於法西斯到底會給世界帶來甚麼，他們不知道，也無從知道，這在當時也是情有可原的。

在納粹取得政權之前，甚至在納粹剛剛取得政權的最初幾年，無論是英國人還是美國人都不可能有我們今天關於法西斯和極權主義的認識。法西斯主義是他們經驗之外的陌生事物，他們通過經驗有所認識的只是蘇聯斯大林的共產主義，而這種共產主義則因極其殘酷的階級鬥爭、黨內清洗、勞改營、饑荒、獨裁而成為令西方人恐懼的現代野蠻暴政化身。英國人認為，自由民主制度根本不是共產主義的對手，只有高效組織化的法西斯才有可能成為共產主義的剋星。這也就是他們眼裏的納粹對歐洲的貢獻。西方民主國家對納粹採取綏靖政策，以為那是以毒攻毒，殊不知是引鴆止渴，後來在二戰中吃足了苦頭，可以說是咎由自取。這個教訓對今天人們同時警惕法西斯和極權是十分重要的。

1932年國會選舉中，納粹獲得230個席位，成為第一大黨，但仍然只是佔三分之一的席位，還不是多數黨。希特勒被總統興登堡任命為總理。這個內閣成立時，德國的政治格局尚未完全操控在希特勒一人手中。1933年1月，總統興登堡仍以懷疑的目光緊盯這位二等兵。納粹黨不得不受制於其他政黨。當時地方政治勢力也不受中央操控，反對力量仍然有可能捲土重來。即使在納粹黨內部，左翼勢力也不可小覷。為了盡快擺脫受制局面，希特勒接連採取了一系列行動，推動德國政治體制的根本轉型。歷史上，這種變化被稱為「一體化」，也就是一黨專政。直到那時，德國魏瑪時代的制度還有機會制止納粹把德國變成一個獨裁專制的黨國。但是，這個機會在半年多一點的時間裏便很快永遠消失了。

確立納粹的一黨專制是希特勒的首要目標。為此，他先是取

消左翼政黨的合法性。1933年2月底，他藉口國會縱火案，慫恿興登堡簽署《保護人民和國家》緊急令，廢除《魏瑪憲法》賦予公民的基本權利，大肆搜捕左翼政治家。他還增強政府權力，讓國會形同虛設。3月，在國會重新大選後，他取消共產黨的議席，並在國會中強行通過《消除人民與國家痛苦法》(即「授權法」)，政府獲得立法權。自此，魏瑪民主的政治成就徹底消亡。7月，社會民主黨在所有機構中的代表資格均被廢除，所有其他政黨也被迫自動解散。希特勒頒佈《禁止組織新政黨法》，宣佈納粹黨為德國的唯一政黨。德國成為一個不折不扣的一黨專制國家，從此，再也沒有任何制度或政治力量可以阻止納粹任意作惡了。

1936前後，納粹的惡性和暴行已經愈來愈暴露在世人眼前：反民主的一黨專制、壓制和取消公民自由、禁止新聞和言論自由、對人民進行黨國意識形態的洗腦、關押和虐待政敵、高度依賴警察鎮壓維持恐怖統治、公然剝奪猶太人的公民權、取消他們的德國國籍、禁止德意志人與猶太人通婚、破壞他們的教堂、大肆搶奪他們的財產。即使如此，英美遊客還是不斷大量湧入德國，僅美國遊客一年就有將近50萬人。他們中的絕大多數人都認為，旅遊與政治無關，所以對納粹的惡行和暴行眼開眼閉，視而不見。

納粹為了吸引遊客，在宣傳上不遺餘力，他們把外國人來德國旅遊視為極好的宣傳機會，以減少外來的批評和指責，讓他們放棄對法西斯的懷疑和敵意，並覺得德國是一個可以親善，也值得親善的國家。納粹德國在美國的旅遊海報從來不用納粹的語言，不提納粹黨，也不用標示納粹的卐字符號(1935年9月紐倫堡集會上成為德國旗幟的正式圖樣)，而是用詩意的動情語言描述魅力十足的德國自然風光和人文景觀。一則1935年的德國廣告這樣宣傳德國旅遊的價格低廉和品質高貴：「鐵路費降價百分之六十，以低於平常市價出售(不受通貨膨脹影響的)「保值旅行馬克」，到德國度假完全沒有美元貶值之憂，可在Baden-Barden, Nauheim, Wiesbaden, Wildungen等德國健康勝地度假。盡情地在水波凌凌的地方享受快樂人生。這裏有美麗的樹林，歌劇和音樂，高爾夫和網球，划船和游泳，

　　　　　　　　　　暴政史：二十世紀的權力與民眾

跳舞，賭場的快樂時光，高檔酒店的茶會和花園聚會，合適各種預算，從奢侈的飯店到帶花園的安靜私人住所。在鮮花、陽光和音樂的迷人環境裏，你在水邊增強健康或恢復體力。享受德國著名的溫泉和藥理療效，又健康又快樂，享受一個快樂的，無憂無慮的假期」。這真是美好又物超所值的度假旅遊。

絕大多數外國遊客到德國旅遊，感覺到希特勒的德國仍然是一個風情古樸，山河美麗、民俗獨特的國家。對於這些遊客來說，納粹的德國不是「第三帝國」，而是美麗、迷人的風景國家：女性穿着連衣裙、頭髮金黃的少男少女、淳樸的哥特式村莊、熱情健康的人們。這些令人賞心悅目的景象正是遊客們花了錢來德國享受的，可以讓人徹底放鬆，至於這個國家的政治黑暗和社會壓迫，那都與他們無關。

即使有的遊客對希特勒的專制獨裁有所不滿，他們也會認為，發生在眼前的事情是德國的內政，只要我自己的國家不發生這樣的事情就好。他們稱讚德國，但不希望這樣的事情發生在自己國家。有一位名叫克羅斯費爾德(Crosfield)的英國軍官作為一戰老兵代表訪問德國，有機會見到了希特勒。他這樣講述自己的印象：「希特勒是一位與眾不同的人。他鼓勵德國人用心專注、全心奉獻，無人能望其項背。我們很榮幸地跟他在一起一個半小時，大多數的時候都是討論一戰時的戰爭經驗和不同戰線的情況。……他的簡潔、真誠、對國家的狂熱忠誠給我們留下了深刻的印象，感覺到他是真正在為避免另一場世界大戰操勞」。(174)

但是，克羅斯費爾德並不認為德國的政治也能在英國行得通。他不喜歡納粹那樣的鎮壓政治異己，禁止任何批評。他不認同納粹的等級制度——誰黨齡長，資格老，就有權享受「最大的特權」。納粹宣傳說，他們的排猶政策只針對那些一戰後入侵德國的「最底層猶太人」，克羅斯費爾德並不相信這個，與許多英國遊客一樣，他不是傻子。但是，德國政府既然對他們這麼盛情款待，他們當然也就不便在納粹敏感的問題上太頂真，讓主人難堪。(174–175)一般遊客，包括那些因為公事去德國的訪客，都在德國看到狂熱的遊

行、集會和群眾運動。他們對此只是感到好奇和有趣。不過，就算他們為之感到不安或厭煩，也都出於「禮貌」，不便多言。

大多數遊客認為評論東道國的內政是不得體不禮貌的，更不用說批評那裏政府的政策了。而且，還有不少人回國時，真的相信元首是一位愛好和平的人。前英國首相大衛·勞埃德·喬治稱希特勒是德國的喬治·華盛頓。還有人把希特勒看成是德國的大救星和聖人，認為他恢復了德國人破碎的驕傲，給他們指明了方向和奮鬥目標，把德國重建為一個與其地位相稱的偉大國家。

博伊德在《遊客》中一再強調，納粹是高明的宣傳者，不斷宣稱只有德國才是反對俄羅斯–猶太人–布爾什維克威脅的主要堡壘。希特勒對訪問他的來客總是能表現出充分的個人魅力，讓人看到他是一位多麼「有禮貌，安靜，有耐心」的領袖。當大使和要人們參觀德國的勞教所時，他們看到的是黨國對失足者的「再教育」，對囚犯們的健康和快樂留下來時刻的印象，他們從來沒有意識到那些犯人原來是監獄看守假扮的。

在兩次世界大戰之間的整個時期裏，許多外國人都相信納粹的宣傳，納粹的宣傳給他們吃定心丸，讓他們有一種虛假的感覺，以為這個世界因為德國而更安全，正在朝好的方向發展。這樣的謊話符合訪客們自己的心理期待和願望。由於這樣的虛幻期待和一廂情願，他們眼裏的德國正在再度前進，工業蓬勃發展，一切井井有條、穩步發展。當一些外交官和幾乎所有的外國記者對納粹的蠱惑人心，謊言和種族主義發出警告時，許多人認為那不過是危言聳聽，或者根本就是記者和外交官的判斷失誤。

三　迷惑的和不迷惑的遊客

《遊客》讓我們看到一個極權國家裏不同遊客的不同經歷和經驗。有的充滿了迷惑，而有的則不那麼迷惑。為甚麼會有這樣的不同呢？博伊德對這個問題沒有正面回答，但我們可以自己來回答這個問題。納粹把旅遊用作一種對自己政績和成就的宣傳，並以此把

納粹與德國，把納粹文化與德國文化等同起來。於是，納粹的黨文化便儼然成了德國文化，希特勒的黨國儼然成了德國。有的遊客相信這樣的謊言或神話，有的則不相信。後面這一種人到德國旅遊，他們熱愛貝多芬的音樂、歌德的文學，但並不認同希特勒的黨文化，並深知它的邪惡。

　　《遊客》的序言是用這樣一件軼事開始的，「想像一下，這是1936年的夏天，你在德國度蜜月。陽光燦爛，人們友好——生活很美好」。突然間，一個猶太人女子向你走來，「她滿臉焦慮，緊緊抓着一個穿着厚底化妝鞋的跛腳女孩的手」。這女人看到你車上的國標貼紙，請你帶女兒去英國。最近，你聽到有關德國猶太人的令人不安的謠言，甚至談論不合適的安樂死——你如何面對這位女子絕望的懇求呢？「你恐懼地掉轉身就走開了嗎？你是否雖然心存同情，但告訴她你真的無能為力？或者你帶那孩子去安全的地方嗎？」(1)

　　這是《遊客》裏的一個故事，主角是一位英國女子伊瑟・柏恩(Eithe Byrne)和她的新婚丈夫。伊瑟的父親是約瑟夫・柏恩(Joseph Byrne)爵士是一位準將，也是當時的肯尼亞總督。這對新婚夫婦正在德國蜜月旅行，準備從德國開車去法國馬賽，然後搭船去肯尼亞。有人勸他們在車子上插一面英國的米字旗，他們沒有插旗，而是用了一張大大的表示德英友好的GB貼紙。一路上德國人見到GB的字樣，都對他們特別友好。

　　當他們來到德國城市法蘭克福的時候，發生了一樁意想不到的事情。他們剛剛停好車子，只見一位猶太婦人帶着一個十來歲的孩子向他們走來。那孩子是個跛子，一隻腳穿着厚底的鞋子。婦人對他們說，看到車上的貼紙，知道他們是英國人，所以來懇求他們帶這孩子離開德國。這對英國夫婦在德國旅行，親眼看到猶太人的遭遇。他們知道這個跛腳猶太女孩在德國會是甚麼命運。伊瑟當場做出了決定：帶走這孩子。博伊德要提醒讀者的不只是伊瑟的善心，而且更是這位猶太母親對她的信任，「可見這位母親已經是絕望到了甚麼地步」，才把孩子託付給完全陌生的英國人。(279)

伊瑟和她丈夫馬上到法蘭克福的英國領事館辦好了所需要的文件，一路帶着這個女孩，後來去了肯尼亞。在極權統治下，這只是一個幸運的故事，而不可能成為現實生活中道德榜樣。伊瑟的家庭背景讓她能很快辦妥必要的文件。有多少猶太人能有這樣的幸運機會呢？普通遊客就是有心要幫助德國猶太人，又有甚麼能力這麼做呢？因此，博伊德似乎只能暗示，如果你到一個極權國家旅遊，要是碰到類似的事情，你會怎麼做？這是一個非常不容易回答的問題。

　　人總是帶着某種先入之見或期待去外地或外國旅遊的，這在很大程度上決定他會選擇性地看到甚麼，無視甚麼、如何理解和解釋看到的事物。在認知心理學裏，這叫「設框」(frame)。人總是用特定的理解框架來看待自己的情境和與之相關的行為。旅遊本身就是一個認知的框子，旅遊者與記者不同，他們花錢，費時費力地到一個陌生的地方去，是為了快樂，不是去找不痛快的，所以，他們眼睛裏看到的會是賞心悅目的開心景象。這決定了，只要他們旅途愉快，沒有碰到糟心的事，他們帶回去的大多數是美好的印象。

　　不同的旅遊者對同一個情境可以因不同的理解框架得出不同的解釋和意義。旅遊能改變一個人的理解框架，也能強化它。1936年是英國和德國的友好時期，英國首相甚至稱希特勒是德國的華盛頓。伊瑟和她丈夫是在一個友好國家旅遊。但是，「英德友好」並不是這對新婚夫婦理解眼前這位猶太女孩處境的認知框架，或者說，他們在德國的所見所聞已經改變了他們原先的認知框架。他們瞭解納粹對猶太人的種種迫害，無論他們自己在德國受到怎麼熱情的歡迎，他們知道德國是一個對猶太人非常殘忍和不人道國家，這是他們決定帶走猶太女孩的原因。

　　納粹統治時期到德國的外國旅遊者中間，還有別的像伊瑟夫婦那樣有正義感和同情心的人們。他們未必對納粹德國有我們今天對一黨專制和極權統治的認識，但是，他們有同情心，用自己的腦子想事情，更重要的是，他們對周圍發生的事情沒有視而不見，所以他們看到了納粹宣傳所不希望他們看到的事情，有了納粹不希望他

們有的想法。《訪客》中提到兩位中國人就是這樣的。他們一位叫施敏[音]，另一位便是後來成為北大名教授的季羨林。兩位都是當時在德國的留學生。

施敏善於觀察，對德國猶太人的處境有所瞭解。他寫道，「猶太人對政府組織毫無影響力。他們沒有保護自己的力量，但很富有。警察非常粗魯地對待他們。他們只能乖乖服從『猶太人管理條例』，像小媳婦一樣過日子」。他認為無法知道到底有多少人真正信奉希特勒主義，他討厭德國人不停地叫喚「希特勒萬歲」。他對一般德國人的印象不錯。他發現，「他們都很自尊，走在街上挺直了腰杆，鼻子(德國人都是小鼻子)朝天，看上去確實像是世界上的優等民族」。他還說，警察經常在大街上叫停中國學生，問他們是不是日本人。中國學生被問到時，總是紅着臉，很窘迫地承認自己是中國人，因為德國人「同情中國人，但看不起中國人」。(160–161)

季羨林是1935年去德國留學的，原以為那是個做學問的理想國家，但去的不是時候。他到達哥廷根(Gottingen)就發現跟自己的想像完全不同。他原本想用兩年時間拿到博士學位就回國的，沒想到滯留了10年。他親歷了二戰的過程，在日記裏有許多關於饑餓、空襲和恐懼的記載。1938年，德國入侵奧地利，他意識到戰爭不可避免，自己是回不了中國了。那一年4月10日，德國對併吞奧地利一事進行全民表決，擁護率高達百分之九十九點七。季羨林在日記裏寫道，今天是德國選舉日，所有的人都佩戴着徽章上街了，投票站門口站着黑狗(SS)和黃狗(SA)。第二天，他又在日記裏寫道，昨天半夜裏我突然被驚醒。樓下無線電廣播裏響起咆哮聲，肯定是老希(希特勒)或別的甚麼人在吼叫。然後是雷鳴般的鼓掌聲，像報喪女妖(Banshee)的尖叫聲一樣劃破夜的靜寂。德國人全都瘋了，德國崩潰的日子不會太久遠了。(291–292)

1930年代是納粹政權的鼎盛時代，許多外國訪客為之傾倒，讚歎不已。他們把希特勒的德國更是看成抵抗共產主義的堡壘，敵人的敵人便成了他們的朋友。是他們自己的不實願望和輕信讓他們看

法西斯陰霾下的盛世旅遊

不清正在德國發生的災難性變化，而納粹宣傳所利用的也正是他們這樣的心理弱點。博伊德說，要看到德國盛世表象下的納粹邪惡本質，需要「訓練有素的眼睛」，「對於未經訓練的眼睛，納粹與布爾什維克主義之間的準確區別是令人困惑的。希特勒壓制個人的一切自由，嚴控國家和家庭生活的每一個方面，動用酷刑和殺雞儆猴的審訊、依靠權力無限的秘密警察和卑鄙的宣傳，與斯大林的手段如出一轍」。(7-8)但是。雖然納粹的邪惡與斯大林主義的邪惡甚為相似，但德國有它自己複雜的極權特徵，這些特徵有的暴露在明眼的外國遊客面前，有的則沒有。德國有着特別能吸引外國遊客的音樂、文學、藝術、教育、哲學和其他文化成就，這樣的過去沖淡了納粹的法西斯主義現實，正如博伊德所強調的那樣，有太多人因為對一個國家的光榮過去抱有敬畏之心，所以自我扭曲了對這個國家醜惡現狀的道德反感，對我們今天來説。這是一個值得思考的教訓。

第十六章

致命的禮物

——《感激你，斯大林同志》

在20世紀的政治家中，也許很少有別的政治領袖能像蘇聯的約瑟夫・斯大林那樣鎮定，神秘，不露聲色、難以接近。對於他最親密的戰友和外國政治家和外交官來說，他是一個言語不多的人，沉默寡言，耐心和冷靜，在他解決問題時，他悄悄地踱步或吸煙。他平靜，深思熟慮的舉止甚至讓富蘭克林・羅斯福和溫斯頓・丘吉爾覺得他是一個可靠的人，相信他們可以與他合作，並在某種程度上信任他說的話。在蘇聯和第二次世界大戰後創建的共產主義集團中——有的是被蘇聯強制，有的則是自願與蘇聯結盟——斯大林是一個偉大的領袖。他明智、無所不知、無人可以挑戰，到處都可以看到他的肖像，到處都可以聽到對他的頌揚，到處都可以見證人們在崇拜他的天才。歷史書只記載斯大林的光輝業績、他的卓越能力和他宏偉的社會主義事業，不管他曾經為這個事業奉獻過怎樣血腥的獻祭，他始終散發出使徒和聖人般的魅力，他就是那個為蘇聯和其他社會主義國家，沉穩而目的堅定地駕駛通往共產主義的航船的可敬船長。

這當然是一個神話，但卻是千千萬萬蘇聯人心甘情願地相信的神話，美國歷史學家傑弗里・布魯克斯在《感謝你，斯大林同志》（下稱《感激斯大林》）一書裏讓我們看到這個斯大林神話是怎麼打造起來的，又是怎麼在蘇聯社會裏發揮其作用的。[1]他在書裏提出了兩個互相關聯的主題，第一，在蘇聯建立的是一個政治演

1　Jeffrey Brooks, *Thank You, Comrade Stalin! : Soviet Public Culture from Revolution to Cold War*. Princeton University Press, 2001, 出自此書的引文在括號裏表明頁碼。

戲的制度，人人都在參演一場並不真實的國家正劇。這個「戲」是從布爾什維克對公共信息的壟斷和媒體封閉開始的，在斯大林時代，這個戲的主題曲就是對斯大林的個人崇拜；第二，在這個封閉的社會裏，在統治者與被統治者之間起維繫作用的是一種「禮物經濟」，這是一個源自法國社會學家莫斯(Marcel Mauss)在他的經典著作《禮物》中指出的觀念：禮物是一種受義務制約的交換關係，「從理論上說禮物是自願的，但實際上是按照義務來贈與和回禮的」。[2] 蘇聯人所擁有的一切都被說成是斯大林的恩惠，為了報恩，或者由於報恩的義務，他們必須向他獻上無條件的服從和忠誠。一旦禮物象徵被用作忠誠索取和政治情感控制的權力工具，它也就成為一個致命的社會控制手段。

一　斯大林神話和個人崇拜

斯大林統治下的蘇聯人把斯大林神話當成了現實，分不清虛構與真實的區別，是因為他們生活在一個封閉的專制獨裁制度下，他們接觸到的所有關於斯大林的信息都是經過國家權力仔細過濾或編造的。尼基塔·赫魯曉夫(Nikita Khrushchev)在1956年第二十次黨代會上譴責斯大林時，稱這種關於斯大林的神話為「人格崇拜」(personality cult)。在赫魯曉夫使用這個術語的時候，它還不具有我們今天所理解的意思，而是一個當時人們還不熟悉的奇怪說法。它不是直擊斯大林崇拜的要害——一黨專制獨裁的必然領袖機制——，只是針對斯大林狂妄自大、自戀成癖的個人性格或品質，因此成為一個為蘇聯極權制度開脫的，避重就輕的遁詞。

赫魯曉夫批評斯大林的個人崇拜違背了列寧主義，違背了工人階級統治的原則和理想，說是為了重申和恢復被斯大林破壞掉了的列寧主義制度。值得注意的是，雖然赫魯曉夫所說的「斯大林個人崇拜」是針對斯大林的個性，但他並沒有對「個性」問題本身多談

2　Marcel Mauss, *The Gift: Forms and Functions of Exchange in Archaic Societies*. Trans. Ian Cunnison. New York: W. W. Norton, 1967, pp. 1; 37.

暴政史：二十世紀的權力與民眾

甚麼。這也許是因為，在一黨專制下，在殘酷的權力鬥爭關係中，在暴力和恐怖的政治環境中，人的「個性」──不僅是斯大林的個性，而且也包括赫魯曉夫自己在內的所有蘇聯人的個性──都會發生扭曲，至於發生的是怎樣的扭曲，這本身就是一個在政治上過度敏感的問題。

深究斯大林的「個性」會引發一黨專制下各種關於道德和個人責任的尷尬問題，當然也可能觸及赫魯曉夫本人在斯大林個人崇拜時期的行為和道德責任。赫魯曉夫不打算觸及斯大林崇拜和斯大林主義背後的普遍性制度和人性問題，他需要悄悄掩蓋這部分的問題，而只是把斯大林本人作為一個反列寧主義的反常典範，以恢復列寧主義的正統性和正常執政原則。赫魯曉夫需要以此來確立他自己的領導者地位。

但是，對於關心斯大林個人崇拜的本質的人們來說，這不是一個斯大林個人「人格」的問題，因為這樣的崇拜在其他一黨專制的國家也不斷重複出現，有的是簡單複製，有的則是創造性的發展。布魯克斯認為，認識斯大林個人崇拜的一個困難點在於認識真正的斯大林，因為「斯大林神話」所製造出來的「先入之見」──他的光輝形象、他的魅力傳說、蘇聯人和其他國家「同路人」對他的頌揚──都在阻礙人們瞭解他那個時代的真相。這些先入之見是怎麼被製造出來的呢？它的「文化歷史」背景是如何的呢？它對普通蘇聯人的認知和情感影響又具有怎樣的特徵呢？布魯特斯是從兩個方面來解答這些問題的，一方面是像蘇聯黨報《真理報》和軍報《紅星報》這樣的官方媒體宣傳，另一個方面是普通蘇聯人生活於其中的大眾文化。

斯大林時代文化歷史所製造的斯大林神話在各個層面隱瞞和歪曲真相，這對歷史研究者看清斯大林政權和斯大林本人造成了困難。他們需要真實的材料。以前的一些歷史真實材料大多來自蘇聯的流亡者和叛逃者(包括斯大林自己的女兒)或對蘇聯制度心懷不滿的人。但是，這類材料經常只能讓歷史學家看到斯大林時代殘酷暴政的一面，而缺乏能夠合理解釋人們對斯大林好感的一面，因此作

用畢竟有限。今天，經過近十年專門研究的發展，特別是由於蘇聯時代檔案的開放，人們對斯大林及其時代的認知有所增長，也更加全面。布魯克斯的《感激斯大林》提供的便是這樣一種比較全面的歷史認知。

然而，即使檔案真的完全自由地開放(目前實際上還沒到這個程度)，我們也可能發現關鍵證據實際上並不存在。因此，雖然歷史學家們現在有一些關於斯大林所作所為的記錄，甚至包括他早期的一些信件(據他們所知，斯大林從未寫過日記)，但都不構成足夠的實證。同樣地，許多與斯大林一起統治的達官要員要麼沒有留下記錄或回憶，要麼因為顯而易見的原因，就算留下一些記錄或回憶，也是經過處理的半真相或非真相。許多記錄都被故意銷毀或因戰爭而沒有能保留下來。儘管如此，布魯克斯還是發現了一些寶貴的真相，在斯大林神話和歷史歪曲的鐵幕後面看到了一些與官方媒體報道、大眾文化產品、文學藝術頌揚不同的東西。也正是通過這樣的材料，他要探究在蘇聯這個幾乎人人都能感受到斯大林殘酷的社會裏，民眾對斯大林的個人崇拜到底意味着甚麼。

斯大林的暴力和恐怖在蘇聯並不是一個秘密。這種暴力和恐怖是為了震懾敵人和危險分子所作的權力公開表演，越公開才越能發揮作用。所以誰都不可能不知道，也不可能不害怕。暴力和恐怖因此也是一種對普通蘇聯人的政治教育手段，然而，其結果不僅是許多蘇聯人接受了它的合理性，理解甚至歡迎它，而且還讓他們對這位兇狠的領袖產生了愛戴、敬仰和崇拜。這才是讓布魯克斯特別感興趣的那種斯大林主義的成功權威和統治機制。

斯大林統治的暴力和恐怖是與他的個人政治權威同步加強的，早在1930年代初，斯大林已經在實行他的恐怖統治了。一份解禁的1932年11月27日政治局會議記錄表明，私底下批評斯大林已經成為反國家的罪行。這是一次由政治局召開的會議，目的是調查中央委員會委員斯米爾諾夫(A. P. Smirnov)的「反黨集團」罪行。他是受兩位中層幹部的牽連，一位是俄羅斯共和國貿易負責人艾斯芒(N. B. Eismont)，另一位是俄羅斯共和國前內務部長圖爾瑪契夫(V.

N. Tolmachev)，他們在與一些其他人的私下聚會上喝酒，對斯大林的工業化和集體化計劃表示不滿，被檢舉揭發，交由蘇聯秘密警察審訊，罪名是「反黨宗派活動」。斯米爾諾夫是被他們牽連的。會議記錄裏可以看到，在斯大林一些親信的圍攻下，斯米爾諾夫意識到事情的嚴重性，愈來愈絕望。他對調查者和斯大林說，他只是與圖爾瑪契夫等人見過兩次面，而且都是在有多人在場的情況下，「我們沒有聚會討論……我和圖爾瑪契夫從小就認識，也一同流放過。我沒有跟他討論政治……我也沒有跟其他同志一起批評過黨的政策」。斯大林說：「你可以堅持負面的路線，但你必須告訴黨中央。你反黨，並與其他人非法破壞黨，那是不對的。有三個人已經揭發了你。如果你說的是對的，那麼上帝保佑你吧」。斯米爾諾夫的自我辯解當然是無效的。在大恐怖期間，他和圖爾瑪契夫被處決了，艾斯芒在這之前因車禍身亡，所以躲過了被處決的命運。[3] 私下裏「妄議」斯大林，一旦被告發便成為叛國罪，這種恐怖的氣氛正是斯大林專制統治的特色。

斯大林對政治對手的迫害和消滅雖然極其殘酷，但不僅沒有削弱他的威信，卻反而提高了他的威望。從1936至1938年，共有三次大規模的公開審判，「報紙成倍增加斯大林的敵人，但卻增添了他的光榮」。(143)敵人越多，領袖越偉大，這成為共產極權國家裏領袖個人崇拜的一個特色，在蘇聯是這樣，在一些其他共產國家也是如此，中國「文革」時所宣傳的「十次路線鬥爭」，每一次都是記錄了毛澤東打敗他的政敵的殊死鬥爭故事，讓他一次比一次更顯得光榮和偉大。

布魯克斯分析了這三次大規模審判對提升斯大林個人崇拜的意義。在三次大審判期間，「斯大林的反對者的罪惡愈來愈嚴重，1936年8月是季諾維也夫，加米涅夫等人；1937年1月是包括皮亞塔科夫(Piatakov)，拉德克(Radek)和索科利尼科夫(Sokolnikov)在內的17名要犯；最後，1938年3月是布哈林、李可夫(Rykov)及其同事。1934年，季諾維也夫，加米涅夫等人的罪名是散播毒害思想，

---

3   Paul R. Gregory, *Lenin's Brain and Other Tales*, pp. 117–118.

影響了一名殺害基洛夫的兇手。到了1936年，他們被指控為謀殺基諾夫的組織者，而且還是企圖謀殺斯大林，伏羅希洛夫，日丹諾夫和其他蘇聯領導人的法西斯特工：他們還被指責為鼓勵對蘇聯開戰。……在第二次審判中。拉德克、皮亞塔科夫和其他人被指控為托洛茨基的同謀，造成災難並計劃肢解蘇聯國家，陰謀復辟資本主義。一年後，布哈林，李可夫、克列斯京斯基(Nikolay Krestinskii)——他們都是列寧在政治局裏的同事——與著名外交家拉古夫斯基(Christian Rakovskii, 蘇聯著名外交家)和警察頭子雅戈達(Yagoda)一起被指控犯下多項罪行，包括謀害作家高爾基和高爾基的兒子，殺害古比雪夫(Valerian Kuibyshev，斯大林早期的支持者和蘇聯國家計劃委員會的領導人)和緬任斯基(Vyacheslav Menzhinskii，雅戈達前任的秘密警察首腦)，還有基洛夫」。(141)

敵人越多，越陰險兇惡，隱藏得越深，就越能顯出領袖察覺他們所需要的睿智、勇氣和決斷。這是善與惡的對決，1937年的時候，蘇聯人對「善與惡對決的觀念已經充分建立起來，兩股對決的力量都是個人化的，一邊是超凡的英雄，一邊是窮兇極惡的敵人。托洛茨基扮演的是猶大的角色，而斯大林則是結基督和上帝合為一體」。每一次審判窮兇極惡的敵人，都是對偉大英雄斯大林的頌揚，「為提升斯大林的形象提供了反面對比」。赫魯曉夫就曾經在《真理報》上撰文痛斥「猶大托洛茨基」和其他敵人，指責他們「對斯大林同志舉起了殺手，要對人類最優秀的一員下手，因為斯大林是人類的希望，斯大林是人類的心願，是所有進步人類的燈塔」。(143)今天，我們知道了更多關於斯大林以何種殘忍手段殘害政敵的細節，例如，圖哈切夫斯基元帥的「悔過書」上濺滿人血。季諾維也夫揭發和譴責加米涅夫，斯大林不僅親自擬定被告者的名單，而且親自修改他們在1936年和1937年審判時的「供詞」。[4]

斯大林用看起來並不那麼高明的手段毫不費勁地一個個除掉了

4　J. Arch Getty and Oleg V. Naumov, *The Road to Terror: Stalin and the Self-Destruction of the Bolsheviks, 1932–1939.* Yale University Press, 1999.

暴政史：二十世紀的權力與民眾

他的政敵，加強了對自己的個人崇拜，這是怎麼做到的呢？是他手段特別高明，還是那些身經百戰的老革命其實不過是飯桶和草包，愚蠢得根本不堪一擊？要是單純從個人能力或品格去看待蘇聯的極權政治，那就太膚淺了，因為這會完全忽視布爾什維克黨在極權政治裏的關鍵作用。無論斯大林如何玩弄打擊和殘害政敵或其他人的權謀手段，也無論他個人是多麼毒辣和殘忍，比起布爾什維克黨的組織原則和運作機制的作用來，斯大林的權謀和人品都只是次要的。這也是我們今天應該從斯大林研究得到的一個重要認識。

二　誰是封閉制度的絕對權威

在斯大林可以肆意作惡、殘民以逞的那個制度裏，他看上去擁有絕對的權威，但絕對的權威真的就是他個人嗎？憑他一個人的權勢，他就能夠像赫魯曉夫所指責的那樣，為所欲為、一手遮天地「反對列寧主義」嗎？英國格林威治大學教師保羅．溫格洛夫(Paul Wingrove)指出，1936至1938年，蘇聯那些擺樣子的公審所顯示的不只是斯大林的個人權勢，而更是「斯大林手裏的那個黨的作用」，正是這個「黨」的權威，為斯大林提供了一條可以方便地把他的同事「送上逮捕、監禁、刑訊、對子虛烏有的罪名認罪、擺樣子公審，並在最後處決的傳送帶」。那些被控者除了有限的自我表白，極少有抗議的，他們能夠正確理解和服從黨的決定，這在外人看來簡直是荒唐得令人難以理解。但是，正如溫格洛夫所說：「這樣的事情居然會發生，而且居然得到那些後來也遭此命運者們的支持和推動，主要是因為列寧的黨有『鐵的紀律』」。

1938年被處決的布哈林是一位老布爾什維克，他在1930年發誓要「永遠與黨步調一致」。1933年，斯大林的打手，蘇聯共產黨中央控制委員會秘書希可利亞托夫(Matvei Shkiriatov)重申「黨內鐵的布爾什維克紀律……黨內任何人不得與黨的路線不保持一致」。曾任蘇共政治局委員，後於1938年被處決的魯祖塔克(Jānis Rudzutaks)在同一會議上充滿驕傲地說：「你絕對找不到斯大林同志的任何一

個猶豫或退縮的例子。這就是為甚麼我們要跟隨他。是的，他果斷地割除黨的腐爛部分……如果他不這麼做，他就不是一個列寧主義者了」。列寧的黨有鐵的紀律，它不允許任何與黨不一致的個人看法。托洛茨基也說：「無論黨是對是錯，那都是我的黨」。對於每個黨員來說，逮捕你，要你死，不是斯大林的決定，而是黨的決定。但是，後來這個信條也被強加給了每一個不是黨員的普通人。[5]

匈牙利裔英國作家庫斯勒在著名小說《正午的黑暗》中生動描繪了老布爾什維克在「黨的紀律」面前的思維和行為方式，從這些老共產黨人自己的角度來看，接受黨要你死的決定是再「正常」不過的事情了。接受黨的任何安排，包括死亡的安排，是他們義不容辭的黨員義務。也許正如庫斯勒試圖解釋的那樣，那些在斯大林的擺樣子審判中公開承認自己「罪行」並接受判決結果的老布爾什維克們有的以為，這是他們對黨表示極端忠誠的最後一次機會，也是對黨的最後貢獻。庫斯勒要說的是，只有老一代的布爾什維克才會這麼想，這麼做，到了下一代黨員，就沒有這麼便宜的事了。

曾任前南斯拉夫副總統、政治局委員的密洛凡‧德熱拉斯(1911-1995)在其著名的《新階級》一書裏分析了列寧式政黨及其「鐵的紀律」的本質。他指出，列寧的革命政黨開始的時候是一個「組織完善，訓練有素的小團體」，「要完成這樣一種艱巨的工作……只能吸引少數人，並且只有那些對革命成功的可能性抱有狂熱信心的人才會被吸引」。（《新階級》15, 16)[6] 共產黨是歷史上所有政黨中最特殊的，為了革命的成功，它要求意識形態和組織上的絕對一元化，而且，即使在革命成功之後，它仍然如此。「有一件事是確切無疑的：在以前的革命中，隨着內戰以及國外干預戰事的結束，革命手段和革命政黨的需要就消失了，這些手段和政黨也不得不消逝。但在共產主義革命完成後，共產黨人依然保持革命的手段和形式，並且他們的黨立即在行政的集權上和意識形態的劃一上達到最高的程度」。（《新階級》17)

---

5   Paul Wingrove, "The Mystery of Stalin." *History Today* 53:3 (March 2003), p. 19.
6   密洛凡‧德熱拉斯：《新階級》，陳逸譯，世界知識出版社，北京，1963年。

這就是列寧所説的「鐵的紀律」：「在目前激烈的國內戰爭時代，共產黨必須按照高度集中的方式組織起來，在黨內實行像軍事紀律那樣的鐵的紀律，黨的中央機關必須擁有廣泛的權力，得到全體黨員的普遍信任，成為一個有權威的機構。只有這樣，黨才能覆行自己的義務」。[7] 斯大林在《列寧主義基礎》一書中又為列寧的話作了如下的補充：「在爭得專政以前的鬥爭條件下，黨內紀律的問題就是這樣。關於爭得專政後的黨內紀律也應該這樣説，而且更應該這樣説」。[8] 因此，德熱拉斯指出，在取得政權後，「革命的氣氛和警惕性，意識形態繼續保持統一，政治與意識形態的一元化，政治上以及其他方面的中央集權等現象都未終止。恰恰相反，這些現象甚至更加強烈」。他補充道，「在以前的革命中，手段的殘暴、思想的統一以及權力的集中差不多總是與革命同時結束的。然而，由於在共產主義革命中，革命只是一個集團的專制極權當局的第一個行動，所以就很難預測這種權力的期限」。(《新階級》17)

蘇聯革命締造的是一個以革命暴力維持的封閉制度，布魯克斯在《感激斯大林》一書裏特別強調的就是這種列寧式制度對公共信息的壟斷，所以黨對社會的統治不是靠説服，而是靠強制。斯大林的個人崇拜和專斷獨行都是這種黨文化的產物，並不是他自己的發明。布魯克斯指出，「許多社會主義者都和列寧一樣認為，黨的領導應該指導政治鬥爭，並且，如果有需要，就操控受眾。列寧相信，資產階級壟斷了文字出版，鞏固了它的統治，他認為，革命者也應該這麼做」。(3)因此，壟斷信息本身無所謂對錯，全在於誰在壟斷，我壟斷就是對的，你壟斷就是錯的。蘇聯專門負責思想管制的機構「文學與出版事務總局」(Chief Administration of Literary and Publishing Affairs，簡稱*Glavlit*)於1922年成立，一直維持到蘇聯政權崩潰。這是極權統治最要害的部門之一，「1920年代下半葉，該總局禁止報刊提及斯大林任何對手的名字，它限制報道任何意外或災害事件，也不准提到這個總局。總局還規定如何報道

7　　《列寧全集》第31卷，人民出版社1960年版，第185頁。
8　　《斯大林全集》第6卷，人民出版杜1956年版，第159頁。

重要事件，如任何與斯大林有關的事情。斯大林這時親自過問總局的事務。1931至1934年任《消息報》編委的伊萬·格朗斯基(Ivan Gronskii)回憶説，1927年他與斯大林幾乎每天都要見面。從1920年代末開始，《真理報》和《消息報》的任何新措施都必須得到中央委員會的批准」。(5)

對斯大林個人的宣傳，對斯大林神話和個人崇拜的打造，沒有這樣一個高度極權化的宣傳機器是不可能實現的。如果説列寧黨的鐵的紀律給了斯大林一個有力的政治武器，讓他可以合理合法地整肅任何異己和政敵，並鞏固他的個人權力，那麼，黨徹底控制的宣傳機器則為他提供了一個在輿論上控制整個社會和國家的高效機器。正如阿倫特在《極權主義的起源》中所指出的，黨的組織和宣傳是極權統治的兩大支柱，也是它的本質所在，相比之下，暴力和恐怖不過是統治的伎倆和手段而已。

到了斯大林時代，領袖崇拜已經純粹是宣傳機器的製作品，與領袖是否有個人魅力完全無關了。這是列寧崇拜與斯大林崇拜的一個最大的不同。列寧是一個有革命領袖魅力的政治家，1917年革命後，列寧的魅力在於他能喚起人們對革命未來的堅強信念。雖然形勢嚴峻，卻能讓人們願意與他共度時艱，將革命當作一種使命，並為之付出的犧牲。列寧要做的是煥發俄國人的革命熱情，而不是建立一個穩定的權威秩序，他扮演的是一個使徒和先知，而不只是國家領袖的角色。與列寧相似，托洛茨基也是革命時期的先知。但是，斯大林不同，他扮演的是國家治理者的角色，他的首要任務是建立並鞏固一個穩定的官僚制度和秩序，並讓自己成為它的絕對權威。列寧本人討厭對他的個人崇拜，因為他把革命的意識形態、事業願景和使命看得比個人重要，個人只是次要的，這就像使徒和先知的個人不能與上帝本末倒置一樣。

斯大林不同，他不願意僅僅充當使徒或先知，他要當立法者，他自己必須擁有神一般的權威。這種神化的個人崇拜是逐步發展而成的。最初只是為了證明斯大林是列寧的合法繼承人，斯大林崇拜與列寧崇拜是捆綁在一起的。領袖崇拜開始也許是愚民國家裏民眾

暴政史：二十世紀的權力與民眾

動員和社會治理的不得已的手段，俄國有大量文化素質很差的愚昧人口，他們不懂甚麼是革命，甚麼是共產主義或社會主義，也不懂黨的這個或那個理論，領袖崇拜可以為他們創造一種可以代替宗教信仰的力量。列寧被打造成一個魅力型領袖，他的魅力權威並不能直接傳遞給斯大林，而是必須通過「黨」來傳遞——列寧的權威在他死後被傳遞給黨，斯大林再從黨那裏接受黨信託於他的最高權威。事實上，蘇聯後來所有的最高領導人也都是從黨來獲取這種最高權威的，因此對列寧作為這個權威源頭的個人崇拜一直被保留了下來。

列寧的個人崇拜中有相當一部分被吸收到對斯大林的個人崇拜中去，兩個人是放在一起崇拜的。列寧和斯大林成了精神上的兄弟、戰友、親密朋友和同事。斯大林是列寧的好學生，也是對列寧最權威的解釋者，更是列寧之後的共產主義旗手和領袖。列寧開創了一黨獨裁的專制制度，而斯大林正是利用這個制度，將其制度性權威轉化為他自己的個人權威。在這個過程中，蘇聯的布爾什維克運動完成了從奪取政權到官僚體制固化的過程。這是列寧生前沒有做到的事情，或許是因為他重視革命甚於建立秩序，或許是因為他死得太早，還來不及這麼做。不管怎麼，是斯大林完成並完善了蘇聯極權體制的建設，而在這個過程中，本來也許只是權宜之計的斯大林個人崇拜也成為一種不斷自動強化的常態。用布魯克斯的話來說就是，「它成為一種永久性的崇拜；要設想一個不是斯大林的統治者，那是不可想像的」。(82)

三　演戲的政治和扮相的民眾

布魯克斯把斯大林的個人崇拜放在蘇聯「演戲的政治」這個制度環境中來討論，在演戲的政治裏，上至斯大林和他的親信大員，下至普通百姓，無不以「政治扮相」的方式參與其中。個人崇拜是扮相政治的一部分，扮相政治還包括其他各種相關的崇拜：黨崇拜、馬克思崇拜、列寧崇拜、黨國崇拜等等。

演戲的政治是從官方宣傳與現實嚴重脫節，形成了兩個分割的世界開始的，雖然這是斯大林時代的政治形態，但它的種籽卻是在列寧時代布爾什維克黨對公共信息進行壟斷的時候就已經播下了，種籽被播種在一黨專制的土壤裏，很快便苗壯成長起來。

布魯克斯把斯大林崇拜的轉折時期確定為1928–1929年的「第一個五年計劃」和「集體化運動」時期，這時候斯大林扭轉了列寧的「新經濟政策」，開始了他所謂的蘇聯社會主義時期。「在蘇聯政權的頭十年，社會和新聞報道都還沒有齊步邁開走向1930年代那個世界的步伐。但是，到了第一個五年計劃和集體化這個時候，政治權力、社會和公眾文化都已經步調一致。斯大林和他的支持者們因此可以在不存在任何反對的情況下，放膽推行社會主義建設。雖然社會秩序還沒有像後來那樣變成黨的神聖化和儀式化的舞台，但蘇聯公共生活劇場的燈光卻已經愈來愈昏暗了。一場無與倫比的政治表演也就要開場了」。(53)

這是一場演示社會主義勝利的大戲，第一個五年計劃允諾為最大多數蘇聯人民謀得最大程度的幸福，然而，「在五年計劃將要結束的時候，斯大林及其支持者們就宣佈已經取得全面成功。他們根本不承認在他們原先的承諾與實際狀況之間還存在任何差距。在他們控制的報紙上，開始了一種新的新聞報道，全是對光輝成就的頌揚和謳歌。這樣的報道後來延續了幾十年，給成百上千萬蘇聯人的想像蒙上了一層虛假的色彩」。(54)報刊上常年累月的虛假、浮誇官樣文章創造了一種新的蘇維埃語言，扭曲並重塑了蘇聯人的思維和表達方式。這種語言不僅是假大空的文風，而且敗壞了整個社會交流的價值觀，真實誠懇的表述被虛假造作的謊言所代替。使用這種語言的人們因為習慣了謊言和欺騙，變得懶於思考和輕信易騙，他們失去了辨別真假的能力，也失去了區分是非的興趣。

歌功頌德、空洞浮誇的語言主導着蘇聯人看待蘇聯與世界的方式，蘇聯一天天好起來，一片光明，西方一天天爛下去，一片黑暗。高昂亢奮的社會主義熱情是以整個社會普遍的個人軟弱和妥協為代價的，滲透到蘇聯社會的每一個階層之中，連偉大的文學家高

爾基也不能倖免。1932年,第聶伯水電站第一台機組投入運行,被官方宣傳為斯大林五年計劃的成功象徵。同一年發生烏克蘭大饑荒,從1932到1933年,據估計,大約有240萬至750萬烏克蘭人死於饑荒。高爾基看到的不是饑荒,而是水電站,他歌頌「第聶伯的創造者」,稱讚他們用美好無比的蘇聯把腐朽衰亡的西方比了下去。(58–59)

1930年代,斯大林主義的新秩序已經穩固下來,斯大林崇拜也隨之進入高潮。新秩序以領袖崇拜作為支點,並非只是在蘇聯。在其他的共產國家也都如此,毛澤東、胡志明、齊奧塞斯庫、卡斯特羅等等都是受崇拜的新秩序領袖。他們被視為具有異乎尋常的智慧和能力,憑藉超凡卓越的天才,他們成功地推翻了舊秩序,建立起一個美好的新秩序。

斯大林是蘇聯美好新秩序的創造者,是它的主心骨,他更是國家和人民邁向幸福未來的指路人和精神導師。這正是斯大林希望能夠扮演的歷史角色,但對他來說,由於先天條件不足,這並不容易。在1917年革命和隨之而來的內戰中,他都默默無聞、乏善可陳。他缺乏可以用來提升自己光輝形象的偉大功績,遠不能與列寧、托洛茨基這樣的魅力型領袖相比。在早期布爾什維克革命中,他不過是一個色彩黯淡的辦事官僚,要從這樣的角色質變為魅力領袖,是有相當難度的。這就使他格外需要運用政治手腕和鬥爭權術。

從他被列寧指定擔任「黨的總書記」一職開始,他就有意識地開始控制黨的媒體。開始的時候,「黨總書記」並不是一個具有真實權力的職位,「政治局」才是真正的權力核心,「總書記」不過是政治局的秘書處主管而已。但是,在斯大林手裏,總書記變成了一個實權的職位,不僅是實權,而且是最高實權。斯大林之所以能夠做到這個,是因為他在1920年代末成功地運用黨媒的力量,打敗了他在政治局裏的對手,極大地鞏固和擴大了自己的權力。布魯克斯指出,「斯大林及其支持者於1927年打敗了托洛茨基、季諾維也夫、加米涅夫,又於1929年打敗了支持(列寧)『新經濟政策』的

布哈林等人。他們不准報紙報道關於斯大林政敵的消息」。《真理報》不再是早年那樣，為有影響力的黨內領袖們提供自由論壇，而是成為斯大林公器私用的宣傳工具」。(59)

1929年10月，蘇共中央慶祝十月革命十周年的時候，還不存在一個鶴立雞群的「魅力領袖」。但就在接下來的10年時間裏，雖然斯大林缺乏個人魅力，蘇聯的新聞報紙還是成功地把斯大林打造成為了一位魅力領袖。布魯克斯對此寫道，「斯大林說話笨拙，相貌平平。但是，到了1930年代中期，他已經有了一種權威的光輝，彷彿身上就帶有魔力一般」。(60)權威和權力能讓最平庸的人也散發出某種魅力，有魅力本身並不是壞事，但個人魅力會增加他手中權力的危險，因此，我們應該從領袖如何運用權力來評價他的魅力，而不只是停留在個人素質或品格的層面上。

斯大林的權力光輝讓他有了「迷人」的一面，而他正是利用這一點來強化他的專制獨裁權力。他的「迷人」經常是他的崇拜者的主觀感受或感覺，由於崇拜，所以覺得他迷人，反過來，由於覺得他迷人，所以對他更加崇拜。1936年，作家楚科夫斯基(Kornei Chukovskii)用一種近於戀人的筆調描述了他在共青團大會上所見到的斯大林模樣，洋溢着崇拜之情：「他(大寫)站在那裏，稍顯疲倦，深沉、威嚴，你可以感覺到他的巨大權力磁場，剛強而又同時帶有女性的溫柔。我環顧四周，每個人都愛上了他那張溫文爾雅、思緒靈動、浮現笑意的面孔。看着他，只是因為看着他，就已經足以讓我們所有人幸福無比了」。(60)

蘇聯的黨媒宣傳一直是以歌頌為主調的，但它歌頌的對象卻也是在變化。一直到1928年，黨媒歌頌的是「黨、工人階級、蘇維埃、十月革命、黨中央、黨領導們，簡而言之就是『我們』」。但是，從1928年底開始，斯大林的個人崇拜很快改變了黨媒歌頌的主調。1929年，斯大林50歲生日，《真理報》稱頌斯大林是「蘇聯國家工業化和集體化的組織者和領導者，是世界上六分之一人口的國家裏建設社會主義的無產階級政黨領袖」。(60)其他報紙也都別出心裁地突出斯大林的偉大和英明，但這個時期的斯大林崇拜還需要

暴政史：二十世紀的權力與民眾

蹭列寧崇拜的熱度。例如，《農民報》的大標題是《獻給敬愛的領袖，列寧最忠實的學生和戰友》。但是，斯大林很快便走到了個人崇拜的前台。赫魯曉夫回憶說，1930年代初，卡岡諾維奇就倡議用「斯大林萬歲」的口號代替「列寧主義萬歲」的口號，斯大林對此感到滿意。(61)

1930年代初還有許多斯大林和列寧在一起的宣傳畫。布魯克斯在研究中發現，當他們兩人同時出現的時候，列寧是被當作「虛幻的歷史背景來處理的」，只有斯大林才具有當下的真實感。有的是斯大林站着，而列寧則是坐着；有的是斯大林在發表演講，而列寧則做傾聽狀。而且，斯大林的角色也從「領袖」變化為民眾更能認同，也更感親切的「父親」和「老師」。「父親」的形象突出他待民如子的慈愛，當然還有他家長般的威嚴。「老師」的形象顯示他的智慧和博學，斯大林與希特勒的一個最大不同在於，希特勒顯示的是他的「激情澎湃」，而斯大林顯示的則是他的「思想深邃」；如果說希特勒的舞台是群眾現場的即興演說，那麼，斯大林的舞台則是開大會作報告，或是在黨報上發表他對重大問題的論述。斯大林的一言一語都包含着深刻的「道理」，不是聽聽就算了的，而是要組織學習和領會，還要有專人進行輔導，以保證正確理解、領會和執行。

斯大林以他不凡的理論素養成為蘇聯人的精神導師，這是最崇高意義上的「老師」。他時常在《真理報》上發表對列寧主義的論述，做報告的時候也會隨時引述列寧著作中的文字，用引述甚至糾正列寧的方式，斯大林表現出他對馬列經典的熟知和精通，以此展現他的領導權威。他還顯示自己擅長寫作，對文學藝術有深厚的修養和不凡的見識。俄國人有敬重和崇拜作家的傳統，為文星璀璨的俄國作家(如果戈里、托爾斯泰、屠格涅夫、陀思妥耶夫斯基)感到驕傲。斯大林善於利用這樣的民族心理，他經常對文學做出指示，表現出一副內行人的興趣與權威。

1934年是斯大林時代的一個多事之秋，在1月份召開的蘇共17大上出現了反對斯大林的聲音，這令蘇聯當時的文化主管日丹諾

夫對召開作家大會很不放心，生怕出現意外的狀況。1934年7月28日，蘇聯隆重召開了「作家大會」，大會開始的時候，日丹諾夫還在提醒斯大林說「有嚴重危險」。但是，大會開了兩個星期，快要結束的時候，一切都比預想的要順利得多，作家們服服帖帖、興高采烈地享受歡聚一堂的時光。這時，日丹諾夫向斯大林表示祝賀，毫不掩飾對大會參加者作家們的鄙夷：「他們都在爭先恐後地表現思想進步，比賽誰能提出更深刻的創造性問題，發言一個比一個華而不實」。幾年後，蘇聯作家愛丁堡還在回憶，「我記得的作家大會是一個盛大的節日」，他自己興高采烈，「就像一個女孩第一次準備參加舞會一樣」。(106)

在這個盛大的作家大會上，真正的主角是斯大林，而不是那些只是捧場、喝彩的作家們。斯大林在大會上發表了重要的講話，明明白白地告訴他們，誰是文學和藝術的主人。他是蘇聯文學和藝術的主宰，布魯克斯寫道，「共產黨對文藝的干預從1917年就開始了，一直維持到這個政權差不多完蛋的時候。但是，斯大林主管了文藝的黃金時代。這個呆在克里姆林宮裏的批評家，他或譴責，或讚揚；或獎賞，或懲罰；在劇院的節目單或出版社的書單上或增加，或砍掉，命令對具體作品的變動或修改」。(113)斯大林提出的「社會主義現實主義」成為蘇聯文學的指路明燈，在大會召開的前兩個星期，《真理報》就發表社論稱，「我們的黨和斯大林同志(大寫體)選擇了社會主義現實主義作為蘇聯文學和藝術的發展道路」。作家們扮演的不過是作家大會跑龍套的角色，作家大會的「榮譽主席團」裏唯一的作家是高爾基，其餘都是黨和共產國際的領導人，包括斯大林本人。(112)

1939年是斯大林個人崇拜的輝煌時期，各種稱頌和讚美他的頭銜都是最高級的，包括「歷史火車頭的偉大駕駛者」「今天的列寧」「共產主義天才」「發明者們的靈感人」「科學的朋友」「偉大的思想家」「人民幸福的創造者」「人類的朋友」等等。(66) 1939年以後，由於戰爭的失利，官媒上的頌揚調子發生了微妙的變化，1941年6月23日，《真理報》刊登了莫洛托夫在電台上講

　　　　　　　暴政史：二十世紀的權力與民眾

話的文稿，提出了「蘇聯愛國主義」和「馬克思主義解放」的雙重新主題，他號召蘇聯人民「團結在光榮的布爾什維克黨，蘇聯政府和我們偉大領袖斯大林的周圍」。《真理報》的評論員文章宣稱，「1941年6月22將作為蘇聯人民抗擊法西斯德國的偉大愛國戰爭的開始而載入史冊」。(158)這之後，「感激斯大林」的主調變化為一種「複式敘述」(a plurality of narratives)，愛國戰爭的英雄不僅有斯大林，還有「蘇聯紅軍和艦隊的戰鬥員和指揮員、工人、集體農莊成員和支持戰爭的職員，他們捐獻個人的儲蓄，照顧和關心孤兒，代替他們的父母」。(192)但是，隨着戰爭形勢的好轉和勝利，報紙又重新開始了「感激斯大林」的主調。(198)

四　感不完的領袖之恩

在蘇聯，「人民必須感恩」在1932年之後成為官媒宣傳的主調，也形成了一種大眾文化。在這之前，由於經濟的匱乏，蘇聯政權強調的是「自我犧牲」，還保留了一些蘇聯人的個人主觀動因；1932年後，隨着「自我犧牲」轉變為「必須感恩」，蘇聯人落入了一種外加的精神強制之中，主觀動因便也隨之消失。布魯克斯稱這種精神強制為「禮物道德經濟」(moral economy of gift)，「經濟」指的是一種交換關係。禮物代表一種以施恩交換報答的象徵性交換關係。施恩的是斯大林和黨國，報恩的開始是享受特殊待遇的蘇聯社會精英——布魯克斯稱他們為「高等公民」(super citizens)，後來則包括了所有的蘇聯人。儘管他們甚麼待遇都沒有，但「他們必須將自己的生活，以及由蘇聯社會所分配提供的一切物質和服務都歸功於斯大林和國家」。(81)

蘇聯的高等公民們——那些享有職位、頭銜、特殊待遇的精英人士，還有勞動模範、生產標兵——都是蘇聯社會的傑出貢獻者，他們「挑戰時間、科學和人的耐力」，但是，「他們的貢獻沒有一樣足以充分回報他們所受到的恩惠」。爭取進入這樣的人群，接受特別的恩賜，是每個人積極表現的動力。但是，黨告訴蘇聯

人，不管一個人的能力或貢獻多麼不凡，他都報不盡斯大林和黨國的恩情。每個人都不過是渺小的個體，這樣的想法「消弭了每一個人作為創造者和能動個體的價值」。布魯克斯指出，「人民報恩」的觀念在列寧時代就已經形成了，「列寧把他的『先進政黨』打造成了社會的恩人，而斯大林及其政府則將之加以誇大，宣傳黨就是社會主義社會的創造者」。(83–84) 與創世主的上帝一樣，黨對蘇聯社會有創世之恩，這種恩情可不一般，它是一種造物主的聖恩。

在理解黨的聖恩之時，有必要瞭解黨恩的另外兩層的意思，一個是「禮物」的一般收禮和還禮關係，這是一種可以還得清的恩情回報。另一個是有家庭暗示的受恩與回報關係，它已經有了一種還不清的「債務」含義。在這兩層禮物關係之後或之上才有了進一層的創造與被創造的聖恩關係，聖恩是永遠還不清，絕對還不清的，是一種比天高，比海深的恩情。這三層道德禮物關係都對受恩者形成了不同的強制性操控力，迫使他服從和屈服於施恩者的意志和意圖。

布魯克斯用法國社會學家莫斯的禮物理論來說明蘇聯人與國家政權和領袖的屈從關係。這種交換模式的三個階段(或因素)是「送禮」、「收禮」和「回禮」。禮物交換僅僅在表面上是自願和無償的。禮物必然帶有具約束性的義務。禮物關係的潛規則是，受贈禮物者必須回禮。這種交換的義務關係與現代社會中經由貨幣進行的商品交換的強制性交換關係有相似之處。但是，禮物交換的實質畢竟與實利性的商品交換不同。禮物交換和商品交換體現的是性質不同的強制性，前者是一種類似於涂爾幹所說的外在於個人的社會聯繫的強制性，而後者則是出於個人功利利益考量的強制性。涂爾幹指出，決定人的行為方式的是人與他人的聯繫(association)，「與他人的聯繫是一切其他動因之源」。這裏的「他人」不只包括我能選擇的，也包括我不能選擇的，「我一出生，就不能不與某一群體有所聯繫」。涂爾幹所說的那種社會制約和義務對送禮者和還禮者都有效。[9]

9　Emil Durkheim, *The Rules of Social Method*. New York: Free Press, 1964, p. 104.

　　　　　　　　　　　暴政史：二十世紀的權力與民眾

蘇聯高等公民們對國家和領袖給予他們的榮譽、地位、特殊待遇懷有感恩戴德之情，並表現出無比感激。布魯特斯指出，只有「在斯大林及其同夥控制着公共資源分配的社會裏」才會有這種公開感激政治人物個人賜予的事情，這是極權社會的「利出一孔」效應。在列寧的新經濟政策時期，勞動模範主要是受到榮譽的獎勵，「很少有物質的好處」，但是，後來那些被稱為斯達漢諾夫(Stakhanovite)突擊手的模範人物就都是名利雙收的了。這個稱號後來又被擴大到集體農莊或甚至軍隊中的模範人物。斯達漢諾夫是一位前蘇聯被載入史冊的採煤工人，是一位蘇聯的雷鋒式英雄，後來的勞動模範就以他的名字來命名。1935年8月31日，他在一班工作時間內採煤一百零二噸，超過普通採煤定額十三倍。他獲得的獎項包括列寧勳章、紅旗勳章、社會主義勞動英雄勳章，他於1977年病死在精神病院。1935年9月他在《勞動報》接受採訪時說，他的勞動記錄是為了響應「我們斯大林」的號召，兩個月後，他又公開對斯大林表示感謝，「我們的幸福生活，我們美麗祖國的快樂和榮耀，都應該歸功於他，偉大的斯大林」。(86)

像斯達漢諾夫這樣的蘇聯高等公民誇張地表現高度「忠誠」和「熱愛」，是對領袖恩賜的一種虔敬「回禮」。這種回禮具有莫斯所說的「強制性」，收禮者不能不對禮物作出感謝的表示。但是，僅僅看到回禮階段的強制性(義務)並不充分。事實上，莫斯明確提到，送禮和回禮都是義務性的。在布爾什維克的禮物關係中，贈與者有義務與被贈與者——也就是領袖與人民——保持一種融洽的、親密無間的關係。在官方話語中，這叫「不脫離群眾」、「與群眾打成一片」。「關心」群眾至少在理論上是領袖的一項義務。不過，這樣的官方話語對普通人很難具有像對高等公民那樣的說服力，普通人也許會說，我們又沒有得到特別的賞賜，為甚麼要感謝呢？所以需要借用另一種更通俗的，更與傳統文化接軌的禮物話語，那就是「家庭」。

家庭是社會中最能體現人際禮物關係的地方，也是兒童開始學習這種關係的地方。「家庭」因此成為我們認知其他人際禮物關

係的一個核心觀念。在傳統的家庭中，儘管一個人進入家庭並不是自願選擇的結果，但他的存在本身就被視為一種「賜予」的結果。「肌膚毛髮受之父母」，一個人獲得生命的「感激」規定了他「回報」父母的義務，即所謂的「孝」。父母與子女的血親關係形成了家庭的自然黏合。這在傳統家庭和家族觀中最為突出，也就是人們平時所說的「血濃於水」。

與傳統家庭觀念的「自然黏合」不同。現代家庭觀念中有限地添加了「自願」因素。現代家庭的組成是兩個原本陌生的人自願地選擇結成一種特殊的黏合關係。這種自願更具禮物的性質。除非兩個陌生人各自把「自我」當作禮物贈與對方，以感激和回報來相互接受，他們不能形成夫妻家庭這種特殊的黏合關係。法國人類學家列維－斯特勞斯(Claude Levi-Strauss)認為，外族人的相互通婚，對一切包含相互回贈義務的關係都是一個原型，正是就禮物與家庭的原型關係而說的。[10]

布魯克斯在研究中發現，斯大林在蘇聯的「國家父親」形象是黨媒通過圖片、稱謂、暗示等手段精心打造的，顯得十分自然，因此有效。例如，「1930年代末，報紙經常刊登斯大林和婦女、兒童在一起的照片」，在這些照片裏沒有男人，斯大林就是那個「男人」，「工會的報紙甚至把他稱為俄國的聖誕老人」。1936年12月30日，報紙刊登了斯大林看着孩子圍着「新年樹」跳舞，「一面微笑，一面拍手」。1937年新年那天，《真理報》刊登一則消息：斯大林派醫生救治了一位婦女。婦女和兒童襯托的是斯大林的父親角色，這個形象很容易就擴大為「國家之父」。(69-70)

蘇維埃語中的「祖國」一向是「母親國」(motherland) 或「家國」(homeland)，1931年，斯大林成為國家之父後，祖國就叫了「父親國」(fatherland)。「Fatherland 是斯大林修辭的創新，取義於革命前的過去：『過去我們沒有Fatherland，如今我們推翻了資本主義，奪取了政權，人民有了權力，我們有了Fatherland』。斯大林就是這個祖國的父親。(76)微妙的暗示還有，「許多人在報紙

10　　Claude Levi-Strauss, *Les structures elementaires de la parente*. Paris: Mouton, 1967, p. 551.

　　　　　　　　　　　　暴政史：二十世紀的權力與民眾

上對斯大林用親昵的稱呼(ty)，就像他們屬以斯大林為父親的家庭一樣。這個昵稱通常是在家庭內部使用的，使用者是親密的朋友或孩子」。這個家庭昵稱相當於中國某些地區人們所説的「大大」。(89)

斯大林是人民和他們國家的父親，一旦這個形象角色神聖化了，他所賜予人民和國家的禮物也就成了神的禮物，因而獲得了一種宗教特性，「工會的報紙甚至把斯大林稱為俄國的聖誕老人」。(70)神聖化的禮物在基督教傳統中來自「上帝」，是一種「原初禮物」，一種至高的「恩寵」或者「恩惠」。「恩寵」之所以至高至大，是因為它普及眾生，大慈大悲，完全不求回報，所以也無以回報。一切其他形式的禮物，包括親朋之間、陌生人之間或者個人與群體之間的禮物，都因為從「原初禮物」獲得意義，這才涉及不求回報的「愛」和「贈與」。

在基督教傳統中，神聖禮物還與「犧牲」和「得救」聯繫在一起。出於這種聯繫，「無以回報的禮物變成一種從束縛下得到的解放……放棄世俗的自我，贖罪，因此成為一種解救」。因此，最高的博愛是模仿上帝的愛，以犧牲自己來拯救他人。神聖禮物為神治世界提供了合法性，這種宰制要求把「現世」與「來世」區隔開來，「不斷地貶抑現世(contemptus mundi)，導致一種滅人欲的制度，用世俗的禁欲苦行，來表現(自己)那種博愛的禮物」。[11]

在蘇聯的世俗語言裏，為某某「事業」或「使命」貢獻一切的口號包含着與基督教相似的禮物邏輯。革命和社會主義被神秘化和神聖化為某種超然至上的目的。這樣的使命一方面被神聖化，另一方面又被庸俗化，變成殘酷迫害異己的工具。神聖化和庸俗化看上去相互矛盾，其實互為表裏。以宗教名義(基督教、伊斯蘭教)進行的迫害殘忍酷烈，它的極端殘忍和酷烈必須從神那裏獲得正當性，才能在人間獲得合法性。而且，暴力一旦以神的名義進行，就必須進行到極致，否則不足以表現神的威嚴和人必須對神奉獻的極度虔誠。

11　Jonathan Parry, "The Gift, the Indian Gift, and the 'Indian Gift'." *Man* (N.S.) 21 (1986): 453–73, p. 468.

布魯克斯指出,斯大林政權是以敵我劃分和敵我殊死鬥爭來
奠定其合法性和合理性的。1930年代的大規模政治迫害和作秀公
審」(莫斯科審判)便是由革命之神(斯大林是它的化身)來進行的。
二戰中的法西斯同樣也是蘇聯革命的敵人,斯大林成功地打敗了
所有國內和國外敵人,這使得斯大林崇拜在戰後被提升到了一個
新的高度,他不僅是蘇聯人崇拜的神,也是全世界共產國際共同
崇拜的神, 「斯大林的70大壽成為蘇聯國家和國際共產主義的盛大
節日」。(219)斯大林生日的第二天,12月22日,蘇聯詩人亞歷山
大‧特里福諾維奇(Aleksandr T. Tvardovsky)熱情澎湃地寫道, 「感
謝你,偉大的斯大林,把我們從黑暗的深淵帶進來光明和幸福」。
(221)斯大林就像是上帝,上帝說要有光,於是有了光。

　　這種「光明」和「黑暗」不過是文人墨客的詩意阿諛,並不是
普通人感恩的真實感受。正如戴維斯在《斯大林俄國的民情》一書
裏指出的那樣,確實有一些蘇聯人是感激斯大林的,感恩確實是斯
大林崇拜的一個因素,但他們主要是既得利益者:勞動模範、各種
待遇的享受者、地位和榮譽的獲得者、得到提拔或升遷者,甚至包
括一些對物質生活和「新生活」滿意的人士。但是,即使在物質、
待遇、地位方面的滿足也不等於沒有在其他方面的不滿或抵觸。
(參加本書第九章)

　　官媒宣傳感恩,要說服的主要不是那些既得利益者,而是那些
並沒有得益,因此不覺得有甚麼值得感恩的普通人。官媒宣傳的目
的是在那個沒有感恩之情的人群中製造感恩之情。然而,宣傳的結
果經常並不是讓他們真的有了感恩之情,而是使他們意識到必須裝
出有感恩之情,這正是布魯克斯在《感謝斯大林》一書裏所着重討
論的那種感恩:一種做樣子的感恩。這種感恩已經失去了原有的真
實情感價值,變成了一種純粹的政治表演,演示專制政權所強求的
那種對斯大林本人的忠誠和服從。

　　布魯克斯從「政治表演」和「扮相公共文化」的心理機制和
社會功能來解釋民眾對斯大林的個人崇拜,與三種常見的解釋有所
不同。第一種是從俄國宗教的聖人崇拜來解釋斯大林崇拜,強調俄

　　　　　　　　　　　暴政史:二十世紀的權力與民眾

國「聖愚」傳統的民族心理因素。第二種是從沙皇崇拜的傳統來解釋斯大林個人崇拜的俄國集體心理因素。崇拜對象由「上帝」變成「沙皇」。沙皇是慈愛而威嚴的父親，是俄羅斯人民的保護者。第三種解釋在聖愚和沙皇崇拜之外添加了現代魅力領袖的成分，認為個人崇拜是一種現代的，而非傳統的崇拜，是一種現代統治藝術，或藝術化的政治，富有表演性和儀式性。它運用於打造和展示領袖魅力的大眾傳媒和大眾文化手段是古代聖賢和君王所不可能具備的。這三種解釋看似不同，但有一個共同的先行假設，那就是，民眾的崇拜是真誠的，是他們確實在內心感受到的敬仰和崇敬。

布魯克斯讓我們看到的是，在斯大林的國家裏，這種真誠的崇拜恰恰是不能確定的，甚至可以確定是假的。所有蘇聯人都不得不做出來的斯大林崇拜與任何一種真誠的崇拜都是不同的。在斯大林的專制極權下，人們即使不願意甚至厭惡這種崇拜，也照樣得假裝出崇拜的樣子。真的東西──真實、真相、真情──是極權專制所敵視的，因為它們都對專制的虛假、虛偽和謊言構成了威脅。虛假的危害不只是掩蓋了真實，而且在於，一旦人們習慣了虛假，也就失去了辨別真實與虛假的能力，甚至以為真實和虛假本來就沒有區別，辨別真假只是庸人自擾。

極權制度下的民眾普遍地真真假假、半真半假，這種真假難辨和真假不辨有效地起到相互欺騙，彼此製造虛假服從的作用。極權要的就是這樣的統治效果。你半真半假，或者根本就是假裝的，對吧？不要緊，只要你表現出崇拜就行，不管你內心怎麼想。只要你做出崇拜的樣子，那就是正確行為和正確表現，就可能對別人形成有樣學樣的壓力和影響。絕大多數人都這樣，也就自然形成了極權所要的那種萬民擁戴的政治環境氣氛。

在這樣一種政治表演和扮相的大眾文化中，人們會漸漸失去對做戲和扮相的察辨能力，或者變得根本不感興趣。大範圍人群的人戲不分、假戲真做也就是不可避免的了。扮相和做戲會有弄假成真的效果，人會因為假戲真做而久假不歸，或者因為入戲太深而流連忘返。他們會把裝假當作自己的自由選擇，誤以為自己是自由的，

致命的禮物

並在這種心理暗示和誘導的影響下，不知不覺被他們不自由的選擇定型。更會有人一面難得糊塗，隨波逐流，一面拿做戲和扮相來套現，來交換能從權力那裏得到的恩惠和利益，至少可以在危險四伏的環境裏，求得自身保全和安身立命。他們也因此成為專制統治的協助者和配合者，沒有他們的協助和配合，斯大林主義的有效統治是不可能的。

暴政史：二十世紀的權力與民眾

第四部分

偽神時代的誘惑、幻滅和反抗

第十七章

見證信仰破滅的知識分子

——《修煉不成的神》

　　見證是一種個人對過去痛苦經歷或災難經驗的敘述，是一種「個人敘述」(personal narrativie)。研究見證敘述的美國學者喬治・古蓋爾伯格(George M. Gugelberger)說：「見證經常是一次性的，是文字世界裏的一道閃光」。[1] 但是，理查德・克魯斯曼(Richard Crossman)於1949年編的見證文集《修煉不成的神》卻是經久不衰，被翻譯成16種文字，成為一部經典。[2] 該書於2001年重新出版，新版封頁上介紹說「此書彙集了20世紀非常重要的六位作家和記者的個人見證，講述他們對共產主義從信仰到幻滅的歷程」。[3] 這六篇個人敘述的作者分別是美國記者路易斯・費希爾(Louis Fisher)，法國作家安德烈・紀德(Andre Gide)，匈牙利裔作家亞瑟・庫斯勒(Arthur Koestler)，意大利作家伊尼亞齊奧・西洛內(Ignazio Silone)，英國詩人和作家史蒂芬・司班德(Stephen Spender)和美國作家理查德・賴特(Richard Wright)。六位見證敘述者有一個共同點：他們都是因強烈的人道主義理想才靠攏或接受共產主義信仰的，但後來又因這一理想無法在黨內實現而以不同方式出走。他們每個人都為此經歷了精神痛苦，特別是「良知上的掙扎」。(274)

1　George M. Gugelberger, "Remembering the Post-Testimonio Memoirs of Rigobetra Menchu Tum." *Latin American Perspective* 25/26 (1998): 62–67, p. 63.

2　中文譯本題為《破滅了的信心：當代六名人的自白》，李省吾譯，華國出版社，1950年。該譯本對原文有一些刪改，涉及人物的姓名亦與現今通用譯法有異。本文盡量用此譯文，但必要處有所改動，引述處在括號中注明此中文版的頁碼。該中文本根據Richard Crossman, *The God that Failed: Six Studies in Communism*. With an introd. by Richard Crossman(London, Hamilton, 1950)譯出。

3　Richard Crossman, ed., *The God that Failed*. With a new foreword by David C. Engerman. New York：Columbia University Press, 2001.

《修煉不成的神》出版整整半個世紀後，美國政治學家霍蘭德(Paul Hollander)在他研究蘇聯和東歐制度崩潰中個人信仰因素的《政治意志與個人信仰》(1999)一書裏，以「重訪《修煉不成的神》」為標題做了這樣的總結，這是一部「政治意識形態的自我審視和幻滅過程的紀錄」，向今天的人們提出了「仍然相關的老問題：為甚麼有的人(經常是知識分子)被共產主義意識形態、運動和制度所吸引？他們又是在甚麼樣的情況下放棄信念和信仰的？」[4]今天，那個在20世紀30和40年代曾經令人嚮往的蘇聯已經不復存在，但是，每個知識分子卻仍然必須面對自己的良知掙扎、精神拷問和覺醒選擇。《修煉不成的神》為我們今天瞭解早期左翼知識分子的精神失落和信仰幻滅歷程提供了寶貴的真實歷史素材，也讓我們思考，在幻滅發生的時刻需要怎麼把握自己，並如何去尋求更有真實價值的生活意義。

一　20世紀初知識分子的政治選擇和政治心理

　　《修煉不成的神》最初的構想是克魯斯曼和庫斯勒「聊」出來的。他們是朋友，有一次，克魯斯曼聽了庫斯勒從參加共產黨到脫黨的經過，建議他寫下來，並商議找幾個有相似經歷的過來人，也寫下他們的見證回憶。這是一個對知識分子信仰進行自我反思的計劃，「我們毫無意對反共潮流推波助瀾，也不是尋找機會為個人洗刷，求人原諒。我們的目的是研究轉變為共產黨人的心理狀態，以及那一段時期的氣氛——從1917至1939年，在那段時間，參加共產黨是很平常的事」。這就要求每一個撰稿人「拋開現在的觀點，而用想像的自我分析來重構那段過去」。(2)這些回憶者們只是敘述自己的心路歷程，他們把介紹有關歷史背景的工作交給了克魯斯曼。克魯斯曼是著名的英國左派知識分子，也是工黨重要的政治人物，是這些敘述者們的同代人。他自己就是一個對那個時代的特徵和政治文化瞭如指掌的過來人。

4　Paul Hollander, *Political Will and Personal Belief*. Yale University Press, 1999, p. 31.

1930和1940年代，六位見證敘述者各自經歷了從獲得信仰到幻滅的痛苦過程。亞瑟‧庫斯勒(1905–1983)1931年加入德國共產黨，1938年脫黨；西洛內(1900–1978)1921年參加建立意大利共產黨，1930年代離黨；紀德(1869–1951)雖然沒有參加過共產黨，但一直對蘇聯抱有好感，1936年訪問蘇聯，因極度失望，寫下著名的《蘇聯歸來》；賴特(1908–1960)1932年入黨，在黨員時創作他最著名的《土生子》(*Native Son* 1940)，1944年正式脫黨；費希爾(1913–2001)沒有參加過共產黨，但長期是黨的同路人；司班德(1909–1995)青少年時期便接受進步影響，1937年加入英國共產黨，幾個星期後脫黨。

1917至1939年，是一個特殊的歷史時期，發生在六位敘述者個人身上的事情都是不可能重演的了。但是，他們所經歷過的一些心理狀態卻是普遍存在的，也會在不同歷史時期的其他人那裏同樣發生作用，其中非常重要的便是「政治心理」。在這六位敘述者們那裏，曾有一種共同的非敵即友、敵人的敵人就是我的朋友的政治心理，他們也因此自願選擇了不自由的選擇、自願加入一個為紀律而犧牲自由的組織、在革命運動的手段與目的發生衝突的時候視而不見或予以諒解。這樣的政治心理在當時的政治形勢下是非常普遍的，其危害非常值得今天知識分子好好反省。克魯斯曼指出，「在這六位不同人物的中間，唯一的聯繫就是內心經過很痛苦的奮鬥以後，因為對於民主失去信念，甘心犧牲了所謂資產階級的個人自由，選擇共產主義，以便打倒法西斯主義。事實上，他們轉變為共產黨員的根源，乃因失望而流於自暴自棄——對於西方的價值失望。如果回顧一下，很容易看出這種失望是歇斯底里性的。法西斯主義終於被征服了，在這打倒法西斯過程中並未犧牲公民自由權利，這種公民自由權利卻被共產主義所剝奪了」。(4)

挪威社會和政治學家喬‧艾斯特(Jon Elster)在《政治心理學》一書裏分析了左派知識分子的選擇理性，稱之為「酸葡萄綜合症」(sour grapes syndrome)。在這一心理機制中，「願望根據實現願望的手段(或可能)而進行調整。……由於有時候，我們想得到我們不

能擁有的東西，只是因為我們不能夠擁有它。如果我們考慮到極權政體中公民的行為，我們就會發現，那些譴責西方自由和強調西方社會罪惡的人非常像拉·封登寓言裏的狐狸」。[5]這個意義上的「酸葡萄」是眾所共知的，指的是因為得不到就說不好。然而，還有一個更隱蔽的「酸葡萄」，那就是，因為得不到自己想要的東西，就把不如它的東西當作自己的選擇，不是將之視為「次好」的選擇，而是將之當作「特好」的選擇，甚至是唯一有價值，人人必須接受的選擇。20世紀初，許多西方知識分子，由於對西方民主和自由失望，而把蘇聯當作了「特好」，甚至是唯一的選擇。

這些知識分子選擇成為共產黨人或黨的同路人，是因為有了某種信念。艾斯特指出，人的信念(beliefs)與愛好(tastes)雖然是在自己頭腦裏形成的，但卻是在特定社會環境和選擇可能限制下形成的。[6]個人的選擇是他在自己認為有可能並有價值的可選項中做出的，在20世紀初的政治選項中，如果一個知識分子摒棄了自由民主(當時的民主狀況確實非常糟糕)，那麼剩下來的有效選擇便似乎只有共產主義和法西斯主義了。對此，克魯斯曼指出，「在1920年以後的那些歲月中，西洛內哪能預料到共產主義剝奪公民權利呢？那個時期民主國家一味地敷衍墨索里尼，只有意大利的共產黨人組織起來抵抗法西斯主義。紀德(擁護蘇聯)與庫斯勒加入共產黨時，他們感覺到，德國和法國的民主主義者腐敗透頂，遲早要投降於法西斯主義，能說他們兩人當時的判斷十分錯誤嗎？」他們的選擇是沒有選擇的選擇，這「使我們回憶起以往的事故，非常的不舒服；提醒我們，那些『反法西斯過早的人們』所感受的可怖孤獨的經驗，那些男子和婦女明白法西斯主義的內幕，希圖在法西斯主義達到受人尊重及迷惑人的階段以前，向它鬥爭。就是這種孤獨感覺，促發他們的深醒，以至於訴諸共產主義」(4–5)今天，如果我們不知道「酸葡萄綜合症」，或許可以用饑不擇食，病急亂投醫來形容知識分子的這種選擇。

5　喬·艾斯特：《政治心理學》，陳秀峰、胡勇譯，吉林出版集團有限責任公司，2010年，第3頁。
6　喬·艾斯特：《政治心理學》，第4頁。

暴政史：二十世紀的權力與民眾

除了政治選項的限制，西方知識分子的選擇還受到特殊文化和宗教因素的影響，其中包括宗教式的自我犧牲、道德浪漫主義、文化使命，當然，還有更具普遍性的青年人心理衝動、理想主義、正義感、完美主義等等。克魯斯曼指出，「沮喪」與「孤獨」是參加共產黨的主要動機，而這種動機由於基督教義影響而加劇。知識分子的特徵是對意義和價值比一般人敏感，西方知識分子雖已放棄正統派的基督教教義，但比起一般僅有宗教信仰而不那麼敏感的教徒來，反倒是知識分子對基督教教義的感應更加靈敏。這主要是人道主義價值觀在起作用。知識分子「能覺悟到他們自己的地位和權利不公平，無論造成這種不公平的原因，是由於種族的、階級的，或教育的關係。參加共產黨的感情因素，恰恰是富有犧牲意願的 —— 非但物質的，而且精神的 —— 這種犧牲是不可避免的。你可以說，他們所以參加共產黨，是由於被感動，或者是由於真實為人類服務的願望。但是無論他們的動機是甚麼，實際參加鬥爭的同志們，每個人心目中必然具有一種理想 —— 個人的一切自由犧牲掉，而且種族與階級觀念廢除 —— 這種理想在每個西歐民主國家中同樣存在，而且具有強制的力量。一般政黨有吸引力，是因為它對黨員有所貢獻：共產主義不然，對於黨員非但無所貢獻，而且將你一切所有的要了去，就是精神上的自由，也不能留給你」。(6)

　　美國心理學家沃爾特・米歇爾(Walter Mischel)有一個著名的心理發現：人在不同的環境中，行為的連貫性往往相當薄弱。[7]一個人在工作人事關係中可以是好鬥的，但在家裏卻可以是溫和的；在一種環境中自私，在另一種環境中可以利他。對此，可以作兩種不同的理解。一種理解是，環境是心理機制的激發因素。另一種理解是，個體中本來就存在兩個或多個不同的自我。在這六位見證信仰幻滅的知識分子身上，我們可以看到，他們作為「知識分子」的強烈個體意識和自由、平等價值與他們作為「黨人」所接受或信奉的價值或原則並不一致。

　　但是，作為具有自我意識的個體，他們並沒有被「黨人」的經

7　Walter Mischel, *Personality and Assessment.* New York: Wiley, 1968.

見證信仰破滅的知識分子

歷徹底改造，並沒有因為蘇聯對社會主義人道價值的背叛而捨棄自己的人道社會主義理念。這正是艾斯特所提醒我們的，「我們必須當心，不要把一種信仰的主旨同它受到的濫用混淆起來。我們可以同意，許多關於革命的闡述是荒唐的，然而，必須強調的是，革命舞台上的演員是人，而非階級」。[8] 這六位見證者都是革命舞台上的個體演員，他們所幻滅的那個信仰，其不穩定性需要在個人層次上得到解釋。然而，在閱讀每個見證者個人敘述的時侯，我們也需要將個人敘述作為集合性的認識材料，從而去發現這個信仰本身的薄弱和缺陷，以及根本無法成為現實的原因。

二　信仰的發生：「垂死的社會製造病態的掘墓人」

庫斯勒為自己如何對共產主義產生信仰提供了心理學的解釋：一種信仰，不是由理論得來的，一個人(主要是知識分子)並不會只是由於他人的引導或勸諭，沒有自己的經驗感受就輕易去信仰甚麼。理論可以為由信仰發生這一行為辯護，但必須於信仰行為發生以後，「勸諭可以有一部分作用；但這一部分作用只限於轉變的信仰已經成熟，自覺的心情已經達到頂點，既成之局，無所猶豫」。(21)這個解釋也同樣適用於書中其他五位見證者，與我們經常以為「因為有了共產主義信仰或理論，所以參加共產黨」的順序其實正好相反。

庫斯勒從少年時期開始，就對資本主義制度的貪婪、剝削和其他種種不道德現象深惡痛絕，例如，資本家為了提高豬肉價格，在許多人還在挨餓的情況下，把豬棄於大海。他意識到，要改變這樣的制度，就必須投身於一個強大的政治運動。他說：「我之所以變成共產黨員，因為我生存在一種找尋不到信念的破落社會中，我參加的意志已經成熟。當我接受黨證的那一天，只足以表示我嚮往共產黨的心願發展到了頂點，而其實此種心願遠在閱讀棄豬於大海的故事及聆悉馬克思與列寧的大名以前，早已開始發展了」。(23)

8　喬·艾斯特：《政治心理學》，第9頁。

是社會正義的信念使庫斯勒有了參加共產黨的行動。他認為，從心理學的觀點來看，革命的信念和傳統的宗教信念沒有甚麼很大的區別，「所有的真實信念，都是徹底的，純粹的，無妥協性的；所以真實的傳統信仰者，他們對於偽善偽信的社會風氣，永遠熱烈主張革命，永遠加以攻擊，而對於不冷不熱的腐敗信徒，永遠加以詛咒；反之，革命家的理想中總有一個烏托邦，從表面看起來，他好像是志在推翻以往的一切，重新建造他的烏托邦，而其實他理想中的烏托邦永遠肇基於已經失去的樂園，並且憧憬傳奇的黃金時代。按照馬克思與恩格斯的理論，無產階級的共產社會，經過螺旋形的辯證終結以後，證明是原始共產社會的復活，原始共產社會是在前的。由此可知，所有真實信念，對於信念者的社會環境，都含有一種革命作用，同時寄希望於未來的理想世界，而這個理想胚胎來自很久的過去時代。所有的烏托邦者頭腦中都裝滿了傳奇的神話。社會建設工程師的藍圖，不過是古代藍圖的重版作品罷了」。(21–22)

　　庫斯勒這一代的知識分子，他們參加共產黨或成為同路人，都是受正義感和人道主義價值的感召，因為當時人們還沒有普遍人權的觀念。他們期待將人道主義的觀念付諸政治行動，借助黨的集體力量來實現自己心目中的理想。對他們來說，參加共產黨代表着改變現狀的可能，這就是20世紀初大多數知識分子所理解的「革命」。

　　意大利作家西洛內與庫斯勒相似，他的革命信仰也是在少年時就在他的性格中養成了的。西洛內的原名是Secondo Tranquilli，他自己改名為Ignazio Silone，是因為仰慕一位叫Quintus Pompaedius Silo(克溫圖斯·波佩迪烏斯·西洛)的意大利英雄人物。英雄西洛統領的部隊於公元前90年成功地對抗了羅馬軍隊，他自己於公元前88年陣亡。西洛內因崇拜西羅而改掉自己原來的姓名，表明志向。這是年輕人常有的一種「革命行動」。他敘述在自己出生的小山村裏發生的種種令他憤怒的事情：一個鄉紳的惡犬咬了一位貧苦的裁縫，到頭來法院反而判決裁縫必須賠償對狗的傷害；地方選舉公

然賄選，老百姓出於害怕，也都心照不宣地公認參與舞弊；偽善的教士們一面叫小孩要誠實，一面教導他們不要過問現實中發生的不公不義之事。西洛內是帶着救世的宗教情懷加入共產黨的，他扮演了宗教激進者的角色，要用政治革命的方式來實現他對人類的愛。對他來說，共產黨是一個與任何其他政黨都不同的「信仰之黨」，「參加無產階級的黨是不能與簡單地加入一個政黨相提並論的。……這是一種皈依歸正，一種全身心的投入……它質問一切——生、死、愛、善、惡、真理的意義全都發生了改變」。(114)黨的事業成了宗教的愛世人使命的替代品。

紀德是一位堅持知識分子文化使命的作家，他青睞共產主義和支持蘇聯，是因為在那裏看到了實現他文化使命的可能。他寫道，「數年前我撰文敘述我對於蘇聯的敬愛和讚頌，蘇聯境內正在實施一種前所未有的試驗，思想的火焰在我心中燃燒起來，獲着一種偉大的希望，試驗工作的邁進，可以改善人類。一個人生在這個時期，能夠親眼看到人類再生，能夠將自己畢生的力量貢獻出去，這自然是很有意義的。為人類文化的將來，我在心裏決定將我自己與蘇聯休戚與共地聯繫在一起」。他訪問蘇聯期間，參加了高爾基的葬禮，發表講話，稱人類文化的命運與蘇聯的前途密不可分，惟有蘇聯才能打破「特權階級對文化的霸佔」，文化的命運必須「由蘇聯得到保障」。(204–205)

美國作家理查德·賴特加入共產黨似乎是最可以用馬克思階級鬥爭學說解釋的一位。他是黑人，在美國的資本主義制度中，是被壓迫者，哪裏有壓迫，哪裏就有反抗。然而，就連他參加共產黨，階級覺悟也不是唯一的動機。他視自己為一個獨立的知識分子，是一個為人類，而不僅僅是為某個階級寫作的作家。至於後來成為著名作家和詩人的英國小伙子史蒂芬·司班德，他對共產主義政治完全無知，是一時衝動走上革命道路的文學青年。他在牛津大學讀書時，喜愛文學，相信「藝術與政治無關」，「在牛津很容易忘掉人類的邪惡，或覺得這些問題與『詩人』無關」。他後來到德國旅行，見到貧窮、失業、通貨膨脹，「人道的觀念，正如社會鬥爭一

　　　　　　　暴政史：二十世紀的權力與民眾

樣，又重新使我覺醒」。(264–265)1936至1937年的冬天，他加入了英國共產黨，為期不過幾個星期，「繳納了入黨費以後從未再交過黨費」。(261)

路易斯·費希爾雖然從未參加過共產黨，但卻是蘇聯非常熱烈的擁護者，他出生於美國費城，當過中學教師，後成為記者。1921年他被《紐約郵報》派往柏林，此後20年來都在歐洲和亞洲擔任報道工作。蘇聯在他的心目中代表了進步、光明和史無前例的革命實踐，使他充滿了浪漫的幻想，「我連續不斷地聽到蘇俄的消息，閱讀有關蘇俄的書報刊物。布爾什維克黨尊重平民，給予他們土地、麵包、和平、工作、房屋、安全、教育、健康、藝術以及娛樂。他們認為國際間所有的勞工皆為兄弟，號召維護他們的權利。他們宣佈取消種族間的歧視、人類的不平等、財富的權力、國王的全能、領土的侵略，以及壓迫和榨取」。蘇聯正在進行人類開天闢地的創舉，「在一個佔據地球面積六分之一的國家裏……一個政府正在實現幾個世紀以來改革者、偶像破壞者和先知先覺者們所追求的夢想。在人類史上，這還是頭一次。整個的人類受到震動。特權階級、傳統勢力、黷武主義者、帝國主義者、主張白種人優越者，以及維持現狀派，都恐懼不安；他們的恐懼促進了所有其他人們的希望」。(227–228)

費希爾對蘇聯共產黨充滿了好奇和崇敬，這樣的黨是他在美國從來沒有見識過的。在他眼裏，這個自稱是無產階級戰鬥隊的黨組織既陌生又崇高。它的成員全都忠誠、堅韌、無私、精明強幹，有一種神秘的吸引力，「共產黨乃是蘇俄最特殊的一種組織。在它要求黨員節約消費及信心皈依方面，很像僧侶修道院中所下的命令。在自動服從、保守秘密及嚴守紀律方面，又活像一種軍事組織。共產黨本身是新政權的發動機，看門人，以及感應力。它是政治權能的唯一來源，它確定大政方針，但不是直接行使治權。治權的行使屬政府的官吏。黨則指示政府，驅策政府。分工的作用，在於防止黨員個人專權及政府高級機關貪污。大部分政府人員都是共產黨員，但是千百的共產黨領袖(如斯大林、季諾維也夫、布哈林等)都

見證信仰破滅的知識分子

不擔任政府職務。共產黨員彼此以『同志』相稱，大多數黨員所得到的薪俸，普遍的低微，他們被逼不得不過斯巴達式及清教主義的生活。共產黨員的職責重於權利。黨所期待於黨員的是熱心反對宗教、忠於主義、行為嚴肅、永遠與黨保持一致的模範。違背者將受嚴重懲罰」。蘇聯充滿了生機和力量，城市裏到處是由森林區域或麥田中新移來的人，是一個年輕人的世界，「青年人控制了各方面，列寧的年齡在1922年只是五十二歲，托洛茨基四十三歲，斯大林四十三歲，季諾維也夫三十九歲，加米涅夫三十九歲，布哈林三十四歲，拉達克(Radek)三十七歲」。(229-230)費希爾當然無從預知，在這個名單裏，除了列寧和斯大林，其他的所有人後來都成了蘇維埃的敵人，而被處死或暗殺。

這是費希爾在自己頭腦裏有一個極度浪漫化、理想化、美化和神聖化的蘇聯。正是這樣的美好圖景徹底支配了他對蘇聯的感情和擁護，讓他決定像朝聖一樣親身到蘇聯去沐浴在那裏普照全世界、全人類的理想光輝。在他的頭腦裏，布爾什維克黨的革命意義具有人類普遍性，「它不止提倡在俄國內部的劇烈改革。它旨在消除這個世界的戰禍、貧窮和痛苦記憶。因此在一切的國家，凡居微末地位的人們，勞工分子，以及知識分子，皆一致認為俄國革命基礎穩固以後，他們的生活情形將有重大發展」。他只是後來才明白，這種對蘇聯的嚮往，「導源於不滿意於各本國情形的成分居多，導源於明瞭俄國國內情形的成分居少。大多數人並不確切知道布爾什維克政權的現狀如何，也不知道它將來的動向如何，但是每個人都在熱烈地談論」。(227-228)

人們由於不喜歡自己熟悉的東西，而不顧一切，拼命愛上了他們根本不瞭解的東西，覺得它會給自己帶來無限的幸福和無比美妙的未來，這就是喬・艾斯特在《政治心理學》一書裏所說的那種「酸葡萄綜合症」。這也正是後來費希爾認識到自己所做的錯誤選擇和荒謬政治判斷。開始他以為，只要手段能有效地為目的服務，就是可以接受的，「暫時的剝奪自由，或可借此加速經濟，不久仍將恢復自由」，後來才意識到，「獨裁制度絕無民主因素，也不存

在包含自由種籽的獨裁制度」。(256)開始他以為，「在『為目的不擇手段』的原則上，可以創造一個較好的世界和較好的人類」。後來才明白，「不道德的手段產生不道德的目的和不道德的人群，在布爾什維利或資本主義制度下，並無區別。……獨裁制度建立於血海、淚淵，以及痛苦的世界之中——乃是獨裁者採取殘忍手段的結果，獨裁制度怎能產生快樂、自由，內在的和外界的和平呢？恐怖、暴力、欺騙，以及苦難，又怎能造成更好的人類呢？」(256–257)暴力和殘忍也許可以摧毀一個腐朽的社會，但並不能締造一個健康的新社會，用庫斯勒的話來說就是，「垂死的社會為自己製造了病態的掘墓人」，(22)他們沒有建設健康的人類社會的能力，他們勝任的只不過是掘墓的工作而已。

三　信仰的幻滅：「修煉不成的神」

　　信仰既然是建立在流沙般的基礎上，它的崩塌、瓦解和幻滅也就是不可避免的了。格羅斯曼對這六位見證者幻滅的解釋是，他們因堅持自由、平等和尊嚴的知識分子價值而在黨內受到不應有的壓制和排斥。他們雖然並不想離黨出走，但事實上在黨內已經找不到容身之地。他認為，這六篇自述性的文章，同樣有一個暗示，那就是抱有自由價值的知識分子難以見容於要求絕對服從和俯首帖耳的革命隊伍。對那些轉變為共產黨的知識分子，職業共產黨員(「老革命」)非但猜忌和不信任，而且敵視他們，不斷「敲打」他們，「常常故意使他們在精神上感受苦痛」。一開始，這些知識分子還可能以為，這是黨在考驗自己，「起初的時候，這種虐待只是使他們在根正苗紅的無產階級面前，表白自己的信念，加深他們的謙卑心思。無論如何，他必須經由思想訓練，達到他自願想像的工農素質」。但是，這些知識分子很快發現，所謂工農的無產階級覺悟根本就是一個神話，他們「對俄國的情形知道越多，態度改變越快……謙卑心理被另一種信心替代了……那就是，自己必須用文明去開導工農。……假若(文明的力量)撤退，則東方的殘忍

性格將使人類自由的保障轉變為兇狠的專制」。(8-9)

知識分子想要用自己的自由思想去影響革命隊伍中的工農基礎，這當然是黨絕不能允許的。這些知識分子在黨內成為異己，其實是為自己知識分子白日夢付出的代價。格羅斯曼暗示，這六位自述者當中，有的人要不是因為西班牙戰爭，也許早就會成為「出走者」，「西班牙戰爭是一場悲劇，反法西斯主義民眾陣線的運動促使全部新時代的西方青年加入共產黨，或與共產黨密切合作，因此許多對於俄國共產黨已經有了惡劣經驗而欲脫離的人們，將脫離的時間延緩下去，覺得此時駁斥共產主義無異於援助希特勒和張伯倫」。(9)這些知識分子在該出走的時候不出走，其實吃的是自己的「敵人的敵人就是我的朋友」的迷思之苦。

這些見證者只要到過蘇聯的，都記敘了對蘇聯現實的失望印象。俗話說，百聞不如一見，他們在蘇聯的親身見聞，與他們在遠處觀望蘇聯時的美好印象大相徑庭。這裏面既有蘇聯和其他國家共產黨的宣傳欺騙因素，也有敘述者們因理想主義而自我欺騙的因素。庫斯勒這樣記敘他對蘇聯老百姓靠「憶苦思甜」獲得幸福感的觀察，「房荒的程度，令人不可思議，所有工業城市，都像一個大貧民窟(兩三對夫婦合住一間屋，懸一條單布為界)。合作社發出的配給證，只能使你繼續饑餓；一公斤酪油在自由市場裏的價格等於工人平均一個月的工資。一雙鞋的價格，則等於兩個月的工資。但是我曾經領教過，這些事實，不應當從表面價值判斷，也不應當從靜止狀態上觀察，而應當從動態來衡量：生活標準確實低，但是在沙皇時代甚至於比此更低」。(73)

西洛內發現，蘇聯人生活在恐怖和謊言之中，與他原先對蘇聯人充滿自由和勇氣的想法完全不同。有一次，他在莫斯科對一位年青的蘇聯朋友Lazar Schatzky開玩笑說，革命者還供奉甚麼死人，不如一把火燒掉列寧的陵園，把朋友嚇得臉色慘白，說不出話來。十年後，這位朋友因為被捲入季諾維也夫案，跳樓自殺。(125)在參加共產國際會議時，他發現，斯大林用非常不誠實的手段對付托洛茨基，法治在蘇聯不過是統治權力迫害異己的工具，「以看似民主

的司法程序來掩飾暴政」。(129)他發現，蘇聯人根本不懂自由，也不在乎自由。他原本以為，和蘇聯人討論自由是一件有意義，也很重要的事情，「縱使不指望他們同意我們的主張，只希望彼此之間互相瞭解」。後來發現，這是極其困難的，「有一天我費了數小時的時間向國家出版公司一位指導員說，蘇維埃作家生活在自由遭威脅的沮喪空氣中會感覺羞辱。她竟然不能瞭解我的用意」。他對這位指導員解釋道，「自由是懷疑的可能性，尋找及試驗的可能性，向任何權威者提出否定意見的可能性 —— 包括文學的、藝術的、哲學的、宗教的、社會的，甚至政治的權威者」。這位負責蘇維埃文化工作的指導員聽了，十分驚恐，大聲對西洛內說：「那麼，那就是反革命」。她稍微鎮定一些後，接着又說：「我們沒有你們那種自由，我們很高興，但是我們有療養院可以作自由的交換品」。(117)

紀德的蘇聯之行同樣令他大失所望。他在《訪蘇歸來》中已多有述及。他熱愛俄國人民，對蘇聯人的生活心神嚮往。然而他看見的卻是人民遭受不平等，民眾辛勞耐苦，報酬微薄，衣着襤褸。商店陳列物品極其簡陋，排隊等候食物達數小時之久，他對此感到沮喪。更令他驚訝的是，蘇聯人言論思想沒有自由，完全缺乏批評精神，是他以前根本沒有料想到的。

他發現，蘇聯人生活在新的奴役而非自由之中。對此，他極為沉痛地寫道，「一切都是政府說了算，最輕微的反對，及最微小的批評，也定然使人受到最嚴厲的懲罰，而且反對與批評都是立即被禁止的。在這個從舊社會改造而來的新社會階梯上，從上到下，最受表彰的都是最俯首帖耳的。凡是獨立脫穎而出的，不是被剷除，就是被驅逐。不久之後，在這個英勇的民族中，他們值得我們深厚敬愛與稱讚的全都消失，所餘下的只是從中漁利的狡黠之徒、劊子手和被犧牲者。無依靠的渺小勞工們變成了被獵逐的動物，饑餓，傷害，終至死亡。我懷疑在世界上是否還有任何國家 —— 包括希特勒的德國 —— 人民的思想與精神意志比在蘇聯更不自由，更被歪曲，更為恐怖，人民實際上變為奴隸。然而，在一個國家裏，禁止

見證信仰破滅的知識分子

反對意見——哪怕是阻礙意見的發表——乃是一種非常危險的舉措，這讓人民生活在恐懼之中。假若一國內所有的人們都是一個想法，當局毫無疑問地將免去很多麻煩，但是面對此種趨勢，又哪裏有甚麼文化可言？真實的智慧在於聽取反對的意見——即使在防範不同意見損害公眾利益的同時，也要培養不同意見」。(216)

　　紀德對蘇聯的失望不是因為蘇聯的現狀尚不完美，而是因為，他在腐朽西方所痛恨的一切，社會的等級化、少數人的特權、普通老百姓的愚昧和奴性、統治權力的偽善和欺騙，都在蘇聯以變換了了形式和主角繼續存在，變本加厲，更加惡劣。他寫道，「當人們繼續生活於被壓迫被踐踏的情狀下，當社會邪惡強迫着人們屈服之時，我們自然希望那尚無機會發揚的美滿環境可以實現，我們自然希望由潛在的沃壤中產生出新果實來。恰如我們寄予厚望於兒童，望其終於長成尋常的平民；我們同樣幻想，蘇聯民眾能比令我們失望的其餘人類具有更良好的品質。我只想他們沒有像其餘人那般腐化。我發現蘇聯這些無經驗的民眾中，已經產生一種新的小資產社會，其錯誤與罪惡完全和我們的資產社會無別。他們剛剛離開貧窮線，就開始鄙視貧苦大眾，而且他們對於久被剝奪的財物，已經開始佔為己有，開始嫉妒他人佔有。他們現在知道如何佔有這些財物，如何保持它們，這真的是那些發動革命的革命者嗎？不！他們只是將革命果實轉變為滿足私欲的人們。他們不妨仍然是共產黨裏的黨員，但是他們的內心早已不是共產黨了。我責備於蘇聯的，並非在於她的成就不多——在我看來，那個時期如欲再有更多的成就是辦不到的，因為用作開始基礎的這個國家太薄弱；我所提出異議的，乃在於他們誇張太甚，自我吹噓說是已經達到他們所希望的境界，已經引起其他國家的羨慕——這種情形，由我所期望和信任的一個國家表現出來，實在使我感覺痛苦」。(222)

　　紀德對蘇聯的失望是徹底的，他之所以要把蘇聯的實情告訴世人，也是因為這種徹底的失望，「假若尚有一線可能改善的希望，我將默爾無言」。但是，他已經確定，「蘇聯猶如臨到一個高聳的斜坡，我們本來期待她逐步上升，無奈現在失足下墮；又因為她一

次又一次地——永久依據似是而非的理由——取消了人民以其慘重的辛苦流血在大革命中所獲得的自由，同時我又見其他國家的共產黨將被蘇聯拖入混亂的深淵；所以我認為公開呼籲，乃是我的天職。……蘇聯將我們的熱烈希望，變成騙局，將一次真誠革命所能建樹的基礎，變為詭異急湍的流沙，這是何等的悲慘。和舊資本主義社會同型的資本主義社會，重新建立起來，這種社會用可怖的新方法，樹立一種極權的暴政，壓榨人民，剝削人民，其輕視人民及奴役人民的表現，完全是帝俄時代看待農奴的心理狀態。俄國像得摩豐(Demophon)一樣，不可能修煉成神了，俄羅斯現在也已決然不可能再從蘇維埃的煎熬火焰中超脫出來了」。(223)

希臘神話裏，得摩豐是厄琉息斯(Eleusis)國王刻琉斯(Celeus)和王后墨塔涅拉(Metanira)的幼子，傳說女神托得墨忒耳(Demeter)裝扮成保姆來照看得摩豐。女神要使得嬰孩長大成為不死之人，每夜都將他置於火中修煉，褪去他凡人的血肉。但有一天被王后撞見而破壞了儀式，得摩豐死於非命。紀德的意思是，蘇聯及其共產主義事業原本可以修煉成神，成為人類希望的象徵，但卻因修煉失敗而死亡。

四　歷史的見證：「黑暗中的一聲回音」

前德國共產黨員沃爾夫岡‧萊昂哈德(Wolfgang Leonhard，1921–2014)是一位有傳奇經歷的東德及蘇聯問題專家，他的父母都是堅定的德國共產黨人，他14歲時隨母親移居莫斯科，接受蘇聯共產黨的重點培養，1945年隨德共領袖烏布里希回國，建立「民主德國」。1949年他從東德逃亡南斯拉夫，成為一名「出走者」。他對自己的出走體驗是，「這樣的決定是一個痛苦過程的結果，這個結果可以延續數年——懷疑、放棄、良心痛苦、為平息良心痛苦而編造理論。但是，這個過程一旦開始，便不可能再回頭」。[9]

這也可以說是《修煉不成的神》中六位敘述者的共同體驗。克

9　Paul Hollander, *Political Will and Personal Belief*, p. 35.

魯斯曼對此這樣評說：「以本書撰稿人而論，其中沒有一位願意丟棄共產主義，也沒有一個人是有意的脫離。在他們敘述脫離的經過中，其間延展了很長的時期，假若共產黨對於他們的人類自由信念及人類尊嚴信念稍加注意，沒有一個人會準備脫離。共產黨不圖此舉，反而加以慘酷的歧視，等於這部共產機器將西方文化的籽粒盡行篩去，所留下的只是糠皮」。(11)

庫斯勒在他坎坷的黨員生涯中幾次三番在黨內受到歧視和排擠，不斷察覺自己的價值觀與黨的方針路線發生衝突，但就是無法做出「出走」的決定。對於自己同志無辜被逮捕和處決，他知道其他同志們是知道的，他自己也是知道的。所有的人都沉默不語，以自己的順從協助作惡，「他們以及我們其他的核心馬克思主義者，對於蘇俄的情形不能自稱天真無知。最少他們詳細明瞭兩位同事的案情史，兩位都是蘇聯的忠實服務者，乃以荒誕的罪名而被捕，囚禁數年而不提審，最後移交給秘密警察。而且他們也知道，這並非例外的案件；千百件類似的案子發生在蘇俄的學術界中，都有信實的文獻供他們參考。同時所有共產黨作家，左傾作家，新聞記者以及知識分子，也遭遇相同厄運。我們朋友中任何一位，最少知道有他的一個朋友在北極的半大陸強迫勞動營中犧牲了性命，或是被誣為間諜而槍決，或是永遠宣告失蹤。在我們舒適安詳的民主國家裏，我們往往因為司法偏頗而痛心疾首，大聲疾呼，但我們對社會主義所佔地球上六分之一領域內的同志們，無辜被捕，不經審判，即被處刑，無數的善良男女無端被整肅，反而置若罔聞、閉口不言。我們每個人的良知上都掛着一具骷髏，把它們集聚起來，墓道定會超過巴黎地下那曲曲彎彎的塋窟」。(85)

一直到他脫黨而去，他仍不放棄對信仰本身的忠誠。(88)他對黨的批評是一種「忠誠反抗的模式」，一種無路可退的「離去」，「我寫信給告別德國共產黨，第三國際以及斯大林政權。但是我在信中宣佈效忠蘇聯。我表達我的意見，反對它的制度。反對他們的官僚制度像毒瘤癌症一般滋生，反對他們禁止公民權利。但是，我深信工農國家的基礎不可動搖，將生產工具化為國有，是最後達到

社會主義的保障。而且說明，無論如何蘇聯在這個迅速衰朽的宇宙中，代表我們唯一的希望」。(87)

像庫斯勒這樣的共產黨人，在黨內呆得越久，投入心血越多，以往的信念越深，幻滅後就越是難以徹底告別。《修煉不成的神》出版後5年，庫斯勒在自傳《看不見的寫作》(The Invisible Writing 1954)裏，已經完全拋棄了對蘇聯共產主義的幻想。但是，他要敘述的不是自己從黑暗走向光明，而是伴其終生的迷茫、無力和困惑，像是在沙漠裏艱難地行走，朝向未知的命運。書的開篇是他的名言，「我走向共產主義，像是去奔一個新鮮的水源；我離開共產主義，像是從毒河水裏爬出逃生，河水飄滿着淹沒城市的殘骸和屍體」。書的最後一句話也同樣充滿了無奈，像是挖苦自己似的說：「一個出生於本世紀初，受過良好教育的中歐中產階級的一員，他的歷史個案到此結束」。他把自己坎坷起伏、支離破碎的政治經歷告訴世人，它的全部價值不過是一個不幸的歷史個案。[10]

西洛內的情況與庫斯勒相似，他是1931年被開除出黨的。[11]但是，在他的自我敘述裏，他迴避了這一點，是出於羞恥還是委曲，我們不得而知。他一直拒絕參加反對派的小團體，以此保持與黨的一致，至少是不公開反對的態度。他離開黨以後，用他自己的話來說，「跌跌撞撞行走」，「並不真的明白『脫黨』這件事意味着甚麼」。在後來的好幾年時間裏，他「才慢慢地、艱難地明白過來，但一直還沒有完全明白」。只有一點是清楚的，「那就是，我離開黨的那一天是悲慘的一天，就像是在深深哀悼的一天，哀悼我失去的青春。……共產黨地下組織的經驗太深刻了，一下子擺脫不了。有一部分揮之不去，在我的性格上留下了印痕，一輩子都在那裏」。(129)

西洛內看清蘇聯是一個獨裁的國家，「自列寧死後，很明顯的，蘇維埃國家逃避不了像是每一位獨裁者的命運；政治的尖塔很

---

10 Michael Scammell, *Koestler: The Literary and Political Odyssey of a Twentieth-Century Skeptic.* New York : Random House, 2009, p. 428.

11 R. W. B. Lewis, *The Picaresque Saint: A Critical Study.* Philadelphia: J. B. Lippincott Company, 1958, pp. 134–135.

見證信仰破滅的知識分子

堅定地逐步縮小。俄國共產黨將所有的敵對黨排除淨盡，而且在所有蘇維埃會議中絕對不容有共同討論政治問題的可能，結果它本身也遭受這同樣命運，它的黨員的政治觀點，很快地被黨機構所定政策丟棄完畢。從那時起，在統治階層中，任何相反的意見，均因少數派的絕滅而不容存在。革命將它的敵人擊敗，現在開始吞噬自己的孩子。饑渴嗜血的神永不答應罷兵休戰」。(121)

脫黨以後，西洛內始終堅守一個他給自己定下的原則，那就是不參加分裂的小宗派，當時這樣的宗派有很多，但沒有一個有好結果。原因很簡單，正統的「黨中央」掌握着廣大的黨員群眾，群眾是不思考的，他們只跟隨有名號的中央。黨的力量不在於它的正確路線，不在於它是否擁有始終如一的理論或高明的政策，而在於它是一個團體，不只是一幫人，而且是一大幫人。誰掌握了對這一大幫人的號令權，誰就是最正確、最英明的，力量也是最大的。一大幫人跟隨一個定於一尊的首領，猶如強壯的四肢聽從一個不受約束的頭腦。

小宗派絕對不是「黨中央」的對手，他們只是一些精英人士，他們不可能拉攏到「一大幫人」，他們可能有更高明的理論，對革命經典有更準確的解釋，道義感更強或更真誠，但這些統統都是次要的，並不能以此來贏得對「黨」的號令權，在權力鬥爭中註定是要失敗的。小宗派都是些落魄的知識分子，許多人為求自保，而在最後不得不投向了法西斯。這也是黨派鬥爭非敵即友的政治選擇邏輯的必然結果。

西洛內的幻滅不僅是對共產黨政治，也是對非敵即友式政黨政治的幻滅。但他保持了自己的「社會主義」信仰。這是一種他認為基於人類基本價值的信仰，「這一信仰回溯到我對舊社會制度的最初反抗：拒絕接受命定論(而相信行動主義)、把倫理的衝動從個人和家庭擴展到人類活動的整個領域、渴望有效的同志兄弟，人的個體高於所有與人對立的經濟和社會制度。隨着歲月的流逝，更加上尊重人的尊嚴直覺和人不斷超越自己和不斷進取的能力」。西洛內認為，這些價值都是人類在馬克思主義之前就已經有了的，「在19

暴政史：二十世紀的權力與民眾

世紀後半葉，這些價值觀在工業資本主義的工人運動中找到了庇護所，一直都是這個運動最持久的激勵力量」。社會主義運動不是教條，而是對人的價值的肯定和實現這些價值的努力，「社會主義政策不是與某種理論，而是與一種信仰聯繫在一起的」。(114)1930年代有許多這樣的社會主義信仰者知識分子，喬治‧奧威爾也是其中之一。(參見本書第十九章)

西洛內說，加入共產黨組織的經歷在他性格上留下了難以磨滅的痕跡，一輩子都銘刻在那裏。克魯斯曼也是這麼總結的，「這幾位放棄了自己的信念參加共產黨的人士，他們參加以後的情形怎樣呢？費希爾、司班德、紀德從未有在共產黨的核心工作過：而且費希爾實際上從未與共產黨聯繫起來。他們全體的主要性質，可以說是共產黨的「同路人」(fellow travelers)，其中沒有一個人被黨中的生活改變了個性。所以他們的脫黨，一時雖感覺煩惱，然而絕未造成性格上乖僻的狀態。西洛內、庫斯勒及賴特的情形相反，他們將永遠不能逃避開共產主義。他們的思想將永遠圍於唯物史觀辯證的核心內，而他們對蘇維埃聯邦的戰鬥，將永遠是沮喪的內在衝突的反映。曾經參加過共產黨的真實分子，永遠不能再恢復完整的個性」。(11)

那些參加過共產黨，後來脫黨的早期出走者們，他們的見證自述，與留在黨內提出批評是不同的聲音，表述也完全不同，「留在黨內的要改善制度，出走的已經不作此想」。[12]不僅如此，這些出走者的政治反省，與從來沒有參加過共產黨的獨立自由人士的批評也是不一樣的。這就是西洛內所說的，入過黨的人與當過教士的或當過軍官的人一樣，一下子就能被認出來。(129)也許那些雖沒有入過黨，但卻跟黨同路很久的人士，他們與無黨無派的獨立知識分子也還是有所不同的。

費希爾是一個共產黨的同路人，他從來沒有加入過共產黨，但曾經是蘇聯熱烈、忠誠的擁護者。他自己就承認，雖然痛恨秘密警察統治，也察覺到斯大林統治的荒謬與恐怖，但還是長時間對蘇

12　Paul Hollander, *Political Will and Personal Belief*, p. 36, 37.

見證信仰破滅的知識分子

聯的事業保留一種如宗教狂熱般的激情，接受蘇聯「偉大夢想的催眠作用」。(234)他坦率地寫道，「一個人信服一種主義，必有重大決心，無論實情如何，概無影響。猶如宗教的信仰是不受邏輯的辯論所影響一般，而且實際上信仰絕非邏輯辯論的結果；又如民族主義的忠誠以及個人的愛戀，雖有山積的反面證據，也不能使之轉移；所以我贊仰蘇維埃的態度，很快超脫了一天一天演變中的事態。當時我認為凡係對於俄國不利的演變都是暫時的，或係被人故意曲解，或係被人將可以抵銷的有利事項故意漠視。我很謹慎地研究當時的情形，很忠實地撰文報道；有時對於布爾什維克主義者荒謬舉措，亦不隱諱。然而這不能影響我對於蘇維埃制度的信服，及其光明前途的展望」。(232)

這是一種理想主義的力量。左派知識分子幻滅的一個主要原因是理想的破滅，這需要從兩方面來看。一方面，對蘇聯和共產黨越是理想化，失望就越大，幻滅就越劇烈。對理想主義和完美主義者，這種幻滅幾乎是難以避免的，因為現實與理想之間永遠存在差距。另一方面，有些人因高度理想主義而特別執著於理想信仰，就算在現實中看到許多與理想價值格格不入或背道而馳的黑暗面，也會視而不見、為之辯解，權當是光明景象中的些許陰影。對理想的信仰投入越多，越深，也就越難與之割捨。[13] 這也就成為美國心理學家費斯汀格(Leon Festinger)在研究中發現的「認知失調」(cognitive dissonance)——不成功的選擇者不僅不承認失敗，而且反而會誇大選擇的不凡意義，以求心理補償。信仰的「認知失調」指某人知道自己的信仰不實之後，可能過分地為之辯解，主要不是為了欺騙別人而進行的防禦性詭辯，而是為了讓自己好受一些，一種看似自我寬慰的自我欺騙。但是，這也會使他自己真的愈來愈相信開始只是為尋求心理安慰才編織的那個謊言，落下認知失調的終身殘疾。

費希爾對他年輕時的理想信仰迷戀雖深，但還好沒有落下終身殘疾，具有諷刺意味的是，是信仰的幻滅讓他恢復了健康。他的

13　Paul Hollander, *Political Will and Personal Belief*, p. 36.

暴政史：二十世紀的權力與民眾

幻滅也是痛苦地一步一步完成的。他的幻滅不是針對某一位蘇聯領導人，而是針對一個用暴力和恐怖建立起來的獨裁制度。他寫道，「姑無論托洛茨基和斯大林的為人，孰優孰劣——我重讀我的記錄以後，我不贊同任何一位——然而利用秘密警察解決政治歧見，是共產黨無可挽救的失敗。從此以後，有力量的人自以為有智慧。不滿意的分子為保持安全，寧緘口無言。因此，譏刺訕笑勝過了誠實。我注意到此種現象，但未料到這是頹廢的開端，由這種頹廢，產生了今天的大欺騙及全面的緘默。這種情形自然是造成所謂最高領袖的主要力量」。(240)最高領袖的力量也就是黨國制度的力量，不管這個力量操縱在哪個個人手中，斯大林也好，托洛茨基也罷，只要它來自於暴力和謊言，人民就只能生活在沉默和恐懼之中。

少數人的專制統治與絕大多數人的集體沉默是同時存在的，成就了一個穩固的獨裁制度，「在獨裁制下既無固定的權利，所以絕無自由可言。獨裁者權力如此龐大，個人權利如此渺小，獨裁者可以隨時取消他所賜給人民的權利。例如工作權，在今天可以在工廠工作，獲得工資，到明天則被驅往集中營裏工作，所得報酬，為僅能免於餓死的食物配給。人民沒有申訴的地方，因為獨裁者兼立法、司法、行政於一身。工作勤奮的蘇維埃人民，以及傑出之士，應當受到較好待遇，獲得較多的知識——自然也更易愛好自由。但他們無法自助，因為恐怖狀態一年一年的加甚」。(256)人民無法自助，因為他們已經為自己製造了一個主宰他們命運的神，先是「革命」，然後是一個無所不能、無所不知、無所不為的「天才」領袖。他們把命運交給了這樣的神，自己匍匐在它的腳底下虔誠地敬拜。這個暴神越殘忍、傲慢，敬拜者自己也就越是卑下、猥瑣和可悲。費希爾曾遠遠仰望的蘇聯像是一座輝煌的神殿，走進去才發現那不過是一處破廟。

費希爾和書中其他五位敘述者，與其他早期出走者一樣，他們所見到的蘇聯弊端都還是比較表相的。正如霍蘭德所說，這些早期的觀察可能「與制度的腐敗沒有直接關係，因為這些出走者已經

離開了，已經不可能瞭解內部的實情」。[14] 但是，他們的見證敘述有着不可代替的歷史記錄價值，這些第一手的觀察，真實具體，是普通讀者能明白和感受的，但不同於後來幻滅者對蘇聯制度的理論剖析，如前南斯拉夫共產黨主要領導人之一，密洛凡·德熱拉斯 (Milovan Đilas, 1911–1995)的名著《新階級》。[15] 這些早期見證在剛刊行於世時，往往並不受到重視，正如賴特所說，不過是「黑暗中的一聲回音」。(193)

1940年代末至50年代，以蘇聯為首的社會主義陣營聲勢正隆，這些小小的個人批評聲音似乎如蚍蜉撼大樹般不自量力，被歧視為失敗者的自怨自艾或冷戰言論。但是，歷史的發展證明了這些見證的內在價值。正如美國歷史學家華爾特·拉克爾(Walter Laqueur)所說：「假如我們以前能充分、系統地傾聽那些出走者們要說甚麼，那麼蘇聯社會的真實圖景也許早就顯現在我們面前了……那些從俄國出走的人們被西方專家當成了不可靠的信息來源。這些出走者顯然是不喜歡蘇聯制度的……因此，他們的觀察和評價就被自然而然地當作不可信的了」。[16] 今天，這種對早期出走者見證敘述的不當觀念已經改變，2001年哥倫比亞大學出版社重新出版《修煉不成的神》，把它當作一部不可多得的經典，便是一個證明。

14　Paul Hollander, *Political Will and Personal Belief*, p. 36.
15　密洛凡·德熱拉斯：《新階級》，陳逸譯，世界知識出版社，北京，1963年。
16　Walter Lanqueur, *The Dream that Failed: Reflections on the Soviet Union*. Oxford University Press, 1994, p. 23.

暴政史：二十世紀的權力與民眾

第十八章

「革命大神」的殉道者

── 《正午的黑暗》

　　美國思想家托尼・朱特(Tony Judt)稱亞瑟・庫斯勒(Arthur Koestler)為「典型的知識分子」──一個「正當理性時代的太陽下山之時」的20世紀知識分子。[1] 但他生活和寫作的卻是社會主義的太陽高升的時代。庫斯勒出生於布達佩斯，這位英籍匈牙利猶太作家的經歷就像他的小說一樣，充滿了動盪不安和離奇曲折。他在維也納受教育，後作為記者被派往近東。他於1931年底參加共產黨，西班牙內戰時被弗朗哥政權囚禁，被判死刑，後又釋放。1933年，他訪問蘇聯之後非常失望，於1938年初脫離共產黨。1983年，庫斯勒與他的第三任妻子一起自殺死亡。《正午的黑暗》是他1939年在法國時用德語寫的一部小說，由他的女友於1940年初翻譯成英語，而德文手稿則在他們於1940年德軍佔領巴黎前逃亡英國時丟失。據報道，德國卡塞爾大學(Kassel University)的一位研究生於2015年8月在蘇黎世圖書館發現了這部德文手稿。

　　《正午的黑暗》寫的是20世紀30年代後如日中天的社會主義蘇聯(沒有點名)和1930年代的蘇聯政治大清洗(也並沒有點明)。通過故事主角魯巴曉夫在一個無名監獄裏受到的三次審問和自己的往事回憶，庫斯勒探索了一個重要的政治倫理問題：為甚麼一個以解放群眾為初衷和理想的革命運動會演變成對群眾前所未有的奴役，殘忍、兇狠、不擇手段，讓所有生活在新制度下的人們，包括參加創建這個制度的革命元老，充滿了絕望的恐懼。這就是他筆下那個修

1　托尼・朱特：《重估價值：反思被遺忘的20世紀》，林驤華譯，商務出版社，2013年，第27頁。

煉不成，但仍能讓魯巴曉夫為之殉道的「革命大神」。

魯巴曉夫是這個革命大神的虔誠信徒，也是它蛻變結果的受害者。故事只有短短的一個月時間。這是魯巴曉夫生命的最後片刻，他受審，像過電影一樣回顧自己的革命經歷，接着便是屈服、認罪、被處決。這不是一個普通個人受難的故事，而是一個黨的人，「黨人」，的忠誠與幻滅兩難故事。用朱特的話來說，是他個人性格的矛盾，「但也是一種典型：作為布爾什維克的積極活動家，他壓制自己的觀點或判斷，服從黨和領袖的觀點和判斷」。[2] 魯巴曉夫既被動，又主動地參與了對自己的迫害和審判。他是一個制度的而不是哪一個虐待狂的受害者，在那個制度裏，施害者和受害者的角色是隨時可以任意互換的，人與人的關係就是狼與狼的關係。這個制度的權力腐敗和殘忍是不可避免的，因為不僅權力導致腐敗，獲得和維護權力的方式也導致腐敗。暴力的革命導致殘暴的權力，魯巴曉夫就是被這樣的權力吞噬的。

一　信奉的神和貢獻的事業

「正午的黑暗」又稱「受難黑暗」(Crucifixion darkness)指的是耶穌受難。《聖經》馬太福音說：「從午正到申初，遍地都黑暗了。」(27：45)路加福音說：「那時約有午正，遍地都黑暗了，直到申初」。(23：44)從正午直到申初，耶穌有整整三個小時是活着釘在十字架上的。這段時間遍地都處在黑暗之中。逾越節逢望日，不可能出現日蝕，那麼可能是因為起了沙暴，或是烏雲籠罩；照馬太的意思，最合適的解釋莫過於，這是神不喜悦的直接信號。《正午的黑暗》主體三部分的三次審問，暗示耶穌三次受試探的故事，在馬太福音和路加福音裏都有很詳細的記載。

那麼，誰是受難的耶穌呢？這是一個留給讀者自己去回答的問題。是魯巴曉夫嗎？他為了黨的事業犧牲了自己的個人道德和良心，不止一次用同志的血弄髒雙手，將自己釘上了十字架。是

2　托尼・朱特：《重估價值》，第42頁。

暴政史：二十世紀的權力與民眾

他為之獻身40年的革命事業嗎？革命承諾帶給人民自由和正義，然而，結果卻是更殘酷的奴役和非正義，革命將它自己釘在十字架上。

魯巴曉夫的最後感悟是，「人只能以自己信仰的名義受難」。[3](147)他將自己的肉體和靈魂全部奉獻給了黨，成為一個完全沒有自我的「黨的人」(黨人)，在為自己做決定的最後那一刻，他還是相信，承認黨強加於自己的莫須有罪行，是他可以為黨所做的最後服務。難道魯巴曉夫是在為自己的死尋找某種類似宗教的意義？

魯巴曉夫信奉的那個主義是一種類似宗教的信仰體系，美國學者蘭德爾‧彼特沃克(Randall L. Bytwerk)稱其為「世俗宗教」。和宗教一樣，這種世俗宗教有一個至高無上的神(領袖)，一個教義(主義和革命)，一個教會(黨)，一套聖典經文(領袖們的「理論建樹」)。[4] 它為信奉者們提供一個關於完美未來的先知預言，要求他們為這個未來理想奉獻和犧牲他們的一切。20世紀波蘭著名的哲學家、哲學史和宗教史學家萊謝克‧柯拉柯夫斯基(Leszek Kołakowski)對此寫道：「馬克思主義曾是我們這個世紀最偉大的幻想。它是一個關於完美社會和完美一致的夢想，在這個夢想裏，人類的一切期望都能充分實現，所有價值都得以和諧。……它發揮的遠不是科學性質的影響，而是完全依靠先知預言和奇妙而非理性的幻想」。[5]

英國哲學家羅素曾經是一位歡迎十月革命的左派知識分子，他於1920年看到了列寧式共產主義的類宗教性質，而其實質是抽象的教條主義。他寫道，「然而，對於布爾什維主義的另一方面，我根本上持着不同意見。布爾什維什主義不僅是一種政治上的主義；它實在也是一種宗教，具有細緻繁瑣的教條以及使人感悟的經典。當

3　Arthur Koestler, *Darkness at Noon*. London: Jonathan Cape, 1940. New York: Macmillan, 1941. 出自此書的引文均在括號中標明頁數。中文譯本，庫斯勒：《正午的黑暗》，董樂山譯，譯林出版社，1999年。

4　蘭德爾‧彼特沃克：《彎曲的脊樑》，張洪譯，上海三聯書店，2012年，見第一章：世俗信仰。

5　Leszek Kołakowski, *Main Currents of Marxism*. Oxford University Press, 1978, p. 523, 525.

列寧要證明一些理論的時候，如果可能，他總是引用馬克思和恩格斯的原著。……他是抱住了一大堆故意弄成的教條式的信仰——例如哲學的唯物論——而自得其樂的人，這些信仰也許是對的，可是，就科學尺度來說，卻不能確實證明它們是對的。……如果說一個更為公平的經濟制度，須先封閉了人類自由思考，而且把他們重行投入中世紀知識牢獄的深淵，方可達到的話，那末，我就認為這代價未免太高了。當然不可否認，在某一個短暫的時期之內，教條式的信仰有利於鬥爭」。[6]

英國政治家理查德·格魯斯曼(Richard Crossman)也曾經是一個同情社會主義蘇聯的左派，他同樣看到蘇聯共產主義與中世紀天主教的相似。他指出，對於那些真正有共產主義信仰的人們來說：「共產主義的情緒魅力正在於犧牲——它要求信仰者付出物質和精神的犧牲。你可以稱此為受虐狂，或將之描繪為一種為人類服務的真誠願望。但是，不管你把這叫做甚麼，在鬥爭中形成的那種同志情誼——付出個人犧牲，消滅階級和種族差別——對他們有一種欲罷不能的驅使力量。……其他政黨吸引黨徒是給他們好處，但是，共產主義的魅力則在於，它不但甚麼都不給你，而且還要求你奉獻一切，包括交出你的精神自由」。格魯斯曼還指出，共產主義的這種吸引力與天主教是相似的，「天主教會的力量一直都在於，它要求信徒無條件地犧牲自由，並把自由精神視為人的不良驕傲，一種罪孽深重的大惡。加入共產黨的新人把他們的靈魂交付給了克里姆林宮的教義，感覺到一種類似於天主教會帶給知識人的解脫，他們是一些為自己的自由特權感到疲憊和惴惴不安的人們」。一個人害怕自己的自由，便會不在乎成為別人的僕役，「誰一旦捨棄了自由，他是思想便不再能自由地開動，而只能為一個更高的不受懷疑的事業充當僕役。他提供的服務就是無視真實。這也就是為甚麼跟他討論任何政治的具體問題都是一件徒勞無功的事情」。[7]

6　Bertrand Russell, *The Practice and Theory of Bolshevism*. London: G. Allen & Unwin, 1921.

7　Richard Crossman, *The God That Failed*. New York: Harper Colophon Books, 1963, p. 6. 本文用的是克斯拉爾等：《破滅了的信心》(李省吾譯，華國出版社，1950年)一書的譯文，稍有改動。

暴政史：二十世紀的權力與民眾

二　第一次審訊：記憶的閘門

魯巴曉夫一生都是這樣在為黨奉獻和工作的。在等候第一次審訊的時候，他跪在牢房的小床旁，雙手合十，這種哀告的姿勢突然讓他想起「聖殤」(Pietà 聖母哀悼抱着的聖嬰耶穌)的圖像(「聖殤」在故事中不斷出現)。他想起來，希特勒上台那年，他曾經在德國一個南部小城見過「聖殤」圖畫。「聖殤」成為魯巴曉夫這個理性、冷酷人物良心未泯、人性餘燼復燃的象徵，愈來愈清晰地在他的心裏喚回消失已久的憐憫和同情。因此，他所為之獻身的那個「革命大神」的世俗宗教與正在將他重新喚醒的傳統宗教形成了強烈的對比和衝突，許多其他的對比和衝突也在故事中出現和展開。

「聖殤」圖畫打開了魯巴曉夫記憶閘門，讓他回想起許多以前的事情。他是作為共產國際的秘密代表被派到德國去的，他的任務是與已經被迫轉入地下的德國共產黨取得聯繫。在他會見了德國共產黨南方組織的一位年輕領導人理查德的地方，他見到過一幅聖殤圖。當時他要求理查德散發宣傳共產黨勝利的小冊子。理查德有孕在身的妻子剛被蓋世太保逮捕，他擔心妻子的安危，希望莫斯科黨領導多體諒一下同志們的艱難處境。魯巴曉夫怒斥理查德，並將他開除出黨。理查德哀求他，「我不是黨的敵人，你不能把我丟給狼群，同……同志」。魯巴曉夫毫不理睬理查德的哀求，登上一輛計程車走了。狼群指的是納粹秘密警察，理查德是不是在害怕會被黨組織出賣呢？是不是已經有過這種借刀殺人的事呢？理查德和魯巴曉夫之間形成了無助的基層與傲慢的領導之間的強烈對比，基層的理查德信任並崇敬魯巴曉夫這樣的「領導同志」，但領導同志卻只是利用基層黨員，根本不在乎他們的安危和死活。

魯巴曉夫回想起自己被蓋世太保關押了兩年，受盡酷刑，但沒有屈服，被釋放後，他回到祖國，受到了英雄式的歡迎。這時候，一號領導(斯大林)已經鞏固了地位，獨攬大權。魯巴曉夫感覺到不安，但並未提出反對。他要求到國外去執行任務，一號領導同意了。他前往比利時，去加強對那裏碼頭工人的領導。1935年，意大

利侵犯埃塞俄比亞，黨和國際聯盟一同譴責意大利，並對之實行戰略物資尤其是油料的禁運。比利時碼頭工人誓言不讓前往意大利的貨船通過他們的碼頭。但是，魯巴曉夫的國家政府(蘇聯)卻要秘密為意大利提供油料和其他物資，魯巴曉夫的任務是說服碼頭工人和黨員，必須服從黨的戰略部署，不管是否理解，都要執行。當地黨組織領導是一位叫小羅威的德國移民，一位忠誠的共產黨員。魯巴曉夫召集碼頭工人，宣佈組織決定，小羅威不解，工人強烈反彈，拒絕執行。幾天後，黨的刊物公開點名譴責了這個比利時共產黨支部，借刀殺人，將他們曝露給了反共的當局。小羅威上吊自殺，魯巴曉夫則又去執行新的任務。

魯巴曉夫一想起理查德和小羅威這樣的往事，便壓制不住內疚，感到劇烈的牙疼。「牙疼」是書裏的主要象徵之一，魯巴曉夫每次覺得牙疼，都是在內心有所愧疚，但又下意識竭力壓制的時刻。獄醫檢查了他的壞牙，診斷為「牙根脫落，陷進頜骨」。(59)壞死的當然不只是他的牙齒，而且更是他的良知，但他的回憶卻正在讓他的罪感一點一點蘇醒過來。

故事發展到這裏，開始介紹魯巴曉夫的審訊者伊萬諾夫。伊萬諾夫是魯巴曉夫的老朋友、老同事，是一位相當理性的老同志。他那冷峻的不流露情緒的聲音就像是魯巴曉夫自己以前的聲音。魯巴曉夫不由得問自己，要是我在伊萬諾夫那個位子上，是不是也會像他一樣說話。他不禁尋思，「我們的位置其實是可以互換的」。(70)魯巴曉夫在伊萬諾夫身上看到了以前的自己，覺得像是以前的魯巴曉夫在審訊現在的魯巴曉夫。

伊萬諾夫就是魯巴曉夫以前的自己，這位老近衛軍成員的心裏，或許也有過像魯巴曉夫一樣的疑問。魯巴曉夫注意到伊萬諾夫臉上顯出不自在的神色，「眼光呆滯，像是對不上焦，不像是瞧着他，魯巴曉夫，反倒像是瞧着他身後的某一點」。(71)審訊中，魯巴曉夫似乎變了，他想到黨，想的不再是「我們」。他彷彿變成了一個外人，一個對立面。伊萬諾夫嚴肅地指出，魯巴曉夫自稱

「我」，把黨和斯大林，還有所有的追隨者稱為「他們」，這實際上已經是作了自我宣判。

很多年前，伊萬諾夫在戰鬥中受了傷，必須截肢，在他最痛苦的時候，是魯巴曉夫勸他打消自殺的念頭。現在輪到伊萬諾夫來規勸魯巴曉夫坦白和承認罪行，也算回報魯巴曉夫對他的救命之恩。他勸說道，只要魯巴曉夫認罪，便不會被處決，判罪就能減輕為5至10年的勞動改造。這是坦白從寬、抗拒從嚴的政策。他們兩個並沒有談到魯巴曉夫犯的到底是甚麼罪，因為這本來就是不重要的。魯巴曉夫說累了，伊萬諾夫讓他先回牢房，好好想想。他寬慰魯巴曉夫說，他們也許都能活着，看到為之奮鬥的美好社會主義實現的那一天。坦白認罪是為了活着，可以看到社會主義實現，因此對莫須有罪名做違心的認罪是值得的。伊萬諾夫相信，這是能讓魯巴曉夫感到親切自然，因此具有說服力的思考邏輯和革命道理。

三　專制統治的乖謬邏輯

魯巴曉夫和伊萬諾夫是兩位懂得「革命道理」的老黨員。革命道理中最重要的一條就是，手段的成功可以證明目的正當，而目的必須由特殊的工具——黨來保證。這是一種世俗宗教的道理，它把黨變成了一種居於統治地位的妄自尊大、永遠正確的革命大神。在魯巴曉夫第二次接受審訊的第二章之前，庫斯勒引用了中世紀尼爾登主教第福克·馮·尼亨 (Dietrich von Nieheim)1411年說過的一段話：「當教會的存在受到威脅時，它就不受道德的約束了。以統一為目的，可使一切手段——無論其為不忠、背信、專制、買賣聖職、監禁或置人於死地——都變成了正當的行為。因為每一項聖職都是為了全社會的目的而存在的，個人必須為慈善而犧牲」。很明顯，庫斯勒是在用中世紀的教會隱喻魯巴曉夫和伊萬諾夫所加入的那個黨。

曾擔任過南斯拉夫聯盟副總統、南共政治局委員、中央書記，南共主要領導人之一的密洛凡·德熱拉斯(1911–1995)在著名的

《新階級》一書裏也引用了馮·尼亨主教的這段話。他指出，「在當代共產主義的教條主義中，有很多東西是封建的、盲信的，強調意識形態上的與其他方面的壟斷，使它自己頗像中世紀的教會。但教會只享有部分的所有權與統治權，曾想通過對心靈的絕對控制來使一個既定的社會制度永存不滅。教會迫害異教徒，只是為了教條上的理由，宣稱想毀滅異教徒的身體，挽救他們罪惡的、異端的靈魂，為了進入天國，一切世俗的手段都被認為是可取的。而共產黨人卻首先要求實質上的或者說國家的權威，為了教條的理由實施思想上的箝制與迫害，不過是為了加強國家權力而作的輔助性舉動。共產主義不同於教會，它不是制度的支持者，它是制度的化身」。黨是實現它世俗宗教的工具，但也是這個世俗宗教的化身，「它使用的手段幾乎前後相同，實質上也已由革命的手段變成了暴虐的手段，由保護性手段變為專制的手段。黨人的手段在實質上是非道德的與不講是非的。⋯⋯黨人總是以道德的及智識的維護者自居，同時又是用盡一切可用之手段的功利者」。[8]

在魯巴曉夫第二次接受審訊之前，讓我們讀到他在入獄後第五天寫的一些日記片段。在日記裏，他思考的正是革命手段與目的的關係，還有「客觀的好」與「主觀的好」之間有甚麼區別。他是在黨的意識形態裏進行這些思考的。這個意識形態是一個封閉而抽象的觀念推理系統。在這個推理系統裏，活生生的個體生命是沒有意義的。個體生命的痛苦、要求、權利統統都是可以捨棄的，因此絕對不值得成為考慮的內容。

魯巴曉夫相信社會主義的未來是美好的，因此，無論以何手段來實現這個目標都是正當、合理的，這就是黨所告訴他的「客觀的好」。相比之下，一切由個人所做的認知判斷都只是「主觀的好」。在魯巴曉夫現在的處境裏，殘酷和暴力是為實現黨的「客觀的好」必須付出，也值得付出的代價。對於其他暴力革命，手段證明目的也許只是權宜之計，但是，對於魯巴曉夫的黨，那是永恆的

8　密洛凡·德熱拉斯：《新階級》，陳逸譯，世界知識出版社，1963年，第138，139頁。

暴政史：二十世紀的權力與民眾

真理。德熱拉斯在《新階級》中對此寫道，「一切的革命與一切的革命者，都充分使用強迫的、不顧是非的手段。但是，以前的革命者不像共產黨人那樣通權達變，那樣明白自己是在使用不顧是非的手段。聖鞠斯特(Saint-Just)說：『對付運動中的敵人，你可以不擇手段。你不但要懲治叛逆，也要懲治那些冷淡的人；你必須處罰一切在共和國裏不積極的人，一切不替共和國效力的人』。他的話是在法國大革命激烈時期講的，是為了維護大革命的命運。而共產黨人經常講這種話，並依照這種話而行動——由開始搞革命，直至攫得全部政權，始終如此，甚至在他們衰敗時也如此。共產黨人的手段在應用範圍、持續時間與嚴酷程度上都超過了其他革命者所運用的任何手段。在革命期間共產黨人通常並不使用敵方所用的一切方法。然而，即使共產黨人在革命期間使用的方法或許不太殘忍，可是，他們離革命越遠，他們所用的方法也就越不人道。……正如每一場社會運動與政治運動一樣，共產主義所使用的手段首先必須適合於共產黨內當權集團的利益和他們的相互關係，其他一切考慮，包括道德上的在內，全是次要的」。[9]

魯巴曉夫是革命功利主義的信徒，他相信，「歷史告訴我們，謊言經常比真實更為有用；人是懶惰的，必須帶領着才肯穿過沙漠……對他們必須施以威脅和利誘，用想像的恐懼和想像的安慰對待他們，這樣他們才不會原地坐着，不肯動彈，或者以崇拜金錢來自娛自樂」。(74)即使在黨的牢房裏，魯巴曉夫在日記裏，使用的也還是黨的語言，這是他習慣了的，已經成為第二本能的語言。然而，這個時候，他的心裏也似乎響起了一個長期被壓抑的聲音，他想起了被他出賣的前女友阿洛娃。

阿洛娃是魯巴曉夫的女友，他想起了她的摯愛傾訴：「你對我永遠可以要怎麼就怎麼」。(86)那時候魯巴曉夫才30多歲，一號領導(斯大林)已經改寫了歷史，成為列寧最親密的戰友和精神傳人。文化界也在發生翻天覆地的變化，以前出版的歷史書統統下架，換上跟得上時代發展、充滿正能量的新作。阿洛娃是圖書管理員，魯

9　密洛凡·德熱拉《新階級》，第135頁。

巴曉夫的政治對手計劃從阿洛娃身上打開整肅魯巴曉夫的缺口，他們指責阿洛娃暗中抵制更替歷史書，是一個暗藏的機會主義者。魯巴曉夫明白對手的意圖，但為了自保，始終不願為阿洛娃出頭鳴冤，「他犧牲了阿洛娃，因為他自己的生存對革命更加重要」。(94)他向黨承認了自己的機會主義傾向，更坐實了阿洛娃的罪名，阿洛娃被判處死刑。魯巴曉夫是一個革命知識分子，一個習慣於用意識形態來抽象思考一切的「哲學家戰士」，「以前，他從來沒有想像過阿洛娃之死的細節，那不過是一件抽象的事情」。正因為如此，他總是能相信「自己行為的邏輯正確性」(106)。

四 第二次審訊：想通道理，配合審判

對魯巴曉夫進行第二次審訊的主審仍然是老布爾什維克伊萬諾夫，他的助手是新生代黨員格列金。伊萬諾夫與格列金討論魯巴曉夫這個案子時，格列金建議用刑，但伊萬諾夫不同意，他說，魯巴曉夫是一個擅長邏輯思維的人，他會想通道理，好好坦白認罪的，用不着對他用刑。伊萬諾夫的想法完全適用於莫斯科審判中的那些「老革命」要犯，他們都能考慮到黨的長遠利益，「想通道理」。他們配合黨的需要，積極坦白認罪的老布爾什維克遠不止布哈林一人。季諾維耶夫在受審判時發着燒，呼吸困難，他仍舊承認自己是殺害基洛夫的兇手的指使者，並與托洛茨基共謀暗殺斯大林。列夫·加米涅夫從內心深處反省自己，用顫抖的聲音告訴法庭：「我被赦免了兩次，但是無產階級的寬容總有個限度……我們已經到了那個限度」。他的眼睛裏閃爍着堅強的淚水，最後對孩子們說：「無論我將得到甚麼判決，我現在都認為它是公正的。孩子們，請不要回顧過去。要勇往直前，同蘇聯人民一道，跟着斯大林向前走！」對此，英國歷史學家薩達卡特·卡德里(Sadakat Kadri)對莫斯科審判中「老革命」的忠誠表現感歎道，「除了『忠誠』，沒有別的字眼能形容這些被告」。[10]

10　卡德里：《審判的歷史》，楊雄譯，當代中國出版社，2009年，第163頁。

審判是一場演示革命威力和黨永遠正確的戲劇。它符合黨的利益，也符合民眾自然的心理需求——審判成為釋放他們自己心中恐懼的安全閥。正如卡德里在《審判的歷史》中所說：「對證明被告有罪的期待，在情感強度上通常遠大於堅持他(她)可能無罪的正式主張。某種意義上，看到無罪裁決的結果，是讓人高興的，但是，看到有罪的人受到處罰，往往更讓人感到興奮。在任何備受矚目的案件中，人們都可以看到或者感受到這一說法的證據。……人類發自內心的懲罰欲望究竟緣何而生，目前還不清楚。一位心理分析學者可能會認為，人類雖然壓制違法者，但在潛意識裏是認同違法者的欲望的；那些關注案件審判的人並不關心被告人與自己的不同點，而是較為關心共同點，關心對自己所恐懼的，與被告人相似點的懲罰」。[11]

只有那些對黨忠誠的革命者們才願意，也才懂得如何配合黨的需要，積極扮演好自己在這種審判劇裏被指定的角色。這個角色絕不是一般人所能夠勝任的。如德熱拉斯所說：「一般的犯人，即非共產黨人，決不會進入神志昏迷狀態，作發狂式的坦白認罪，訴求死刑作為自己有『罪』的報應。只有那些『帶着特殊印記的人』——共產黨人，才會這麼做。人是不能在社會之外孤立作戰或生活的，這是人不變的特性，亞里斯多德稱人為『政治的動物』。共產黨人，一旦發覺自己在道德上已被摧毀與連根拔起，受到周密的殘暴的拷問，他除了用『坦白認罪』來幫忙他原屬的那個階級與那些同志外，還有甚麼辦法呢？他心裏相信他的『坦白認罪』是那個階級所必需的，藉以抵抗『反社會主義』的反對派與『帝國主義者』。這種『坦白認罪』是被趕出黨外的身敗名裂的犧牲者唯一可能作的『偉大的』、『革命性』貢獻。不惜任何代價並且不顧一切地維護統一，已成為神秘的義務」。[12]

這種「義務」和「忠誠」正是極權統治者最方便有效的馭黨和馭民工具。德熱拉斯說：「一心一意要掌握全部權力的寡頭統治

11　卡德里：《審判的歷史》第122–123頁。
12　德熱拉斯：《新階級》，第114頁。

者們，就以這種義務為護符，來保衛他們自己。無論領袖們是罪惡的、愚蠢的、自我本位的、前後矛盾的或是好弄權勢的傢伙，總之都要煙消雲散，只有『目的』能繼續存在。這『目的』就是一切」。即使連專制者的政敵也都承認這種統治邏輯的合理性和正當性，這是一個非常詭異和諷刺性的現象。托洛茨基就是一個例子。他說：黨是不會錯的，因為它是歷史必然性和無階級社會的化身。他在流放期間，曾用歷史往事解釋莫斯科大審判的可怕的卑鄙，但他指出，皈依基督教前的羅馬，資本主義萌芽時的文藝復興時期都曾出現過背棄信義的謀殺、誹謗、撒謊及醜惡的大規模罪行等無可避免的現象。結論是，在過渡到社會主義去的時候，也一定會發生這類現象；這些都是仍存在於新社會中的舊階級社會的殘餘。德熱拉斯指出，這是因為，「托洛茨基只能撫慰自己的良心，以為自己並未『背叛』『無產階級專政』或蘇維埃——過渡到新的無階級社會去的一個形式。假如他探討得更深一層，一定會看到：無論在共產主義或文藝復興或其他歷史時期，當一個所有權階級為它自己開闢途徑，遭遇的困難愈來愈增加，它的控制權愈來愈需要完善無缺的時侯，道德上的考慮也就愈來愈無關緊要了」。[13]

五　第三次審訊：革命「新生代的野蠻人」

正當魯巴曉夫思考伊萬諾夫向他提出那合乎邏輯的坦白認罪建議時，他受到第三次審訊。令他吃驚的是，提審他的已不是伊萬諾夫，而是格列金，一個「新生代的野蠻人」。與伊萬諾夫不同，格列金對人性有一種非常簡單的清晰認識，「能夠經受任何肉體壓力的人是不存在的。經驗告訴我們，人的神經系統的承受能力天生就是有限的，只是每個人的體質不同而已」。因此，成功的審訊全在於有足夠的刑求手段。(76)伊萬諾夫告訴格列金，魯巴曉夫已經準備在坦白認罪書上簽字，反正是做做樣子。格列金揭發伊萬諾夫，指責他沒有真正認識魯巴曉夫的罪行，反倒是幫助魯巴曉夫對黨要

13　德熱拉斯：《新階級》，第144–145頁。

花招，是「玩世不恭」，對黨不忠。於是伊萬諾夫被撤職、逮捕並處決了。

格列金是一個黨內新生代的「野蠻人」，一個新專制官僚體制的產物。格列金們與革命前出生的那一輩老近衛軍的理想主義已經沒有關係。老一輩所屬的是「一個消失了的世界」。(228)奧威爾這樣看待這兩代人的不同，「格列金是個典型的『好黨員』，毫無顧忌，也沒有好奇心，純屬有思想的傳聲筒。魯巴曉夫不像格列金，革命並不是他人生的起點。在黨獲取了他的思想之前，他的思想並非一片空白。他優於(後一代人)的原因，最終可以追溯到其小資產階級出身」。當然，如果魯巴曉夫掌了權，比格列金好不到哪裏去，但也有可能「會好一點點，因為他的世界觀部分地是在革命前現成的」。[14]伊萬諾夫對待魯巴曉夫，就比格列金好了那麼一點點。

格列金知道魯巴曉夫是無罪的，但他同時又能相信魯是有罪的，這是一種「有條不紊的精神分裂錯亂」。(137)奧威爾在《1984》中稱之為「雙重思維」(doublethink)。對於這種精神分裂者來說，個人怎麼想根本就不重要，重要的是，黨要你怎麼想你就怎麼想。今天打倒誰，你舉手贊同，明天黨為同一個人平反，宣佈他說好同志，你也舉手擁護，前後沒有矛盾，因為你永遠跟黨走，是一貫的，黨需要的也正是這樣的人。

在伊萬諾夫和格列金之間形成了《正午的黑暗》的又一個對比主題。伊萬諾夫同魯巴曉夫一樣，參加的是革命前已經在為自由和人道主義積極活動的老共產黨，而格列金參加的則是那個在奪取政權後實現專制的共產黨。故事一開始，逮捕魯巴曉夫的是兩個年齡相差很大的官員，上了年紀的那位對魯巴曉夫很客氣，但年輕的那位手裏玩着槍，一副以粗魯表現黨性立場的樣子。同樣，上了年紀的伊萬諾夫認為不必對魯巴曉夫動刑，讓他自己想明白就好，但格列金卻認為非動刑不可，最後也確實對他動了刑。

這不僅僅是兩個個人之間的對比，而且也是兩種不同性質的共

14　喬治·奧威爾：《政治與文學》，李存捧譯，譯林出版社，2011年，第227頁。

產黨和黨團結的對比。正如德熱拉斯所說，一個是在與共產主義運動的敵對勢力鬥爭中「所產生的磐石般的團結」；另一種則是，革命勝利後，黨的內部「卑屈順從的謀士們與機器人似的官僚們的團結一致」。這是因為，「當共產黨爬上政權時，偏狹、卑躬屈膝、不完整的思考、控制個人生活，成為寡頭支配的一種方式」。而且，「機會主義、自我中心主義及暴行壓制了一度存在的崇高原則」。[15]

黨的變質也改變了它的成員的「人性」，「舊時存在於孤立運動中的奇異人性，慢慢轉變為特權階級的偏狹而偽善的道德。於是陰謀詭詐與卑躬屈膝代替了以往革命者的正直。昔日為了別人、理想、人民利益而犧牲一切、不顧性命的英雄們，如果沒有被殺或排擠失勢，到今天，他們也成為抱着自我中心念頭的懦夫，既無理想又無同志，甘願拋棄一切——道義、名譽、真理與道德——以求苟全他在統治階級與官僚集團裏的地位。在革命前夕與革命期間，共產黨人打算犧牲與受苦的英勇行徑是世上少有的。可是，在取得政權之後，他們竟一變而為庸庸碌碌的無恥之徒與乾枯公式的愚蠢衛護者，卻也可能是史無前例的」。如果說老一輩布爾什維克的「奇異的人性是替共產主義運動產生力量並吸收力量的條件」，那麼黨內新生代的「人性」特徵則正是革命後專制得以維持的重要條件，「道義、真誠、犧牲、熱愛真理等一度曾經是天經地義的東西。現在，處心積慮的謊言、獻媚、污蔑、欺騙與挑撥，已逐漸成為這個新階級的黑暗、殘忍與無所不包之權勢的必然伴隨者，甚至影響到各個分子之間的關係」。[16]

格列金接替了伊萬諾夫的職務，他對魯巴曉夫刑求的折磨手段非常簡單、有效，那就是連續幾個星期不讓他睡覺，審訊時用強光照射他。魯巴曉夫最後被拖得筋疲力盡，對再離譜的指控供認不諱也無所謂了。他感覺到「格列金的力量逼着他一步一步走下無力的階梯」，(156)而就在再也無階梯可下的時候，格列金對他提出了

15　德熱拉斯：《新階級》，第142頁。
16　德熱拉斯：《新階級》，第142–143頁。

　　　　　　　　　　　　暴政史：二十世紀的權力與民眾

勸告：「你的供詞是你可以為黨所作的最後服務」。(171)魯巴曉夫於是自願成為替罪羊，「以(他自己)信仰的名義」來受難。(157)奧威爾認為，魯巴曉夫的最後決定，不是因為他有甚麼理由認罪，而是因為他沒有理由不認罪，他之所以認罪，「是因為他找不到任何不認罪的理由。正義和客觀公正對他來說早已失去了意義」。魯巴曉夫與隔壁囚室關着的一位沙俄軍官通過敲牆交談。沙俄軍官得知魯巴曉夫決定認罪，深感震驚。從他的角度看來，每個人都該握緊槍桿子，布爾什維克也不例外。他說，榮譽包括做自己認為正確的事。魯巴曉夫敲牆回答說：「榮譽就是既聽話，又不添亂」。與沙俄軍官不同，他沒有與定他罪的人不同的榮譽、忠誠、是非觀念，所以他也就沒有任何理由，不認他們為自己所定之罪。[17]

故事以魯巴曉夫在法庭審判時當眾認罪，最後被槍斃結束。故事結尾一章的開頭引的是著名德國社會主義者拉薩爾(Ferdinand Lassalle)的詩句：「沒有道路就別給我們指出目標。/因為這世上的目的與手段從來就很糾纏/你動了這個就改了那個/每一種不同的走法都會去到一個不同的地方」。革命的手段與目的是不可分割的，用甚麼樣的手段，就會把革命引向甚麼樣的目的，暴力和專制互為因果。但是，對於走到生命盡頭的魯巴曉夫，這已經沒有甚麼意義了。

六　自我糟踐和當眾認罪

宗教的意象在故事的結尾再一次出現，守門老人瓦西里聽女兒給他讀報紙上關於魯巴曉夫受審判和當庭認罪的報道。魯巴曉夫在內戰時是瓦西里所在部隊的指揮官，是瓦西里崇拜的英雄。瓦西里怎麼也想不到，魯巴曉夫會被這般羞辱，而且竟然還當眾自我糟踐、低聲下氣地認罪。這位老人喃喃自語地說著《聖經》馬可福音裏的話：「兵丁把耶穌帶進衙門院裏；叫齊了全營的兵。他們給祂穿上紫袍，又用荊棘編作冠冕給祂戴上，就慶賀祂說：『恭喜猶太人的王阿。』又拿一根葦子，打祂的頭，吐唾沫在祂臉上屈膝拜

17　喬治·奧威爾：《政治與文學》，第226頁。

袍」。熟悉《聖經》的讀者都知道，瓦西里沒有說出口的後面一句便是，「戲弄完了，就給祂脫了紫袍，仍穿上祂自己的衣服，帶祂出去，要釘十字架」。(15：16–20)瓦西里心裏充滿了恐懼，就連對自己的女兒，也不敢說出要說的心裏話，他深深覺得羞恥，像是背叛了耶穌的彼得。(179)像所有生活在這樣一個制度下的人們一樣，瓦西里受到他良心責備，但是，他唯恐自己違反了甚麼禁律，總是戰戰兢兢，處處表示他不是社會主義的敵人。這就好像在中世紀時，一個人必須時時表示出他對於教會的忠誠一樣。

然而，《正午的黑暗》寫的並不是斯大林統治下像瓦西里這樣普通人物的恐懼、遭遇和災難。正如托尼·朱特所說，小說既沒有涉及斯大林對農民的鎮壓迫害，也沒有提到烏克蘭的大饑荒或臭名昭著的勞改集中營，它「要寫的不是共產主義的受害者，而是共產黨人」，「庫斯勒的小說以一個前共產黨知識分子的巨大努力來向其他知識分子解釋，為甚麼共產主義會迫害自己的知識分子。……他並沒有否認共產黨的錯誤，但這些錯誤都表現為實則上是知識分子的畸形性格：在邏輯上也偏離了至關重要的合理起點……無論多麼悲慘和可怕，這種錯誤總是聰明和善意的人們在受偉大理想束縛時會犯的錯誤」。[18]

也許正是為了把魯巴曉夫塑造成一個這樣的「共產黨人」，庫斯勒筆下的這個人物與莫斯科審判中的真實的布哈林並不完全相同。例如，布哈林愛他的妻子，有一個幼小的兒子，他十分關切家人的命運。小說中的魯巴曉夫是一個單身漢，他唯一愛過的女子也已經在他被捕之前一年被黨處死，他是一個除了信仰有疑惑，其他無牽無掛的人。又例如，小說中的黨語言比現實中的蘇聯語言文明和理性得多。正如庫斯勒沒有直接提到布哈林和斯大林一樣，他也沒有直接採用莫斯科審判中官方使用的那種極端暴力、粗魯的語言。例如，蘇聯《文學報》(*Literaturnaya Gazeta*)報道了蘇聯總檢察長維辛斯基在布哈林審判前的講話：「瞧瞧這些傢伙，畸形、禿頭、戴着眼鏡 —— 他們是托洛茨基委員會裏的扈從 —— 這位拉

18　托尼·朱特：《重估價值》，第43–44頁。

暴政史：二十世紀的權力與民眾

狄克(Radek)從1900年起就一個出賣國家的人，拋棄了去過的每一個國家……居無定所，到處作惡，在整個中歐到處流竄，直到蘇聯逮住了他，砸碎了他」。官媒直接稱那些被審判者「豺狼普加塔可夫(Pjatakov)、豺狼拉狄克……就像他們的老子，那些噁心、狡猾的野獸。豺狼托洛茨基到處流竄，在希特勒法西斯的老林深處嚎叫」。這樣的野蠻語言只會破壞《正午的黑暗》中「革命與反革命」的理性詰問與申辯。[19]

　　庫斯勒的《正午的黑暗》也許是關於莫斯科審判最著名的文學著作，揭示了莫斯科審判顯示出來的一種令許多人至今覺得匪夷所思的特殊心理機制，這種被控者心理機制是極權統治下特有的，很難在人類社會的其他制度下找到類似的例子。1933年，庫斯勒的訪蘇之行讓他對蘇聯有了第一手的瞭解，也有機會看到一些普通人生活在不可思議的貧困中的現實，但他認為，這是可以改變的。但蘇聯社會與中世紀教會的相像令他困惑和迷茫，他回憶道，「必需的謊言，必需的譭謗；必需使大眾避免因短見而發生錯誤的警誡；必需肅清反抗集團及敵對階級；必需全部犧牲當代以完成下一代的利益——看起來，這一切『必需』都很奇怪，但是如果立定了信念，都是很容易做到的。人類以往的歷史有不少的例證，像中古時期的教會，像東羅馬帝國拜占庭，像許多神秘宗教的溫室；然而麻醉劑所造成的心理世界，外界人很難明瞭，因為他們從未走進過這種神秘的圈子，自己也從未玩過神秘國的槌球」。(61–62) 庫斯勒在《蘇聯神話與現實》一文中說：「自稱永遠正確的專制政權不能允許民眾知道，就算是在同一陣營中，對政治事務也會存在不同的看法。因此，莫斯科審判中的被控者一定是黑幫分子，他們不可能是善良的政治人物而只是與政府的觀點不同而已。他們只能扮演外國勢力代理人的角色。他們的行為不可能是出於信念，而一定是為了謀取錢財或出於某種惡魔動機」。[20]

19　Erika Gottlieb, *Dystopian Fiction East and West: Universe of Terror and Trial*. Montreal & Kingston, Canada: McGill-Queen's University Press, 2001, pp. 169–170.

20　Arthur Koestler, "Soviet Myth and Reality." In *The Yogi and the Commissar*. New York: Macmillan, 1945, p. 133.

「革命大神」的殉道者

斯大林自以為永遠正確，這也許可以解釋他為甚麼迫害和消滅那些與他有不同看法的高級幹部。但是，那些黨的高級幹部們，他們就僅僅是因為迫於斯大林的淫威而屈服的嗎？他們不僅公開招認罪行，而且使勁糟踐自己，自願地往自己頭上扣各種各樣罪惡的帽子，這種違反人之常情的事情，除了可能的恐懼，是否還有別的解釋呢？一直到今天，這還是一個謎團。1973年，索爾仁尼琴寫道，「雖然事情發生後至今，許多情況已經清楚了——特別得感謝庫斯勒——但這個謎團還是像當年一樣令人不得其解」。[21]

　　庫斯勒自己提供的解釋是，「受難者配合這個遊戲，各有各的原因，視個性而異。像布哈林這樣的人與控告他們的人有着同樣的哲學信念，因此自覺自願在判罪時扮演自己的角色。他們相信，在政治上失敗以後，按照極權政治贏者通吃的原則，這是他們為黨的最後服務，所以願意獻出生命」。[22] 也就是說，他們早就完全是黨的人了，黨對他們的意志和生命有完全、絕對的支配權，要他們生就生，要他們死就死，要他們怎麼生就怎麼生，要他們怎麼死就怎麼死，沒有甚麼個人光榮或羞恥的感覺，只以服從黨的安排為唯一的責任。在這個意義上說，布哈林的受害是一種「最高程度」的受害——他被自己選擇的那個政黨徹底控制了全部意志和生命。這是他憑藉自己的自由意志所作的選擇，是他自己自由地選擇了徹底的不自由和無條件的奴役。

21　Solzhenitsyn, *The Gulag Archipelago: 1918–1956*. Trans. Thomas P. Whitney. New York: Harper & Row, 1973, p. 409.

22　Arthur Koestler, "Soviet Myth and Reality," p. 133.

暴政史：二十世紀的權力與民眾

第十九章

社會主義之殤和知識分子寫作

——《通往維根碼頭之路》

　　喬治·奧威爾是一位為正義和自由寫作的知識分子，在他不少著作裏，我們都可以看到，正義和自由包含在民主的社會主義理想之中。[1]奧威爾對他那個時代的「社會主義」是極度失望的，失望的原因可以從他的《1984》第二部分第9章裏清楚地看出來。在這一章裏，奧威爾讓讀者隨着小説主角溫斯頓一起閱讀極權統治者艾曼紐·戈斯坦因(Emmanuel Goldstein)的「坦承之作」《寡頭集體主義理論與實踐》，瞭解20世紀的社會主義歷史。戈斯坦因透露，「社會主義這種理論是在十九世紀初期出現的，是一條可以回溯到古代奴隸造反的思想鎖鏈中的最後一個環節，它仍受到歷代烏托邦主義的深刻影響。但從1900年開始出現了各色各樣的社會主義，每一種都愈來愈公開放棄了要實現自由平等的目標」。20世紀那些嚮往革命的人們，開始的時候，「心裏也一部分相信自己喊出的口號，像是人權、言論自由、法律之前人人平等」，但是，一旦權力到手，便惡質化為權力至上的統治者。1940年代，「所有主要的政治思潮都成了極權主義的了。就在人世天堂快要實現的關頭，它卻遭到了詆毀。每種新的政治理論，不論自稱甚麼名字，都回到了等級制度和嚴格管制。在1930年左右，觀點開始普遍僵化的時候，一些長期以來已經放棄不用的做法，有些甚至已有好幾百年放棄不用

1　這裏述及奧威爾的著作主要有*Homage to Catalonia* (London 1951)；*The Road to Wigan Pier* (London 1959); *The Collected Essays, Journalism and Letters*. Eds., Sonia Orwell and Ian Angus (London, 1948)。第一和第二本書之外，括號中的單篇論文都是收在第三本文集中的文章。所用引文來自奧威爾：《政治與文學》，李存捧譯，譯林出版社，2011年。

的做法，例如未經審訊即加監禁、把戰俘當作奴隸使用、公開處決、嚴刑拷打逼供、利用人質、強制大批人口遷徙等等，不僅又普遍實行起來，而且也為那些自認為開明進步的人所容忍，甚至辯護」。在這種社會主義的理論和實踐中，思想的虛偽與道德的冷酷互為表裏，目的的陰暗與暴力的不擇手段互相掩護，而左派知識分子，那些「自以為思想既開明又進步」的人士，卻在一直旁觀，並為之辯護，他們是這種極權統治的合謀和幫兇。

一　正義和自由是社會主義的理想

1936年，奧威爾去蘭開夏郡(Lancashire)和約克郡(Yorkshire)報道礦工生活，寫成《通往維根碼頭之路》。這本書分為兩個部分，第一部分記敘了他在工人們家裏的所見所聞，第二部分討論了工人階級的貧困和苦難，以及可能的解決之道，那就是社會主義。他所說的社會主義是一種有規劃的社會，消除或極大地限制私人所有制，真正實行由人們選舉產生的民主代議制度。這樣的社會主義與30年代以蘇聯為模式的共產社會主義是不同的。1930年代的歐洲曾有過一陣極具傳染力的「蘇聯崇拜」，英國有許多知識分子參加了共產黨或成為它的同路人。一次大戰後的經濟蕭條和高失業，使無數產業工人家庭陷入貧困。在普遍的絕望、沮喪和沒有未來前途的末世感中，蘇聯成為理想未來的象徵。蘇聯崇拜的另一個原因是許多人對希特勒納粹的崛起充滿了不安與恐懼。奧威爾在《動物莊園》的烏克蘭文版本前言中回顧了他自己在30年代的思想歷程，「直到1930年，我都不認為自己是一個社會主義者。我還沒有清晰的政治觀點。我成為社會主義者，不是因為在理論上接受規劃社會的理論，而是因為對產業工人中那些貧窮者所遭受的壓迫和無視充滿了厭惡」。一直到1935年底，正如他在《我為甚麼寫作》中自述的，他還沒有做出「明確的決定」。1936年他似乎有了明確的決定，那就是他在《通往維根碼頭之路》中表述的社會主義。

奧威爾把社會主義看成是一種「基本常識」，一種不言自明

　　　　　　　　　暴政史：二十世紀的權力與民眾

的正義理想。「每一個能用腦子的人都知道，如果社會主義成為一個世界制度，並且全心全意得以實行，那就能夠成為出路。從某種角度來說，社會主義是很基本的常識，我有時甚至詫異它為甚麼沒有早就已經實現。世界像一艘馳過宇宙的航船，有足夠的食物提供給每一個人。我們必須合作，每個人都做他的那一份工作，獲得他需要的那一份東西，這麼顯而易見的道路誰都能明白……然而，今天，在法西斯的摧殘下，社會主義在每一個地方都在退卻，而且事態發展的速度驚人」。(《通往維根碼頭之路》)

奧威爾把法西斯主義看成是社會主義的敵人，因為法西斯主義的種族主義、民族主義、威權主義、極權暴力都是社會主義正義和自由理想的天敵。共產主義者雖然也提倡社會主義，但他們以一黨的權力為最終目的，破壞了民主，也背離了社會主義公正和自由的最終目標。這不是奧威爾想要看到的社會主義，「我們必須承認，法西斯主義處處進逼，主要是社會主義者們自己造成的。部分原因是共產黨在破壞民主……但更重要的是社會主義者提倡社會主義的理由不對，他們從來沒有充分表明，社會主義最本質的目標是正義和自由。他們的眼睛只是盯在經濟事實上，他們出發的前提是，人沒有靈魂，所以，不管是明言，還是暗示，他們都把社會主義當作了一個物質主義烏托邦的目標」。奧威爾的社會主義以正義、自由、民主為核心理念，這與他以人民的自由為民主的基礎是一致的。他著名的「長槍掛在牆上」表述的就是這樣的民主：「極權國家可以做許多大事，但是有一件事它做不了：它們不會給工人一支槍讓他把槍放在房間裏。那支掛在工人階級公寓或勞動者小屋裏的槍，那就是民主的象徵」。(《通往維根碼頭之路》)

奧威爾的想法談不上對社會主義和民主作出了甚麼了不起的理論貢獻，但卻有一種少見的務實態度，他關注的是那些理論社會主義和理論共產主義所不屑一顧的日常細節，這也成為他文學和文化批評的特色。例如，在《唐納德·麥吉爾的藝術》中，他寫到了漫畫明信片與兩便士週報的區別，漫畫明信片「沒有反對工會的笑話。大致說來，每個每週收入大大高於或者低於五英鎊的人，都被

認為是可笑的。『衣着時髦的人』跟貧民區居民一樣，也是搞笑的題材」，「跟兩便士一本的週報不同的是，連環漫畫明信片不是任何壟斷企業的獨家產品，顯然也不認為它們能在很大程度上影響公眾輿論。這些明信片中，沒有任何想討好統治階級的跡象」。奧威爾所說的社會主義要求不討好統治階級，要求中產階級同情和理解勞工大眾，支持他們為改善生存環境所提出的要求和所作的鬥爭，他批評英國作家麥考萊只是在「素食和立體派畫作」這樣的意義上理解「社會主義」，「沒有一行字可以被恰當地稱作是社會主義的；相反，其傾向卻是親資本主義的，因為其全部的道德觀都是說資本家應當有善心，而不是說工人應當奮起反抗」。（《查爾斯·狄更斯》）

奧威爾所說的「社會主義」和我們在教科書上讀到的是不一樣的，那是他自己切身體會的結果，誠實地說出來，真實、具體，決沒有理論說教的那一套。幾十年後，社會主義全盛時代有60多個國家創建了社會主義制度，各有各的理論，有民主的，有專制的，還有極權的。奧威爾的社會主義與它們不同，往往只是表明他樸實的社會平等和民主政治觀，表明他對中產階級知識分子的反感，他們當中也包括他以前的自己，他承認，自己就一直以為工人們身上有不乾淨的味兒。左翼知識分子對工人抱有階級偏見，奧威爾問道，他們當中有誰願意把子女婚配到工人家庭中去的？這樣的知識分子與普通人根本是隔離的，總體上說，他們對社會主義是懷有敵意的。

奧威爾把社會主義等同為對工人階級的同情，在他那個時代有很強的針對性，在今天也就是對社會弱者和下層群體的同情。他強調，社會主義必須是自由而且正義的社會主義，如他所言，一個「民主的社會主義」。實現社會主義不僅僅是從資本主義解放出來，而且還要解放到一種更好的，更道德的制度中去。只是強調公有制，完全否定個人經濟利益動機的「社會主義」，它能夠讓人吃飽肚子，但它的極權統治既不正義，也不允許自由，它教育和培養的不過是滿足物質需要的奴隸。這也正是赫胥黎在《美麗的新世

界》中展現的圖景，但是，奧威爾後來在《動物莊園》中讓我們看到的是另一種更可怕的圖景，這是一個被貪婪的豬統治着的，既不正義，也不自由，還連肚子都吃不飽的社會，這樣的社會仍然可以叫作「社會主義」。

奧威爾認為，他那個時代自稱是社會主義的斯大林的蘇聯和希特勒的德國都不是真正的公有制社會主義，而是一種「中央集權」的社會，一種「既非資本主義、又非社會主義、而且可能以奴隸制為基礎的新型社會」。他寫道，「資本主義正在消亡，但社會主義並沒能夠取而代之。現在正在興起的是一種新式的有計劃的、中央集權的社會，它既非資本主義性質，也非通常意義上的民主性質。這種新型社會的統治者，都是能夠有效地控制生產工具的人……這些人將消滅舊的資本家階級，鎮壓工人階級，將所有的權力和經濟特權都掌握在自己手中。私有財產權將被取消，但公有制卻未被確立起來」。奧威爾一直相信，社會主義是一種有正義、自由道義目標的制度，否則它就不配自稱比資本主義更優越。蘇聯的社會主義不具有這樣的價值原則和道德目標，「在俄國革命的早期，自由就被逐漸地削奪殆盡，代議制也被扼殺，而不平等卻在日漸加劇，民族主義和軍國主義也日益強盛」。就破壞社會主義價值原則而言，蘇聯和德國的國家機器同樣與工人階級為敵，「俄國是先摧毀資本主義，再鎮壓工人，德國則是先鎮壓工人，再開始消滅資本主義」。(《詹姆斯·伯厄姆與管理的革命》)

1936年冬天，奧威爾去西班牙為一家倫敦的社會主義週刊當報道員。他到達巴塞羅那的時候，遇到了為抵抗佛朗哥而招募義軍的民兵隊，就加入了他們的隊伍。他當時缺乏政治經驗，對共產黨的殘酷內鬥毫無瞭解。當他發現自己參加的是一個「托洛茨基派」的隊伍時，他並不覺得有甚麼不得了的。他以為，不就是一個社會主義的工人階級隊伍嗎？他後來用自己在西班牙的經歷寫成《向加泰羅尼亞致敬》，其中一個主要的話題就是他自己因為不懂共產黨政治吃到的苦頭和從中得到的體會。在西班牙的經歷使得奧威爾把對社會主義和對極權主義的思考很自然地結合到了一起。如果說在英

國報道礦工生活成為奧威爾思想的轉折點，那麼在西班牙的經歷則讓他認清了蘇聯共產主義的本質。

二　知識分子的寫作對象和同情對象

奧威爾的文學、文化批評文章討論作家或藝術家時，經常提到的一個問題是，作家以誰為特定的寫作對象進行寫作？例如，他問，「吉卜林為甚麼這麼受歡迎」，他以誰為對象來寫作？為甚麼威爾士在20世紀初有那麼多的青年讀者？英國男生雜誌的讀者是誰？漫畫家麥吉爾的讀者又是誰？這樣的問題之所以重要，是因為作者的意向讀者影響着他對題材的選擇和處理這些題材的方式。在奧威爾自己的寫作中也是一樣。那麼奧威爾自己又是為誰寫作的呢？他那些為「民主的社會主義」而進行的寫作，是以誰為寫作對象呢？他要談論那些「不能避開」的時代話題，又是以誰為聽眾呢？

奧威爾既不為權貴階層，也不為下層民眾寫作，他為自己熟悉的那個「中產階級」，更確切地說，那些他特別關注的「下中產階級」寫作。這是因為，在他看來，惟有「下中產階級」才站在下層工人一邊，才能在社會中形成足夠強大的推動社會主義的力量。

奧威爾這樣確定自己的寫作對象，在他那個時代的作家中，絕對是個異類。許多1930年代末的作家的政治觀點影響着他們的讀者選擇，而這種選擇則是形勢使然。當時人們的政治觀點呈現出左和右的對立態勢，形成因政治立場不同而對立分化的作者群，讀者群也隨之分化，有點像今天中國的「新左」和「自由」派分化。當時英國有一個「左派讀者俱樂部」(The Left Book Club)，到1937年有5萬會員，俱樂部的成員都喜歡閱讀左傾書籍的讀者。奧威爾於1936年出版的《通往維根碼頭之路》就是應此俱樂部之約而寫作的。與左派讀者群相對立的則是稍晚成立的「右派讀者俱樂部」。許多出版社也與左或右的讀者組織因在觀點上相互策應，一般不出版對立觀的書籍。例如，奧威爾的《通往維根碼頭之路》是由左派的

　　　　　　　　暴政史：二十世紀的權力與民眾

Gollancz出版社出版的，他後來的著作批評蘇聯共產黨出賣社會主義，便再難在Gollancz出版，只得轉由Secker and Warburg出版。

奧威爾是一個很難用左、右對立來歸類的作家，因此很難吸引廣大的讀者群。在《動物莊園》之前，他已經出了好些書，也有了相當的知名度，但每種書不過銷售一兩千冊而已。出版商不止一次要求他修改文稿。碰到他們認為太敏感的話題，往往索性拒絕出版。奧威爾不願意為某個特定的「觀念讀者群」寫作，結果是在對立的讀者群之間兩頭不落好。左派人士認為，他選擇的讀者思想太右；右派人士則認為，他選擇的題材思想太左。至於他自己，他出身中產階級，一方面難以拋開這個階級，一方面又總是在批評它，從當時的馬克思主義觀點來看，這是在資產階級和無產階級的選擇中立場不清。

1930年代的左派人士和馬克思主義者認為，無產階級和資產階級處在對立和鬥爭的關係之中，像奧威爾這樣同情工人階級，就必須與資產階級劃清界限，拋棄他自己出身的階級，成為革命無產階級的一員。但是，奧威爾做不到這一點，也不想這麼做。他對英國工人階級的態度和立場確實很特別，在報道工人階級生活狀況的時，他誠心誠意地為工人們說話，在發生勞資衝突時，他充滿同情地站在他們這一邊。但是，這並不等於說，他自己就因此變成了工人階級的一員。他還是他自己，他和那些他所同情的工人是不一樣的，他自己很明白這一點，不想自欺欺人。他寫道：「我這幾個月都完全住在煤礦工人家裏，每頓飯都是在工人家裏吃。我在廚房裏洗碗，和礦工們睡同一個房間，和他們一起喝啤酒，玩飛鏢，一交談就是幾個小時……但我並不是他們中的一員，他們比我更清楚我不是。……我喜歡他們，也希望他們喜歡我，但我在他們當中像是一個外國人，我們雙方都心照不宣」。（《通往維根碼頭之路》）

當時的左派一面要求左翼作家與工人階級打成一片，一面又要求他們幫助提高工人階級的政治覺悟。奧威爾不同意這樣的說法，他認為，不能用提高工人們覺悟的辦法去讓他們適應某種所謂「科學」的正統社會主義觀。相反，應當讓社會主義符合工人的實際要

求和現實感受。例如，在他看來，英國的工人階級雖然愛國，但對革命沒有興趣，對政治也很冷淡。這就是現實，想要在英國有社會主義運動，就不能無視這樣的現實。因此，他稱米勒(Henry Miller)是無產階級小說家，因為米勒是個對政治很冷淡的作家，跟那些對政治冷淡的無產階級是一樣的。(《鯨魚肚子裏》)

　　奧威爾對階級對立說的馬克思主義文藝思想不以為然，覺得它既自相矛盾，又自欺欺人。馬克思主義一面說工人階級最先進，要求左翼作家與工人階級打成一片，一面又說因為工人們受到資產階級的矇騙，看不清自己的階級利益和鬥爭需要，要求左翼作家幫助提高工人們的覺悟。馬克思主義給左翼作家的任務是，對民眾進行啟蒙宣傳，幫助他們從政治冷漠的「工人」轉變為積極鬥爭的「無產階級」。奧威爾認為，這種革命理論家有一個大毛病，那就是太高估自己的先進和英明。在他看來，社會主義理想所包含的正義和自由原則，工人階級早就明白了，問題是如何說服社會的其他成員，尤其是「下中產階級」也接受這樣的正義和自由的原則。奧威爾對左派人士津津樂道的無產階級和共產主義未來不感興趣，他關心的是普遍工人們的過去和現在，以及他們的真實想法和感受。

　　奧威爾強調工人階級固有的正義和自由意識，難免會把工人理想化。作為一個外在的同情者，他觀察工人階級「快樂生活」的方式，脫不了他自己的階級眼光，他是為中產階級讀者描寫工人生活，他的寫作對象和同情對象是完全是不同的人群。例如，他看到的快樂工人家庭，「尤其是在冬天的晚上，燒着爐火……，父親穿着襯衣，坐在爐火的一邊的搖椅上，讀着賽馬決賽的消息。母親坐在另一邊，縫着衣服。孩子開心地吃着一便士的硬薄荷糖，狗在地毯上打滾……」(《通往維根碼頭之路》)

　　這種工人家庭的安樂生活景象，其實是中產階級的小康圖景。奧威爾不是工人的一員，他很難憑想像為工人階級設想一種他們自己心目中的快樂生活。奧威爾雖然同情工人階級，但他和同情對象之間，卻有着一道很深的認知障礙。他在《1984》中對普羅的描寫也是這樣。小說中的溫斯頓是一個知識分子，他看着一位普羅婦女

　　　　　　　　　　暴政史：二十世紀的權力與民眾

一面洗衣服，一面哼小調，想像她的快樂感受：「窗戶底下有人在唱歌。溫斯頓躲在薄紗窗簾後面偷偷看出去。六月的太陽還很高，在下面充滿陽光的院子裏有一個又肥又大的女人，像諾曼圓柱一樣壯實，胳膊通紅，腰部繫着一條粗布圍裙，邁着笨重的腳步在洗衣桶和晾衣繩之間來回走着，晾出一批方形的白布，原來是嬰兒的尿布。她的嘴裏不咬着晾衣服的夾子時，就用很大嗓門的女低音歌唱。……這只歌子在倫敦已經流行了好幾個星期了。這是音樂司下面的一個科為無產者出版的許多這種類似歌曲中的一首。這種歌曲的歌詞是由一種名叫寫詩器的裝置編寫出來的，不需要一點點人力。但是那女人唱得那麼動聽，使得這些胡說八道的廢話聽起來幾乎非常悅耳」。

　　無論奧威爾怎麼到煤礦區去實地報道工人生活，他其實都只能像溫斯頓那樣「躲在薄紗窗簾後面」偷偷地看。他看到的普羅或工人階級之「美」，其實是一種因為距離感才產生的「美」，奧威爾在《向加泰羅尼亞致敬》中描述的令人難忘的民兵，也是這樣一種距離審美的產物。他回憶道，「在我參加民兵的前一天，在巴塞羅那的列寧兵營，我遇見了一位意大利民兵，他站在指揮員的桌子前」。在簡單描述了這位普通的民兵後，奧威爾繼續寫道：「我自己也不知道為甚麼，我從來沒有對任何人，我是說從來沒有對任何人，這麼一下子就喜歡上了。他們在桌子前說話時，有人告訴他們我是外國人，那個意大利人抬起頭來，很快地說：『意大利人？』我用蹩腳的意大利語說：『不，英國人，你也是？』『意大利人。』(他回答。)在我們走出去的時候，他走過來，緊緊地抓住我的手。真奇怪，對一個外國人這麼的熱情！就好像我們兩個的靈魂一下子跨越了語言和傳統的鴻溝，徹底緊密地結合到了一起」。

　　奧威爾後來再也沒有遇見過這位意大利人，七年後，他再一次在作品中提到這位意大利民兵，他的靈魂之友，「這個人的臉，我雖然只看過一、兩分鐘，但卻一直伴隨着我」，「這個意大利民兵，在我加入民兵隊的當天，他曾經跟我握過手，我在另外一本有關西班牙內戰的書(《向加泰羅尼亞致敬》)中，已經記述過他……

社會主義之殤和知識分子寫作

我還清晰地記得他那破爛的制服、殘忍而病態的臉龐、戰爭所有次要的事項都慢慢忘掉了，但我至少還能夠清楚地看到誰是正義的一方。儘管有權力鬥爭，儘管報紙在撒謊，戰爭的核心問題是像這位意大利民兵一樣的人們爭取體面生活的企圖，他們覺得，過上這種生活，是他們與生俱來的權利。一想到這個小伙子的結局，我就由不得感到悲傷。我在列寧軍營遇到他的時候，他可能是一個托洛茨基分子或者無政府主義者，在那個特殊的時期，像他這樣的人，不是被蓋世太保處死，就是被共產黨人殺死」。(《回顧西班牙戰爭》)這個民兵成為一個理想化了的西班牙戰爭的英雄象徵，由於他可能遭受的命運，又成為一個斯大林主義「受害者」的象徵。

奧威爾選擇為下中產階級寫作，而把工人階級僅僅當作他的同情對象，是有自知之明的。比起那些自稱是無產階級作家的知識分子來，他雖然不比他們更能真正瞭解工人階級，但至少比他們要誠實。他承認自己是工人階級的「外部人」，不是他們中的一員，自然也不可能是他們的當然代表。今天，有良知的知識分子同情社會的弱者和底層民眾，替他們說話，與當年的奧威爾有類似的處境，也需要有他那份誠實。知識分子只是從一般的，普遍的正義和公正原則來要求善待弱勢群體，他們不可能僅僅因為對弱勢群體抱有同情，就獲得充當他們的代表的資格。他們更沒有資格充當弱勢群體的救星，他們所能做的不過是呼喚其他知識分子和社會其他階層的有良知成員，不要忘記自己對弱勢群體的道義責任而已。

三 寫作是一種政治啟蒙

奧威爾以中產階級，尤其是下中產階級為他的讀者對象，他要告訴他們的是，在社會主義的事業中，他們的利益是與下層工人階級一致的。中產階級讀者需要這種啟蒙，因為他們往往誤以為自己的利益是與權勢階級一致的，因而害怕下層人的反抗會威脅破壞現有的美好秩序。奧威爾為不同文化層次的中產階級閱讀物寫作，包括報紙媒體和嚴肅刊物。奧威爾為報紙媒體(如 *Manchester Evening*

　　　　　　　　　　暴政史：二十世紀的權力與民眾

News, Tribune)寫稿，筆調比較輕鬆，主要是一些每週一次或兩星期一次的書評或時評。在期刊(如Horizon, Polemic, Partisan)上發表的文章則比較嚴肅的。雖然前一類文章很受歡迎，但他自己似乎更鍾情於第二類文章。他說，為報紙寫作的文章，他的寫法會有一些簡化，知識分子的文字習慣需要適應「大眾語言」(demotic speech)的要求：第一步是在用抽象詞匯時，盡量只使用那些廣大讀者所能夠理解的，第二步是盡量運用口語說法，「問自己，『能不能簡化一點，寫得像是在說話？』」(《宣傳和通俗語言》)

儘管奧威爾會用簡化的報刊語言寫作，但他還是覺得，運用比較嚴肅的，教育程度較高的寫作風格更加得心應手。寫作方式和風格與題材有關，寫作非大眾題材，就不太需要轉化為「通俗語言」。奧威爾使用一種適合報刊媒體的通俗語言，那是出於特殊的需要。當時的英國正處於對法西斯的戰爭時期，需要通過大眾媒體動員民眾，奧威爾參與其中，進行的是對這種特定對象的寫作，因此做了語言的調整。一個作家不可能為所有不同的讀者群寫作，寫作方法的調整和適應是有限度的。就奧威爾而言，他無論以何種語言風格寫作，都是在為「中產階級」而不是工人階級寫作。

奧威爾雖然有時用「工人階級」這個說法，但這個「工人階級」不是馬克思主義所說的「無產階級」。奧威爾的「工人階級」是個界限模糊的人群，最典型的便是《1984》中的那些「普羅」。《1984》中有名有姓的人物幾乎全是在國家機器中起螺絲釘作用的「工作人員」(functionaries)——在「真理部」供職的溫斯頓、他的同事，真理部詩人Ampleforth，在研究處編撰《新說法字典》的Syme，青年團幹部朱麗葉，還有黨領導奧布裏昂。「普羅」們與這些專職公務員不同，他們無名無姓，面目模糊。他們沒有政治覺悟，得過且過，為小事爭吵，喜愛的只是喝啤酒看足球。這樣的「普羅」根本無法用馬克思主義的「無產階級」和「資產階級」兩分對立去定型。

奧威爾挖苦馬克思主義教條式的階級兩分對立：一邊是「多少像是神話的『無產階級』」，一身肌肉，穿着油膩膩的工裝，遭受

壓迫」，另一邊是「『資本家』，大腹便便、戴禮帽穿皮襖的壞蛋」。在奧威爾看來，馬克思主義的左派是在用理論塑造抽象的「概念人群」，而實際上，「像在英國這樣的國家，有四分之一的人口處在這兩個極端階級之間」，他們既非無產階級，也非資產階級，他們是不能用階級理論規範的人群，包括小業主、破落紳士、技術人員中產階級、知識人士，總之，那些要麼從底層冒上來，要麼從上層淪落下來的人們。奧威爾說，他自己就是這些人中的一員，他用近於嘲笑的口吻稱他們為想靠400英鎊一年的收入維持富足和文化生活門面的「下中產階級」和「低種性」(sub-caste)。(《通往維根碼頭之路》)

下中產階級的人相當勢利，就像當今中國的普通市民。他們自以為比底層民眾要有身份，有文化，有教養，享受着比上不足，比下有餘的小康幸福生活。精英上層不把他們放在眼裏，他們也不是不知道，但是，他們還是自以為與精英上層，而不是底層民眾有共同的利益，所以極不願意看到安穩的現狀被下層民眾攪擾。他們對民眾和民眾動亂懷有本能的反感和戒備，有錢有勢的人要維護保護他們既得利益的政治穩定，下中產階級則糊裏糊塗地選擇與他們站在一邊。權勢階級總是拿「暴民」來嚇唬和爭取下中產階級。奧威爾在《巴黎、倫敦落難記》中分析了下中產階級對貧苦階層的態度，尤其是對「暴民」的恐懼心理：這是一種「迷信式的恐懼」，把窮人看成是「一群低等人，(窮人只會)圖一時之快，打家劫舍，放火燒書」，所以下中產階級以為，「任何社會不正義也比放縱暴民要強」。[2] 為了防止「暴民作亂」，必須維穩壓倒一切，至於維穩是否符合社會正義和自由的目的，下中產階級根本不考慮這樣的問題。

奧威爾把社會主義看成是一個自由、正義的理想，他認為，要實現這樣一個理想，就必須把「下中產階級」爭取到下層民眾的工人階級這一邊來。這個「下中產階級」受精英階層欺侮、剝削、壓迫的程度並不比低層民眾差，只是因為自以為是，才惘然不能察覺

2　George Orwell, *Down and Out in Paris and London*. London, 1949, pp. 120–121.

暴政史：二十世紀的權力與民眾

而已。他寫道：「關鍵在於，所有那些收入有限的人都是一條船上的，因此應該在同一邊作戰……那些小職員、技術人員、推銷員、『過普通人生活』的中產階級人士、開吃食店的、下層公務員和所有其他類似的人士，應當讓他們知道，他們都是無產階級，他們和對那些挖土或打工的是一樣的，社會主義對他們都是一種公正的理想」。(《通往維根碼頭之路》)

奧威爾為了正義的社會主義，把這個「下中產階級」當作自己主要的寫作對象。他們是一群擁有兩張不同面孔的讀者，一方面，他們眼睛盯着自己的眼前利益，自以為與底層民眾不是一路人，甚至對底層民眾的抗爭懷有敵意；另一方面，他們又不是全然沒有同情心和理解能力，他們也有正義感。奧威爾自己就出身於這個「下中產階層」，他對這個階層的曖昧和矛盾有自己的看法。他認為，這個階層的人一般還算正派，只要加以啟發，是能夠明白事理的。問題是，這些人過着「小康」的生活，而正是小康造成了他們特殊的愚昧。小康使得他們變得沾沾自喜，自以為是，更容易受制於弗洛伊德所説的那種「小區別自戀」。他們茫然不知自己的政治愚昧，既看不起底層民眾，又相互攀比，以至忘記了權勢階層對自己的壓迫，弄不清自己到底是與誰的利益比較一致。

下中產階層的愚昧與低層不同，低層民眾教育程度很低，沒有文化，也沒有閱讀能力，作家無法以他們為特定對象來寫作，對他們的啟蒙必須用寫作之外的方式。下中產階層不同，他們有文化，也有閱讀能力，他們的愚昧是自以為是造成的，他們不思考，是因為自以為已經思考過了。奧威爾為了啟發和啟蒙這些人寫作，採用的是一種「先讓你看，後叫你想」的寫法。

例如，他的隨筆《絞刑》是這樣開篇的：「那是在緬甸，一個陰雨天的早晨。昏暗的光線越過高牆，灑進了監獄的院子裏。我們都在死囚室外面等着。死囚室是一排小棚屋，屋前有雙層柵欄，好像一個個小小的獸籠。每個囚室有十英尺見方，除了一塊睡覺的木板和一個喝水的罐子，別無他物，因此顯得空空蕩蕩。一些囚室裏，棕色的男人們一聲不吭地蹲在靠裏的柵欄邊，毯子裹在身

上。這些人都是死囚犯，再過一、兩個禮拜就會被處決」。這是先讓讀者看到一個可怖的景象。接下來又是一段，這個景象變得更可怖，而且令人厭惡，「一個犯人被帶了出來。他是個印度人，骨瘦如柴，身材矮小，刮了臉，眼睛渾濁而潮濕。只見他蓄着一部茂密的鬍子，顯得跟他的身形極不相稱，好像是電影裏的小丑。六個高大的印度獄警看護着他，在做臨刑前的準備。兩個獄警帶着上好刺刀的步槍，站在他兩邊，還有兩個獄警給他戴上手銬，又用一根鐵鍊，將他的手銬跟他們的皮帶連在一起，一邊緊緊抓着他的胳膊。他們包圍着他，手一直抓在他的身上，生怕他會消失似的。他們對付他的樣子，就好像在對付一條沒咽氣的魚：稍不留神，魚就可能蹦到水裏似的。但是，他只是順從地站着，好像不知道將要發生甚麼事」。

讓讀者看到這樣的景象，他們才有可能思考死刑和自己對死刑的看法。奧威爾以平實、冷靜、真實、具體的筆調讓讀者自己來觀看絞刑如何發生在一個具體的活人身上，他反對絞刑，但他不露聲色，不把自己的看法強加到讀者身上。他知道，他的讀者們本能地會支持絞刑。他是在按他們能夠理解和願意理解這種事情的方式記敘這件事，慢慢把他們引向他要他們看到的東西。這些讀者生活在一種被保護的偽純真狀態下，因此可以心安理得地對自己說，受絞刑的是「壞人」，執行絞刑的是「司法人員」，是「好人」。

那些支持絞刑的人們之所以支持，經常是因為根本不知道把一個活人絞死是一個多麼殘忍的過程。他們一直要等到自己發現那麼被絞死的人是一個跟他們一樣的大活人，看到這個活人在受絞刑時的不堪痛苦，這時候，他們才會猛然覺悟，原來作者在為受苦者鳴不平，他在冷靜的風格和細節真實後面藏着許多要說但未說出的話。

奧威爾要說的是，現代社會的壓迫和迫害往往是間接的，所有那些不思考，因而盲目支持現代國家法律和制度的人，都有可能參與在這種壓迫和迫害之中。那些「工作人員」和「專業人員」——不僅是警察、看守、城管、管理人員、坐在辦公室裏蓋章

　　　　　　　　暴政史：二十世紀的權力與民眾

辦事的，還有在學校裏說假話的教書匠，寫違心文章的作家、論證制度正確性的學者——他們都在執行着害人的任務。奧威爾為他們寫作，是因為他相信，這些人一旦受到啟發，一旦看清自己的偽純真狀態，便會不得不憑着良知去面對兩種不同的選擇：要麼還是像以前那樣，堅持自己是在「盡職辦事」，要麼就是對自己職務的正義性發生了懷疑，並有所抵觸。奧威爾自己就曾經在緬甸當過5年警察，他也是慢慢才明白自己職務的不正義的，他是以一個過來人的身份對他的讀者說話的。

四　用寫作反抗極權

奧威爾最反感的是那些與他同時代的左派知識分子作家，他們既缺乏受壓迫的體驗，也不願意帶着同情去想像這種體驗，但卻偏偏表現得特別善於同情和諒解壓迫者的樣子。他們有高遠的社會理論，但對活生生的個人痛苦卻無動於衷。奧威爾有一篇文章的題目叫《窮人是怎麼死去的》，但是，他寫的這些關於下層人和勞苦民眾的文章滲透的卻是對活人痛苦的關切，講述的是「窮人怎麼活着」的事情。他厭惡上個世紀30、40年代左翼知識分子的一個主要原因便是他們漠不關心「極權下的人是怎麼活着」的問題，因此表現得特別願意理解和原諒極權統治暴力和殘忍。著名詩人奧登就是一個例子。奧登的著名詩作《西班牙》(1937)，開頭兩小節是：

明天屬年輕人，詩人們像炸彈一樣爆發，
湖邊的漫步，在一起相擁的美好時光；
明天的自行車比賽
要在夏夜穿過郊區。但是今天還得鬥爭。

今天是死亡機率的有意增加，
是對必要的謀殺中的罪犯的存心原諒；
今天是在乏味而短命的傳單和無聊的會議上行使權力。

社會主義之殤和知識分子寫作

奧威爾對此評論道：「請注意『必要的謀殺』這個短語。只有根本不懂甚麼叫謀殺的人，才會寫出這樣的句子。我自己絕不會那麼輕鬆地談論謀殺。我親眼看到過幾具被謀殺的屍體——我指的不是在戰場上被打死的，我指的是被謀殺的。因此，我知道甚麼是謀殺——恐怖、仇恨、嚎哭的家屬、屍體解剖、血、臭味。對我來說，謀殺是件應當避免的事。每個普通人也都這麼看。希特勒們和斯大林們覺得謀殺是必需的，但他們也不宣揚謀殺的可怕，他們也不稱那是謀殺，而是『蒸發』、『清除』，或者別的能安慰人的甚麼詞。如果在謀殺發生的時候，你是在其他的地方，那麼，奧登先生的那種無道德感才有可能產生。左翼思想也是一樣，就好比不知道火會燒傷的人在玩火。1935–1939年間，英國知識分子之所以會投身於戰爭販賣，在很大程度上是因為他們覺得自己不會受到戰爭的影響。法國知識分子的態度就大不一樣，因為在法國，要躲避服兵役非常困難，即使是作家，也知道背包的份量」。(《在巨鯨肚子裏》)

　　奧威爾認為，像奧登這樣的左翼知識分子，他們自己生活在安全的英國民主制度中，卻對別國的極權表示諒解，並為之辯解。他們為虎作倀，使得極權更合理，更不容批判，因此也就使得極權受害者的生活更加苦難。這樣的知識分子事實上已經成為極權受害者的加害者。

　　在奧威爾的那個時代裏，法西斯是對人類和平和生存的最現實，最直接的危險，生活在像英國這樣自由國家中的人民，抗擊法西斯是愛國主義的集中表現。奧威爾認為，愛國不是無條件的民族主義，普通的人民，中產階級也好，勞動人民也罷，都是愛國的。要讓他們愛一個國家，這個國家的政治、社會、經濟制度就必須正義、公正地善待所有的人。

　　奧威爾對書齋式知識分子充滿了蔑視和鄙夷，不僅是因為他們低估希特勒的兇惡和納粹德國的力量，而且還因為他們參與製作斯大林的神話，幼稚地讚美斯大林式的暴力統治。奧威爾從西班牙回到英國，親身體驗了歐洲的極權主義，見到那些完全盲目的書齋知

　　　　　　　　暴政史：二十世紀的權力與民眾

識分子贊同斯大林極權的清洗和屠殺是「必要的謀殺」。這些知識分子，就像他們不願真實地想像工人階級的失業和貧困一樣，他們也不願想像極權統治下會是一種怎樣的生活，因為這兩種想像都需要「一個人能夠設想自己是一個受害者」。(《亞瑟‧庫斯勒》)對於生活在英國的作家和知識分子來說，設想極權下的受害者生活確實不容易，他們把自己在英國享受的民主生活和自由言論當作一件像呼吸空氣那樣再自然不過的事情。奧威爾說，英國文學中從來沒有出現過像《正午的黑暗》那樣對蘇聯幻滅的書，從來「沒有一個英國作家想到要從極權主義內部來看極權主義」，真是一件怪事。與歐洲作家相比，英國作家簡直就是一群政治上的天真之徒，他們之所以如此滿不在乎地說起像莫斯科審判這樣的事件，因為那樣可怕、那樣匪夷所思的事情與他們的經驗根本就是完全脫離的。

奧威爾自己要用最明瞭，最形象的方式表現俄國式暴力革命的專制邏輯和它的極權統治對普通人的殘害，《動物莊園》便是他的第一次文學創作嘗試。這個故事本身的靈感來自一件具體的小事，有一天，他看見一個小孩趕着一匹碩壯的大馬順着小徑走來，馬兒將頭側到一邊，孩子就用鞭子抽它，馬兒便乖乖地轉過頭來，順從地往前走。奧威爾說：「我突然想到，要是這些牲口知道自己的力氣有多大，人類就拿它們無能為力了。普通人能壓榨牲口，就像富人能壓榨無產者一樣」。就這麼一個簡單的想法，讓他寫成了一個三萬字的故事，成為他那個時代最重要的作品之一。他當時只想讓這個故事可以被譯成別的文字，沒有想到這書竟被譯成了世界上所有的主要文字，而其中的一句話則成為人類文化的經典：「一切動物都是平等的，但有的動物要比其他動物更平等」。奧威爾的《1984》更是一部關於極權主義的經典文學作品。

極權主義的可怕在於，即使那些能夠看清極權主義本質的知識分子，也看不到走出極權的出路，這些奧威爾特別擔憂的。他在《亞瑟‧庫斯勒》中提出的正是「與斯大林主義決裂後找不到政治立場」的問題，也就是說，在共產主義、社會主義幻想破滅後，如何對未來懷有某種希望存活下去。他自己對未來的看法是曖昧而悲

觀的，「真正的問題是如何既恢復宗教的態度，同時又接受死亡是終極的。只有在不把幸福當成生活目的的時候，才可能會得到幸福」。奧威爾認為，庫斯勒參加過共產黨，這是他之所以能夠寫出《正午的黑暗》的原因，「英國根本就沒有有關蘇聯的幻滅文學。有人對蘇聯持無知的不贊成態度，有的則持不加批評的崇拜態度，持折中態度的很少。比如，對莫斯科進行的對所謂反革命破壞活動的審判的看法，就分歧很大，但分歧只是集中在被告是否有罪的問題上。很少有人能夠看出，不論審判是否有根據，審判本身就是難以言表的恐怖。英國人對納粹暴行的反對，也很不真實，只是根據政治需要而忽東忽西。要理解此類事情，就必須想像自己就是受害人」。奧威爾認為，庫斯勒的《正午的黑暗》意義正在於此。

但是，在奧威爾看來，庫斯勒對蘇聯的極權還是沒有能夠說出全部的真相，「1933年以後，幾乎所有的左翼作家都有一個通病，即他們一方面反法西斯，另一方面又不反極權。1937年，庫斯勒已經明白了這個，但不方便說出來。在他的第二本書《角鬥士》中，他幾乎就要說出來了——實際上他真的說了，不過是戴着面具說的」。庫斯勒在第三本書《正午的黑暗》中，把這個問題巧妙地迴避了。反對法西斯，就得擁護斯大林的共產主義，這是左翼作家避談極權的根本原因。（《亞瑟‧庫斯勒》）

左翼知識分子對蘇聯極權邪惡本源閉目塞聽，在上世紀30年代是因為一心要反抗法西斯和達到消滅希特勒的目標，他們無視並容忍斯大林式的極權統治，根本無心顧及未來社會的正義理想。在今天，這樣一種短視的左派「反抗」依然在新一代的左派知識分子那裏以別的方式延續，他們無視並容忍的也恰恰是奧威爾當年揭露的那種極權統治。無論是打着民族主義的旗號，還是運用「後殖民」批評的話語，他們在一心要達到反抗西方文化影響這一目標的時候，他們還是像當年的詩人奧登那樣，對「必要的謀殺」表示諒解和支持。他們也同樣不在乎自己的「反抗」要開創的究竟是甚麼樣的未來。這樣的「後殖民」批評而且還是一種典型的學

　　　　　　暴政史：二十世紀的權力與民眾

院話語，晦澀難懂、佶屈聱牙，與奧威爾那種明澈清晰、直截了當的語言形成了鮮明的對比。

美國文化批評家拉塞爾·雅各比(Russell Jacoby)在《最後的知識分子》中，把經院拉丁語的式微和普通民眾方言的興起看成是文藝復興時期最重要的傳播方式變化。可以說，今天學院話語的晦澀與大眾傳媒語言的簡潔，這兩者的對比並不亞於文藝復興時期的拉丁語和方言。文藝復興時期的伽利略，他的「罪行」最主要的還不在於他發現了，說出了甚麼，而在於他怎麼說，對誰說。伽利略在說出他的想法時，用的是流暢的意大利語，而不是難懂的拉丁語。在教皇當局關於伽利略的會議後，佛羅倫薩大使在報告中說：「當局告訴伽利略，如果他要堅持哥白尼的觀點，就安安靜靜地堅持好了，不要費這麼大力氣去說服別人」。而伽利略偏偏拒絕這麼做。後來有人說，伽利略之所以拒絕，是因為他要「離開大學，使自己扎根於廣泛的，有知識的大眾的方言之中。……伽利略並不在乎被放逐出那些害怕光亮的學究們的一個個小圈子……只有在大街、廣場上他才覺得自在」。[3] 奧威爾像伽利略一樣，他的知識分子寫作，其意義不僅在於說出了甚麼，而且還在於為甚麼說，怎麼說，對誰說。今天回顧這樣的知識分子寫作，對我們重新思考知識分子與政治權力和學院小圈子的關係，重新強調作家對於提升社會正義和人類自由的責任，應該都是很有幫助的。

3　拉塞爾·雅各比：《最後的知識分子》，洪潔譯，江蘇人民出版社，2002年，第207–208頁。

第二十章

戰後法國左派知識分子的歷史
—— 《未竟的往昔》

　　對任何一個從思考問題出發，而非單純着眼於「專業學術」的
閱讀者來說，學術上最好的書未必是對他最「有用」的書，而最有
用的也不一定需要是最學術的書。這個「有用」當然是指是否有助
於讀者思考他認為特別重要和需要思考的問題。托尼・朱特的《未
竟的往昔》未必是一部歷史專業學者會同聲稱讚的思想史著作，但
對我們在今天中國語境中思考知識分子及其政治倫理卻是一部不可
多得的好書。[1]

　　思想史的專業標準要求研究者與他的研究對象保持距離，要求
他擱置(或至少不要顯露)自己的價值和道德判斷。按這個標準，歷
史學家就應該對他論述的對象表現出「客觀」和「中立」的理解，
克制自己的情緒，同等看待他贊同與不贊同的思想原素，予以「不
偏不倚」(或至少看似不偏不倚)的持衡評價。這些專業主義的要求
似乎並不適用於《未竟的往昔》(下稱《往昔》)一書，因為朱特的
宗旨並不是寫一本四平八穩、自我克制的思想史。正如他自己所說
的，「這不是一部法國知識分子史；更恰當地說，它是一本有關知
識分子的不負責任議題的文集，一個關於戰後法國知識界的道德狀
況的研究」。(14)對於今天的中國讀者來說，這正可以是《往昔》
一書的有用之處，因為在過去的六、七十年間，中國知識分子所表
現的不負責任遠遠超過二戰後的法國左派知識分子，而對於他們那
種極為不堪的往昔和延續至今的失德狀況，歷史研究雖有一些事件

實錄和暗示性的評價，但像朱特這樣的直言批判和深度反思卻幾近於零。因此，對中國讀者來說，這本書的意義就遠不止是提供一些關於二戰後法國知識分子的普通歷史知識，而是可以在一些根本問題上幫助我們重新思考中國知識分子的政治、社會和道德責任。

一　左派知識分子的「不負責任」

《往昔》是一部對二戰後法國左派知識分子進行政治和道德批評的書，它的中心議題是左派知識分子在極權暴力面前逃避知識分子應該擔負的道德責任。這種不負責任集中地表現為他們為斯大林主義的罪惡開脫和對東歐的極權主義裝聾作啞、熟視無睹。無論是開脫還是無視，都不僅關乎知識分子對極權主義的態度，而且也關乎他們與馬克思主義和共產主義的曖昧關係。

從20世紀30年代到冷戰高潮的50年代，被左派知識分子認作為正統的共產主義是斯大林的「蘇維埃共產主義」。正是這個共產主義，「它的行為、意義，它對未來的主張——佔據了戰後法國的政治和哲學對話。人們對國內外共產黨人的行為的看法塑型了公共討論的術語，並且當時法國的大多數問題也都是在共產黨人及其意識形態影響下的政治和倫理立場的框架內進行分析的」(1)知識分子左翼陣營的蘇維埃共產主義訴求處於壟斷地位，其重要性體現為許多法國作家、學者、思想家、藝術家都受其吸引，有的熱烈維護共產主義，有的成為「同路人」，這在西方世界幾乎是獨一無二的。

左派知識分子選擇馬克思主義、共產主義和社會主義，經常是一種兩害取其輕的選擇，在共產主義的對立面是他們認為反動的和沒有歷史出路的法西斯主義、資本主義和自由民主。這種選擇在斯大林主義的現實暴行面前，失去了原先的道義內涵，變成了一種只講立場，全無獨立思考和判斷的習慣性信仰。左派知識分子為所謂的「正義事業」充當「辯護士」的角色，這就是他們自詡的「知識分子介入」(intellectual engagement)。這種介入不是普通意義上的公民參與，而是在意識形態對立中選邊助陣。左派知識分子自以為，

他們選擇的是「進步」的一方。朱特指出，問題不在於選擇本身，而在於這些知識分子為了尋求「投身」於進步的一方，罔顧無數普通人在「進步國家」裏遭遇的苦難、非正義和非人待遇。他們為醜惡的極權暴政開脫和辯解，付出的是沉重的道德代價。他們並不在乎這樣的道德代價，因為他們對暴力、人類苦難和痛苦的道德選擇全然無動於衷。

法國左派知識分子在道德上失當，在政治上不負責任，這表現在他們對人對己的雙重標準上。他們自己是安全的，但卻把別人的苦難當作值得為歷史進步付出的代價。朱特引用阿爾貝·加繆所説的，「錯誤的觀念常常以流血而告終，但是無論何種情況，流血的總是他者。這也解釋了為甚麼我們的某些思想家會如此隨意地談論所有事情」。(扉頁)這是一種西方知識分子典型的左派偽善和犬儒主義。

二戰後東歐的一些共產主義國家裏，發生了一系列類似於蘇聯1930年代莫斯科審判的審判，許多法國左派知識分子對之裝聾作啞，因為他們害怕批評這些非正義的審判會損害「進步」的事業。不僅如此，對東歐國家政治的斯大林化，他們同樣表現出令人難以置信的理解和同情。對此，朱特一針見血地指出，「戰後在布達佩斯、華沙、柏林和布拉格建立的政權，通過與之相伴而來的鎮壓、迫害和社會暴動，將馬克思主義實踐的道德困境帶入到了西方知識分子議事的中心位置。如果我們可以將兩次世界大戰之間斯大林的受害者在集體化、政治清洗和大規模人口遷移中的遭遇歸咎於一個倒退的、從歷史觀上説屬野蠻社會的現代化和革命的創傷，在二戰後的東歐，我們卻不能這樣評論斯大林主義，因為，為共產主義辯護，其引申義是為作為一種人類解放教義的馬克思主義辯護，相應地就意味着去承認，人類巨大的犧牲是以歷史和自由的名義做出並得到解釋的」。(2)這是一種以崇高目標來為殘暴手段辯護的歷史辯證法和冷血旁觀。

早在1930年代，喬治·奧威爾就已經批判過一些左派知識分子的這種冷血旁觀。他在《亞瑟·庫斯勒》一文中稱他們為政治上的

天真之徒，他們滿不在乎地說起像莫斯科審判這樣的事件，甚至為之曲意辯解，之所以能有這種高姿態的「正確」認識，因為那樣可怕、那樣匪夷所思的事情與他們的經驗根本就是完全脫離的。詩人奧登在詩作《西班牙》(1937)中表示諒解斯大林殘酷的「必要的謀殺」，奧威爾認為，像奧登這樣的左翼知識分子，他們自己生活在安全的英國民主制度中，卻對別國的極權表示諒解，並為之辯解。他們為虎作倀，使得極權更合理，更不容批判，因此加深了極權受害者的苦難。這樣的知識分子事實上已經成為極權施害者的協助者和幫兇。[2]

　　不少曾經參加過共產黨或是同路人的知識分子在1930和1940年代就已經開始認識到，「歷史辯證法」可以是一種為斯大林主義暴行辯護的思想騙術。(參見本書第十七章)朱特要批評的是，雖然已經有了早期左派知識分子幻滅經驗，二戰後的左派知識分子仍然在不負責任地為斯大林主義和極權主義辯護。1956年2月赫魯曉夫的秘密報告揭露了斯大林的殘暴統治，蘇維埃共產主義開始遭到懷疑和摒棄，「在索爾仁尼琴和柬埔寨之後，法國社會普遍將關注點投向法國知識分子和他們之前與馬克思主義的曖昧關係」。(3)1956年匈牙利革命後不久，法國知識分子拋棄了東歐，丟開了那裏的共產主義問題，而把注意力轉向第三世界的反殖民問題，又開始着迷於第三世界的革命烏托邦。到了1970年代，法國出現了許多以二戰後知識分子為題材的書籍。但是，二戰後左派知識分子的親共言行仍然沒有得到應有的反思。朱特的《往昔》不僅回顧了這段不堪的往昔，而且還針對三種不能令人滿意的歷史回顧方式，提出自己不同的史學觀。這三種歷史回顧方式都迴避批判法國左派知識分子的不負道德責任，它們分別是「錯誤概述」「回憶錄」(memoirs)「歷史」(histories)。

　　首先，「錯誤概述」只是列舉一些頭面知識分子，如薩特、波伏娃、埃馬紐埃爾·穆尼埃(Emmanuel Mounier)或其他同時代人的「令人震驚的愚蠢言行」，「但卻並不解釋為何這些先前是文化英

2　　喬治·奧威爾：《文學與政治》，李存捧譯，譯林出版社，2011年。

雄的人物們會有那些愚蠢的想法，也不能幫助我們領會為甚麼持如此觀點的他們會受到追捧，並仍然聲名顯赫、備受尊重」。(5)

其次，「回憶錄」也同樣迴避道德責任。許多回憶錄都是當事人為自己的失德往昔文過飾非，百般辯解，有的「明裏暗裏在歌頌那個時代的病態」，有的給人以「一種不恰當有時甚至是不誠實的感覺。畢竟沒有人想要承認他或者她不但愚蠢，而且在某種意義上還是兩面派。但是，那麼多的這類回憶錄都有這種傾向，表現出了不可避免的矛盾性。因為知識分子的文字會留下關於他們之前看法的證據，這一點無法輕易消除；他們不得不在幾年後承認，他們確實說過和做過那些荒謬的事情。但避而不談那些年的經歷，並聲稱自己已經從年輕時犯下的蠢事中成長起來了」。(6)

再者，相當多的「歷史」著作從文化的角度，一面承認二戰後法國知識分子的「道德偏離」，一面又強調他們的「文化影響」。它們很少討論和充分解釋這些左派知識分子的政治立場為甚麼「被暴力所吸引，對屬公共行為範疇的道德不感興趣，對德國哲學風格的令人奇怪的反復迷戀」。(9)

針對這三種自詡為「中立」「客觀」的回顧方式，朱特在《往昔》裏進行的是一種不同的批判性回顧——在歷史材料上力求精準，但堅持清晰評判的道義立場。他認為，歷史學家在研究中應該做到，「在解釋一些本身並不吸引人，並且常常會讓讀者感到厭惡的問題時，仍然有義務做到準確無誤，但卻沒有義務假裝中立」。(10)這不僅是歷史學的學術取向，而且也是作為知識分子的歷史學家不容推卸的道德責任。

二　甚麼是知識分子的道德責任

歷史研究的材料要精準可靠，但論述則應該堅持批判立場，這是知識分子擔負責任的一種方式，也是公共知識分子做學問的特徵。在對法國知識分子的研究中，朱特關心的首先是起到公共作用的知識分子，也就是那些與公共政治有關聯的知識分子，而不是書

齋裏的思想家，或者1960年代或之後成年的那些被學院化了的法國「理論家」和「哲人」。朱特很瞭解戰前和戰後法國的黑格爾主義、馬克思主義、存在主義和基督教人道主義，但他真正關心的不是那些理論本身，而是「介入型知識分子」(engage intellectuals)如何運用那些理論來理解或錯誤解釋他們生活世界的政治現實。朱特用道德責任來衡量這些知識分子，為此有人指責他不客觀，是帶着偏見進行道德審查。然而，在《往昔》一書裏，朱特的用意並不只是揭露這些知識分子的不光彩往昔——這些都早已成為白紙黑字的歷史記錄——而更是為了在普遍意義上提出知識分子的責任問題。在歷史研究中對背離知識分子責任的文化人提出批評，是歷史學家朱特提出知識分子責任問題的專業方式。

那麼，甚麼是知識分子的道德責任呢？在《往昔》裏，朱特指出，知識分子的責任首先是在人權和公民權遭到侵犯的時候，不要保持沉默，更不要為之辯解。道德責任的反面是「道德麻醉」(moral anesthesia)。二戰後，在「席捲半個歐洲的共產主義政權建立之時，(那裏的人們)付出了剝奪、傷痛、死亡的代價，卻幾乎沒有付出關注或抗議」，這時候，法國左派知識分子對發生在他們現實世界裏的暴力、壓迫和非正義保持沉默，「就好像一個漫長的冬日降臨到了知識分子的心頭，隱約覆蓋了所有人類受難的證據；在一片陰鬱中，評論員也只能以最抽象和最模糊的方式抓取片段的真相。從這些有選擇性的、故意透露的部分資料中，他們塑形和抽象了關於『那邊』的真相，以滿足他們自身的精神需要」。(186)

朱特在史學研究中闡述知識分子的責任，是從正反兩個方面來進行的。一個是在《往昔》一書裏對一些二戰後法國「入局知識分子」(「介入者知識分子」)的負面批判——他們曾經是斯大林主義和共產主義的擁護者或同路人。另一個則是在《責任的重負》一書中對三位「局外人知識分子」的正面評述，他們分別是社會民主主義政治家布羅姆、作家加繆和哲學家阿隆。《往昔》與《責任》是兩本相互補充，相互闡發的著作。在《責任的重負》裏，布羅姆、加繆和阿隆分別代表的是政治、道德和知識這三種知識分子責任，

都是知識分子不負責任的對立面。朱特指出，知識分子有兩個常見的逃避責任方式，一個是在政治辯論中迴避道德問題，另一個是歪曲和抹黑自由民主。

第一，為了平息內心的良心不安，逃避道德責任需要一種「將道德範疇的使用排除在外」的「政治辯論」語言。這是一種被美化為「歷史辯證法」的理論詭辯。利用這套語言，知識分子可以既不費力又心安理得地「練習集體道德麻醉」。在排除了道德範疇和普遍價值觀的語言規範中，「政治論辯的通用語言，不管是在同一個政治陣營內的還是跨意識形態邊界的，都將道德範疇的使用排除在外，因為後者會迫使男男女女以另外一套標準來反觀自己和他人的行動。套用一種歷史編撰學的說法，也許有人會說法國知識分子採取了一套嚴格受到限制的範式……除了少數例外之外，他們不會也不能看到他們所討論的那些事件的意義。當他們確實一時對斯大林主義的真相及這種真相對他們的政治環境造成的影響有所洞見時，通常情況下，一旦這一時刻過去，他們就會從頭腦中將這一令人苦惱和不快的真相驅逐出去」。(186)

政治論辯的語言使得知識分子喪失善惡辨別意識，陷於一種自我麻痹的裝睡狀態，無法用道義判斷來辨別自由民主與專制獨裁制度之間的區別。朱特在《重估價值：反思被遺忘的20世紀》(2008)一書裏說，20世紀末至今的知識分子大多迴避惡的問題，「現代世俗社會對『惡』這一概念感到不舒服已經很長時間了。自由派人士對它的不可調和的道德絕對性和宗教暗示性感到尷尬。20世紀偉大的政治宗教(political religion)寧可選擇好與壞、正確與錯誤之類更理性化、更工具化的說法。但是第二次世界大戰後，由於納粹毀滅猶太人，國際上愈來愈反感共產主義，『惡』的概念慢慢地潛回道德思維甚至政治思維的表述方式」。在法國，缺少的就是像漢娜・阿倫特和波蘭哲學家萊澤克・科瓦考夫斯基(Leszek Kołakowski)那樣關注極權之惡的思想家。[3]

3　托尼・朱特：《重估價值：反思被遺忘的20世紀》，林驤華譯，商務印書館，2013年，第17頁。

用政治辯論代替道德判斷的語言,以此言說和評價現實,最突出的一個特點就是對發生在不同政治制度中的「新進展各打五十大板」。(228)朱特指出,「每當法國左翼文人不得不承認蘇維埃的行動中那些站不住腳的部分的時候,他幾乎都會加上一個注明了西方盟友罪行的附錄。這就好像某些基因被植入了知識分子的編碼當中,要求他在每一次為共產主義的行為做辯護時,都能找到一個反例」。(229)而且,這種政治辯論還慣於使用倒打一耙的伎倆,在意識形態壁壘分明的敵我對立話語中,專制制度可以賊喊捉賊地否定任何來自自由民主國家(經常被等同為「西方」)的批評,其自衛的邏輯是,西方倘若沒有完全乾淨的良心,就不應該擅自批評別人的缺點。因為西方資本主義固有的非正義,它的良心註定永遠不會乾淨,所以,一切對共產主義的批評也都免談。而且,任何來自西方的批評都只說明西方自身的失敗,因為它暴露了使資產階級必然走向滅亡的愚蠢和不自量力。你說我不乾淨,我就說你比我更髒,你批評我的不是,我就說你是垂死掙扎,這樣的政治辯論完全沒有道德是非和善惡區分,在說理方式上是幼稚的,在政治和道德上則是不負責任的。

第二,知識分子逃避道德責任的另一種常用手段是歪曲和抹黑自由民主。在今天的世界裏,大多數被人們普遍認可的道德和價值觀念都是自由民主政治所倡導的——自由、平等、公民權利、人權、人的尊嚴等等。但是,這些價值觀並不是自由民主專有的。自由民主倡導這些價值,並不等於這些屬人類的普遍價值已經在民主國家裏充分實現。以某些國家裏自由民主的不完美狀態為理由,否定這些人類普遍價值的意義和重要性,會使得防範和抵禦非民主政治失去必要屏障,因此是不負責任的做法。

朱特主張以自由民主的基本立場來對抗極權主義,是因為他看到,雖然自由民主有它自身的缺陷,但至少在短期內,它為人們認識和對抗極權主義的邪惡提供了必要的政治道德參照。他指出,「極權主義不僅僅是一套語言。為了正視歐洲的極權主義經歷,包括其對西方知識分子產生誘惑的方方面面,再怎麼強調民主的價值

和自由政治的勝利都是不夠的」。為了有效地對抗極權主義,「我們必須首先追問,將自由民主同與之相對的極權主義區分開來的是甚麼」,這就首先需要「認真考慮個體的權利和地位的問題」。(414)而且,需要「為自由政治建立一種道德語彙,換言之,一種民主的道德標準」。(417)這些道德語彙包括朱特自己經常援用的價值概念:權利、自由、責任、個體、正義。在這些概念中,最為核心和基本的就是自由。

朱特對甚麼是「自由」提出了自己的看法。他指出,「自由」是一個有爭議的概念,「它發端於啟蒙運動時期的理性構建,這使得它同其他與人類福祉相關的願景一樣,容易遭到概念(以及真實狀況下的)專政的傷害:幸福、社會主義、平等」。(413)自由經常被解釋為與自由相悖的東西,事實上,獨裁和專制無不自稱是在維護人民的「自由」,並不會愚蠢到公認對抗自由的地步。因此,朱特強調,「只有在兩個基本前提被毫無質疑地接受的前提下,自由才能開始成為公共思想和政治實踐的組織原則」:第一個是「個人的重要性和首要地位」;第二個是它的「複雜性、多樣性以及政治生活的不確定性」。他認為,在法國,許多知識分子既不能充分強調個人的重要性,也沒有看清楚自由的不確定性。這樣一來,就算他們看起來是在談自由,也不足以形成對極權主義的有效對抗。(413–414)

朱特認為,如果不強調個人自由必須落實為每個公民的權利和人權,那麼自由和民主就會變成一句空話;如果把自由主義當作一種「主義」和一個終極目標,那麼自由就會變成一種與極權相仿的意識形態。他指出,「法國後極權主義思想的脆弱性與對被重新發現的自由主義的奇怪使用緊密聯繫在一起」。這是因為,雖然有不少人關注人權,但在表述自由的多樣性和不確定性時,非常勉強。法國缺乏自由主義的傳統,東歐也是一樣。在國家主義或共和主義傳統的國家裏,「自由主義」很容易被誤用為「一個唯一可欲且無須存疑的目標,這也是(反極權人士)最初是以不同政見者的身份、如今是以國家建設者的身份所要努力達成的目標;在他們眼中,這

暴政史:二十世紀的權力與民眾

是一個無可爭議的政治範疇。將自由主義變成一項事業，並使其作為烏托邦的替代物進行運作」。(415)

朱特用以對抗極權主義的自由觀念不是一個烏托邦的替代物，也不是一個終極目標，而是一種與極權主義暴力和強制統治格格不入的社會形態，「它指向這樣一種社會，在其中，政治的混亂性與開放性使得大型計劃的推行變得不再可能，無論其多麼合乎理性與完美……自由的民主是，並且準確地說，它想要努力保持的是，各種互相競爭的主張間的凌亂的妥協，而它唯一一貫的防禦方式在於，它最少地干涉各種事務，卻同時努力滿足和維護各方的需要」。(416)朱特反對斯大林主義，反對極權主義，他贊同的政治理念和價值觀來自社會民主主義，而不是「新自由主義」。新自由主義反對國家干預國內經濟或管制商業行為和財產權。在國外政策上，新自由主義支持利用經濟、外交壓力或是軍事介入等手段來擴展國際市場，達成自由貿易和國際性分工的目的。這些都不是朱特所贊同的。

三　「一篇關於道德責任的論文」

在對二戰後法國左派知識分子的諸多歷史研究中，朱特的《往昔》是一部另類著作。他在《往昔》中所做的道德干預受到不少專業主義史學家的批評，他們認為史學家表述自己的道德立場有礙於史學的專業原則。然而，史學著作包含道德干預，這是否就一定會降低其學術價值呢？

朱特在《思慮20世紀》中回顧道，他在《往昔》中揭露歷史真相，論述是真實的，只是因為言詞犀利，它的「主觀論調」才讓一些史學家感到不快。朱特認為，這樣的論調其實在前人的歷史論著中就有，「如果你將一部18世紀的歷史著作跟一部文筆上佳的21世紀歷史著作加以比較，你會發現並無太大的變化。吉本的《羅馬帝國衰亡史》完全能夠為一位當代的歷史學家 —— 甚或一位學童 —— 所理解：論點的結構、證據的佈局以及證據與論點間的關係

皆毫不陌生。所變化的只是，吉本還允許自己採用一種他並不覺得不妥的説教論調，更不用説那些讓人覺着突兀的論辯式旁白——批評者對我的《未竟的往昔》大加撻伐的正是這類東西」。[4]

史學著作當以甚麼樣的論調為妥？史學家們對此當然可以有各自不同的看法。就《往昔》而言，比起專業主義的學術性，更重要的似乎是它開拓或繼續了一種坦言真相、夾敘夾議的歷史書寫方式，這種歷史書寫把歷史當作一種闡述知識分子問題的方式，一種與當下政治經驗建立聯繫的途徑。研究對象雖然是過去的，但研究本身的問題意識卻是扎根於當下的現實。這樣一種歷史或歷史書寫也許現在還沒有被史學專業主流所接納，但卻並不因此沒有其自身的價值，所以也不應該簡單地予以排斥和否定。

作為一部關於二戰後法國左派知識分子的歷史著作，《往昔》的主要貢獻在於它開拓了一個長期被同類研究所忽略的領域，那就是中–東歐對法國思想界的影響。馬克思主義逐漸失去對法國知識界的主導性影響，這與1970年代東歐知識分子異見政治對法國知識分子的反極權思想衝擊有關。《往昔》清楚揭示了東歐知識分子與法國知識界的這一聯繫，功不可沒。

在保加利亞、羅馬尼亞，尤其是匈牙利和捷克斯洛伐克上演斯大林式「公審」劇的時候，法國左派知識分子扮演了不光彩的極權辯護士角色，朱特是最早對此作出歷史分析，並將此確定為一個歷史研究課題的。他所運用的實證歷史材料來自法國的思想刊物《精神》(Esprit)《現代》(Les Temps modernes)《基督教見證》(Témoignage Chrétien)，這些材料雖然有目共睹，但卻一直被研究這一時期的專業學者所忽略。這些材料顯示艾曼紐·穆尼埃(Emmanuel Mounier)、薩特、德·波伏娃、梅洛·龐蒂和其他左派知識分子故意對斯大林式的極權暴行和政治非正義裝聾作啞、曲意辯解。他們這麼做，為的是挽救他們心目中馬克思主義和革命的歷史必要性。朱特為自己設定的學術任務就是毫不掩飾地指出這些左派人物在道德上蛇鼠兩端、口是心非和道德雙重標準(moral bifocalism)，這不

4　托尼·朱特：《思慮20世紀》，蘇光恩譯，中信出版集團，2016年，第296頁。

僅是揭示歷史真相，而且也是對歷史真相作出道德評判。

　　道德評判是一種特定的知識分子政治參與，歷史學家有義務，也有權利對歷史中知識分子的思想和行為作出道德評判，這種評判不只關乎道德，而且也關乎知識的政治性質和作用，既適用於知識分子，也適用於社會中的其他人物。這也是朱特在《責任的重負》中所說的，「我以知識分子為題，是因為他們對法國深有影響，也是因為政治參與興起之後，道德義務最容易與知識分子聯繫在一起，而他們本人也強調選擇──以及那些被稱為『選擇』的決定──的倫理維度。不過，以政治責任感的名義效忠於一個團體或政治對象，久而久之傷害乃至完全破壞了每一種特殊的道德責任感，放棄個人判斷和主觀能動性，並非知識分子獨有的弊病。其他人同樣要面對這種危險：政治家、公務員、士兵、教師、學生都難倖免」。[5]

　　二戰後的法國正處於一個被稱為「冷戰」的特殊歷史時期，在這個特殊歷史環境中，正如朱特在《責任的重負》中所說，左派知識分子「繼續投身於一種被政治化、陣營化的文化，支持一方或另一方，這意味着，不管他們所傾力分析的客觀現實多麼無涉感情色彩，他們的公共言論也一定是辯鬥性的，在其中，政治或意識形態立場第一，專業知識技能則屈居其下」。[6] 1992年，《往昔》出版之時，冷戰已經結束，朱特這個時候重提後冷戰時期的「左岸」議題，是不是如一些批評家所說，已經過時了呢？

　　《往昔》是朱特繼《馬克思主義與法國左派》(1990)一書之後的歷史著作，也是對前一本書議題的延續和擴充。《馬克思主義與法國左派》是以法國政治為背景，對薩特及其同代知識分子進行批判。而《往昔》則是在一個更廣大的背景下，從全球範圍內自由與共產主義的對立來繼續這一批判，它也更加強調與知識分子道德責任有關的正義、價值觀、道德資源和倫理觀念。1990年代初，雖然柏林牆已經崩塌，但左派思想的殘餘影響仍然陰魂不散。1970年代

5　　托尼·朱特：《責任的重負》，章樂天譯，中信出版社，2014年，第16頁。
6　　托尼·朱特：《責任的重負》，第18頁。

末，法國出現了許多反薩特的著作，但這方面的英語著作卻寥寥無幾，《往昔》要填補的正是這樣一個空缺。與1992年又時隔24年之後，《往昔》譯成中文在中國出版，它的時效性似乎更可能成為一個問題。《往昔》過時不過時，要看我們怎麼來閱讀這部著作。如果把它當作一部純粹是關於過去，且與當今甚少實質性聯繫的歷史著作來閱讀，那它就可能是過時了的。但這樣的閱讀恰恰會大大降低《往昔》對今天中國讀者應有的啟示價值。

而且，《往昔》是否過時，要看對誰而言，因何而言。《往昔》1992初版時之所以會有這個問題，是因為馬克思主義對美國或歐洲新一代讀者(出生與20世紀60或70年代)已經不再具有像對朱特那一代人的影響。這個時候的馬克思主義已經不再是一個具有實質意義的政治綱領或革命規劃，不再意味着階級鬥爭、無產階級專政、社會主義、生產資料公有制等等。以馬克思主義名義實行一黨專制的國家只剩下寥寥可數的幾個。它們雖然還打着社會主義、共產主義、馬克思主義的旗號，但已經完全不能像斯大林時代的「社會主義陣營」那樣與資本主義世界分庭抗禮。馬克思主義只不過是在學院裏教授的一個專業理論，離人們現實生活世界已經相當遙遠。即使在那些還打着馬克思主義旗幟的國家裏，它也不過是一個意識形態的招牌，所起的不過是裝點政治門面的象徵作用。無論是在世界的甚麼地方，20世紀90年代的青年都已經不再像30、40年代的「進步青年」那樣，真實地從馬克思主義感受到政治行動和事業獻身的熱烈衝動。

但是，對於朱特那一代人(他們出生於20世紀40或50年代)來說，不管是接受還是拒絕馬克思主義，都不可能不感受到馬克思主義的實質性影響。朱特出生於1948年，1969年在劍橋大學獲得學士學位後，到法國高等師範大學(École Normale Supérieure)當研究生。這位21歲的青年已經對影響世界的馬克思主義政治和在法國叱咤風雲的左派知識分子形成了他自己的看法。他對這些知識分子遷就和附和極權主義(先是蘇聯的斯大林主義，後來是中國的「文革」)有着真實的道德義憤。這種年青人的義憤、反感、厭惡和反抗，其

暴政史：二十世紀的權力與民眾

強烈程度和深刻記憶，恐怕只有中國的老三屆在回憶起自己的「文革」歲月時才能體會。朱特對法國左派知識分子的反感和厭惡是他思想形成期裏記憶最深刻的部分，這種記憶之所以深刻，是因為它一輩子都在影響記憶者對許多事物的看法。朱特只要論及知識分子的偏執和偽善，就免不了會提到冷戰時期的薩特、梅洛·龐蒂、波伏娃。他們成為知識分子身上一切壞毛病的化身：不負責任、蛇鼠兩端、自以為是、盛氣凌人。

　　朱特與法國左派知識分子的思想分歧和衝突也許是後代人所難以切身體會的，對於後代年青人來說，朱特那一代人左與非左的思想衝突早已成為過去。出生於冷戰之後的新一代人，他們已經清楚瞭解朱特那一代人所不知道或不願意知道的馬克思主義政治內幕。1968年「五月風暴」期間，法國年青人在左派知識分子的引領下迷戀中國的文化大革命，薩特和左派學生們在巴黎街頭散發宣傳中國「文革」的左翼報紙，號召法國人效法「文革」，數以千計的學生佔領了巴黎許多大學校園和地標建築，並與警察發生巷戰；巴黎美院學生還效仿紅衛兵「破四舊」，搗毀學院幾乎所有石膏像。這些對新一代年青人來說，已經是遙遠的往事，他們知道斯大林和「文革」的發動者是被神化了的獨裁者，他們也知道古拉格群島或夾邊溝是殘酷極權統治的工具和產物，其罪惡是不能用「歷史辯論法」來減輕或漂白的。

　　新一代年青人不會再懷疑或拒絕相信這樣的過去，但是他們會以為，這些如今都已經是眾所周知的事實真相，無需再舊事重提，不必再反復嘮叨(「事情都過去這麼久了，還說它幹嘛」)。這也是許多中國年青人對待災難往昔的態度，對他們來說，紅衛兵、造反派、三年自然災害、反右，聽都聽煩了。倘若再重新提起，那便是走不出歷史的陰影，掙脫不了過去的記憶陰霾。不同代際的人們會對同一些歷史事件表現出迥然有別的興趣或缺乏興趣，這會在相當大的程度上影響他們對歷史著作的評價，因為對歷史著作的評價不僅關乎是否能提供歷史知識的信息，而且也關乎關乎所提供的歷史信息在當下是否還「有用」。

正是因為如此，我們才更需要瞭解《往昔》是一部怎樣的著作，它的作者又是一位怎樣的歷史學家。朱特是一位1960年代對馬克思主義失幻的青年，但是，《往昔》寫的並不是他的個人幻滅，或者他那一代人的幻滅，儘管這樣的幻滅在相當程度上支配着他的歷史寫作。《往昔》的直接目的是真實記錄和批判論述一段離當下並不太久遠，與當下有着多重道德責任聯繫的過去，這部歷史著作也因此成為一篇關於道德責任的論文。

　　可以說，《往昔》既是歷史，也是思想政論，對於關心知識分子政治的讀者來說，思想政論的意義會更大一些。朱特對「左」的思想的政治道德批判不僅犀利透徹、清晰明快、鞭辟入裏，而且個性分明，這是他的一貫文風。他論述語調中的道德憤慨會令不少習慣於學院思考的歷史學家們感到不安，覺得是在用政論體書寫歷史。然而，與普通政論不同的是，《往昔》一書的道德憤慨指向的首先不是作惡多端的斯大林主義本身，而是那些容忍斯大林主義或為之辯護的西方左派知識分子——他們本來並不愚蠢，而卻偏偏迷失了方向。在極權之惡的面前，他們非但沒有批判和抵抗，卻反而為之辯護、掘泥揚波、助紂為虐。正如阿隆曾說過的，「歐洲的左派們把一個建金字塔的傢伙當作了神」。[7]《往昔》起到的重要作用是對往昔左派知識分子的不道德和非正義做政治清除。如果讀者以為那些必須清除的左的東西，其殘餘痕跡在今天已經消除得差不多了，那麼他們不妨覺得這本書已經過時。但是，如果他們不這麼認為，而是痛感於左的禍害仍然還在支配許多知識分子的思維、敗壞他們的心靈、泯滅他們的道德良心，那麼，這本書便還沒有過時。在今天的中國，左的思想殘餘真的已經清除乾淨了嗎？讀者對這個問題有了回答，對《往昔》是否過時的問題也就有了回答。

7　　Raymond Aron, *The Dawn of Universal History: Selected Essays From A Witness To The Twentieth Century*. Ed. Yair Reiner. Trans. Barbara Bray. New York: Basic Books, 2002. p. xv.

　　　　　　　　　　　　　暴政史：二十世紀的權力與民眾

第二十一章

「強制說服」下的知識分子羊群變異
——《無罪流放》

　　始於1968年、旨在對中國知識分子進行思想改造的「五七幹校」，距今已經半個多世紀。它是1949年後中共對知識分子長期「強制說服」過程的後期階段。此後，這種強制說服的努力被部分放棄，改用其他更為有效的利誘和操控方式，一直延續至今。今天回首「五七幹校」這一頁歷史，知識分子改造問題更加值得我們思考與反省。

　　1966年5月7日，毛澤東審閱中央軍委總後勤部報告後致信林彪（即《五七指示》）。15日，中共中央轉發該指示，號召將軍隊辦成一所「大學校」，並要求工農學商等各行業依此辦理。1968年10月4日，《人民日報》頭版刊登《柳河「五七幹校 " 為機關革命化提供新的經驗》一文，並在「編者按」中發表毛澤東的批示：「廣大幹部下放勞動，這對於幹部是一種重新學習的極好機會，除老弱病殘者之外都應該這麼做，在職幹部也應該分批下放勞動」。現有估計是，從1968年到1976年五七幹校解散，中國大陸各省市「五七幹校」下放的幹部達百萬人之多，其中相當一部分是作為思想改造對象的「知識分子」。

　　思想改造是一種「強制性說服」（coercive persuasion），存在於不同國家的一些強制性社會化程序中（如罪犯改造、解毒、戒煙、反邪教、心理治療）。在中國語境裏，強制性說服是一種意識形態主導的大規模思想改造，是一項持續進行的政治工作任務，涉及面之廣，強制手段之發達是其他國家社會難以相比的。

　　在中國，對知識分子的強制性說服並不僅僅是針對個人的，

而且是針對知識分子的整個人群，其目標是讓所有可能被歸入「知識分子」的人，在行為和思想朝着意識形態所規定的方向發生實質性的轉變，並在此基礎上將轉變永遠固定下來。「強制性說服」是一種以「說理」面目出現的「教育」和「幫助」。「教育」與「學員」讓幹校表面上像是一個「學校」，但實質上，如一些幹校見證和回憶彙編——包括賀黎、楊健采寫的《無罪流放》(下引此書在括號中直接表明頁碼)和趙豐編纂的《紅色牛棚：中國「五七幹校紀實》——所揭示的，卻是一個「奴化式勞改」營、一個「無罪流放」的「紅色牛棚」和一個肉體和精神折磨的絞肉機。

一　強制性說服的三個階段

五七幹校不是普通的學校，而是特別為了強迫一些人，用毛澤東的話來說，「重新學習」的地方。長達8年的五七幹校可以分為三個時期——草創時期(1968–1970)、波谷時期(1971–1973)、晚期(1974–1976)——但放到1949年之後對知識分子思想改造的長期過程中來看，應該說是它的後期階段。

組織心理學領域的開創者和奠基人，美國麻省理工大學教授艾德佳·沙因(Edgar H. Schein)在《強制性說服》(*Coercive Persuasion*, W. W. Norton, 1961)一書裏提出了具有普遍意義的強制性說服三階段學說，這三個階段分別是「化凍」(defreezing)、「改變」(change)、「固化」(「再凍」refreezing)。其他研究者對思想改造的過程有不同的描述和分析，但與沙因的三階段說並不矛盾。沙因所說的這三個階段，用我們比較熟悉的說法，不妨分別稱為「瓦解」「改變」「再造」。其基本邏輯是，第一，先把改造對象在社會上和他自己心裏搞臭、搞垮，使之徹底瓦解；第二，迫使他發生自我觀念和價值觀的變化；第三，鞏固他的新觀念，防止動搖或復舊，鞏固永久性的再造自我效果。

1949年後，對知識分子的長期思想改造經過一次又一次的政治運動，尤其是1957年聲勢浩大的「反右」運動，已經取得成果。在

1968年開辦五七幹校之前，知識分子的「瓦解」和「改變」這兩個階段其實已經完成了，「再造」的結果也已經清楚顯現。在這個歷史的整體強制性說服過程中，五七幹校所起的作用只不過是階段性的「改變」和「再造」，並不是如宣傳所說的那樣是一次全新的「脫胎換骨」。

當然，這是一般而言的。知識分子並不是鐵板一塊。可以說，早在延安整風時期，左派知識分子就已經有了該如何應對強制性說服思想改造的巨大壓力問題。1949年後，這已經不再是左派知識分子的問題，而是所有知識分子的問題了——他們中的許多頭面人物之所以沒有能做出胡適、傅斯年他們的選擇，是因為完全不能預見這個問題將對他們是多麼嚴重和致命。

對思想改造的壓力有三種不同的應對方式，形成了三種不同的知識分子人群。第一種是在內心發生信念的改變(持久、穩定的變化)，第二種是在特定環境中作適應性改變(暫時的，不穩定的變化)，第三種是人格和智識的抵抗(拒絕改變)。

1957年之前，擔任領導職位的黨內知識分子(資格老、地位高、立場堅定、一貫緊跟)都屬於第一種人，如周揚、夏衍、陽翰笙、田漢、丁玲、陳啟霞、馮雪峰、韋君宜、王若水、劉賓雁、戴煌等等。1957年，他們當中不少人成了「右派」，被剔除出了這一類，但並沒有成為第三種人。第三種人的人數很少，但不是沒有。「反右」中有儲安平、林昭這樣的人物，「文革」中有張志新、遇羅克這樣的人物，還有那些以死抗爭的(如傅雷)。長期以來，絕大多數的知識分子都是屬於第二種的，至少改造者視其為第二種，他們也是五七幹校中的大多數。知識分子思想改造的「瓦解」「改變」「再造」三階段的特徵在這第二種人身上可以看得最為清楚。

強制性說服的每一個階段都有它自己的首要目標，也有它自己一套具有特點的說服、影響、操控和強制手段。對知識分子強制性說服的思想改造，第一個階段是「瓦解」(或沙因所說的「化凍」)。這是為長期改造和控制所做的準備工作，也是思想改造的基礎工程。富蘭克林說，養成新習慣必須先改掉舊習慣。同樣，再

造「新人」必須先摧毀舊人。「瓦解」是脫胎換骨的「脫胎」，要換骨就得先脫胎。脫胎需要徹底摧毀舊知識分子的人格、尊嚴和自我知覺(self perception)。瓦解或脫胎本身並不是思想改造的目的，而只是一個階段性的目標。它要迫使改造對象的知識分子先軟下來，失去抵抗的心理和意志力量。知識分子自視清高、傲氣、自負、有骨氣、士可殺不可辱、不為五斗米折腰。這些都構成了知識分子的傳統自我知覺和自我觀念(self concept)。知識分子人格、傲氣、自尊看上去非常堅硬，其實不過是凍成冰的水，只要將它化凍，使之融化，便會變得柔順如水。今天，有的研究者在討論中國知識分子問題時讚揚和推崇舊中國一些老知識分子的所謂「家國天下情懷」，將之理想化為一種有效的思想抵抗資源，這種懷舊的記憶有意無意視而不見的是 —— 正如章詒和、陳徒手等人的作品所揭示的 —— 這種脆弱的「家國天下情懷」早已被中共的「思想改造」徹底瓦解，根本不堪一擊。

與瓦解這一階段目標相一致的主要手段是，第一，無休無止的開會、學習、批判，揭露和控訴他們的「原罪」(剝削階級代言人、不勞而獲、四體不勤五穀不分、高高在上，脫離工農)。第二，把他們組織成相互蔑視、相互嫉恨、相互出賣、相互不信任的高壓同儕群體。在這樣的人群中，知識分子相互揭醜、相互扒糞、互揭瘡疤、相互抹黑 —— 揭發和告密個人生活的劣跡、隱私醜聞、敵偽漢奸往事、道德污點、不堪的行為、勾心鬥角的髒事。知識分子本來就有文人相輕、搬弄是非、惡意妒嫉、尖酸刻薄、積怨記仇的毛病，這些正是統治者可以方便利用的人性陰暗和骯髒心理。用階級鬥爭的高尚名義來清算這些個人恩怨，讓人性的陰暗和骯髒有了盡情發洩的機會。誰的發洩越無恥、越卑鄙，就越是表彰誰「覺悟高」「進步快」。其結果便形成一種螺旋式上升的不要臉和卑鄙無恥，讓所有的知識分子在狗咬狗的自我糟踐過程中「集體臭掉」。

強制性說服的第二階段是「改變」，目標是讓他們厭棄和擯除自己原有的自尊和獨立人格，朝專制意識形態規定的方向發生轉

暴政史：二十世紀的權力與民眾

化。改變看起來是個體的選擇，其實是一種沒有選擇的選擇，對許多人來說，是一種在逆境中的自我調適。脆弱的個體為了逃避自己因人格破損、自尊心坍塌、自負心理崩潰所造成的焦慮和恐懼，唯一能看到的出路就是在新環境找一個能填補內心需要的替代品。尋找替代品的自我調試是一種認知心理學所說的「認知失調」。

認知失調指的是人在做出決定、採取行動或者接觸到一些有違原先信念或價值的事情之後所出現的衝突狀態。這種衝突會引起不適和焦慮，當事人會採取化解的措施。許多知識分子在被改造時，會在自己的獨立人格理想與被迫的無條件服從之間感受到一種惱人的矛盾衝突。倘若放棄獨立人格，他們中許多人會為此感到羞愧。為了平息內心的羞愧，他們特別需要為自己的放棄找到合理性的解釋，勸解自己，這是一個正確的選擇。自己選擇放棄獨立人格不是因為懦弱和害怕，而是因為有了新的「覺悟」，是一種思想的「進步」。這種調適開始是一種自我欺騙，但最後會弄假成真，「轉變」便是弄假成真的結果。第二階段的主要手段是誘導「依從」，後面還要述及。

強制性說服的第三階段是「再造」（「換骨」），也就是沙因所說的「再凍」，其目標是鞏固思想改造的成果，讓調適性的不穩定變化變得持久而確定。換骨最重要的表現是「行動」。如果沒有持續不斷的行動，任何思想的轉變都無法驗證。這也是思想改造的一個致命悖論或詭局，使它不可能真正成功。真正改造的思想是存在於人頭腦裏的，無需也無法作可見的確實驗證。不得不借助於可見行為驗證的思想改造其實是一種行為訓練。思想改造也因此成為行為訓練的副產品。

行為對思想的驗證是本末倒置的。思想指導行為，思想為體，行為為用，有真實的思想才有真誠的行動。但是，行動是可以偽裝的。用可以偽裝的東西去證明必須是真實的東西，給虛偽提供了機會，為腐敗鋪平了道路。宗教改革之前，天主教信仰必須以「事功」來證明信仰，就是這種情況。信仰反倒成了「事功」的副產品。因為事功的喧賓奪主，教會變得偽善和腐敗。只要上教堂、做

禮拜，哪怕私生活再不道德，也是一個好教徒，只要買贖罪券，犯下再大的罪過也能贖回煉獄之刑。以正確行為來鞏固思想改造的成果，成為一種在思想高壓下具有持續效應的虛偽訓練，也是今天中國社會集體假面化和謊言欺騙的一個主要原因。

二 「五七幹校」強制性說服的「瓦解」

在中國，知識分子的徹底「脫胎」並不是始於「文革」，相比於「文革」前(尤其是反右運動)和「文革」最初兩年對知識分子的暴力殘害來，五七幹校的脫胎功能似乎反倒顯得溫和了許多，至少在許多知識分子的個人感受上是如此。幹校的懲罰性脫胎也不能與北大荒、夾邊溝、青海湖這種地方的勞教懲罰相比。一直到反右，被迫脫胎的知識分子絕大多數是從舊時代過來的，他們還保存着許多舊知識分子的骨氣和獨立人格，這些在「文革」之前就已經被徹底摧毀了。

去五七幹校的知識分子裏有的是新社會培養起來的知識分子，他們覺得自己是黨的人，不需要脫胎。1958年大學畢業的何西來說：「毛澤東說過，從舊學校培養出來的知識分子，他們的歷史觀基本上是資產階級的。我們是從共產黨領導的新學校裏出來的，把這種學校也歸入『舊學校』，我想不通」。(12)劉東升說：「我1961年從天津音樂學院民樂系畢業，留校三年。1964年調到音樂研究所，屬『年輕一代』，經歷簡單，歷史無瑕……『文革』對我衝擊不大，下幹校也是隨大流」(169)。李少白說：「(1967年)被揪出來，打成『反革命修正主義分子』……我那時35歲，已有12年的黨齡，可以說是黨一手培養的出來的電影工作者。一夜之間變成了反黨分子，既迷糊、憤懣，又有點恐懼」。(137)

對於何西來、劉東升和李少白這樣的五七幹校學員來說，知識分子的身份本身就是一種集體原罪，與個人歷史是否「清白」沒有關係。這種集體原罪是1949年後，改造者用以對知識分子進行精神瓦解的主要攻擊性武器，也是摧毀知識分子集體自尊和人格自我認

知的有效手段。正如陳徒手在《故國人民有所思》裏所説：「1952年以後，對知識分子的思想改造運動接連興起，風雨中的運動力度時重時輕，在全國範圍內讓知識分子在思想領域無處可遁」[1]

讓知識分子無堅可守、無處可遁的頭條戰略就是定他們的「原罪」。這是瞄準知識分子軟肋的致命出擊。法國社會學家埃呂(J. Ellul)指出，知識分子自以為擅長於抽象思考和理論，喜歡玩理論，也樂於接受理論；因此最容易用理論來説動他們、動搖他們、打垮他們。[2] 階級鬥爭的「革命理論」於是便成為在思想上降服知識分子的高招妙着，也是給他們階級原罪鐵板釘釘的有效伎倆。從對知識分子「階級特性」的分析，順理成章地推導出他們的動搖、自私、思想骯髒、沒落階級性和沒有出路，引發他們的罪感、羞恥、慚愧，自我鄙視(不管是真是假)。這就非常有效地讓他們陷入情緒性上的極度不安、焦慮、恐懼。在這種心態下，緊跟政治風頭「爭表現」便成為唯一可以平伏焦慮不安的辦法。

1953年10月，由於麵粉生產緊張，北京市有了新規定：工人每人供應18斤，教授每人12斤。黨內高層還在擔心教授們是否會有所不滿，豈料不少頭面知識分子積極爭表現，居然比領導的覺悟還要高。學者向達在會上説：「我們不是沒有糧食，而是保證大家都有飯吃。過去窮人沒飯吃。關於麵粉問題，政府想了很多辦法。今天政府關於麵粉的決定很正確」。湯用彤回到家裏，就決定每天早晨要吃一頓粗糧，並且向愛人講增產節約的道理。這個事蹟在北京市《各校教授對麵粉計劃供應的反應》的簡報裏報道，湯用彤也成了「積極宣傳執行」政府政策的先進典型。1954年開始批判胡適思想的運動，湯用彤因為與胡適有舊交，極為緊張。一天開會後回家，對家人説：「你們都是胡適的思想，都應該拿出來評判。你們都是大膽假設我有高血壓症，就小心求證我的高血壓」。他心中恐懼，到了語無倫次的地步。當日便有了口歪、昏睡的中風症狀。[3]

1　陳徒手：《故國人民有所思》，三聯書店，2013年，第16頁。
2　Jacques Ellul, *Propaganda: The Formation of Men's Attitudes.* New York: Alfred A. Knopf, 1965，pp. 31, 155.
3　陳徒手：《故國人民有所思》，第111–112，118頁。

知識分子在「革命理論」面前的低能與他們的學業精湛形成了奇怪的對比。知識不等於判斷力，有知識但缺乏判斷力是許多中國知識分子的通病。這與意識形態理論本身的欺騙性有關。這種理論就像宗教信仰一樣，既無法證實，也無法證偽。證明這種理論的正確，靠的是信徒的「證人擔保」(warrants)。擔保人越多，理論越顯得正確和誘人。用來給知識分子定原罪的階級鬥爭的革命理論正是如此。出於各種目的，愈來愈多的知識分子出來指證自己或他人的階級「罪孽」，階級鬥爭的理論就愈來愈正確，愈來愈有說服力。這樣一種「競相擔保」迅速產生「羊群效應」(或稱「從眾效應」)，這是一種個人觀念因真實的或想像的群體影響壓力，而向與多數人一致方向的自覺轉變。

　　為了證明自己階級立場堅定、思想進步、政治覺悟高，最好辦法就是指證別人落後、反動和有罪。知識分子之間的互相揭發、告密、出賣、打小報告於是蔚然成風，不以為恥，反以為榮。每次運動都是如此。陳徒手對1954年批判俞平伯運動是這樣記敘的，「高校的紛爭亂象開始呈現，人人自危，相互牽扯。北師大中文系教授李長之準備寫三篇文章，分別是批判俞平伯、胡適和檢討自己。而北師大中文系主任黃藥眠卻把批判目標對準李長之，認定李長之在《文學遺產》所發的有關陶淵明的文章有問題。黃佈置下屬印發李的文章準備討論，展開鬥爭。北大中文系教授魏建功感歎到：『三反』是脫胎換骨，這次要刮骨療毒。』同在北大的教授周祖謨只能拿王佩璋替俞平伯寫文章之事作為批判的話題，說俞找別人寫文章，署自己的名字是嚴重的剝削行為，而自己未能很好勸阻，必須做出誠懇檢討」。[4] 知識分子虛假、偽善、猥瑣，他們的醜惡表演在批俞平伯、反胡風、批胡適、反右等運動中頻頻上演，到「文革」時，早已形成了一個具有中國特色的文化奴才傳統，在五七幹校裏發生的許多揭發和鬥爭，不過是這樣傳統的延續。

　　五七幹校裏揭發和鬥爭最激烈的是搞五一六，瓦解的主要對象也是所謂的五一六分子。1956年大學畢業，社科院文學所的欒勳回

4　陳徒手：《故國人民有所思》，第22–23頁。

　　　　　　　　　　　　　　暴政史：二十世紀的權力與民眾

憶説：「軍宣隊繼續組織搞運動，搞『五一六』。我主要就是參加這些活動，那時説跟王、關、戚有聯繫的那一派群眾組織有問題，全所100多人，就內定20多個『五一六』分子」。(15)相比起1950年代對「資產階級知識分子」的集體定罪來，更多的已經是個人定罪。這時候，知識分子的奴化已經完成，集體定罪都成了多餘。許庭鈞回憶道，「軍宣隊裏有一個剛參軍兩三個月的小戰士，年紀很輕。但是，有些『五·七戰士』會上會下，開口閉口就説：『請小X做指示』『小X指示很好』『對我們很有教育』這樣的話」。(129–130)對這樣的知識分子已經沒有甚麼人格需要或可以「瓦解」了。

中國知識分子的連坐罪感(associatedguilt)和自我糟踐是個不斷累積和加強的長期過程。到五七幹校的時候，知識分子在自己心目中和社會眼中早已「集體臭掉」，對他們的人格瓦解也早已勝利完成。這時候，對他們再次批倒批臭，統治權力的炫耀表演遠超過實質的意義。但是，對知識分子來説，早先給他們定下的「原罪」仍然構成了他們的主要罪名，也是對他們進行思想改造和政治壓迫的主要理由。《無罪流放》這本書的書名就是對這個罪名的否定，是「文革」後知識分子的自我辯白。然而，這種自我辯白顯得如此軟弱、空洞和哀求。這是因為，知識分子還遠未能改正他們對權力的附庸身份和文化奴才心態。他們在精神和心靈上也仍未能恢復健康。他們仍然生活在當年意識形態的陰影裏。

三 「羊群」中的改變

一位幹校學員感歎道，「『文化大革命』就是群眾鬥群眾的運動。所謂『改造』，就是整人，效果適得其反。……幾十年來的所謂『思想改造』，其實在多數情況下都帶有歧視性，因而在方式上是醜化知識分子的人格，去摧毀他們的尊嚴，去侮辱他們。以何其芳而論，當年他一到延安就改造自己，完全忠於《在延安文藝座談會上的講話》所確立的文藝路線。一輩子都在改造，最後還是把他

劃為『資產階級知識分子』。……建國以來，對知識分子歧視、戒備為出發點的所謂改造，是有偏頗的」。(11-12)在《無罪流放》一書裏，這算是少數比較深入的反思了。書裏絕大多數的見證回憶者們能反思到甚麼程度，能說甚麼是有限度的，只能是欲言又止。

「改造就是整人」這個說法無意間向我們提出了一些可以進一步反思的問題，甚麼是「整人」？為甚麼要「整人」？整人是怎麼「整」的？整人依靠怎樣的環境條件？整人與受害感覺之間的關係如何？這些問題都可以從強制性說服得到一些解答，即使未必充分，至少也提供了一個有幫助的角度。

強制性說服的第一個階段(瓦解)一旦成功，足以讓知識分子陷入一種人格破損、自尊蕩失、無助無力的空虛和幻滅之中。在這樣一個徹底軟弱的狀態中，他們變得柔順而易於操縱。這為誘使他們轉化自我角色意識和自我知覺創造了可行的條件。那些以前自以為是、桀驁不馴、好為人師、不可一世的知識人士一下子變成一群驚慌不安、垂頭喪氣、俯首聽命、惶惶不可終日的被改造者，不管是否「被整」，每個人都已經成為這個「羊群」中的一員。與動物羊群所不同的是，知識分子的軟弱和屈從讓他們中的許多人充滿了自我懷疑和自我鄙視，在自己心裏抬不起頭來，挺不着腰杆，因此更需要依靠一個永遠正確、強大、有力、自信的改造者來引導他們。他們服從這個改造者，在改造的指示和暗示面前，既沒有抵抗的意願，也沒有抵抗的能力。

以研究政治暴力和思想改造而聞名的美國心理學家羅伯特·利夫頓(Robert Lifton)在研究中發現，只有在人群中進行的思想改造才是最有效的。在人群中發起強大的攻勢，特別能動搖個人的自我知覺，引發與改造者意願相一致的行為和態度變化。

這個人群必須是高度組織化，受到嚴格的紀律約束，並在他們之間形成多種可以相互監視和影響的關係(吃住、勞動、學習、生活在一起)。這個群體最好是由背景差不多的人們構成，這樣便能最有效地施加的同伴壓力，造成從眾和合群。同時，在人群之外還必須動用整體社會環境的力量。只有保持外部的整體壓力才能鞏固

暴政史：二十世紀的權力與民眾

改變了的新行為方式。沙因説，「再度凍結」需要保持必要的溫度條件，指的也是這樣的外部整體條件。五七幹校近於完美地造就和擁有一個高度組織化、紀律化的人群條件，非常有利於強制性説服的思想改造。全社會正在進行的「文革」則是改造所需要的整體壓力條件。「文革」一結束，五七幹校便也就自然煙消雲散了。

組織化的人群以「羊群效應」和「漣漪效應」為其主要行為特徵。羊群效應就是從眾，有樣學樣，大家説對的就是對的，大家説錯的就是錯的。漣漪效應就是，在平靜的湖水裏丟進一塊石頭，泛起的漣漪就能波及到很遠的地方。五七幹校許多回憶者都提到的「清查五一六」就是先從北京波及而來，然後又丟進一塊一塊的石頭，引發了到處都是五一六的「潮湧效應」。利夫頓指出，對特定人群(羊群)思想改造，需要不漏死角的全面控制(totalist control)，以達到最大和最有效的思想改造效果。這樣才能有效地造就「易變的自我」(the protean self)。他總結出總結了8個要素：

1. 控制交流；

2. 情感和行為操控；

3. 與意識形態要求絕對一致的行為(與他人一致)，鼓勵先進。批評落後；

4. 不斷檢討和交代(改造永遠不會徹底)；

5. 意識形態絕對正確，永遠正確(絕對權威提供意識形態的正當性)；

6. 運用正確的語言(用新語，只用新語來思考一切問題)；

7. 按意識形態的教條來解釋人的經驗、感情、過去、現刻、未來(生活和自我的意義)；

8. 對不改造者非人化，視他們為低劣、可鄙、可恨的危險分子。[5]

強制性説服的第二個階段目標是迫使被改造者放棄原有的自我知覺和行為，朝意識形態規定的方向發生轉化。與這個目標相一

5　Robert Lifton, *Thought Reform and the Psychology of Totalism*. New York: Norton.1961, pp. 419–437.

致的主要改造手段是誘導依從(compliance)。依從是社會心理學裏的一個重要概念。美國心理學家理查德‧格里格(Richard J. Gerrig)和菲利普‧津巴多(Philip G. Zimbardo)在《心理學與生活》(*Psychology and Life*)一書裏解釋道，「依從」是別人改變你的一種方式，「最常見的就是改變你的行為」：引發依從可以從行為的變化來「使你與他們的直接要求相一致」。引發依從最常見的手段是利用「互惠」「承諾」和「稀缺」的心理機制。[6]《無罪流放》中有不少相關的例子。

表揚和鼓勵是一種常見的「互惠」機制——被改造者勞動積極，改造者引為自己的工作成就，於是向積極分子施以「榮譽」的恩惠，以榮譽再交換更賣力的表現，「即使非常小的恩惠也能引導受惠者給予比較大的恩惠」。[7]一位幹校學員回憶道，「我們班常受到表揚，勞動一天，收工回來，大家已經累得很，我們還要為大家做好事，例如填填不平的道路，搭個曬衣服的架子等等，盡可能為大家服務。剛下幹校，我拎個熱水瓶都覺得累……到後來能搬六塊磚。在勞動中的確鍛煉了我，幹起活來，心情非常愉快」。(160)

幹校裏的人一邊稱自己心情愉快地積極勞動，一邊用積極勞動來爭取早日回城的機會，這在插隊知識青年也是司空見慣。這種表現依從的行為並不僅僅是行為者的虛偽，而且也是改造者的承諾所致。改造者明白被改造者的這種求寵心理，善加利用，便能增強他們的依從。改造者承諾給予的是稀缺物品，無論是回城工作，還是回家探親或讓家屬來探親，都是所有人渴望，但只要少數人能夠享受的機會。人們討厭他們得不到某種東西的感覺，或者從另一個角度說，人們喜歡獲得其他人得不到的東西。賞賜稀缺物品是一種恩惠，也可以變成一種「互惠誘導」，索取依從的手段。

人群是誘導依從的有效環境，也是改造的「整人」環境。用「文革」中的時髦新語來說，有人群的地方就有左中右，這也是

6　查德‧格里格、菲利普‧津巴多：《心理學與生活》，王壘等譯，第500–501頁。
7　《心理學與生活》，第500頁。

五七幹校故意設置的整人環境。周明在回憶中說：「可能是為了改造需要，右派、革命群眾、走資派都相互交叉分配在一起，互相形成監督改造環境。江豐是前中央美院的院長，但把他放在基建連勞動，還有來自解放區的老幹部、許多藝術家。比如我們排就有江豐、鐘靈、丁聰、米谷等美術家。我們班的班長是一個很有特色的圖片社的營業員。……在她眼裏知識分子和四類分子差不多。她對人講：『我們班太複雜了！有六個大學生、一個研究生，你說複雜不複雜』」。(124)在這樣的人群裏，所謂的思想教育，無非是背誦《毛主席語錄》和「老三篇」、憶苦思甜、批判資產階級思想，一遍又一遍。

雖說許多下幹校的人都覺得「改造就是整人」，但不同的人對「整人」的感覺是不同的。「整人」本來就是一個非常含糊的說法。從「找你麻煩」「要你好看」到「叫你心顫膽裂」「生不如死」，整人的目的是一種惡意的讓人「受罪」。但是，受罪(受害感覺)的程度差別可以極大，以至於一些罪在另一些罪面前，顯得微不足道，甚至不像是在受罪。那些在幹校裏被當成五一六分子揪出來批鬥的人，他們對改造「整人」的理解肯定不同於幹校裏的「革命群眾」。

「文革」中群眾鬥群眾的整人，在於它讓誰都必須在思想上繃緊了弦，戰戰兢兢、提心吊膽地過日子，誰都必須生活在對他人的戒備、懷疑和提防中。這種孤獨、焦慮、害怕和驚恐不安可以說是每個人都能感受到的整人效果。然而，這種整人訴諸的大多是隱性暴力，與流血、殘害、酷刑、殺戮的顯性暴力整人相比，隱性暴力因顯得溫和而被許多人忽視。久而久之，他們對此變得麻木不仁。造成這種麻木的是「比下有餘」的心理幻覺。美國心理學家托馬斯‧威爾斯(Thomas Ashby Wills)在《社會心理學的往下比原則》(Downward Comparison Principles in Social Psychology)一文中指出，「比下有餘」是一種心理機制，能讓人產生安全和滿足感，提升良好的自我感覺。

曾下放在團泊窪五七幹校的範慧勤回憶道，「團泊窪農場的

規模很大，是犯人勞動改造的地方。我們勞動時，能看到勞改犯們穿着一色的衣服也在地裏勞動，有時在路上見到零散的犯人，有的還加了鐵鐐。⋯⋯可能是為了防止犯人逃跑，農場的田地、道路全都是斜方向。有一兩次，連裏緊急通知，說有犯人逃跑了，要大家趕緊把晾在外面的衣服收回來，以防犯人偷衣服穿了逃跑。還有一批『右派』分子也在這裏勞動，我們和他們聊天，得知他們大都是技術人員、專家，在這裏勞動已經多年」。(161–162)與這些勞改犯和右派分子相比，幹校學員的日子可以説是過得挺好的了。人就是這樣，只要還有人比你更受罪，你就不能算是受罪。與極端不自由的人一比，就算是受了一點罪，也會對自己的處境有自由和滿足的感覺，不少團泊窪幹校的學員回憶種菜養豬，改善生活的光景，除了一些不順心的小煩惱，日子過得還算滋潤和自由自在。著名詩人郭小川在湖北咸寧的幹校裏寫下了這樣的詩句，「我們怎能不歡樂 ── 因為我們勞動，我們怎能不歡樂呵，因為我們拼命革命」。「文革」中許多人對自己的歡樂和幸福感就是這樣比出來的，在五七幹校裏也是一樣。

四　思想改造的成效

　　五七幹校強制性説服的思想改造既是沒有結果，又是有結果。沒有結果是因為它的最後一個階段「固化改變」(再造)是完全失敗了的。即使那些在幹校裏表現最積極的人們，在能夠離開幹校，回到他們熟悉並熱愛的城市生活中去的時候，沒有一個不巴望離開，也無一例外地都回去了。所有那些信誓旦旦要一輩子給工人、農民當學生的，沒有一個最後是按自己的誓言留下來「扎根幹校」的。但是，這種思想改造卻不是沒有成效的。它留下了持久的改造印痕 ── 幹校的經歷讓他們更深刻地瞭解，要活下去就必須隨波逐流和乖乖聽話，真實的思想是危險的，所以必須要帶着假面生活，而且還要假裝自己並沒有裝假。這不是思想改造原來要的那種「變化」(change)，而是一種始料未及的「變異」(mutation)。這就像，

　　　　　　　　　　　　暴政史：二十世紀的權力與民眾

反右運動雖然沒有真的找到右派分子，但卻永遠改變了中國知識分子的人格和心態，尤其是他們和後輩知識分子的處事和行為方式。今天，雖然幾乎所有的右派分子都被平反了，但是，反右運動當年對廣大知識分子的強制性說服效果卻依然長期存在，並在這個意義上成功地改造反右之後的中國知識人士。中國的知識人士再也不可能是1949年以前在中國社會裏可以看到的那種知識分子了，他們已經相當固定而持久地變成了一個新的，具有中國特色的「知識人」品種——狡點、精明、犬儒、善於偽裝。半個多世紀以來中國知識人的人格破損、自尊心坍塌、道德意識崩潰已經在新環境下適者生存需要的過程中演化出了新的「文化人」基因。

思想改造的結果是讓改造者和被改造者共同陷入一種越改造越弱智的惡性循環。曾擔任過南斯拉夫聯盟副總統、南共政治局委員、中央書記，南共主要領導人之一的密洛凡·德熱拉斯(1911–1995)在著名的《新階級》一書裏指出，無論為意識形態的思想改造投入多少人力物力，「這一切手段所收穫的效果並不大。在任何情況下，效果與所花費的力量及方法都不相稱」，它之所以還在繼續，不是因為它真能改變人們的思想和信念，而是因為它能「使一切與官方不同的意識都不可能表現出來」。在這個意義上說，它是有效的。[8] 這種思想改造需要付出極高的社會代價，那些自以為是改造者的「寡頭與救世主」，「恰恰因為他們窒息了他人的意識，削弱了人類的智慧，使得人們鼓不起勇氣，立不起志願，以致後來連他們自己也變得衰老，頭腦空洞，沒有思想，而且完全沒有那種由無私的思考所激發的求知熱情。就像在一個沒有觀眾的戲院裏，那些演員們自演自唱，自己狂歡。他們的思想如同他們吃飯一樣的機械，他們的腦子所以思想，不過是應付最基本的需要」。[9]

如今，五七幹校早已成為歷史的過去。但是，那個窒息知識分子的意識，削弱他們的智慧，使他們鼓不起勇氣，立不起志願的強制性說服機制並沒有消失。五七幹校的故事不過是1949年之後知識

8　德熱拉斯：《新階級》，陳逸譯，北京：世界知識出版社，1963年，第120頁。
9　德熱拉斯：《新階級》，第121頁。

分子人群屈辱和自辱歷史的一部分，但這個歷史還在延續。40多年前，由於「文革」的結束，知識分子僥倖逃離了五七幹校，但他們至今也還沒能真的逃離當年那個猶如羊群般的知識分子人群。只要這樣的人群還繼續存在並延綿不絕地繁衍，一旦時機成熟，誰又能保證再次改造知識分子的事情不會再度發生？誰又能指望，到那個時候他們能以更高尚的精神、更明確的道德判斷和更堅韌的抵抗勇氣去面對這樣的事情？

暴政史：二十世紀的權力與民眾

第二十二章

「即使是被打敗，也要充滿勇氣」
—— 《奧威爾難題》

　　在眾多的喬治·奧威爾研究和批評中，埃麗卡·戈特利布 (Erika Gottlieb)的《奧威爾難題》(下稱《難題》)引人注目。[1] 她以發人深思的方式解答了一個長期困擾許多人的問題：為甚麼一方面，奧威爾的著作，尤其是他的《1984》在全世界擁有這麼多讀者，產生了如此不凡的影響，且好評如潮；而另一方面，又有這麼多西方的(尤其是美國的)批評者指責他缺乏文學想像，認為《1984》是有缺陷的，甚至是失敗的作品。無論我們是否贊同戈特利布的解答，她都對我們提出了一系列有關奧威爾和《1984》的關鍵問題。她清楚表明的是，奧威爾是一位重要的社會和政治思想家，也是傑出的文學藝術家和20世紀人道主義的代表人物。奧威爾告訴我們，極權之惡是人類的事情，與宗教意義的「惡魔」無關。他的《1984》是一部文學傑作，而不是像一些批評家所說的，是一部藝術上有瑕疵或失敗了的政治小說。《難題》於1992年出版，第二年，美國馬裏蘭大學文學教授丹尼爾·麥馬漢(Daniel MacMahon)即將此書列為研究奧威爾必讀的兩三部最佳著作之一。[2]

一　絕境中拒絕絕望

　　批評家珍妮·凱爾德(Jenni Calder)說，奧威爾的《動物莊園》

1　埃麗卡·戈特利布：《奧威爾難題：是絕望的呼喊還是對「人類精神」的信念？》，陳毓飛譯，南京大學出版社，2019年。這是我為此書中譯本所寫的導讀，出自此書的引文頁碼在括號中表明。

2　Daniel McMahon, "Erika Gottlieb: The Orwell Conundrum: A Cry of Despair or Faith in the Spirit of Man?" *Utopian Studies*, 4: 2, 1993, pp. 211–212.

和《1984》「不僅已經成為我們文學傳統和遺產的一部分，而且進入了我們的神話」。這使得「對奧威爾作品的批評到處都是衝突，猶如一片雷區」。[3] 這個雷區的最敏感處之一就是奧威爾的藝術才能是否受損於哲學上的「絕望」。就《1984》而言，那就是，他是否認為極權主義心理一旦有效地控制了一國人民，極權統治便會永遠存在下去，因此再無抵抗的可能？

　　對「奧威爾絕望」的指責來自心理學、女性研究、政治學、人道主義等多種批評理論，戈特利布以這些為對手理論展開她對《1984》的解讀。她把「奧威爾絕望」分解為兩個問題。

　　第一個問題是，哲學態度的絕望必然導致藝術瑕疵或失敗嗎？「是不是某種特定哲學比另一種哲學更能帶來美學上的傑出成果？絕望的圖景是否必然是審美上的不足？悲觀主義的形而上學立場與藝術卓越之間是否存在着不可調和的矛盾？」(13) 戈特利布認為，哲學態度本身並不能自動給藝術降級或升級。卡夫卡的文學價值並不取決於他對人類的未來是否懷有希望，卡夫卡人物的異化和絕望處境是在人與環境這個龐然大物的對抗之間發生的。在這種對抗中，個人必定會失去人之為人的一切：個人被矮化，他的生命變得無足輕重，失去了意義。但是，即使陷於卑污的泥淖裏，人還是有生存的尊嚴。絕望與否不是衡量卡夫卡文學價值的標準，同樣，即使奧威爾對人生抱悲觀甚至絕望的態度，我們也不能因此斷定這就一定會傷害他作品的藝術和思想價值。

　　第二個問題是，《1984》表達的是奧威爾的絕望嗎？這個問題其實也就是，《1984》的極權世界還存在抵抗的可能和希望嗎？戈特利布認為，小說的主要人物溫斯頓並不就是作者奧威爾本人，溫斯頓的絕境不代表奧威爾的絕望，極權統治下人的絕境確實構成了對奧威爾的心理考驗。奧威爾經受住了這個考驗，他選擇的是反抗而不是接受那個陷溫斯頓於絕境的極權世界。即使在最黑暗的時候，也不放棄期盼光明的權利。但是，奧威爾警告說，

3　　Jenni Calder, *Animal Farm and Nineteen Eighty-Four*. Philadelphia: Open University Press, 1987, pp. 5, 99.

暴政史：二十世紀的權力與民眾

不要低估極權對人類的威脅。《1984》的「核心比喻是來自永恆(timelessness)的威脅。內黨(Inner Party)是不可摧毀的。這一比喻是形成《1984》政治圖景的重要特徵……一旦極權主義得以傳播，它甚至會傳遍全球，而一旦它征服了世界，就會變為永恆，不容更改」。(18)

看到或意識到極權的頑固存在，這並不代表就是絕望。《戈斯坦因的書》宣誓極權永存的決心：「像天主教會這樣具有吸納性的機構，有時會維持幾百到幾千年……只要它能指派自己的後繼者，統治集團就永遠會是統治集團。黨所關心的不是血統上的永存，而是自身的不朽」。(180) 有的讀者也許會因此感到絕望，但也有不這樣的讀者。絕望是因為看到極權的強大和無所不為、無所不用其極地「使自身不朽」；不絕望則是因為相信，這種使自身不朽的計劃並不是不可挫敗的。絕望經常是因為把《1984》當作一個預言，而不絕望則是把它看成一個警告。

《1984》向我們展現了一個黑暗時代的圖景，在這樣的時代裏，人喪失了個人自主性，變得如沒有靈魂的蟲豸般微賤。美國作家賽登堡(Roderick Seidenberg)在《後歷史的人》(*Posthistoric Man: An Inquiry*)中是這麼描述的，「人類能獲得個體性，也能交出個體性……自我將被粉碎成更小的顆粒，碾成微塵，最後變成社會中最小的原子，直到進入後歷史……人被完全用某種思想組織起來，徹底喪失了本能，成為自動行為程序的奴隸，無休無止的重複，就像螞蟻、蜜蜂和白蟻」。[4]

《1984》確實讓我們看到了這樣一個黑暗時代，但是，奧威爾認為，人性和靈魂的喪失是極權統治的惡果，不是自然的歷史進程。20世紀40年代的許多自由主義知識分子都把社會主義等同為「蜂巢國家」(beehive state)，而左派知識分子則把這種社會主義當作歷史發展的必然趨向。奧威爾是一位社會主義者，他認可的是以正義和自由為核心的社會主義。他反對與自由為敵的集體主義。他

4　Quoted in Mark Connelly, *The Diminished Self: Orwell and the Loss of Freedom*. Pittsburgh: Duquesne University Press, 1988, p. 19.

在《動物莊園》裏清楚地表明，用集體主義的名義把個人變成社會的細胞是對社會主義的最大背叛。

如果說《1984》讓我們看到的是人如蟲豸的黑暗時代，那麼，奧威爾用這個故事要告訴讀者的是，徹底消滅人性和摧毀人類靈魂的不是歷史本身，而是史無前例的現代極權。黑暗時代不會自動來臨，黑暗時代是極權的權力統治結果，「培育沒有自由意願的人種，是和培育沒有犄角的奶牛一樣容易的」。[5]《1984》不是賽登堡所說的那種人在歷史進程中的個體性自動喪失，正相反，這部小說是對極權主義思想統治後果的有力諷刺。奧威爾向同時代人發出呼喊：極權主義的蔓延不是歷史的必然，是可以阻止的，人類可以用自己的自由意識來抗拒和削弱極權主義的近逼。他的態度始終是戰鬥而非坐以待斃的。

存在主義哲學家邁克爾‧卡特(Michael Carter)曾高度讚揚奧威爾拒絕絕望的戰鬥精神。他在《奧威爾與真實存在問題》一書裏指出，極權統治強迫個人把真實的「私我」變成不真實的「公我」，「奧威爾的每一部小說都是在對抗這種強權，這也是存在主義的核心主題」。卡特在溫斯頓身上看到的不只是失敗，而且是雖敗猶榮的抗爭，失敗不是抗爭無價值或無意義的證明。溫斯頓在抗爭完全不可能的狀況下還是沒有放棄抗爭，這是「經典存在主義行為的表現」，[6]也正是加繆在《西西弗斯神話》(*The Myth of Sisyphus*)中所描繪的那種絕望狀態下的存在主義反叛。

但是，奧威爾的絕境抗爭與卡特所說的存在主義反叛畢竟有所不同。首先，存在主義不承認普遍價值，而奧威爾則把「人的精神」當作一種普遍價值。戈特利布指出，奧威爾「所尋找的無疑正是20世紀人道主義者的追求，對一種道德－精神價值的肯定，這種價值不是源於宗教信仰，而是源於對『人類精神』的深層信念」。(31)這是人與「惡魔般非人化力量進行鬥爭」的信心，它建立在人類「不可或缺之物的基礎之上……如尊重客觀真理，並同樣尊重

5　Mark Connelly, *The Diminished Self*, p.157.
6　Michael Carter, *George Orwell and the Problem of Authentic Existence*. London: Croom Helm, 1985, p. 217.

暴政史：二十世紀的權力與民眾

『心理真實』的主觀真理，尊重決定人類行為的『普通禮儀』法則」。她強調，「忠於『人類精神』並非易事：它要求智識上和道德上的雙重努力」，這正是奧威爾對知識分子提出的要求。(52)

奧威爾所說的人的精神，它不是天生的，而是文明的成就。他把極權主義視為人類文明的危機，「現代人要挽救文明，必須建立起善惡有別的制度，而這種善惡感必須獨立於天堂和地獄的觀念」。(116)這是一種世俗的，人道主義的，而不是宗教的善惡感。即使在《1984》那樣唯有權力，沒有善惡的世界裏，人的這種善惡感也還是沒有完全泯滅。溫斯頓想要尋找自己的過去，一個比他的當下時刻要好的時候，他的身體裏帶着某種天然的「抗議因子」(體現為他的「夢」)，使他對那個極權洗腦無所不用其極的世界有一種近乎本能的抵觸。這並非溫斯頓一個人的感覺，而是所有還能感知自由意識的個人都會有的感覺。奧威爾認為，喪失這種感覺就是喪失人的精神，就是人在極權統治下的異化。

「異化」是奧威爾與存在主義的第二個不同之處。存在主義將人的異化視為因人的存在狀況(human condition)所造成，指的是個人與相關事物的離異，如個人與群體、自然環境、自我、上帝的離異。這種離異造成真實自我(authentic self)的危機。奧威爾關注的是另一種異化，那就是極權統治下表現為「權力崇拜」的異化。他在《權力vs.文學》(*Power vs. Literature*)一文中稱人是「高貴的動物」—— 人是因為能辨別善和惡才高貴的。權力崇拜使得人不再能辨別善惡，也不再在乎善惡的區別，人變成了與弱肉強食獸類無異的動物。奧威爾拒絕把這種異化接受為無法改變的自然狀態。

《1984》中的「兩分鐘仇恨會」和「仇恨周」都是權力崇拜的儀式，閱兵式、群眾遊行、領導檢閱、效忠宣誓是其他常見的崇拜儀式。《1984》一書中的強烈宗教暗示讓我們看到，人在失去與宗教信仰相連的安全感之後，剩下只是一片心理真空。這也正是極權統治「權力崇拜」趁虛而入的絕佳時機。權力崇拜使人喪失道德價值，也喪失對自己的確信，蛻化為極權獨裁下的順民和奴民，這是人類最具長久災難性的異化。

二 人道主義抵抗內心征服

　　《1984》是一部20世紀的人道主義傑作，這是一種在似乎完全沒有成功希望時仍然不放棄其價值堅持的人道主義，戈特利布稱之為「悲劇人道主義」。在奧威爾寫作的時候，斯大林的極權主義正如日中天，在世界範圍擴散，因此，悲劇人道主義「呼籲人們關注那些我們不得不反抗的黑暗的、可能是『無法抗拒的力量』的存在。奧威爾堅守信念，相信人類是可以變得完美的，相信我們的文明有自己的未來。小說傳遞的既不是歇斯底里吶喊出來的訊息，也不是突如其來的絕望或個人強迫症的破碎景象，而是奧威爾政治、心理和精神方面成熟而整合良好的思想凝結」。(375)

　　這是《1984》獨特文學價值的所在，為了充分展現這部作品的內涵，戈特利布提供一種視野開闊的多層次閱讀，不僅包括心理學、歷史學、哲學等不同學科，而且也跨越不同文化的文學傳統。她特別強調的是《1984》的「複合樣式」(composite genre)。這是一種在「政治寓言」與「現實主義的心理小說」之間形成的混合模式，刻畫極權統治形態和揭示被它奴役的奴民心智。

　　文學批評家斯蒂芬‧格林布拉特(Stephen J. Greenblatt)在分析中世紀英國作家菲利普‧西德尼(Philip Sidney)的「混合模式」(mixed mode)時指出，文學創作的文類是有限的，每個基本文類都有它自己的結構、人物、話語、思想含義、藝術效果等特徵，讀者會根據自己辨認的文類做相應的閱讀，不同的選擇性文類判斷會產生不同的閱讀。[7] 優秀的作家雖不能創造文類，但可以用不同的方式複合文類，產生獨特的創作效果。這也正是戈特利布在《1984》中所看到的，她認為，以複合文類來閱讀《1984》比用單一文類能更好地理解這部小說的文學成就。

　　複合文類閱讀是對單一文類閱讀的提升而不是否定，複合文類閱讀讓我們看到，《1984》「一方面包含了奧威爾自己說成是『自

7　Stephen J. Greenblatt, "Sidney's Arcadia and the Mixed Mode." *Studies in Philology*, 70 (3), 269–278, p. 269.

然主義小説』的因素，另一方面包含了『幻想』，一部『關於未來的小説』——我們今天稱為反烏托邦小説——的因素。至少在某種程度上，它也可以是一部『驚險小説』，一個『愛情故事』，同時還是對『極權主義走到盡頭可能引起的智識上的後果』的一次『戲仿之作』」。戈特利布看到，「真正的困難在於兩種文類之間的分裂：一種有助於寓言(即政治戲仿，對觀念的諷刺，以及反烏托邦諷刺作品)，另一種則與心理現實主義的逼真性相關(驚險小説、傳奇和自然主義小説)」。(26)

複合文類閱讀可以超脱政治寓言和心理現實主義的對立，凸顯《1984》的文學諷刺價值。戈特利布認為，《1984》的諷刺是首位的，其他都是從屬性的：「諷刺是《1984》佔主導性的文類。而且，所有其他次文類都從屬諷刺這一中心目標，並與之相協調，以對極權主義的習性進行探索、戲仿和譴責」。(28)她毫不諱言，這是一種對讀者智性要求頗高的閱讀，「我認為，導致奧威爾難題的關鍵爭議之一是兩種文類之間相互抵觸的要求，奧威爾已經把這兩種要求施加到了讀者身上。首先，與閱讀諷刺作品相關，要求在理智上保持距離，保持相對的無動於衷；同時，需要與閱讀強大的心理現實主義作品相關的情感認同和同情心，這也是讀者需要面對的」。(27)這是我們在閱讀《難題》必須要有的思想準備。

戈特利布以諷刺為主導的複合文類閱讀借用了偉大的加拿大文學批評家弗萊(Nothrop Frye)對諷刺的論述，是她書最精彩的部分之一。諷刺是《難題》三個語境中的一個，其餘的兩個語境分別是奧威爾的整體作品和一些重要的現代心理學理論。

在諷刺的語境中，《1984》的比較對象包括斯威夫特的《格列佛遊記》、伏爾泰的《老實人》和卡夫卡、薩特、加繆等人的一些作品。戈特利布指出，雖然奧威爾自己表示《1984》既是諷刺又是戲仿，但「許多批評家難以調和大洋國赤裸裸的地獄景象與一般跟諷刺有着關聯的反諷或幽默」，也就是「嚴肅諷刺」與「笑聲諷刺」之間的關係。大多數被認為具有諷刺性的作品運用「笑聲、戲弄和嘲諷」的手段，「似乎諷刺精神最易與喜劇性文類相結合」。

然而，《1984》所體現的「怪異或荒誕」卻是「與更為流行、滑稽或輕鬆的『機智幽默』的樣本有着天壤之別」。(376)這部陰沉黑暗的諷刺作品呈現出的嚴肅機智意在攻擊而不只是嘲笑。《1984》思考型諷刺的批判力來自它所依據的具有普遍意義的價值理念，它「至少要蘊含一種道德標準，這種標準對於旗幟鮮明地對待現實經歷的態度來說是必不可少的」。(378)這個道德標準來自奧威爾所信仰的那個作為高境界民主的社會主義。這是他在其他作品中不斷倡導的那種正義和自由的社會主義。

奧威爾的整體作品是戈特利布借重的第二個重要語境。她對《1984》的解讀是放在奧威爾的其他作品，尤其是他膾炙人口的批判性隨筆一起進行的。這些隨筆大部分收在已經翻譯成中文的《政治與文學》裏(譯林出版社，2011年)。她所論述的奧威爾思想主題——人的精神、悲劇性人道主義、社會主義的自由和民主價值、斯大林對社會主義理想的背叛、左派知識分子對斯大林主義的容忍和諂媚、人道價值的普世意義等等——都是用奧威爾的其他作品甚至筆記來論證的。例如，體現奧威爾自由不絕望理念的名言「即使是被打敗，也要充滿勇氣」，就是他在伊頓公學時寫在雪萊《解放了的普羅米修斯》(*Prometheus Unbound*)最後一頁上的旁注。瞭解奧威爾的整體思想對於把握《1984》的藝術持久力和思想內涵是非常必要的。

戈特利布閱讀《1984》所借重的第三個語境是現代心理學家的理論：弗洛伊德、榮格、布魯諾·貝特爾海姆(Bruno Bettelheim)、威廉·賴希(William Reich)，維克多·弗蘭克(Victor Frankel)等。戈特利布區分了《1984》的三個主要諷刺對象：一、希特勒和斯大林的極權統治；二、自欺欺人並與斯大林極權統治合謀的左翼知識分子；三、極權主義心理。(23-24)今天，第一和第二個對象已經成為歷史，而第三個對象的極權奴役心態則還在現存的極權和後極權體制中延續，呈現出形形色色的嚴重心理障礙和人格疾患，並繼續在瓦解和摧毀人的自由意志和抵抗能力。

極權主義營造的奴役心態是對人的「內心征服」。奧威爾特

別關注的是發生在知識分子身上的這種征服。《1984》中一個令人難忘的例子就是一個名叫湯姆·帕森斯(Tom Parsons)的小人物，「他是所有真信者中最為狂熱的一個，他被女兒告發在睡夢中說過『打倒老大哥！』這件事直指真信者內心最深處的矛盾感受。為了『愛』老大哥，他不得不壓抑自己對仁愛部的意識——這個地方強烈地提醒着他老大哥的殘酷無情。由於他知道自己受到監視，隨時可能因非正統思想而遭受懲罰，他對老大哥的憎恨與恐懼必須壓抑起來、偽裝起來，甚至是對他自己」。結果，他採取了「過度補償」，他的恨轉化成了諂媚的愛。他最愛做的事就是「重複黨的口號，以說服自己相信他愛老大哥」。(193)跟過度補償一樣，自我審查、自欺欺人、輕信和盲目崇拜、道德麻木、出賣和背叛、奴性、恐懼和極度猜疑、仇恨和狂熱的集體癔症、施虐狂和受虐狂也都是常見的極權主義心理，也都體現了極權統治對人的心靈、良知和精神的征服效應。

三　極權暴政：從1984到2050

細節是小說的靈魂，《1984》中豐富的細節不僅涉及極權主義心理的種種微妙表現，而且包括巧妙的藝術構思和結構設計。這兩種細節相輔相成。都是小說整體意義的藝術表現形式。例如，小說以一年12個月的週期為其時間結構，從寒風凜冽的4月開始，這時漫長的寒冬似乎遙遙無期。但是，5月來臨，溫斯頓與姑娘裘莉亞的愛情一下子把故事帶入了春天，經過6、7兩個月的短暫激情，8月被秘密警察逮捕。他在仁愛部的101裏度過了九個月，像是嬰兒在母體子宮內懷胎一般，誕生為「新人」，然後被處決。小說的三個高潮便是這一年過程的三個轉折點：第一高潮是溫斯頓和裘莉亞萌生愛情，第二高潮是他們被逮捕，第三高潮是溫斯頓在101室裏獲得重生。其他的象徵性細節包括溫斯頓的靜脈炎、鎮紙、灰塵、老鼠等等。戈特利布着重分析的「夢」也是這樣的細節。

然而，她更加關注的是另一些對讀者有更高「智力要求」的細

節，尤其是《1984》裏的《戈斯坦因的書》和附錄《新語詞典》。這兩部分的藝術效果在於「運用智力」的諷刺。相比起引人發笑的諷刺來，運用智力的諷刺「更直接地呼籲理性的思考過程」。(392)這兩個部分是戈特利布閱讀《1984》的關鍵部分，她以此揭示貫穿於《1984》中的悲劇人道主義，把關注力投向那種邪惡到「可能是『無法抗拒的』黑暗力量」。(375) 這種黑暗力量構成了對奧威爾堅守的「人類精神」的絕境考驗。

　　《戈斯坦因的書》和《新語詞典》的諷刺作用在於，它們以兩種不同的時段效果拉開讀者自己的自由意識與極權思想奴役的距離。《戈斯坦因的書》讓讀者回到了大洋國的過去 —— 那個時候，大洋國還沒來得及造就《1984》裏那樣的極權現實。在那個過去的時刻，人們至少還沒有完全失去選擇是否要抵抗的自由。而新話的《附錄》則把讀者帶入一個一九八四已經成為過去的歷史時段，這時候，極權統治已經進入了完美成功的「最後階段」，極權心態和思維方式已經成功地控制了每個國民的頭腦，自由意識的抵抗已經完全不再可能。

　　在現實世界裏，這一天會不會到來呢？這是《附錄》對我們提出的嚴肅智力思考要求，「我們並不肯定這個黨預測會在2050 年左右出現的最後階段是否真的實現了，這就增加了假設的條件式所製造的矛盾心理。《附錄》顯然令我們推測一個世界『如果……會怎樣？』，而不是思考這個世界『就是這樣』」。(385)《1984》的世界裏，黨還在打造「新語」，一旦新語成為人們唯一知道的語言，那將又會是怎樣的一個世界？

　　《戈斯坦因的書》和《新語詞典》的諷刺更應該引起今天讀者對自己現實處境的思考。無論我們今天的境遇與《1984》中的如何相似，我們仍然處於一九八四災難之前，仍然擁有抵抗它的自由意志和機會，我們不能喪失這樣的自由意志，也不能放棄這樣的抵抗機會。只是當我們意識到自己是在一個不同的歷史時段看待溫斯頓的《1984》困境，我們與他對比的自由啟示意義才會變得清晰起來。與小說情節中的《戈斯坦因的書》一樣，看似與小說情節沒有甚麼

　　　　　　　　暴政史：二十世紀的權力與民眾

聯繫的《新語詞典》也具有重要的啟示意義。出版商和批評家曾建議將這部分非小說敘述性文字排除在外。但奧威爾拒絕了，因為他把《新語詞典》當作全書必不可少的一部分。戈特利布指出，「事實上，《附錄》緊接着故事令人悲傷的最後一幕，其功能與《戈斯坦因的書》類似：它有助於在核心人物與讀者之間創造一種情感距離。它使我們得以對極權主義心理這一諷刺目標有一個純粹理性的總覽」。(384–385)在《附錄》中，奧威爾向我們展示了一個由於話語毀滅、人類遺產與人類思想紀錄失落而帶來的世界末日圖景。但是，「在小說和《新語詞典》中，奧威爾又強調看似世界末日的景象並非神定的災難；它僅僅是我們現在常見的同一疾病的最終階段，而且我們必須避免喪失『人類精神』的希望。起初有話語，最終，我們最後的希望仍是對話語救贖力量的信仰」。(408)

奧威爾的《1984》是他為同時代的西方知識分子，尤其是作家，寫作的。他相信，知識分子「擁有至關重要的社會責任，因為只有他們能粉碎彌天大謊、避開雙重思想的陷阱，從而防止極權主義心理的蔓延」。控制語言就是控制思想，奧威爾對20世紀40年代同時代人的告誡是，要堅持揭示真相，說真話和自由交流思想是「防止極權主義體系擴散的第一步」。(416)這是《1984》的時效性。

在這個時效作用之外，《1984》還有一個對後世具有深遠意義，並屬偉大文學的普世維度，那就是，任何時候，我們都必須以拒絕和抗爭來面對極權控制人類心靈的危機。《1984》的「義憤」指向他那個時代的「失常」，「但最終針對的是人類思維中接受謊言、容忍虛偽、在任何正統的『保護性愚蠢』中尋求庇護的癖性。極權主義恐怖的『黑(就是)白』的心態僅僅只是我們向這種心態屈服癖性的最高階段。極權主義思維製造出的和可能會製造的恐怖很可能會一直與我們同在。它們威脅着我們的理智，而我們必須時刻加以提防」。(419)

《難題》原書出版於1992年，正是蘇聯和東歐發生巨變後人們對蘇聯式極權制度投以深刻反思的時候。也正是在這個歷史時刻，人們前所未有地看到，「揭露『以前被禁止的真相』……是摧毀極

權體系唯一最為重要的武器」。(418)這是一種與我們每個人自己有關的真相。戈特利布讚賞格魯吉亞電影《懺悔》是一部關於我們自身真相的「威力十足的政治寓言」。電影裏，在人民自己準備好看清極權本質，「並承認在充滿恐怖、謊言和告發的統治下」的自身責任之前，以前那位死去的老大哥還沒有被埋葬，還會借屍還魂。極權批判必須包括批判者的自我批判，「在人們準備好直面關於自身歷史的痛苦真相之前，獨裁者的屍體拒絕文明的葬禮；它不斷重新露面，可怕地提醒着倖存者們想起自己忽視和否認的過去的邪惡與墮落」，「忽略和否認自身所處群體在過去犯下的罪行，無異於贊成和參與『彌天大謊』，並使極權主義心理存活下去」。(417–418)

對今天的讀者來說，《1984》已經遠遠超越了它的創作時代意義，而成為與我們自己時代密切關聯的偉大作品，「這部小說的普適性和永恆吸引力來自讀者的認知，即奧威爾賦予大洋國的思維模式是一種現存於我們周圍和內部的清晰的危機」。(419)奧威爾對人類智識自由和真相識別能力的熱切信仰超越了他那個時代的特定爭議，成為我們今天對他所說的「人類精神」的理解核心：自由和為自由而抵抗。著名批評家喬治·伍德考克(George Woodcock)的《清澈的靈魂》是一部研究奧威爾的名著，他在分析了極權主義心態的多種特徵後，特別強調奧威爾把個人自由視為人類文明的基石。他寫道，「保持頭腦開放，不讓今天的奧布萊恩進入和控制我們的頭腦，這是今天的第一需要。《1984》廣為人知，讓千百萬人比以前更加強烈地感受到這一需要。那些保持頭腦開放、思想獨立的男男女女守護着自由的火種，直到有一天能以有效、實際的方式來抵抗極權。……只要我們運用知識和遠見，為自由鬥爭，極權主義的最終成功就不是不可避免的」。[8]

《1984》中溫斯頓的遭遇讓我們關注他全然喪失自由的悲慘和絕望處境，並警告我們：如果我們因為絕望而放棄抵抗，他身上的

8　George Woodcock, *The Crystal Spirit: A Study of George Orwell*. Boston: Little Brown, 1966, p. 187.

　　　　　　　　　　　　暴政史：二十世紀的權力與民眾

奴役鎖鏈就是我們自己幫助打造的。溫斯頓完全喪失自由，「是由我們在他的過去所做的決定造成的」，他的奴役使我們更加在意我們自身此刻的精神和人性自由。這種自由無論多麼有限，都對我們的抵抗具有決定性的意義。因此，「對溫斯頓而言不可避免的那些事物在我們的未來依然只是一個警世故事。我們獲得自由的機會就埋藏在此刻的認知之中。……從他那更低水平的自由中誕生的悲劇諷刺保障了我們的更高程度的自由，這種保障是與未來相關的現在所承擔的自由的內在保障」。(391)也就是說，我們是通過此時此刻某種自由意識來感知溫斯頓的奴役處境的。一旦失去這種這種自由意識，我們就會變得麻木不仁，不再記憶過去，也不再展望未來，因而無可避免地落入與溫斯頓同樣悲慘，甚至更加絕望的奴役。

「即使是被打敗，也要充滿勇氣」

後　記

　　1984年，復旦大學外文系第一次招收博士生，我參加了考試。英語文學的試卷一共是五道題，其中有一道題是要求默寫一首英國浪漫主義時期的十四行詩，並加以評論。除了這一道題，其他的四道題是甚麼，我是怎麼回答的，我都已經記不起來了。考試的時候，我默寫的是雪萊的《奧斯曼狄斯》(*Ozymandias*)，詩是這樣的：

> 我遇到一位來自古老國度的旅者，
> 他說：有兩條巨型石腿立於沙漠，
> 不見軀幹。旁邊沙中有頭像斷落，
> 沉沙半掩，但見那臉上眉頭緊鎖，
> 皺起的雙唇帶着不可一世的冷笑，
> 足見石匠對法老的內心明察秋毫；
> 活生生的神態刻上沒生命的石頭，
> 比雕刻者妙手匠心的臨摹更長壽。
> 石腿的基座上鑿刻有這樣的字跡：
> 「朕乃奧斯曼狄斯，王中之王也，
> 功業蓋世，料天神大能者無可及！」
> 而今一切蕩然無存。偌大的廢墟，
> 殘骸四周只有那蒼茫荒涼的戈壁，
> 孤寂黃沙向遠方鋪展，無邊無際。(晚楓譯)

　　奧斯曼狄斯是公元前十三世紀的埃及法老拉美西斯二世 (Ramses II)，號稱太陽之王、王中之王，希臘人稱他為奧斯曼狄斯。他在墓地旁建造了獅身人面像斯芬克斯。在雪萊看到的時候，

這位曾經不可一世的法老的巨型塑像已經倒在了茫茫的沙漠之中，不見了軀幹，臉上仍然帶着傲慢的冷笑，但早已沒有人再對他頂禮膜拜了。

我當時默寫這首詩，而不是其他更廣為人知的十四行名篇，是甚麼樣的心情呢？大概與我35年後寫現在這本書差不多吧。只不過那個時候，我慶幸，膜拜領袖偶像的時代終於過去了；但今天，我知道，這樣的時代還在延續，舊的偶像還沒有倒塌，新的偶像又樹立起來。

在舊約裏，上帝宣告他是忌邪(jealous)的神，上帝說，對於偶像「不可跪拜它們，也不可事奉它們。」(《出埃及記》20:5)類似的話在《聖經》裏一再重複。「你們要謹慎，免得忘記耶和華 —— 你們神與你們所立的約，為自己雕刻偶像，就是耶和華 —— 你神所禁止你做的偶像；因為耶和華 —— 你的神乃是烈火，是忌邪的神」。(《申命記》4:23–24)拜偶像不是敬神，而是用卑賤的膜拜儀式代替虔誠的信仰，拜偶像是一種褻瀆。

傳說來自古希臘女預言師西比拉的《西比拉神諭》(Sibylline Oracles)對崇拜貓首人身像的埃及人說：「你們這個愚昧的民族，你們竟然尊崇蛇、狗、貓，膜拜地上匍匐的禽獸、人手製造的石像和雕塑、路旁的界碑 —— 這些竟然是你們的神，這些和其他許多愚昧卑賤的東西竟然是你們的神」。卑賤的蛇、狗、貓，活着的時候尚且不能自保，卻被渴望敬拜的，更卑賤的人當作了神聖偶像。

公元一世紀歷史學家弗拉維烏斯·約瑟夫(Flavius Josephus)講述過一個猶太弓箭手摩索拉姆(Mosollam)的故事。摩索拉姆的弓箭技藝冠絕全軍，他隨亞歷山大大帝的軍隊行進，由於占卜師要觀察一隻鳥的運動，隊伍就停止了前進。

占卜師說，如果鳥不動了，軍隊就應該停止前進；如果鳥向前飛，軍隊就應該前進；但是倘若鳥向後飛，軍隊就要撤退。摩索拉姆沒有作聲，他張弓搭箭，朝那鳥射去，射中了它，把它殺死了，占卜師和在場的人都驚慌不已。

摩索拉姆說：「你們為何如此瘋狂，把這隻最不幸的鳥抓在手

　　　　　　　暴政史：二十世紀的權力與民眾

裏？這隻鳥怎麼能給我們有關行軍的可靠信息呢？它都不能做出預測來挽救自己的性命。如果它能預知未來是甚麼，就不會到這裏來了。鳥兒原本就應該害怕，害怕猶太人摩索拉姆會射殺它」。這隻被以為有神諭功力的鳥兒，它連自己快要被射殺都不能預見，又怎麼能幫助行軍打仗的千軍萬馬呢？

　　20世紀的那些專制和極權的神化人物，他們自己的血肉之軀尚且需要靠成千上萬的近衛軍、貼身衛士和秘密警察來保護，又怎麼能把和平、安全、祥和賜福於他們的子民呢？他們自己就生活在恐懼中，又怎麼可能讓老百姓過上一種能免除恐懼的生活呢？

　　古人不過是靠着觀察飛鳥、雲朵、妖術、貓狗，猜測魅惑、諮詢亡靈來接受神祇的暗示，在今天的人類看來，那是徹頭徹尾的愚昧和無知。但是，兩千多年後的今天，人們卻仍然試圖在偉人及其謀士所編制的主義或理論字句裏尋找真理的蛛絲馬跡。美妙、玄虛、空洞的意識形態文字代替了飛鳥、雲朵、妖術，咬文嚼字地「學習」「領會」「深刻理解」這樣的教條成為新的拜偶像儀式。世界和文明進步了，但人類仍然在卑賤地屈從於荒唐的膜拜儀式。

　　正如六世紀猶太哲學家摩西·門德爾松(Moses Mendelssohn)所說：「人、動物、植物，大自然中最醜陋和最卑賤的東西都受到了崇拜，被尊為神……在按照所有藝術規則建造和裝飾的最宏偉壯麗的神廟中，令理性感到恥辱的是，正如普魯塔克(Plutarch)所說，你想在那兒尋找為人崇敬的神，但是你在神壇上看到的卻是一隻醜陋的長尾猴。為了這個怪物，花季的少男少女遭到屠殺。偶像崇拜使人性墮落到了如此深的地步！」[9]

　　我所生活過的20世紀可以說是一個可怖的時代，我少年時親身經歷了狂熱的拜神時代，後來出國求學，又瞭解到極權制度下別的國家裏發生的拜神狂熱和災難。就在我考研和讀研的初期，我還曾經以為，那種瘋狂和迷醉的領袖崇拜都已經成為過去。但是，後來我發覺，這樣的事情並沒有就這樣停留在經歷過那些歲月的人們的

9　　後記中材料來自拉塞爾·雅各比：《不完美的圖像》，姚建彬譯，新星出版社，2007年，第160–164頁。

記憶中。今天，在21世紀已經走完首個五分之一的時候，我們似乎又回到了那個可怖的20世紀的某個最黑暗的時刻。人們曾經一心驅除的老魔怪，在早有先兆的情況下又重新抬頭出籠，而1980年代初的知識和政治抵抗也似乎已經完全消失。

在這樣的時刻，我們憑甚麼相信有一天這種抵抗又會重新發生並有所成效呢？我們又憑甚麼相信人至少可以不那麼愚蠢，不至於一而再，再而三地匍匐在偽神的腳下呢？這也許可以用心理治療做一個類比。弗洛伊德心理治療所假設的是，人在一次又一次遭受挫折之後，總會達到一個行為發生變化的臨界點。心理分析師的工作就是為了讓病人能安全地早一點到達這個臨界點。當事情壞到不能再壞的時候，新的認知便會發生，並促使新的行為。在等待這一刻發生的時候，我們可以甚麼事都不做，耐心等待它的發生，直到耐心耗盡，徹底放棄。我們也可以做點甚麼，讓它早點發生，我希望我這本書代表的就是後面這種選擇。

2020年3月24日

　暴政史：二十世紀的權力與民眾